绍兴市哲学社会科学特别重大课题《绍兴历史文化系列研究》
（编号15TBZD-01）子课题（编号SXW1508）

绍兴历史文化精品丛书

其枢在水：绍兴水利文化史

邱志荣 著

中国社会科学出版社

图书在版编目（CIP）数据

其枢在水：绍兴水利文化史/邱志荣著．—北京：中国社会科学出版社，2018．10
（绍兴历史文化精品丛书）
ISBN 978－7－5203－2927－9

Ⅰ．①其…　Ⅱ．①邱…　Ⅲ．①水利史—绍兴　Ⅳ．①TV－092

中国版本图书馆 CIP 数据核字（2018）第 172090 号

出 版 人　赵剑英
责任编辑　郭晓鸿
特约编辑　席建海
责任校对　李　剑
责任印制　戴　宽

出　　版　中国社会科学出版社
社　　址　北京鼓楼西大街甲 158 号
邮　　编　100720
网　　址　http://www.csspw.cn
发 行 部　010－84083685
门 市 部　010－84029450
经　　销　新华书店及其他书店

印刷装订　北京君升印刷有限公司
版　　次　2018 年 10 月第 1 版
印　　次　2018 年 10 月第 1 次印刷

开　　本　710×1000　1/16
印　　张　35
字　　数　466 千字
定　　价　138.00 元

凡购买中国社会科学出版社图书，如有质量问题请与本社营销中心联系调换
电话：010－84083683

绍兴大禹庙大禹像

绍兴宛委山传为大禹得天书处

春秋越國山會平原水系航運圖

固陵 航坞 航坞山 288 船官 防坞 大和山 后 海 马鞍山 225 三江口 西 小 江 盐官 前 海 夏盖山 167 湖西 夏 履 江 西 西 故 水 陆 道 道 山 阴 城 东 故 陆 东 故 水 道 东 练塘 东城驿 至余姚 富 中 大 塘 犬山 白鹿山 葛山 目 鱼 池 射浦 木客 若 耶 溪 铜官 赤堇山 锡山 凤凰山 覆卮山 289 鸡山 小 江 至嵊县 秦望山 543 龙头岗 705

上游编号溪河名称

1.大坞溪	16.毛婆溪	31.九里溪
2.稻蓬头溪	17.容山溪	32.土井头溪
3.半天山溪	18.蛟口溪	33.若耶溪
4.古城溪	19.漓渚溪	34.桐梧溪
5.杉树坞溪	20.苦竹溪	35.下皋溪
6.桃花溪	21.兰亭溪	36.攒宫溪
7.光相溪	22.长　溪	37.富盛溪
8.干家溪	23.坡塘溪	38.石泄溪
9.型塘溪	24.栖凫溪	39.大下旺溪
10.丰里溪	25.芳泉溪	40.阮家埠溪
11黄池坞溪	26.南池溪	41.塘里溪
12大池头溪	27.柳家岙溪	42.藕庄溪
13.上坛溪	28.官山岙溪	43.下堡溪
14陈家里溪	29.馒头山溪	
15洪家墩溪	30.王头池溪	

说　明

1. 图系示意图，参考古今一些有关的资料综合绘制。

2. 图内地貌等高线参照1：20万地图相似勾绘。

图　例

越国基地　　城墙
故水道、故陆道　　水城门
湖泊、河流　　等高线及山峰
上游溪河及编号　　沼泽

春秋越国山会平原水系航运图

勾践小城、大城位置图

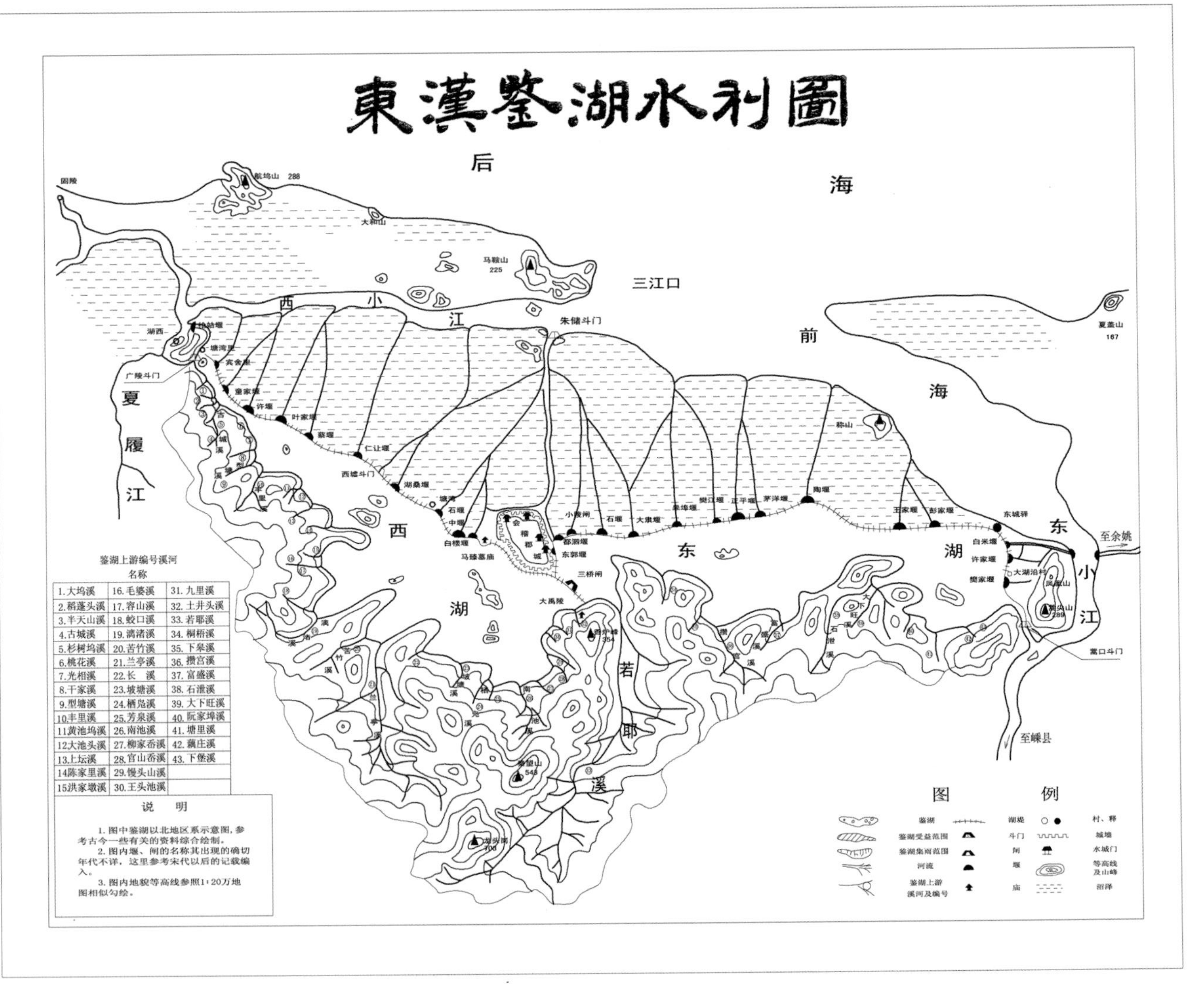

鉴湖上游编号溪河名称

1.大坞溪	16.毛婆溪	31.九里溪
2.稻蓬头溪	17.容山溪	32.土井头溪
3.半天山溪	18.蛟口溪	33.若耶溪
4.古城溪	19.漓渚溪	34.桐梧溪
5.杉树坞溪	20.苦竹溪	35.下皋溪
6.桃花溪	21.兰亭溪	36.攒宫溪
7.光相溪	22.长　溪	37.富盛溪
8.干家溪	23.坡塘溪	38.石泄溪
9.型塘溪	24.栖凫溪	39.大下旺溪
10.丰里溪	25.芳泉溪	40.阮家埠溪
11黄池坞溪	26.南池溪	41.塘里溪
12大池头溪	27.柳家岙溪	42.藕庄溪
13.上坛溪	28.官山岙溪	43.下堡溪
14陈家里溪	29.馒头山溪	
15洪家墩溪	30.王头池溪	

说　明

1. 图中鉴湖以北地区系示意图，参考古今一些有关的资料综合绘制。

2. 图内堰、闸的名称其出现的确切年代不详，这里参考宋代以后的记载编入。

3. 图内地貌等高线参照1∶20万地图相似勾绘。

东汉鉴湖水利图

明清浙东运河图

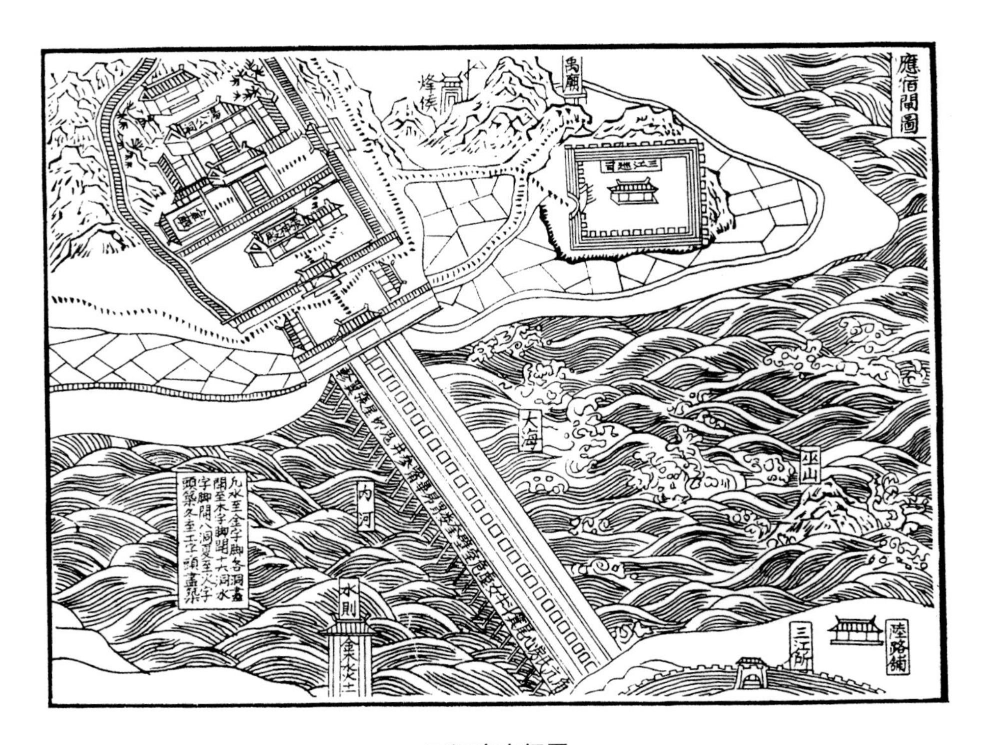

三江应宿闸图

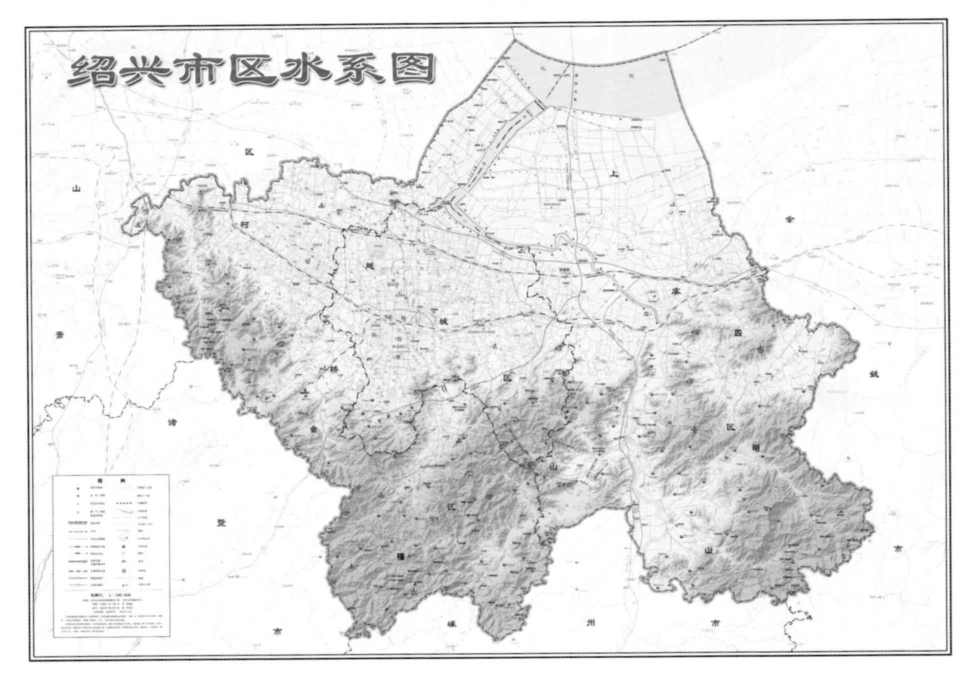

绍兴市区水系图

绍兴水文化，民族之瑰宝

罗哲文题

罗哲文（1924—2012，中国文物学会原名誉会长）题绍兴水文化词

神禹原来出此方，茫茫洪海化息壤。應是人定勝天力，稽山青青鑒水長。

志榮學棣屬書

陳橋驛書 辛巳歲尾

陈桥驿（1923—2015，浙江大学原终身教授）题《大禹并稽山鉴水》诗

《绍兴历史文化精品丛书》序言

绍兴历史文化是拥有2500多年完整城市史的绍兴的骄傲，更是整个中华民族和全人类的精神财富。

20年前，著名学者钟敬文曾深情写到，绍兴，是幅员广阔的祖国的一个行政区域，“它牵系着许多知识分子的心”（《绍兴百俗图赞》序，1997）。季羡林更包举而言，“绍兴大名垂宇宙，物华天宝，人杰地灵”，“建国首先必须重视文化、教育、科学、技术。在这方面，绍兴古今人物都有一切的贡献。此外，更必须有炽热的爱国主义热情，绍兴这方面也创造了中华民族的骄傲”（《绍兴百镇图赞》序，1997）。在更早出版的《浙江十大文化名人》（浙江人民出版社1987年版）中，合撰该著的我省著名学者蒋祖怡、沈善洪、王凤贤还将出自传统绍兴地区的王充、陆游、王阳明、黄宗羲、蔡元培、鲁迅等六人列入浙江十大文化名人，绍兴文化名人竟占了浙江全省的一半以上。2000年竣工的北京中华世纪坛，根据长期以来的社会共识，用青铜铸造了40尊中华文化名人雕像，其中王羲之、蔡元培、鲁迅、马寅初4尊都来自绍兴地区。2016年5月17日习总书记《在哲学社会科学工作座谈会上的讲话》谈到中华民族几千年发展史上的25位“思想大家”中有4位（王充、王守仁、黄宗羲、鲁迅）、百年来开创性地运用马克思主义的9位“名家大师”中有2位（范文澜、马寅初）来自传统绍兴地区。这些都足以说明，绍兴历史文化是浙江文化的根脉所在，是中华优秀传统文化的重要组成部分之一。

对绍兴历史文化的研究，已经走过两千多年历程，积累下丰厚的学术资源。

毕生研究绍兴历史文化、本身也是当代越地杰出文化名人的陈桥驿先生，曾梳理绍兴历史文化的研究史并指出，对绍兴历史文化比较自觉的研究始于东汉初，“唯一一种由先秦越地越人写作的是《越绝书》，此书经过东汉初人的整理补充而流传下来，价值甚高。此外，东汉初人研究越文化的著作还有《吴越春秋》和《论衡》，也都有重要价值。东汉以后，由于种种原因，越文化的研究者和成果很少。20世纪二三十年代，若干学者以新的思维和方法研究越文化，其中顾颉刚的研究成果具有创见。最近20年来，越文化研究出现高潮，许多研究成果相继问世”（《越文化研究的回顾和展望》，2004）。这主要是基于本土学者的比较简略的考察。将视野放开一点可以看到，西汉早期，伟大的史学家和思想家司马迁从史学角度建构汉代大一统国家意识文化时，就对绍兴历史文化进行了比较深入的研究。其《史记·太史公自序》《越王勾践世家》《货殖列传》及《夏本纪》，就对绍兴人民的精神图腾大禹及绍兴历史文化的灿烂开篇——越国时期的重大军政、经济和文化建树进行了多方面、多角度的考述。他旗帜鲜明地赞美，“禹之功大矣，渐九川，定九州，至于今诸夏艾安。及苗裔勾践，苦身焦思，终灭强吴，北观兵中国，以尊周室，号称霸王，勾践可不谓贤哉！盖有禹之遗烈焉！”司马迁十分精准地挖掘出绍兴历史文化传统中的两大要件——事功精神和爱国传统，至今仍有启迪价值。两汉以后，六朝时期越国故地的士族文化精英出于在南下北方士人面前张扬本土文化的需要，通过撰写大量地志著作，成为绍兴历史文化研究新的主力。唐、宋、元、明、清各代，绍兴历史文化其实也都有相当一批热心的研究者。正是基于这些丰厚的积累，进入20世纪，人们才看到一系列“亮眼”的动作，如1910年12月20日，鲁迅致信好友许寿裳，以“开拓越学，俾其曼衍，至于无疆”共勉；并身体力行，花费相当大的心血整理《会稽郡故书》等绍兴历史文化文献。1912年1月3日，他在《越铎日报发刊词》中提出，“于越故称无敌于天下，海岳精液，善生俊异，后先络绎，展其殊才；其民复存大禹卓苦勤劳之风，同勾践坚确慷慨之志，力作治生，绰然足以自理”，该发刊词援引绍兴历史文化精神以为创造中华民族新纪元的精神支撑之一，不啻20世纪第一篇绍兴历史文化的研究檄文。1936年8月30日，由蔡元培主持的吴越史地研究会成立大会在上海举行，绍兴历史文化研究随之进入一个更自觉的群体性时代。改革开放以来绍兴历史文化研究飞速发展，硕果累累，应是吴越史地研究会所推动形成的趋势，在经历种种历史波折之后恢复、壮大的成果之一。

中国特色社会主义进入新时代，组织展开绍兴历史文化的新的系统研究，是历史的选择。

习总书记在系列讲话中一再指出：“我们说要坚定中国特色社会主义道路自信、理论自信、制度自信，说到底是要坚定文化自信。文化自信是更基本、更深沉、更持久的力量”；“要讲清楚中华优秀传统文化的历史渊源、发展脉络、基本走向，讲清楚中华文化的独特创造、价值理念、鲜明特色，增强文化自信和价值观自信”。显然，文化自信建设已然成为我们这个时代的主题。在这一大背景中，浙江省和绍兴市也加快了文化建设的步伐。不久前发布的《浙江省第十四次党代会报告》提出“文化浙江”奋斗目标，并将其置于“六个浙江”建设的中枢位置，要求“挖掘传承地方特色文化”，“进一步延续浙江文脉”；《绍兴市第八次党代会报告》同样把强化文化的传承创新列为战略重点，提出“建设具有国际影响力的历史文化名城”，“在彰显特色文化魅力上充分发挥历史文化资源优势，打造特色文化高地”。在中央和我省一系列里程碑式文件、决策酝酿出台的同时，我市社科界就如何把举世罕匹的深厚历史文化资源转变为现实的文化软实力和绍兴大城市建设的恒久推动力，进行了多方面的思考，采取了一系列比较重大的举措。其中之一就是绍兴市社科联与绍兴文理学院越文化研究院（浙江省越文化传承与创新研究中心）通力合作，面向国内外学术界组织撰著一套既能集中反映绍兴历史文化遗产，代表这一领域最新学术进展，又较好适应当前时代需要的《绍兴历史文化精品丛书》。

这项工作在中共绍兴市委宣传部的关心、指导下，在绍兴市社科联多位领导的精心谋划、组织下展开，得到浙江省社科院副院长陈野研究员、上海交通大学博士生导师朱丽霞教授、安徽大学吴从祥教授、聊城大学罗衍军教授、浙江师范大学吴民祥教授、浙江工商大学聂付生教授、绍兴市鉴湖研究会会长邱志荣研究员等多位专家学者的响应和大力支持。各位专家学者基于既往两千年学术史特别是近八十多年现代学科意义上的研究史，基于践行社会主义核心价值观和文化自信建设的需要，从不同方面对绍兴历史文化进行了比较系统深入的清理，及时完成了这套丛书。

这套丛书不仅是对深厚的绍兴历史文化的一次全新解读和总结，对传承、发展好这份中华民族和全人类的精神财富也有一定价值。

唐人元稹曾作诗赞美：“会稽天下本无俦，任取苏杭作辈流。”我们还期待，对绍兴历史文化的新的解读和总结，对传承、发展我国其他地域文化也有借鉴意义。在满足中国特色社会主义新时代人民群众的精神生活需要方面，地方文化是最近便、适切的精神食粮。

潘承玉

目　录

概　述 …… 1

第一章　海侵海退对浙东文明发展影响 …… 16

第一节　海侵过程 …… 16

第二节　海岸线与河口变化 …… 20

第三节　越民族的迁徙 …… 24

第四节　聚落考古的印证 …… 26

第二章　大禹治水及其影响 …… 45

第一节　大禹治水记载与传说 …… 45

第二节　相关地名 …… 54

第三节　大禹陵、庙 …… 59

第四节　文化传承 …… 66

第三章　越国水事 …… 76
第一节　工程体系 …… 76
第二节　工程特色 …… 93
第三节　工程效益 …… 97

第四章　鉴湖兴废 …… 102
第一节　兴建前环境 …… 102
第二节　工程规模 …… 112
第三节　工程设施 …… 117
第四节　工程技术 …… 129
第五节　移民及劳役 …… 133
第六节　效益 …… 136
第七节　完善与管理 …… 149
第八节　鉴湖堙废 …… 152
第九节　今存鉴湖 …… 172
第十节　马臻冤杀案 …… 178

第五章　浙东运河 …… 200
第一节　浙东运河的历史演变 …… 201
第二节　工程技术 …… 224
第三节　文化风情 …… 239

第六章　浙东海上丝绸之路 …… 253
第一节　形成与发展 …… 253
第二节　主要对外贸易产品 …… 277
第三节　外国人浙东运河游记 …… 283

第七章　绍兴水城……………………………… 298
第一节　越国都城……………………………… 298
第二节　隋唐古城……………………………… 304
第三节　宋代名城……………………………… 310
第四节　明清水城……………………………… 314
第五节　城河水利碑与实践…………………… 318
第六节　历史街区……………………………… 324
第七节　水利与城市发展启示………………… 328

第八章　三江水利……………………………… 334
第一节　三江记载与研究……………………… 334
第二节　三亹历史变迁………………………… 343
第三节　山会海塘……………………………… 353
第四节　三江闸………………………………… 360

第九章　河湖整治……………………………… 374
第一节　浦阳江改道…………………………… 374
第二节　戴琥治理……………………………… 387
第三节　综合治理……………………………… 393

第十章　有形之水……………………………… 404
第一节　水与酒………………………………… 404
第二节　水与桥………………………………… 417
第三节　水与园林……………………………… 439

第十一章　无形之水…………………………………………………… 457

第一节　对水的认识……………………………………………………… 457

第二节　水与风俗………………………………………………………… 471

第三节　水与绍兴人……………………………………………………… 479

第四节　水与为官………………………………………………………… 489

第五节　会稽之钓………………………………………………………… 494

第十二章　水乡祭祀…………………………………………………… 501

第一节　水神祭祀………………………………………………………… 501

第二节　庙祠……………………………………………………………… 508

第三节　龙的祭拜………………………………………………………… 529

附录：全国党员干部现代远程教育专题课件…………………………… 535

缵禹之绪　重建水城

——绍兴水文化理论和实践探索纪实（解说词）　………………… 535

后　记…………………………………………………………………… 545

概　述

绍兴地处我国东南沿海，长江三角洲南翼、浙江省中北部，西接杭州，东临宁波，北濒杭州湾。总面积 8273.3 平方公里，人口 438 万。绍兴为国务院 1982 年首批公布的全国二十四个历史文化名城之一，自越王勾践建城以来，历经 2500 年而城址基本未变，是著名的水乡、酒乡、桥乡、名士之乡。

绍兴水文化早在上古时期区域内的文化遗址中已经存在，在水稻生产、水井取水、航运、图腾等中都有所反映。绍兴水文化形成于大禹治水时期，之后“缵禹之绪”[①]，弘扬光大，在绍兴人以认识和改造自然水环境为主体的活动过程中，水文化也不断延伸并发展、丰富。水文化也是本区域的主流文化，与诸多文化相互交融而博大精深。

一　建置沿革[②]

绍兴古称越，为我国古代南方越民族的聚居地。新石器时期位于河姆渡文化和良渚文化之间，是我国南方百越文化中心。当时境内考古发现了

---

① （明）张元忭作（徐渭代拟）汤祠对联：“凿山振河海，千年遗泽在三江，缵禹之绪；炼石补星辰，两月新功当万历，于汤有光。”前后句分别赞颂明绍兴知府汤绍恩建三江闸恩泽，及萧良幹修补及管理三江闸功德。载程鹤翥辑《闸务全书》下卷《汤祠对联》。

② 参见任桂全总纂《绍兴市志》，浙江人民出版社 1996 年版，第 111—131 页。

小黄山遗址（距今10000—8000年）、跨湖桥文化遗址（距今8000—7000年）、河姆渡文化遗址（距今7000—6500年）、良渚文化遗址（距今5300—4200年）等。

相传大禹治水在若耶溪边的宛委山得金简玉字之书，读后知晓山河大势、通水之理，治水大获成功，“毕功于了溪”，地平天成。又在境内茅山会集诸侯，计功行赏，更名茅山曰会稽。春秋时期，越民族在今绍兴一带为中心建立越国，成春秋列国之一。战国初，越王勾践大败吴国，越国疆域拓展至江淮之地。至周显王三十六年（公元前333）楚威王兴兵败越，“尽取故吴地至浙江”，越始“服朝于楚”，而诸越邦国尚存。

秦始皇二十五年（公元前222）秦置会稽郡，领20余县，治吴（今苏州），在绍兴设山阴县。

东汉永建四年（129）设钱塘江以东14县为会稽郡，郡治在山阴。隋开皇九年（589）废会稽郡为吴州，隋大业元年（605）置越州。时越州的范围大致相当于今宁波和绍兴两个地区。

唐开元二十六年（738），建立了以鄮县为中心，在行政地位上与越州相等的明州。越州范围缩小到东起姚江上游，西抵浦阳江流域，南到会稽山地，北濒杭州湾的地区。直至北宋，越州治山阴，领山阴、会稽、萧山、诸暨、余姚、上虞、剡、新昌8县。

宋建炎四年（1130）升越州为府，翌年，宋高宗以“绍万世之宏休，兴百王之丕绪”改元绍兴，又“用唐幸梁州故事，升州为府，冠以纪元”①，此为绍兴之名由来。

元至元十三年（1276）改称绍兴路，治山阴。明清复为绍兴府。

1935年设绍兴行政督察区，领绍兴、萧山、诸暨、余姚、上虞、嵊县、

① （宋）施宿等：《嘉泰会稽志·会稽志序》，《绍兴丛书·第一辑（地方志丛编）》第1册，中华书局2006年影印本，第1页。

新昌7县，驻绍兴县城。

1949年设绍兴专区，1952年1月撤销。1964年复设绍兴专区，1968年5月改称绍兴地区。1983年7月撤销绍兴地区，设省辖绍兴市，领越城区、绍兴县、上虞县（1992年改设上虞市）、嵊县（1995年设嵊州市）、新昌县、诸暨县（1989年改设诸暨市），驻越城区。2013年，经国务院批准，绍兴市撤销绍兴县、上虞市（县）。绍兴市由下辖“一区五县（市）”变为下辖诸暨市、嵊州市、新昌县和越城区、柯桥区、上虞区，市区面积由362平方公里扩大到2942平方公里，人口由65.3万增加到216.1万。

二　山水大势

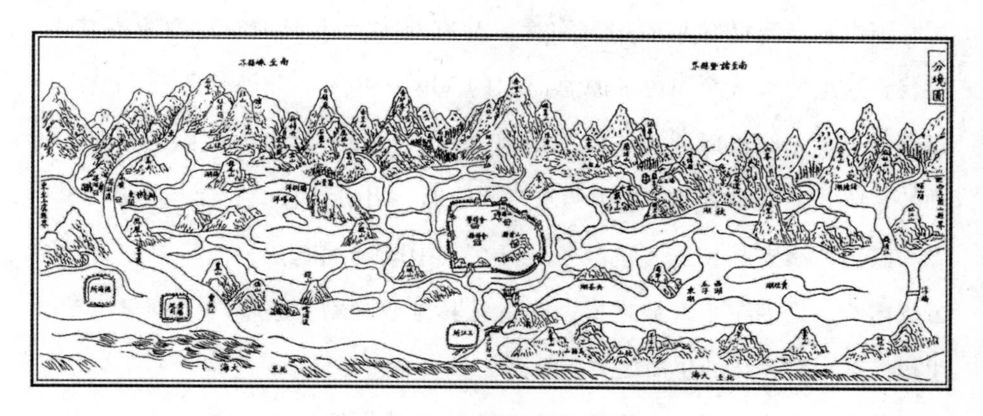

分境图（摹自嘉庆《山阴县志》）

古代绍兴的山阴、会稽两县境内从东南到西北为会稽山丘陵所盘踞，这片广阔的丘陵地，东西最宽约50公里，东南至西北最长约100公里，其中丘陵的分布和走向较多变和复杂。会稽山丘陵的主干峰聚于山阴、会稽和诸暨、嵊县边界，海拔700米左右。从主干按西南东北走向，分出一批海拔500米左右的丘陵，形成西干山丘陵和化山丘陵，亦分别成为浦阳江和曹娥江的分水岭。万历《绍兴府志》卷一《疆域志》记：

南《新志》曰：天下之山祖于昆仑，其分支于岷山者为南条之宗。掖江汉之流奔驰数千余里，历衡、逾、郴，包络瓯闽而东赴于海，又折而北以尽于会稽，故会稽为南镇镇止也，南条诸山所止也。越郡正当会稽诸山之中，郡城之外，万峰回合，若连雉环戟而中涵八山。八山者，又会稽诸山之所止也。

会稽山为传统之说中华祖山昆仑山向南山脉的终止处，其地位由此可见。

西干山山丘和化山山丘之间以北的丘陵又称稽北丘陵，面积约460平方公里。再以北是广阔的冲积平原，平原海拔高程（黄海）一般在4.5—6.5米之间。这里地势平坦，水网密布，会稽山三十六源之水流贯南北，古鉴湖、浙东古运河横穿平原中部东西，又有众多大小不一的湖泊镶嵌其中。古代，这里的水域面积占平原总面积的30%—40%。此外，还有零星山丘点缀之上。平原再以北为杭州湾南海岸线。形成了自南而北山—原—海的独特台阶式地形，后亦称稽山镜水。此地形，阴阳和谐，生命力强盛。

其山，多支脉相连，呈散条展开。其中既延绵起伏，曲折多变，又多云兴霞蔚。延绵在于气势之盛，曲折见其雄健神幻。会稽群山既显示蓬勃生机，又深藏无尽的生命之力。显其仁。

其水，会稽山三十六源之水激荡奔流到达平原河网，进入众多河湖港汊，变得宁静，受到了自然造化和文化调养，滋润大地，孕育万物，充满生机活力，又含而不露。显其智。

其海，因其“南面连山万重，北带沧海千里，连山带海，山阴南湖，萦带郊郭，白水翠岩，互相映发”[1]，将物华天宝纳入其中。又因为沿海海塘拦蓄其势，一旦滨海大闸开启，其流水如万马奔腾，注入东海，融入大千世界之中。显其动静皆备。

---

① （宋）王象之：《舆地纪胜》卷10，中华书局1992年版，第531页。

三　水文化概念

说绍兴水利文化史，首先必须明确关于水文化、水利工程文化及水利文化的基本概念和相互之间的关系问题。

（一）水文化

1. 水文化的概念

水文化是一种广义文化，是人类创造的对水以及与水有关的生产、生活、科学、人文等方面的物质与精神文化财富的综合与延伸。

2. 水文化的自然属性

如海洋、江河、湖泊、潮汐、瀑布、自然灾害等都是客观存在于自然界的事物，其面貌、现象、规律、本质、个性，不依赖人们的认识和意志而存在。

3. 水文化的社会属性

人们可以通过研究和实践对其认识和了解，进而在认识基础上把握规律和本质，对其进行改造、利用，以及描述、歌咏或予以人格化，如孔子说"智者乐水，仁者乐山"。水文化有一个不断积累、形成、发展的过程，一个国家或地区水文化的社会属性反映了这个国家或地区的历史、经济、人口、环境等状况和意识水平。

4. 水文化的时代特色

先秦时期留存于世的主要是治水传说。如共工防洪，共工氏"壅防百川，堕高堙庳"①；鲧障洪水"九年而水不息，功用不成"②；大禹治水，"披九山，通九泽，决九河，定九州"③，地平天成。

---

① （春秋）左丘明著、（西汉）刘向著、李维琦标点：《国语·战国策》，岳麓书社1988年版，第25页。

② （汉）司马迁：《史记》卷2，中华书局1959年标点本，第50页。

③ （汉）司马迁：《史记》卷1，中华书局1959年标点本，第43页。

春秋时期对水的哲学思考。“孔子观于东流之水。子贡问于孔子曰：‘君子之所以见大水必观焉者，是何?’孔子曰：‘夫水，大遍与诸生而无为也，似德。其流也埤下，裾拘必循其理，似义。其洸洸乎不淈尽，似道。若有决行之，其应佚若声响，其赴百仞之谷不惧，似勇。主量必平，似法。盈不求概，似正。淖约微达，似察。以出以入，以就鲜洁，似善化。其万折也必东，似志。是故君子见大水必观焉。’”① 老子曰：“上善若水，水善利万物而不争。”②

战国及之后比较务实及注重对水本体的客观探索。《周礼学》“以潴蓄水，以防止水”。越王勾践时大夫计然提出“或水或塘，因熟积以备四方”③。东汉王充论水：“然则天地之有水旱，犹人之有疾病也。疾病不可以自责除，水旱不可以祷谢去。”④“夫地之有百川也，犹人之有血脉也。血脉流行，泛扬动静，自有节度。百川亦然，其朝夕往来，犹人之呼吸，气出入也。天地之性，上古有之。”⑤ 潮汐这种自然现象是自古就有的，与天地共生。“其发海中之时，漾驰而已；入三江之中，殆小浅狭，水激沸起，故腾为涛。”“涛之起也，随月盛衰，大小满损不齐同。”⑥ 这是中国历史上最早从天文、地理两个方面对涌潮现象所做的科学解释。

5. 水文化的发展与传承

祭禹。祭禹之典，传说发端于夏王启。之后“禹以下六世而得帝少康。少康恐禹祭之绝祀，乃封其庶子于越，号曰无余”⑦。祭禹不仅历史悠久，而且有多种形式：或宗室族祭，或皇帝御祭，或遣使特祭，或在秋例祭。

---

① （唐）杨倞注：《荀子》，上海古籍出版社 2014 年版，第 355—356 页。
② （魏）王弼注：《老子道德经》，中华书局 1985 年版，第 6 页。
③ （汉）袁康、（汉）吴平：《越绝书》卷 4，浙江古籍出版社 2013 年版，第 28 页。
④ （汉）王充著，陈蒲清点校：《论衡》，岳麓书社 2006 年版，第 68 页。
⑤ 同上书，第 51 页。
⑥ 同上。
⑦ （汉）赵晔：《吴越春秋·越王无余外传》，中华书局 1985 年版，第 135 页。

2006年5月，“大禹祭典”入选为第一批国家非物质文化遗产名录；2007年祭禹典礼成为中华人民共和国成立后的国家级祭祀活动。

《水经》，清代胡渭认为“创自东汉，而魏晋人续成”，是系统叙述全国水道及水道所经历及支流注入处所的第一部著作，全书不到1万字。而对北魏郦道元所著《水经注》，清代刘献廷赞为：“片语只字，妙绝古今，诚宇宙未有之奇书。”原书四十卷，现存三十余万字。《水经注》流传广泛，影响深远，历代多研究者。其全书菁华为“水德含和，变通在我”。

6. 水文化的地域特色

因流域的综合环境不同，会形成不同的文化特色与个性，以绍兴为例。

（1）围绕自然环境实体。山—原—海的地理环境、鉴湖水乡、浙东运河、绍兴古城、海塘等决定相应的水文化内容产生。

（2）环境产生的精神意识。如对水的崇拜、重视，亲水。

（二）水利文化

水利[①]一词始见于《吕氏春秋·孝行览·慎人》篇，其中的“取水利”系指捕鱼之利。司马迁在《史记·河渠书》中记述了从禹治水到汉武帝黄河瓠子堵口这一历史时期内一系列治河防洪、开渠通航和引水灌溉的史实之后，感叹道“甚哉，水之为利害也”，并指出“自是之后，用事者争言水利”。之后，水利一词就具有防洪、灌溉、航运等除害兴利的含义。由于现代社会经济技术不断发展，水利的内涵也在不断充实扩大。1933年，中国水利工程学会第三届年会的决议中就曾明确指出：“水利范围应包括防洪、排水、灌溉、水力、水道、给水、污渠、港工八种工程在内。”其中的“水力”指水能利用，“污渠”指城镇排水。进入20世纪后半叶，水利中又增加了水土保持、水资源保护、环境水利和水利渔业等新内容，水利的含义更加广泛。因此，水利一词可以概括为：人类社会为了生存和发展的需要，

① 参见《中国水利百科全书·第二卷》，中国水利水电出版社2006年版，第1146页。

采取各种措施，对自然界的水和水域进行控制和调配，以防治水旱灾害，开发利用和保护水资源。研究这类活动及其对象的技术理论和方法的知识体系称水利科学。用于控制和调配自然界的地表水和地下水，以达到除害兴利目的而修建的工程称水利工程。

水利文化主要包括以下三方面：一是指人们在兴利除害的水利活动中认识和改造的本体内容；二是水利活动中产生的水利工程、水利法制、水利科技等文化内容；三是水利活动的结果带来的对人类社会文化、文明产生的影响和作品等。

（三）水工程文化

水工程文化是人类为开发、利用、保护水资源，兴利除害、防灾减灾而建造的水工程文化系统中包含的各种文化元素的总和，包括了物质和精神意识的凝聚和创造积累等文化内容，是人们改造自然的成果，具有使用功能，是精神和意识的集聚与创造。

以上三者之间，水文化的概念最大，包含了水利文化和水工程文化，水利文化又包含了水工程文化。

本书题名绍兴水利文化史，以绍兴的水利发展历史与这里的社会文明进程、文化的繁荣为主题内容，并尽可能多视角、多学科地开展水利对绍兴历史自然环境的影响和特色水文化形成的研究。论述的上限起自第四纪更新世末期以来的三次海侵，下限一般到中华人民共和国建立之前，对重要的史实和事件也做必要的延伸阐述。地域范围以今绍兴为中心，根据历史发展过程的实际地域范围也会涉及钱塘江北岸及整个浙东地区。

四　绍兴是历史时期的水利产物

自越国以来，经过代代不息的水利建设，才形成了今天富庶的绍兴鱼米之乡。

（一）春秋越国水利开拓山会平原

全球性的第三次海侵在6000年前达到最高峰，当时宁绍平原成为一片浅海，海面稳定一段时间后，随之又发生海退，会稽山以北成为一片咸潮直薄的沼泽之地。

越王勾践面对“西则迫江，东则薄海，水属苍天，下不知所止”[①] 的浩浩之水，接受了大夫计然“必先省赋敛，劝农桑；饥馑在问，或水或塘，因熟积以备四方”[②] 的建议，由范蠡主持兴建了一批水利工程。《越绝书》较详细地列记了公元前493年至公元前473年越国水利工程，主要有吴塘、苦竹塘、富中大塘、练塘、故水道和山阴小城、大城等。按工程类型可分为堤塘、河沟和防洪城墙三大类，按地形又分为山麓水利、平原水利和沿海水利三部分，形成了与“山—原—海”台阶式地形相适应的春秋越国水利。[③]

春秋越国水利在中国水利史上留下了光辉的一笔，体现了综合性强、建设速度快、技术先进、效益显著的特点。从公元前490年勾践自吴返越开始兴修水利，到公元前481年，即勾践伐吴前的十年间，就有效地储备起能够保障越国强盛需要的粮食和军需品，说明当时由于水利条件的改变，农业发展速度是十分惊人的。

（二）鉴湖奠定绍兴河网水乡

春秋时期虽兴修了一些堤塘工程，但不足以解决整个山会平原的水利问题。随着经济和社会发展、人口增多，水利已成为制约社会发展的主要因素。东汉永和五年（140），为全面开发山会平原，会稽太守马臻在南部

---

① （汉）袁康、（汉）吴平：《越绝书》卷4，浙江古籍出版社2013年版，第27页。

② 同上书，第28页。

③ 参见邱志荣、陈鹏儿、沈寿刚《古越吴塘考述》，《中国农史》1989年第3期；陈鹏儿、沈寿刚、邱志荣《春秋绍兴的地理环境与水利建设》，《历史地理》第8辑，上海人民出版社1990年版。

平原，纳三十六源之水筑成东西向围堤，即我国长江以南最古老的大型蓄水灌溉工程——鉴湖。①

鉴湖的效益十分卓著。其一，调蓄了上游会稽山 419 平方公里集雨面积的暴雨径流，基本消除了山洪对北部平原的威胁。其二，蓄水 2.68 亿立方米。南朝宋孔灵符《会稽记》称："筑塘蓄水，水高（田）丈余，田又高海丈余。若水少则泄湖灌田，如水多则闭湖泄田中水入海……溉田九千余顷。"其三，加快了山会平原的综合开发与发展。鉴湖水利兴盛，北部农田得以较大规模开发之际，正是我国北方地区战火连绵、兵荒马乱之时，于是朝廷南迁，有大量人口拥入山阴，见到了这里安定的社会、肥沃富饶的土地、秀美的山川、浩大的鉴湖，正是他们梦寐以求的生活居住环境。因此，人民安居，农业生产得到迅速开发，交通运输业、酿酒业、养殖业都得到了较快发展，由此带来了经济增长、城市繁荣、人口增多。其四，改造了生态环境。曾是咸潮直薄的山会平原，由于兴建鉴湖成为山清水秀的鱼米之乡。其五，吸引了大批优秀的外地人士。继王羲之、谢安、谢灵运之后，大批文人学士闻名而来，极大地融合和丰富了会稽地区的多样性文化，奠定了深厚的基础。先进生产技术也迅速传入会稽，提高了这里的生产力水平。总之："境绝利博，莫如鉴湖。"②

鉴湖兴建后，鉴湖本身和以北平原水利又得到了不断完善，晋惠帝时期（290—307），西兴运河开凿，成为鉴湖以北东西向内河整治的主干工程，并渐成浙东地区航运主干道。唐开元十年（722），修筑会稽海塘使会稽诸水不再分注入曹娥江而过直落江经玉山斗门入海。唐贞元初（788），滨海的玉山斗门扩建成 8 孔闸，山会平原排、蓄、拒潮的能力进一步增强。

---

① 参见盛鸿郎、邱志荣《古鉴湖新证》，盛鸿郎主编《鉴湖与绍兴水利》，中国书店 1991 年版，第 13 页。

② （宋）王十朋著，梅溪集重刊委员会编：《王十朋全集》卷 16，上海古籍出版社 1998 年版，第 825 页。

宋代大规模修复山阴海塘，与会稽海塘一起，基本隔绝了后海咸潮对山会平原的影响。

鉴湖堙废集中在宋一代，造成其堙废的主要原因是人口增多、人水争地，尤为豪族大户的兼并掠夺；生产力发展，开垦种植技术的提高；政府在水利科学调控决策上的不当、管理上的不力；鉴湖的部分淤浅，以及水利条件的改变；地方政府为增加赋税、进贡取幸；等等。

鉴湖堙废是山会平原水利的重大变迁，这是在尚未完成新的调整情况下，一次有较大盲动性和放任性的变迁，一定程度上满足了当时人们对土地的要求，却对后世水利和生态环境、资源的需要构成危害和造成不利，给后人以极其深刻的教训。

（三）三江闸形成平原河网水利新格局

鉴湖堙废，会稽山三十六源之水，直接注入北部平原，原两级控水成为全部由海塘、玉山斗门控制。平原河网蓄泄失调，导致水旱灾害频发。而南宋之后，浦阳江下游多次借道钱清江，出三江口入海，进一步加剧了平原的旱、涝、洪、潮灾害。因此，在新的水利形势下能兴建一处控制泄蓄、阻截海潮、总揽山会平原水利全局的枢纽工程，是当时必须及时解决的重大问题。

嘉靖十五年（1536）七月绍兴知府汤绍恩在前任知府戴琥等的水利建树基础上，决计在钱塘江、曹娥江、钱清江、直落江诸江汇合处的彩凤山与龙背山之间建造三江闸，历时6个月完成。①

三江闸建成，与横亘数百里的萧绍海塘连成一体，切断了潮汐河流钱清江的入海口，按水则启闭，外御潮汐，内则涝排旱蓄，控制航运水位，正常泄流量可达280立方米/秒，可使萧、绍两县3日降雨110毫米不成灾。

---

① 参见程鸣九纂辑《闸务全书》，冯建荣主编《绍兴水利文献丛集》，广陵书社2014年版，第25页。

至此，形成了以三江闸为排蓄总枢纽的绍兴平原内河水系网新格局。三江闸发挥效益近450年。随着水利形势的变化发展，1981年，又在三江闸北2.5公里处，建成了流量为528立方米/秒的大型水闸新三江闸，三江闸遂完成了其使命。

五　崇高灿烂的绍兴水文化

绍兴水文化伴随着越民族从远古走来，以水为源，滋润万物；以文为流，宏大精深；以人为本，造化越中。其是绍兴文化的主体部分。

（一）源远流长

考古发现古代所在大越的上山文化遗址、跨湖桥文化遗址、河姆渡文化遗址、良渚文化遗址，其位置大都在滨海之地。约7000年前的河姆渡文化时期已向世人展示了光辉灿烂的人类文明历史，其中遗址中的稻谷与农灌、最早的海塘、造船及航运、凿井汲水、图腾崇拜等，无不留下了灿烂的水利文明印记。约5000年前的良渚文化彰显了史前高度发达的社会文明程度和地位，以独特的文化状况和高品位的水平，在中国文明起源多元化的研究中占有重要地位。

传说4000多年前大禹治水曾两次来越，“毕功于了溪”，地平天成，最后病死埋葬于会稽山。以绍兴为中心的浙东地区是中国大禹文化起源最早，保护最系统、完整的区域。大禹治水的传说在绍兴产生了广泛深远的影响，尤其是从精神上影响着绍兴历代治水者高度重视治理水患，奠定了绍兴的水文化基石，取得了伟大的治水成就。

（二）形成核心价值

1. 献身、求实、创新的治水精神

（1）献身。大禹治水精神的核心是国家、民族利益高于一切。历代多有绍兴治水人物缵禹之绪，发扬光大。如东汉会稽太守马臻为筑鉴湖不惜蒙冤被杀，明代绍兴知府汤绍恩呕心沥血修三江闸，都是实践典范。

（2）求实。大禹治水的求真务实态度为越人崇尚。东汉绍兴上虞人王充对水、天、地自然界的朴素唯物主义认识就是真实写照；明代戴琥、清代俞卿等绍兴知府的治水实践均以认真、负责、执着著称。

（3）创新。禹治水采取了“疏”的办法，因势利导，于是地平天成。对这种不断超越创新的思想的承继，使自越国水利到今天的曹娥江大闸建设无不留下了代代绍兴人与时俱进、不断创新进取的印记。

2. 天人合一的思想

绍兴的治水历史是一部不断追求天人合一、人与自然和谐相处，代代相传的光辉之书。

绍兴古代地形地貌、自然降雨、海潮等是客观存在的自然现象，但作为生存环境而言，潮汐直薄，咸潮与淡水在平原交替是影响人们生产、生活的主要制约因素。而人作为万物之灵在这其中就起到了顺应和改造自然的关键作用，也就可以说“天”代表了客观存在的事物与环境；“人”代表了调适、改造客观事物与环境的主体；“合”是客观条件的转化与改变，也就是阻潮汐于平原之外，蓄淡水于河网之中，实行顺天时、应地利的人工调控；“一”表明自然与人相依相生，绍兴成为鱼米之乡。

3. 文化是水之魂的理念

内涵：绍兴水文化以大禹治水献身、求实、创新的精神为统帅；以“天人合一”的自然观作为核心内容；以“人水和谐”的理念作为追求的目标。

外延：以文学和艺术作为重要的表现手法；以水的明净秀丽、形态多变作为审美标准；以亲水形成风俗传统；以水的利用和功能作为其延伸和传播形式。数千年来水环境在不断变化，而文化凝聚成独特的绍兴水乡之魂，源远流长，成为民众的理念、风俗、生活、审美标准的主要内容之一。

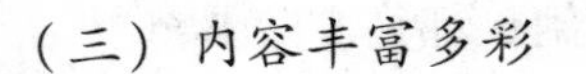

（三）内容丰富多彩

1. 水文化与亲水传统

绍兴是平原水乡，其水的个性不似大江大河汹涌澎湃，年际水位变化不大。水环境养成了人们亲水的传统，接近了人水的距离。因之人家择水而居，沿河居民又多设踏道。以上不仅是亲水，也是与自然融为一体，对水的欣赏与赞美，以及传承的一种生活习俗。

2. 水文化与桥文化

无水不成桥，无桥不显水，无桥不成市，无桥不成路。宋代《嘉泰会稽志》中绍兴城内有正式记载的桥有99座。清光绪十九年（1893）春所绘的《绍兴府城衢路图》显示，有桥229座，在城中每0.03平方公里就有一座。在当今世界上，是负桥乡之尊号。[①] 绍兴的水与桥紧密结合，造型丰富多彩，显千姿百态。民谚云："大善塔，塔顶尖，尖如笔，笔写五湖四海；小江桥，桥洞圆，圆如镜，镜照山会两县。"水城桥之景观特色，产生的文化魅力，在此可见一斑。

3. 水文化与文学艺术

绍兴以鉴湖、浙东运河为主体的优越水环境使无数文人学士、迁客骚人在此获得创作灵感，或作文，或歌咏，留下了大量诗文，这些诗文是水文化和文学艺术的结晶。

4. 水文化与酒文化

名闻海内外的绍兴酒必须以鉴湖水酿制，"盖山阴、会稽之间，水最宜酒，易地则不能为良，故他府皆有绍兴人如法酿制，而水既不同，味即远逊"[②]。《兰亭集序》中："此地有崇山峻岭，茂林修竹，又有清流激湍，映带左右，引以为流觞曲水，列坐其次。虽无丝竹管弦之盛，一觞一咏，亦

① 参见陈从周、潘洪萱编《绍兴石桥》，上海科学技术出版社1986年版，第7页。

② （清）梁章钜著，刘叶秋、苑育新校注：《浪迹续谈》，福建人民出版社1983年版，第81页。

足以畅叙幽情。”此便是人、水、酒融合产生的美妙意境和高尚的感受，被誉为“与宇宙的对话”①。

5. 水文化与生态文化

“语东南山水之美者，莫不曰会稽。岂其他无山水哉？多于山则深沈杳绝，使人憯凄而寂寥；多于水则旷漾浩瀚，使人望洋而靡漫。独会稽为得其中，虽有层峦复冈，而无梯磴攀陟之劳；大湖长溪，而无激冲漂覆之虞。于是适意游赏者，莫不乐往而忘疲焉。”② 刘基所赞美的会稽山水是鉴湖建成后才形成的，体现了人水和谐的生态文化。清人齐召南《山阴》诗中“白玉长堤路，乌篷小画船。有山多抱野，无水不连天”的意境和理念，深深根植于绍兴人心中。

6. 水文化与名人文化

在水环境恶劣的条件下，越族之民“愚疾而垢”③。而到鉴湖建成，“山有金木鸟兽之殷，水有鱼盐珠蚌之饶，海岳精液，善生俊异”④，明确指出水环境和人才培养、经济发展之关系。蔡元培《越中先贤祠春秋祭文》首句便为“岩岩栋山，荡荡庆湖”，“莩清谷异，世嬗贤谞”⑤，精辟地道出了地灵人杰、人水和谐之关系。

7. 水文化与园林文化

对绍兴园林特色，明祁彪佳《越中亭园记》中楚人胡恒所作序称：“越中众香国也，越中之水无非山，越中之山无非水，越中之山水无非园，不必别为园，越中之园无非佳山水，不必别为名。”可以认为“无水不成园”，越中山水本来就是自然风景园林。既是天造地设，又是自然和人工改造相结合的产物。

---

① ［日］岸根卓郎：《环境论》，何鉴译，南京大学出版社 1999 年版，第 269 页。

② （明）刘基著，林家骊点校：《刘基集》，浙江古籍出版社 1999 年版，第 104 页。

③ （唐）房玄龄注，（明）刘绩补注，刘晓艺校点：《管子》，上海古籍出版社 2015 年版，第 285 页。

④ （晋）陈寿：《三国志（下）》卷 57，中华书局 2011 年标点本，第 1106 页。

⑤ 《蔡元培全集 第 1 卷 1983—1909》，中华书局 1984 年版，第 59 页。

第一章　海侵海退对浙东文明发展影响

目前的文献资料，对浙东江河文明最早的记载是源于大禹治水，而现代的历史地理和海洋、考古等所取得的研究成果，把时间提前到了第四纪更新世末期以来的三次海侵之时。本章主要论述的是假轮虫海侵、卷转虫海侵对浙东地区的影响，此成果也使对这一地区的水利史研究从文献记载的5000年，到了科学论证的10万年以前，诸多历史迷惑和故事传说也得到了源头与发展过程的合理解答。

本章论述的范围是以当时浙东（越国，今绍兴）为中心，包括钱塘江两岸的滨海之地。

第一节　海侵过程

浙东原本是“万流所凑，涛湖泛决，触地成川，枝津交渠”[①] 之地，水环境的变迁、人们的治水活动对这里的文明发展起着至关重要的作用。“古地理学”研究表明，从第四纪更新世末期以来，自然界地理环境经历了星

---

① （北魏）郦道元著，陈桥驿校释：《水经注校释》，杭州大学出版社1999年版，第516页。

轮虫、假轮虫和卷转虫三次沧海桑田的剧烈变迁。[①] 其中星轮虫海侵发生于距今 10 万年以前，海退则在 7 万年以前，这次海侵就全球来说，留存下来的地貌标志已经很少了。

一　假轮虫海侵

假轮虫海侵发生于距今 4 万多年以前，海退则始于距今 2.5 万年以前。这次海退是全球性的，中国东部海岸后退约 600 公里，东海中的最后一道贝壳堤位于东海大陆架 -155 米，C^{14} 测年为 14780 ± 700 年前。到了 2.3 万年前，东海岸后退到 -136 米的位置上，即在今舟山群岛以东约 360 公里的海域中，不仅今舟山群岛全部处于内陆，形成宁绍平原和杭嘉湖平原以东一条东北西南向的弧形丘陵带，在这丘陵带以东还有大片陆地。钱塘江河口约在今河口以东 300 公里，现在的杭州湾及宁绍平原支流不受潮汐的影响。

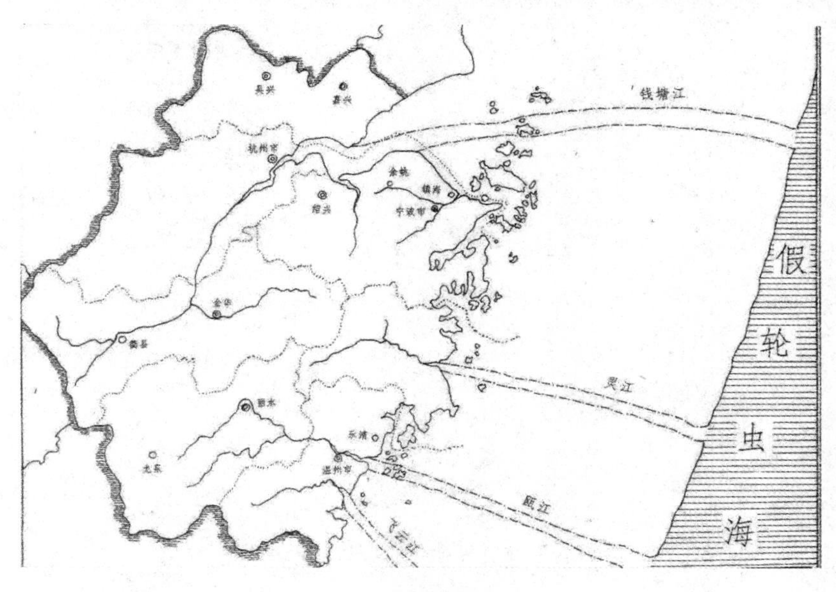

假轮虫海侵时期今浙江省境示意图

① 参见陈桥驿《越族的发展与流散》，陈桥驿主编《吴越文化论丛》，中华书局 1999 年版，第 40—46 页。

二　卷转虫海侵

卷转虫海侵从全新世之初就开始掀起，距今 1.2 万年前后，海岸到达现水深 -110 米的位置上。距今 1.1 万年前后，上升到 -60 米的位置。在距今 8000 年前，海面上升到 -5 米的位置，舟山丘陵早已和大陆分离成为群岛。而到距今 7000—6000 年前这次海侵到达最高峰，东海海域内侵到了今杭嘉湖平原西部和宁绍平原南部，成为一片浅海。20 世纪 70 年代，在宁绍平原与杭嘉湖平原一带城区开挖人防工程时，在地表以下 5—10 米之间，普遍存在着一层海洋牡蛎贝类化石层，就是海侵的最好例证。①

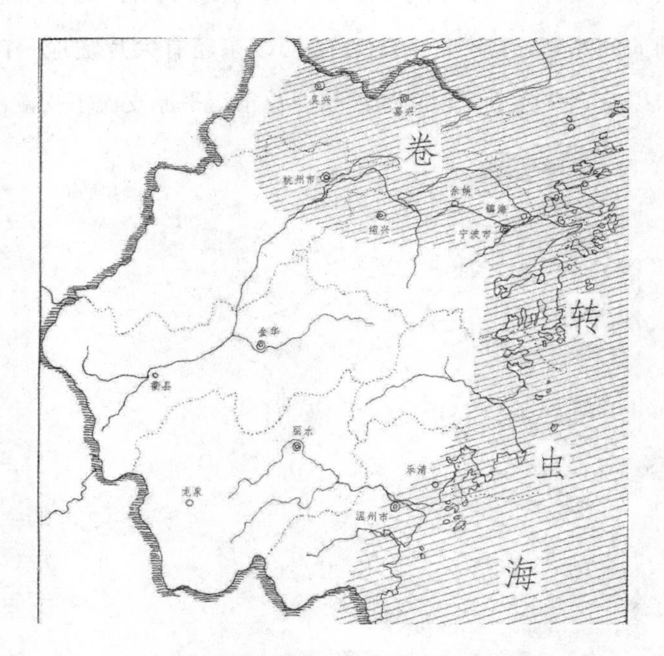

卷转虫海进时期今浙江省境示意图

---

①　参见陈桥驿《越文化研究四题》，车越乔主编《越文化实勘研究论文集（1）》，中华书局 2005 年版，第 5 页。

卷转虫海侵在距今6000年前到达高峰后，海面稳定了一个时期，随后发生海退。这其中海侵海退或又几度发生。

三　《麻姑山仙坛记》碑中的海侵印记

《麻姑山仙坛记》碑刻据传原在江西建昌府南城县西20里山顶，后遭雷火毁佚。碑中的记载印证了海侵沧海桑田变迁之事。此碑明季毁于火。

缘由：唐大历六年（771）四月，颜真卿登麻姑山，写下了记述麻姑山仙女和仙人王平方在麻姑山蔡经家里相会的神话故事，及麻姑山道人邓紫阳奏立麻姑庙经过的楷书字碑《有唐抚州南城县麻姑山仙坛记》。此记被历代书法家誉为“天下第一楷书”。

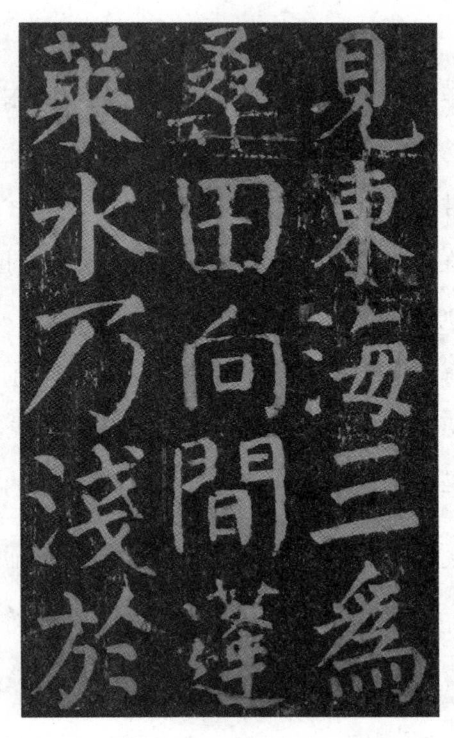

颜真卿《麻姑山仙坛记》记载海侵

其中如“接待以来，见东海三为桑田。向间蓬莱水乃浅于往者，会时略半也，岂将复还为陆陵乎”“方平笑曰：圣人皆言，海中行复扬尘也”“东南有瀑布，淙下三百余尺。东北有石祟观，高石中犹有螺蚌壳，或以为桑田所变”，皆为发人深省和经典之语。研究水利史及历史地理者，在其中会感受到神话及民间口口相传海侵的历史传承与印记。

第二节　海岸线与河口变化

一　海岸线

卷转虫海侵在距今7000—6000年前到达最高峰，东海海域内侵到了今杭嘉湖平原西部和宁绍平原南部，宁绍平原的海岸线大致在今萧山—绍兴—余姚—奉化一带浙东山麓。此时期的东小江（曹娥江）、西小江（浦阳江）河口与今相比在内延西南山麓之地而不能汇聚在一起。

海侵在距今6000年前到达高峰以后，海面稳定了一个时期，随后发生海退。这其中海侵海退或又几度发生。在距今4000年前后，海岸线已推进到了萧山—柯桥—绍兴—上虞—余姚—句章—镇海一线。这一时期各河口与港湾的基本特征是：

> 由于海面略有下降或趋向于稳定，陆源泥沙供应相对丰富，河水沙洲开始发育并次第露出成陆，溺谷、海湾和潟湖被充填，河床向自由河曲转化，局部地段海岸线推进较快，其轮廓趋平直化，但大部分

缺乏泥沙来源的基岩海岸仍然保持着海侵海岸的特点，并无明显的变化。①

《庄子·外物》中的任公子在会稽山上垂钓于东海之中，也是古代会稽山下即是大海在传说中的形象反映。《嘉泰会稽志》卷十八：“任公子钓台在稽山门外，华氏考古云：昔海水尝至台下，今水落而远尔，或云在南岩寺，又云在陶宴岭。”

二　钱塘江河口

《钱塘江河口治理开发》认为：

五六千年前（钱塘江）的河口段原在今富春江的近口段，杭州湾湾顶在杭州—富阳间。②

又认为：

太湖平原西侧“河口湾”封闭的时间，则各家说法差异甚大，从距今6000年前至距今4000—2500年前。“河口湾”封闭后，钱塘江河口的喇叭状雏形便告形成。

杭州湾喇叭口奠定后，钱塘江涌潮开始形成，对两岸地貌起了很大的改造作用。涌潮横溢，泥沙加积两岸，使沿江地面比内地高，西部比东部高。同时，涌潮不断改变岸线位置。因沿江地面比内地高，从而使平原上低洼处发育湖泊，也使河流改向。南岸姚江平原上，河

---

① 金普森、陈剩勇主编，徐建春著：《浙江通史·先秦卷》，浙江人民出版社2005年版，第31页。

② 韩曾萃、戴泽蘅、李光炳等：《钱塘江河口治理开发·绪论》，中国水利水电出版社2003年版，第2页。

姆渡至罗江一线以西的地表水流，由向北入杭州湾而转向东流入甬江。根据姚江切穿河姆渡第一文化层的现象，改道的年代距今不到5000年。绍兴一带出会稽山的溪流，也同样不能北流入钱塘江，而折向东流，汇成西小江，在曹娥江口入杭州湾。①

“河口湾”，是“河流的河口段因陆地下沉或海面上升被海水侵入而形成的喇叭形海湾”②。是否在钱塘江喇叭口形成时，河口湾即是今日的杭州湾岸线，研究认为，既然原来的钱塘江河口在富阳一带，此河口的东北向延伸也会有一个渐进的过程。③

三　浦阳江河口

海侵海退对浦阳江下游河口的影响变化，也可以从萧山湘湖地区的自然地理环境分析。在假轮虫海退鼎盛时期，湘湖之地远离海岸线，钱塘江河道流贯其西缘，浦阳江下游河道会在这一地区散漫沿着自西而东的半爿山、回龙山—冠山—城山、老虎洞山—西山、石岩山、杨岐山—木根山—越王峥等的山麓地带最后汇入钱塘江，并且在这里的低洼之地会有一些自然湖泊，是跨湖桥等先民的生息之地。可以从跨湖桥地区山川形势分辨当时与外沟通的主要水道大致有后来的渔浦出海口、湘湖出海口和临浦出海口，其中临浦出海口即后来的西小江，又是主要的连通萧绍平原的水道。

而到卷转虫海侵的全盛期（距今7000—6000年前），宁绍平原成为一片浅海，湘湖之地也就成为海域，所在大部分山体成为海中岛屿，形成了一个海湾。海退后，这里又成为一片沼泽之地。之后，这一地区又形成了

① 韩曾萃、戴泽蘅、李光炳等：《钱塘江河口治理开发》，中国水利水电出版社2003年版，第25—26页。

② 夏征农主编：《辞海》，上海辞书出版社2000年版，第1087页。

③ 参见邱志荣《绍兴三江新考》，《中国鉴湖·第二辑》，中国文史出版社2015年版，第28页。

诸多湖泊，最主要的是临浦、湘湖和渔浦。郦道元《水经注》卷四十《渐江水》中记："西陵湖，亦谓之西城湖。湖西有湖城山，东有夏架山，湖水上承妖皋溪，而下注浙江。"这一时期的浦阳江主要沿着湘湖一带散漫入海，钱清江是渔浦通往山会平原的一条河道，当时主要出口并不在后来的三江口。

四　曹娥江河口地质证明

这里还要举例的是21世纪初编制的《浙江省曹娥江大闸枢纽工程初步设计工程地质勘探报告》佐证资料。

该工程位于曹娥江河口，钱塘江南岸规划堤防控制线上，距绍兴城市直线距离约29公里，距上虞城市直线距离约27公里。自卷转虫海退以后至20世纪末，这里一直处在河口海湾之中。地质勘探土（岩）层的数据显示：顶板高程（黄海，下同）－24.8—21.4米为淤泥质粉质黏土夹粉土，厚度10.6—21.9米；顶板高程－44—33.1米为粉质黏土、粉土互层，厚度7.0—20.9米；顶板高程－55.1—42.1米为淤泥质黏土，厚度0.5—10.6米；顶板高程－61.6—50.22米为粉砂，厚度1.4—10.2米；顶板高程－67.3—56.0米为中粗砂，厚度8.0—15.5米；顶板高程－66.3米为含砾中粗砂，厚度7.3米；顶板高程－68.71—71.5米为粉质黏土，厚度4.5—11.0米；顶板高程－73.6—82.5米为粉细砂，厚度2.7—11.7米；顶板高程－85.3—85.2米为含砾中粗砂，厚度3.85—17.4米；基岩面高程－102—89.15米为砂岩、沙砾岩。以上土（岩）层结构的变化便是当时海侵海退形成地貌地层的很好证明。

第三节　越民族的迁徙

一　越族流散

卷转虫海侵使东海海域内侵到了今杭嘉湖平原西部和宁绍平原南部，其地成为一片浅海。于是环境开始变得恶劣，越部族生存的土地面积大量缩减，一日两度咸潮，从钱塘江和其他支流倒灌入平原内陆纵深之地，土壤迅速盐渍化，水稻等作物难以生长。此前生活繁衍于平原上的越族人民纷纷迁移。

第一批越过钱塘江进入今浙西和苏南丘陵区的越人，以后成为句吴的一族，是马家浜文化、崧泽文化和良渚文化的创造者。

第二批到了南部的会稽山麓和四明山麓，河姆渡遗址就是越人在南迁过程中的一批，他们在山地困苦的自然环境中，度过了几千年的迁徙农业和狩猎业的生活。

第三批利用平原上的许多孤丘，特别是今三北半岛南缘和南沙半岛南缘的连绵丘陵而安土重迁。

第四批运用长期积累的漂海技术，用简易的木筏或独木舟漂洋过海，足迹可能到达中国台湾、琉球、南部日本等地。《越绝书》卷八中所称的“内越”指的就是移入会稽、四明山的一支；“外越”则指离开宁绍平原而漂洋过海的一支。

二　先民与大自然的抗争

越部族后退到会稽、四明山地是被迫的，是由于不可抗拒的自然力量，使原本美丽富饶的平原、聚落被海水吞没才退到了山丘。而在会稽山沿山麓线一带及平原孤丘上仍然居住着众多的越族人民。同时可以肯定海侵前在平原上使用过的众多的舟楫，为退居会稽山南麓的越族居民继续使用，用于水运和捕捞，水上航运没有衰退而更成为生产、生活之需要。越部族的生活不仅是倒退到“刀耕火种”的阶段。面对着海侵和海退，退居山地的越族人民一直开展与海水争夺水土资源的活动。主要方式是筑堤拦截潮水，形成山麓地带聚落和生产基地。因之笔者认为对目前会稽山麓冲积扇地带常能见到的古塘遗址，如位于绍兴城南的坡塘和秦望村的古塘等不能简单地认为只是越王勾践时留下的工程。[①] 早于勾践时越族人民进行围堤筑塘御潮，扩大生产、生活之地的活动便已开展。而在宁绍平原这一以筑海塘和围涂为改造自然环境的方式一直延续至今。这一判断可以在河姆渡文化遗址中的最早海塘堆积物中得到佐证。[②]

三　越族重返山麓地带

卷转虫海侵的全盛期（距今7000—6000年前）宁绍平原成为一片浅海，越部族的活动中心退到了会稽、四明山区。《吴越春秋》记载当时“人民山居”。在距今4000年前后，海岸线已向后推到了柯桥—绍兴—上虞—余姚—句章—镇海一线。于是越部族开始有居民从会稽山、四明山内地逐年北移，加快对一些咸潮影响较小的山麓冲积扇地带进行不断扩大的垦殖。此外，平原上多有高度在20—100米的山丘，这便为越族聚落发展和生产范围都不断向平原扩大创造了有利条件。但海侵过后的宁绍平原仍多为湖泊沼泽和咸潮出没之地，不利于人们在平原生产、生活，因之越部族的中心

① 参见盛鸿郎、邱志荣《坡塘轶闻》《南池寻考》，《中国水利报》1992年10月7日第4版，1992年7月4日第4版。

② 参见金普森、陈剩勇主编，林华东著《浙江通史·史前卷》，浙江人民出版社2005年版，第74页。

活动区域仍主要是迁徙农业和狩猎业，即《吴越春秋》卷六所称："随陵陆而耕种，或逐禽鹿而给食。"①

海岸线的稳定为越国走出山丘向北部平原开发创造了条件。越王勾践即位于公元前5世纪（公元前496），"勾践徙治山北，引属东海，内外越别封削焉"②。其地在今平水镇附近的平阳。越部族的生产活动中心，已从南部山区进入了山北的一系列山麓冲积扇地段。

从海退结束到平原较大规模开发（公元前2000—公元前600年），有一个发展过程，也并非越王勾践一蹴而成。地理环境有一个改造的过程，生产力和国力也有不断发展的历史演变。否则难以解释在越王允常及勾践时一个区区山区部落敢于和河湖交错发达、经济与军事实力强盛的吴国争霸的事实。

第四节　聚落考古的印证

在现代考古发现的宁绍平原及钱塘江北岸的古遗址中，海侵留下的自然环境遗存与人类活动的印证大量存在。

一　小黄山遗址

位于嵊州市甘霖镇上灶村的小黄村，属曹娥江上游长乐江宽广的河谷平原地带。这里依山傍水，距今10000—8000年前，当时的原始先民过着以采集、狩猎为主的定居生活，并且从发现的稻属植物硅酸体看，其时已开

① （汉）赵晔：《吴越春秋·越王无余外传》，中华书局1985年版，第135页。

② （汉）袁康、（汉）吴平辑录：《越绝书》卷8，浙江古籍出版社2013年版，第50页。

始栽培或利用水稻了。[①] 水稻生产必须有良好的水利灌溉条件，说明这里的河网水系十分发达，史前的农业文明已经显示。

二　跨湖桥文化遗址

位于杭州市萧山区城厢街道湘湖村的湘湖之滨，地面高程 4.2—4.8 米，距今 8000—7000 年前。2002 年对遗址进行了第三期挖掘，发掘最大的收获当属发现了一条独木舟。测定距今年代为 8000—7000 年前，堪称中国迄今发现的最早而又最长的独木舟出土。[②] 而此独木舟的发现说明早在距今 8000—7000 年以前的宁绍平原，曾是河湖交织之地，舟楫应是远古越人主要的交通工具，此时越人用舟的技术已较为成熟，当然，其开创用舟楫的历史应远早于此年代。

此外，在跨湖桥遗址中还发现了大量的古文化遗存，其中发现的石器锛被认为用来挖制独木舟，也有人认为这是“海洋文化的代表性器物之一”[③]。跨湖桥遗址是浙江境内也是中国东南沿海地区已知的较早的新石器时代文化遗存。

三　河姆渡文化遗址

河姆渡文化遗址位于杭州湾南岸的宁绍平原，该平原西起萧山，东抵镇海、鄞县，南靠会稽、四明山和天台诸山，北薄于海；呈东西长、南北窄状，面积约 4824 平方公里。根据考证，7000 年前的河姆渡地理地貌应属丘陵山地与沼泽平原交接地带，这个遗址应是第三次海侵高峰时，越人流散过程中南撤的最后一处居住点。遗址附近不但有着大片淡水的湖塘、沼

---

① 参见张恒、王海明、杨卫《浙江嵊州小黄山遗址发现新石器时代早期遗存》，《中国文物报》2005 年 9 月 30 日第 1 版。

② 参见徐峰等《中国第一舟完整再现》，《杭州日报》2002 年 11 月 26 日第 3 版。

③ 林华东：《越人向台湾及太平洋岛屿的文化拓展》，《浙江社会科学》1994 年第 5 期。

泽平原，而且距离河口海岸边也并不太远。河姆渡第四层底部的高层与今日的海平面相近或稍低0.5米，当时的海平面比今日之海平面低2—3米。

由于发掘范围和环境的局限，在遗址中未发现系统完整的水利工程遗址，但我们可从当时人们的活动和不完整的遗址中找到和发现河姆渡人的原始水利及其对相关事物的影响。

（一）稻谷与农灌

在河姆渡遗址的发掘中发现有大量的栽培稻谷遗址出土，其数量之大，保存之完好，不仅堪称全国第一，就是在世界史前遗址中也是十分罕见的。水稻种植，必然有农田水利灌溉，《淮南子·说山训》认为："稻生于水。""稻作农业需要有明确的田块和田埂，田块内必须保持水平，否则秧苗就会受旱或被淹。还必须有灌排设施，旱了有水浇灌，淹了可以排渍。"[①] 此说明河姆渡文化中应已有当时水稻种植的渠、沟等简易灌排水利的存在。

（二）最早的海塘

《浙江通史》认为：距今6555—5850年间的皇天畈海侵开始以后，海水的不断上涨，致使"河姆渡人"居住的村落和田地逐渐为海水吞没，之后又渐次为海侵时的沉积物所覆盖，从而构成第四文化层。在皇天畈海侵逼近村落之初，河姆渡人不甘心离开自己的家园，使用大小石块进行回填筑堤建坝，借以抵御海水的侵袭，保护自己的家园，因此造成一些遗物和回填的石块与海水沉积物相掺混的现象，形成第三文化层。[②] 但由于抗御自然的能力有限，难以抵挡浩浩上涨汹涌进犯的海水，河姆渡人最后迁到了四明山麓去生活居住。可以认为河姆渡人实施大小石块回填阻止海水侵袭的简易堤坝工程，即是当时小规模的阻挡海水的建筑物，是最早的海塘。

---

① 严文明：《农业发生与文明起源》，科学出版社2000年版，第48页。

② 参见金普森、陈剩勇主编，林华东著《浙江通史·史前卷》，浙江人民出版社2005年版，第74页。

这充分显示了河姆渡人与自然抗争的决心、能力和智慧。

（三）造船及航运技能

河姆渡人当时所处的地理环境，是钱塘江以南地区背山临海的湖沼地带。这里的气候暖湿、雨量充沛、河湖密布，海洋和内河均是当时人们的主要生产内容和生活依赖之一。于是“刳木为舟”“剡木为楫”，舟楫便是大自然启导河姆渡人创造的主要生产工具之一。

在河姆渡第四文化层中，1973 年第一期考古中发现了一件似是木桨船的木器。1977 年第二期考古中又发现 6 支木船桨。[①] 在鲻山遗址第九文化层中发现了独木舟遗骸。此外，还发现了以当时独木舟为模型的陶舟。可见，舟楫在人们心中的地位和要求。

在新石器时期的宁绍平原发现的跨湖桥遗址和河姆渡文化遗址中的舟楫发现说明了以下几点：其一，古代宁绍平原水网非常发达；其二，这是人类适应自然、改造自然的标志之一，表明人们生产能力大幅度提高，活动范围扩大；其三，沟通了部落与外界的联系和交往，促进了文化交流和生产发展，并对越族之后的水利、水运、生活方式和军事战争产生了深远的影响。

（四）凿井汲水

井，《说文解字》：“八家一井象构韩形，瓮之象也。古者，伯益初作井。凡井之属，皆从井。”《周易》孔颖达疏记：“古者穿地取水，以瓶引汲，谓之为井。”[②] 徐光启《农政全书》称井为：

> 池穴出水也。《说文》曰：清也。故《易》曰：井冽寒泉食。甃之以石，则洁而不泥。汲之以器，则养而不穷。井之功大矣。按《周书》

① 参见金普森、陈剩勇主编，林华东著《浙江通史·史前卷》，浙江人民出版社 2005 年版，第 176—177 页。

② 《辞源》（修订本），商务印书馆 1988 年版，第 70 页。

云：黄帝穿井。又《世本》云：伯益作井。尧民凿井而饮。汤旱，伊尹教民田头凿井以溉田，今之桔槔是也。此皆人力之井也。若夫岩穴泉窦，流而不穷，汲而不竭，此天然之井也。皆可灌溉田亩，水利之中所不可阙者。

以上说明井属重要水利设施，起源甚早，既可作为饮用水，又可以灌溉。

水井的发明使用，是随着定居生活和农业生产的发展而出现的。在河姆渡遗址第一期考古发掘中不但发现了一口木结构的水井遗迹，并且所利用的桩木、圆木筑井方法，具有高超的木工制作技术。[①] 河姆渡人所凿之井必有多处，之所以在水资源丰富、河网沼泽众多之地还要凿井取水，应该考虑到：其一，当时河姆渡地带的水塘多呈自然状态，蓄洪灌溉能力不强；其二，当时沿海如遇大潮海水会倒灌入平原，山洪暴发时则平原潴成一片泥泞之水，大旱时河塘又易干涸，会造成局部性淡水资源缺失；其三，凿井主要用于饮用水，部分也用于灌溉。河姆渡人发明和使用水井，对当时人类社会的演变所带来的进步和影响是巨大和不可估量的。从水利角度而言，是采用人工技术对地下水资源的有效开发利用；就施工制作技术而言，对之后越国水闸、堤坝建筑也是重要的技术基础积累。

（五）干栏式建筑

作为人类遮风避雨、寝食所安的居住之地，干栏建筑结构既适应自然环境，又是劳动和人智慧创造的产物，亦为人类文明进化的重要标志。

河姆渡遗址发掘中发现有多处木构建筑遗迹，尤以第四层保存最为完好和内容丰富。诸如柱洞、柱础、圆柱、方柱、圆木、桩木、地龙骨、横

---

① 参见金普森、陈剩勇主编，林华东著《浙江通史·史前卷》，浙江人民出版社 2005 年版，第 179 页。

梁、木板之类，星罗棋布，纵横交错。桩木大多下部削尖打入地下 30—150 厘米，木板比地面抬高 80—100 厘米，系平铺在干栏式建筑小梁上作地板用，可以掀开，从室内投下垃圾等物。“河姆渡这种以桩木为支架，上面设大梁、小梁（地板龙骨），以承托地板，构成架空的基座，再在上面立柱、架屋梁及叉手长椽（人字木）构成的房屋应属于干栏式建筑。”[①] 这种干栏式结构的木屋建筑从越地地下水位高、多雨水及潮湿的自然地理环境看，有着显著的居住优势。首先，这种建筑可以防潮湿，使河姆渡人能实际居住在相对干燥的环境中，避免湿热带给人类的危害；其次，人字形的屋顶既有利于四角柱较为均衡地分担沉重屋顶负荷，又有利于下雨时排水和平时通风；最后，地板高于地面，也有利于防止越地较多生长的蛇虫之类爬入屋内对人造成危害。

河姆渡人的这种干栏式建筑结构，是越族祖先在特定的水环境中创造的居住建筑产物。主要是江南多雨潮湿地区有地域特征的代表性建筑形式，或为我国传统木建筑的起源。

（六）鸟图腾崇拜

晋干宝《搜神记》卷十二载“越地深山中有鸟，大如鸠，青色，名曰‘冶鸟’”[②]，“此鸟白日见其形，是鸟也；夜听其鸣，亦鸟也。时有观乐者，便作人形，长三尺，至涧中取石蟹，就火炙之，人不可犯也。越人谓此鸟是越祝之祖也”。河姆渡文化是越文化的主要源头之一，河姆渡先民崇拜鸟是其原始崇拜的一个显明的特征。遗址出土的一件“双鸟朝阳”纹象牙雕刻蝶形器，堪称其精美的鸟图腾代表。画面上是一对形态栩栩如生的巨鸟，鸟长着利喙长尾，表情丰富，充满生机与活力，昂首奋翼向上。显示出雄

① 金普森、陈剩勇主编，林华东著：《浙江通史 · 史前卷》，浙江人民出版社 2005 年版，第 173 页。

② 钱振民点校：《搜神记 · 世说新语》，岳麓书社 2006 年第 2 版，第 107 页。

健与伟力。双鸟中有一似熊熊烈焰腾升的火球，犹如旭日东升。双鸟朝阳反映了当时人们崇拜鸟之顺应自然的神奇之力，以及与自然和谐相处、欣欣向荣的原始思想。这说明河姆渡人对“鸟”有着特别的感情与爱好，很可能就是他们的图腾崇拜。[①] 图腾是指同一氏族的人所奉为祖先、保护者及团结的标志的某种动物、植物或无生物，它是初民社会的一个重要而又普遍的现象。[②] 河姆渡人之所以以鸟为图腾崇拜，从生活环境的角度而言或与海侵和大洪水有关。因为当人们在自然造成的水患面前显得无能为力，生产、生活受到严重制约之时，人们会看到只有那搏击长空的雄鹰，迎着朝阳，自由飞翔，俯视那茫茫的洪海，显示出了超越自然力控制的力量。鸟又有一种“神示”的感应，如吴越之地流传甚广的一首《百鸟朝凤》歌：“四月蔷薇处处开，布谷常把公婆唤，鶺鹩号称巧妇鸟，鹁鸪叫来雨水多。”[③] 越地传说中又有“鸟耘之瑞”的传说，因为凡是鸟群聚或觅食之处，必是水草丰美之地，人们跟随种地必然会收获成功。

四　良渚文化遗址中的水利工程[④]

良渚文化遗址位于余姚区良渚、瓶窑两镇地域内，总面积42平方公里。良渚文化遗址虽在钱塘江北岸，然良渚文化同属于大越文化的一部分；钱塘江两岸地形地貌有很多相似之处；并且良渚文化发生在卷转虫海侵与海退时期。

（一）5000年前良渚地貌水环境

在距今大约5000年前，良渚地区的地貌景观是：

① 参见林华东《试论河姆渡文化与古越族的关系》，百越民族史研究会编《百越民族史论集》，中国社会科学出版社1982年版，第96页。

② 参见陈国强《神秘的图腾·序言》，高明强《神秘的图腾》，江苏人民出版社1989年版，第1—2页。

③ 钟伟今、朱郭副主编：《湖州民间文学选》，海南出版社1999年版，第237页。

④ 参见邱志荣、张卫东、茹静文《良渚文化遗址水利工程的考证与研究》，《浙江水利水电学院学报》2016年第3期；邱志荣《话说良渚遗址水利》，《中国水利》2017年第2期。

北翼有火山喷出岩构成的大遮山丘陵，绵亘于今德清与余杭之间，主峰大遮山，海拔高483米。丘陵西与莫干山南翼诸丘陵相连。从梯子山、中和山等东迤，在主峰以东又有百亩山、上和山诸峰，从今余杭南山林场直抵西塘河西缘。丘陵中的不少峰峦如中和山、王家山、青龙冈、东明山等，均超过海拔300米，200米以上的峰峦则连绵不断。大遮山丘陵以南，分布着一片山体和高度都较小的大雄山丘陵，也是一片火山岩丘陵。主峰大雄山，海拔高178米；此外还有朱家山、大观山、崇福山等。在这两列丘陵间的沼泽平原上，则分布着许多孤丘，最高的如马山超过300米，獐山超过200米。超过100米的就更多，这类孤丘，在海进时期原来就是孤岛。山体较大的孤丘，海进时期也可能有良渚人居住。还有更多在100米以下的……构成了这片沼泽平原的特殊地貌景观，而且在沼泽平原的开拓中发挥了重要的作用。①

在距今5000年前的良渚地区的水环境有如下特点。

其一，沼泽遍布，洪潮频仍。海平面应逐渐趋于下降并稳定，但感潮河段和沼泽地并存，一般的湖泊在洪水季是湖泊，在枯水季则是沼泽。土地盐渍化，淡水资源缺乏。此外就是潮汛和台风期潮汐更会上溯侵入，造成灾害。值得注意的是，今良渚塘山坝边有村名“后潮湾村”，莫原所始，按照地名的演变特点，这里在历史上应是潮水出没之地。

其二，地势低洼。根据地貌变化，其时的平原地带，地面高程至少应比今日低3米，今高程多在黄海2.5—4米。

其三，东苕溪东南注。当时“源出天目山，经临安、余杭的东苕溪古河道，曾经杭州东郊注入杭州湾。余杭镇附近的东苕溪直角拐转，即是袭

① 陈桥驿：《论良渚文化的基础研究》，《吴越文化论丛》，中华书局1999年版，第571页。

夺湾；由余杭经宝塔山、仓前至祥符的古河道，即是袭夺后残留的断头河”①。

（二）环境对良渚发展影响

已经发现良渚以莫角山为中心的遗址点有135处以上，包括古城、墓葬、祭坛、村落、防御工程、礼制地、水利设施、码头、航运设施、作坊等类型，其体量和内容，彰显了良渚文化在史前高度发达的社会文明程度和地位。良渚文化以独特的文化状况和高度品位的水平，在中国文明起源多元化研究中占有重要地位。

如前所述，至卷转虫海侵时的良渚地区是一种丘陵、孤丘和湖沼的自然环境，人们开始渐进式地由山丘向山麓地带开拓发展。其部族的活动中心按照山地—山麓—平原（海退之后的滩涂地区、河口三角洲地区）的顺序发展。此时“气候之变化促使水稻农业成为维系社会经济之命脉，仅靠原有的居住地周边的小块耕地无法满足人口的需求，因此，原先很少涉足的低洼地都必须开发出来，因为这些区域恰恰是水稻的合适作业区”②。人们的生产方式也适应新的自然环境，逐步以稻作农业代替渔猎采集。其间在崧泽末、良渚初期，考古专家发现了稻作农业进入精耕细作的阶段。

考古还发现“崧泽末、良渚早中期新的遗址呈爆发型增长”③。说明其时农业经济的发展已使人口迅速增长，垦区也随之扩大。又从良渚遗址的分布看，早期的遗址多在山麓冲积扇地带，而在之后新开发基地基本上在低地。而这其中的原因主要应是当时人们的综合生产能力在不断提高。

有资料显示，在良渚中晚期气候逐渐变冷，已出现了不利于稻作农业

---

① 韩曾萃、戴泽蘅、李光炳等：《钱塘江河口治理开发》，中国水利水电出版社2003年版，第21页。

② 王宁远：《遥远的村居——良渚文化的聚落和居住形态》，西泠印社2010年版，第35页。

③ 同上书，第40页。

生产发展的趋势。[①] 其时年平均气温为 12.98—13.36 摄氏度，比今低 2.2—2.7 摄氏度；年均降水量为 1100—1264 毫米，比今少 140—300 毫米。又有学者认为良渚文化中晚期存在海平面上升的现象，海水上升使这一地区自然排洪能力下降，洪涝灾害易发。[②] 海水上升当然是一个应考虑的因素，而更应考虑此时期由于苕溪古河道东南出受阻，改北出，穿越良渚之地，便出现其地难以容纳浩大的东苕溪来水情况。目前的资料显示东苕溪瓶窑以上的集雨面积为 1408 平方公里，河长 80.1 公里。[③] 因此，这里的水环境发生重大变化，水灾陡然增多。这种状况会有一个很长的调整过程，也必定影响良渚人的生存与发展，或就是后来良渚人明显减少的主要原因。

（三）良渚塘坝工程遗存

自然环境演变，海侵起落，河流改道，形成独特的地理环境；人类生产、生活的需要，就产生了与之相适应的水工程。目前发现的良渚塘坝，位于良渚古城的北面和西面，共由 11 条堤坝组成[④]，就区域位置看可分为三部分。

---

① 参见张瑞虎《江苏苏州绰墩遗址孢粉记录与太湖地区的古环境》，《古生物学报》2005 年第 2 期；丁金龙、萧家仪《绰墩遗址新石器时代自然环境与人类活动》，《东南文化》2003 年增刊 1。

② 参见陈杰《长江三角洲新石器时代文化环境考古学考察纲要》，《中国社会科学院古代文明研究通讯》2002 年第 4 期。

③ 参见浙江省水利厅编《浙江省河流简明手册》，西安地图出版社 1999 年版，第 64 页。

④ 除特别注明外，相关数据主要参考浙江省文物考古研究所 2015 年十大田野考古新发现申报材料《良渚古城外围大型水利工程的调查与发掘》，感谢浙江省文物考古所王宁远先生的支持，并提供资料。

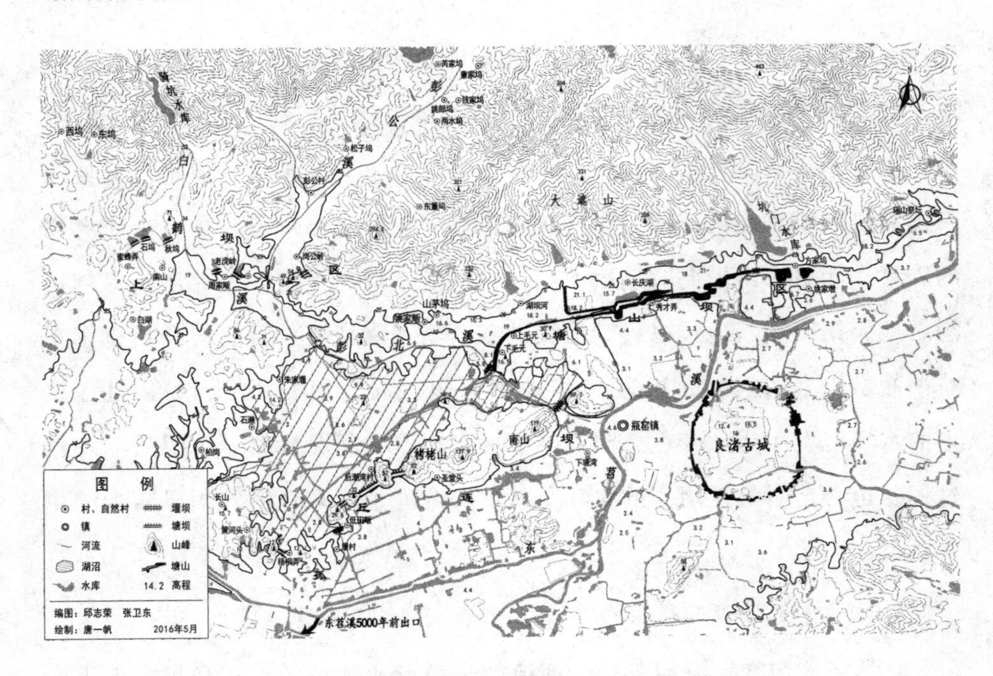

良渚遗址水利工程分布图

1. 上坝堤塘

（1）位置和规模。

上坝位于大遮山之西丘陵的谷口位置，包括岗公岭、老虎岭、周家畈、秋坞、石坞、蜜蜂弄 6 处。其又可分为东岗公岭、老虎岭、周家畈和西秋坞、石坞、蜜蜂弄两组。上坝坝顶海拔高程（黄海，下同）一般为 35—40 米。因谷口一般较狭窄，故坝体长度在 50—200 米间，大多为 100 米左右。坝体下部厚度几十米或近 100 米。

值得注意的是这两组坝体，并未把之上集雨面积在山谷形成的主溪流完全截断。现场考察发现在东坝部分老虎岭和周家畈坝体是存在的，而老虎岭和岗公岭之山岙间海拔高程多为 11—13 米，宽度约为 200 米，现场考察中又发现老虎岭—岗公岭直接流经的彭公溪溪流古河道清晰可见，其中所经（在老虎岭—岗公岭之下约 100 米处）最狭窄之地的山谷东西宽仅为约 40 米，东端东西向有一组最高点海拔高程分别为 27 米、49 米、54.7 米的自然山体；西端则为一最高点海拔高程为 50 米的自然山体。上游集雨面积约为 6 平方公里，如要建坝也应在此位置，但现场考察，主溪流通过处无筑坝痕迹，为自然山体。也或在东端 27 米、49 米、54.7 米自然山体处会有人工筑坝建独立小山塘。

同样，在西坝区秋湖头、石岭之间的坝体也可见遗存，至今依然蓄着不少水，已成为当地灌溉和旅游之用；而其上白鹤溪流经的主流河道所经的秋湖头和周家畈之间的堤坝遗存则几乎是不存在的，上游集雨面积约 5.5 平方公里。[①] 其上游位于今白鹤溪骑坑村的小型奇坑水库，于 1967 年 10 月动工，1980 年 6 月竣工。黏土心墙混合坝（2004 年增加干砌块石护坡），坝高 25 米。集雨面积 3.41 平方公里，总库容 119.74 万立方米，兴利库容 96.92 万立方米，灌溉面积 1250 亩。之下的古河道也是沿着山麓盘绕而下。[②]

可以肯定如果当时分别在白鹤溪和彭公溪所经的主流溪之间建有塘坝，理论上至今会留有遗存。既然现场暂时还未发现确凿的证据，似说明良渚时期所建的塘坝，在技术上未能在山地拦截较大溪流建成小型以上水库。应是当时只控制了一些支流蓄水，集雨面积很小，蓄水量一般应在 10 万立方米以下，多为山塘类。为了取水灌溉下游农田等，上坝各处还要通过堰坝控制，总蓄水量不会超过 50 万立方米。

（2）年代。

目前考古已测定的部分坝体最早年代在距今 5100 年前。分析建坝年代主要在海侵高峰期（距今约 6000 年）和海退期间（距今约 5000 年），应是

① 现场考察时在河谷西侧山根下新发现一截 20 世纪 70 年代被扒平的堤根，当地老乡称之为“风塘头”，意为山谷里的“挡风墙”，据说原来宽 3—4 米、高 1—2 米，目测长约 50 米，至于是不是良渚时期建筑，有待进一步考证。

② 参见余杭水利志编纂委员会编《余杭水利志》，中华书局 2014 年版，第 254 页。

良渚早期的堤坝工程。

（3）功能。

卷转虫海侵使得近海山地曾为良渚人主要的生活、生产区（当时部族居住的变动性是较大的），潮汐出没尚在此以下。因此，这里的堤坝主要是为蓄淡和灌溉之用，因为如果良渚人要在近海山地生产、生活，就必须有长年不断的淡水可供，蓄淡是必要条件。还应该看到的是，如果仅是蓄水5万—10万立方米，何以要建如此高大（宽100米、长100米）的塘坝？良渚附近山上有许多“坞”，如童家坞、钱家坞、两水坞、东篁坞、西施坞等，如上坝偏西的三个坝各自对应着一个带“坞”的地名，即秋坞、石坞、姚坞（姚坞的坝已毁于修路）。关于“坞”的解释[①]，其一，“土堡，小城”；其二，“四面高中间低的谷地，如山坳叫山坞”。《辞海》解释与此类似：“构筑在村落外围作为屏障的土堡。”与它密切相关的一个词是“坞壁”。历史时期的坞壁，是一种民间防卫性建筑，在我国分布甚广，历史久远，如河南禹州具茨山、山东肥城石坞山寨等地。大型的坞壁（也叫坞堡）相当于村落，有的旁侧另附田圃、池塘。今日藏在密林深处的旅游点石坞，依稀可辨古代坞壁气象。所以上坝的功能不仅是蓄水灌溉，也不仅是后代可能存在过的“坞壁”，可能早在良渚时期就有部落城堡工事的作用。

2. 下坝堤塘

下坝从现状总体看，长十余公里，形成东西向的闭合圈，其内区域略呈三角形，西部宽阔而东部略显狭窄。下坝在目前发现的良渚塘坝中处于主体和核心地位。

（1）位置和规模。

位于大遮山以南，分别由自然山体“孤丘连坝”和人工山前长堤“塘山坝”组成。

---

① 参见《辞源》（修订本），商务印书馆1988年版，第338页。

①孤丘连坝。位于上坝南侧约5.5公里的平原上，由西到东分别有梧桐弄、官山、鲤鱼山、狮子山4条坝将平原上的孤丘连接成线，坝顶海拔在10米左右。坝长视孤丘的间距而定，在35—360米间不等，连坝总长约5公里，人工坝体长度不超过1/5。其内是一片低洼之地，海拔高程多在2.5—3.5米之间，面积约3平方公里，是较理想的蓄水之地。

②塘山坝。原称塘山或土垣遗址，位于良渚古城北侧约2公里处，北靠大遮山，距离山脚100—200米，全长约5公里，基本呈东西走向，地处山麓与平原交界地带，从西到东可将其分成三段。西段为矩形单层坝结构。中段为南北双堤结构，北堤和南堤间距20—30米，并保持同步转折，形成渠道结构；北堤堤顶海拔高程在15—20米，南堤略低，堤顶海拔高程为12—15米。“渠道”底部海拔高程为7—8米。双堤以东为塘山坝东段，为单坝结构，基本呈直线状分布，连接到罗村、葛家村、姚家墩一组密集分布的土墩（部分为山丘）。以上塘山坝宽度在20—50米之间，呈北坡缓、南坡较陡状。塘山坝南侧则有筑坝取土时留下的断断续续的护塘河。

随着考证的深入还发现这段塘山坝至山麓以内地面海拔高程多在10—15米之间，更有多处在海拔20米以上，也就是与“孤丘连坝”之内的2—3米的地面海拔高程相差在10米以上，不能成为同一蓄水之所。此外，在大遮山北山麓山脚的小冲积扇地带，多有蓄水1万立方米的小山塘，沿山棋布。

以上堤坝多与山丘相连，由人工堆积而成，看似大致相连，其实“孤丘连坝”和“塘山坝”有明显不同。

其一，所处位置。前者基本是自然山体之间的连接；后者则是在一片山麓台地上连成的人工坝体。

其二，坝的高程。前者海拔高程一般在10米，其内地面海拔高程一般为2.5—3.5米；后者海拔高程12—15米，其内地面高程也多在海拔10—15米之间。

其三，蓄水类型。前者在其内可形成沼泽湖泊水库，蓄水量较大；后者主要是护塘河、小山塘及南北向的自然河流。

其四，集雨面积。前者明显比后者大。

以上两坝比较相同的是坝之外（南）的地面海拔高程多类同，多为2.5—4米，如果通过堰坝控制实施农种或其他自流灌溉用水，应都是便利的。

（2）年代。

考古认为塘山坝在1996年、1997年、2002年、2008年、2010年经过多次发掘，有确凿的地层学依据证实其为良渚时期遗迹。测定为距今5000年左右。笔者认为应略迟于上坝年代，主要是基于“山地—山麓—平原”开发顺序的渐进考虑。又据对后潮湾村开挖段坝下原始基层土取样[①]，据测定为海相沉积粉砂土，属碱性土。说明在未筑坝时这里确实为海潮直薄进出之地。

（3）功能。

首先需说明以下内容。

其一，“下坝”蓄水量是有限的，受制于上游大遮山及坝以内的集雨面积和来水的多少。据水文部门估算，“下坝”以上的集雨面积约为30平方公里，按多年平均年降水1300毫米、径流系数0.4计，年来水量约为1500万立方米。现存水库除奇坑水库外，另在大遮山有一座小型的康门水库（坑门水库），1958年10月动工，1960年2月建成。坝型为黄泥心墙坝，坝高17.30米。集雨面积仅为4.65平方公里，兴利库容97.61万立方米，灌溉面积2316亩。[②] 因此“下坝”的蓄水能力不能过分夸大。当时的蓄水主要在其内的湖沼、河道及护塘河之内。按复蓄系数2，湖沼水面3平方公

① 由现场考古人员帮助提供，并由绍兴市水利水电勘测设计院检测中心土工试验，“2016年4月12号报告”。

② 参见余杭水利志编纂委员会编《余杭水利志》，中华书局2014年版，第249页。

里，水深2米计，孤丘连坝之内蓄水在500万—600万立方米之间；塘山坝之内的护塘河（按长5000米、宽20米、深2米）、河道、小水塘（十余处）蓄水量为100万—150万立方米。下坝内的正常蓄水量有650万—750万立方米。

其二，“下坝”内水位的控制及与外围河道的连通主要靠堰坝（泄水或取水建筑物）。无论是水库泄洪还是对外引水灌溉都必须有堰坝。在良渚时期的水工技术不大可能建有较高水平的溢洪道。因此，应以自然古河道加低平的堰坝控制蓄水为主。在堤坝未筑时这里存在着多条古河道。建坝后主要会在原水道流经处形成多条堰坝，既能控制正常水位，为下游提供自流水源，又能在汛期溢洪，还能阻挡下游海潮上溯。满足以上条件的堰顶高程有一个合理范围，最低一般不会低于海拔2米，同时最高也不会超过海拔5米（孤丘连坝之过水堰坝）或10米（塘山坝之过水堰坝）。

今存的古河道主要是：从“上坝”白鹤溪、彭公溪流经彭北溪到毛元岭出口至东苕溪的河道；由“双堤”桥头村，经大滩村到东苕溪的河道；由康门水库通往东苕溪的河道。建堰坝的另一位置应主要在堤坝山麓的山岙间，如“孤丘连坝”中康村和低田畈村两山岙间应为古堰坝所在地，又如整条塘山坝又有“九段岗（九个缺口）”[①] 之说。这些缺口，无疑是堰坝的首选坝址。

其三，“下坝”不能形成对良渚古城的保护。缺少“下坝”为古城防御洪水的依据证明，即使后来改道后的苕溪也在“下坝”与古城之间。但古城建立后，通过堰坝及古河道有为城内河道提供淡水资源的功能，如毛元岭出口河道。

基于上述距今约5000年前良渚之地的地理、水文环境条件和人们的生产、生活方式，尤为稻作生产所需，将下坝定性为：所建成的“下坝”严

---

① 赵晔：《良渚文明的圣地》，杭州出版社2013年版，第174页。

格意义上是在山麓与平原交界地带、多层地形区建成的早期良渚人聚落围垦区，可视为中国东南沿海最早的围垦塘坝之一。

主要功能为对外挡潮拒咸，保护其内的人民生命、生产安全，其内蓄淡灌溉，包括自流灌溉和人力提水灌溉，也可为之外的平原地区开发提供部分生产、生活用水。

按山麓线10米等高线计，保护区范围约为8.5平方公里，又可分为“孤丘连坝”和“塘山坝”两块。前者以蓄水为主；后者可能是生产、生活区。以此推测，这里或许是“平原版”良渚古城建成之前良渚人聚集活动中心，也就可能存在“山麓版”的良渚古城。

至于双堤，在其上应是以人居为主的活动区，此外还有公共活动场地功能。塘山坝中心位置，尤为宽大平整，有东西向河道贯穿其中。另外值得关注的是，双堤今所处的村名为“河中村”①，似也与古村落有关。

3. 古城城墙堤塘

（1）位置和规模。

良渚古城（莫角山），俗称“古上顶”。位于“下坝”以下，直线距离最短约3公里。此古城城墙呈“正（南北）方向圆角长方形，南北纵长1800—1900米，东西宽1500—1700米，总面积290万平方米”②。古城城墙底部宽度大多为40—60米，最宽处100多米。“城墙一般底部先铺一层20厘米的青胶泥，再在上面铺设石块基础面，然后用黄土堆筑成墙体。”

（2）年代。

只有在良渚文明相对发展的背景下，才有可能建立城市。因此，良渚古城应是建于下坝系统略后的工程。

① 赵晔：《良渚文明的圣地》，杭州出版社2013年版，第174页。
② 同上书，第132页。

（3）功能。

从水利工程的角度分析，此城墙有着防洪、挡潮的作用。此外，古城还有环城河、城内河道、水城门等水系和设施。部分遗迹尚存，诸如城墙西、北、东三面都发现有内外壕沟，宽度20—40米不等。城墙西、南两面还发现有内壕沟，北城墙内侧现有数十米的河道，也可能是良渚时期的内壕沟。考古者多称良渚时期交通以水运为主，城墙基础铺有一层数量可观的块石，据说是通过护城河和竹筏取自远处的山谷地带。城内城外水网密布，河密率超30%，水门在6处以上，因此也可称良渚古城是中国最早的水城之一。

（四）价值意义

第一，海侵不但使钱塘江两岸的自然环境产生了巨大变迁，而且对这里史前的人类文明发展有着决定兴衰的作用。良渚文化遗址中的山地（上坝）—山麓（下坝）—平原（城墙与城河等）水利工程的建设与变化发展，遵循着自然的演变和人类适应与改造自然的规律。

第二，良渚山地的上坝出现在良渚早期，控制范围有限，主要溪流白鹤溪和彭公溪没有被拦截成水库。

下坝出现在良渚的全盛期，为围垦工程。主要功能随着自然环境与人类需要而变化：一个时期主要是挡潮、防洪、蓄淡，保护塘内的农田、人口、聚落安全；另一个时期主要是为下游农业垦种提供灌溉用水，或为良渚古城以及航运等供水。当然，还应有渔业养殖等功能。这里有了继河姆渡之后的海塘，有了堤防，有了大坝、水库，有了相应的取水、泄水建筑。

良渚古城是中国最早的水城。城墙有着防洪、挡潮、防卫等作用。此外，古城还有环城河、城内河道、水城门等水系和设施，可用于航运。这里还有了人工运河。

第三，良渚古堤坝是目前发现的中国上古时期时间最早、规模最大、技术含量最高的水利工程遗址。特别是水利工程体系的规划布局思想、解决堰坝溢洪等问题的能力，以及鲤鱼山、老虎岭等地发现的草裹泥、草裹黄泥（或黄土）筑坝工艺等，充分显示了良渚古代文明的发达程度和社会组织能力，也反映了水利在文明发展中的重要地位。

第四，钱塘江两岸的地貌、历史地理演变、人类改造自然活动有着诸多相似性，良渚、河姆渡、富中大塘，同是大越治水，可互为印证。

第二章　大禹治水及其影响

禹迹茫茫，九州遍布。而以传说之早，遗迹之多，记载之详，祭祀之盛，庙宇之宏壮，山川之灵秀，文化之深厚，非越莫属。以绍兴为中心的浙东之地是中国大禹文化保护、传承、弘扬最好的区域，而尤以禹之治水精神，为绍兴水文化之基石。

第一节　大禹治水记载与传说

一　大禹在越

（一）文献记载

大禹在越治水的历史传说在古代普遍流传，见于众多的史籍文献记载，如《竹书纪年·夏后记》，“（禹）八年春，会诸侯于会稽，杀防风氏”；《国语·鲁语下》，“昔禹致群神于会稽之山，防风氏后至，禹杀而戮之”；《淮南子》，“禹葬会稽之山，农不易其亩”。此外司马迁在年轻时，曾经南游江淮，“上会稽，探禹穴”。并在《史记·夏本纪》中记述：“十年，帝禹东巡狩，至于会稽而崩。”《史记·秦始皇本纪》又记秦始皇三十七年（公元前210）来到越地，“上会稽，祭大禹，望于南海，而立石刻颂秦德”。

对大禹来越治水，当以战国人的著述，东汉人袁康、吴平加以辑录增删的《越绝书》记载为详①，此书记大禹曾两次来越，并葬于会稽山。即：“禹始也，忧民救水，到大越，上茅山，大会计，爵有德，封有功，更名茅山曰会稽。及其王也，巡狩大越，见耆老，纳诗书，审铨衡，平斗斛。因病亡死，葬会稽，苇椁桐棺，穿圹七尺；上无漏泄，下无即水；坛高三尺，土阶三等，延袤一亩。”

“会稽者，会计也”②，追根溯源，是因传说大禹在“茅山”“大会计”而名“会稽山”，再因此而名此地为会稽。大禹埋葬在会稽山，便有了著名的大禹陵、庙。

（二）宛委山

相传大禹在治水之始遇到艰难险阻，睡梦中受玄夷仓水使者指点，便在若耶溪边的宛委山下设斋三月，得到金简玉字之书，读后知晓山河体势，通水之理，治水终于大获成功。此事《水经注》《吴越春秋》《十道志》《太平御览》等经籍中均有记载。司马迁《太史公自序》叙及“二十而游江淮，上会稽，探禹穴”中的“禹穴”即是大禹得天书处。《水经注·渐江水》载“东游者多探其穴也”。

宛委山又称石匮山、玉笥山，位于绍兴城东南约6公里处，海拔279米，北连石帆山、大禹陵，南倚香炉峰，是会稽山中自然风光、人文景观的荟萃之地。六朝地方志《会稽记》中记宛委山：

> 会稽山南有宛委山。其上有石，俗呼石匮，壁立干云，有悬度之

① 参见陈桥驿《点校本〈越绝书〉序》，陈桥驿《吴越文化论丛》，中华书局1999年版，第165页。

② （汉）司马迁：《史记》卷2，中华书局1959年标点本，第89页。

险，升者累梯，然后至焉。昔禹治洪水，厥功未就，乃跻于此山。发石匮，得金简玉字，以知山河体势。于是疏导百川，各尽其宜。①

贺循（260—319）《会稽记》记石篑山：

石篑山，其形似篑，在宛委山上。《吴越春秋》云：九山东南曰天柱山，号宛委。承以文玉，覆以盘石。其书金简，青玉为字，编以白银。禹乃东巡，登衡山，杀四马以祭之。见赤绣文衣男子，自称玄夷仓水使者，谓禹曰："欲得我简书，知导水之方者，斋于黄帝之岳。"禹乃斋，登石篑山，果得其文。乃知四渎之眼、百川之理，凿龙门，通伊阙，遂周行天下，使伯益记之，名为《山海经》。

又似与《山海经》之来历有关。

此外，《嘉泰会稽志》卷九《宛委山》：

石匮山一名宛委，一名玉笥，有悬崖之险，亦名天柱山……《水经》云：玉笥、竹林、云门、天柱、精舍，并疏山为基，筑林栽宇，割涧延流，尽泉石之好。

宛委山中今有一巨石，石长丈余，中为裂罅，阔不盈尺，深莫知底，传闻此洞即禹穴，亦名阳明洞。"《旧经》诸书皆以禹穴系之会稽宛委山，里人以阳明洞为禹穴"，口碑相传与记载相符。宛委山是传说中大禹治水第一次来越的佐证，也是其获取治水经验之处，流传广泛，影响深远，还留下了扑朔迷离的传说。

① （清）顾炎武：《肇域志》第4册，上海古籍出版社2004年版，第2052页。

宛委山禹穴

宛委山中有石名飞来石，其势欲倾，石高4米、长8.8米，世传此石从安息国飞来，上有索痕二道。飞来石上有唐贺知章《龙瑞宫题记》，至今清晰可辨，其中也有关于大禹在此得天书的记载：

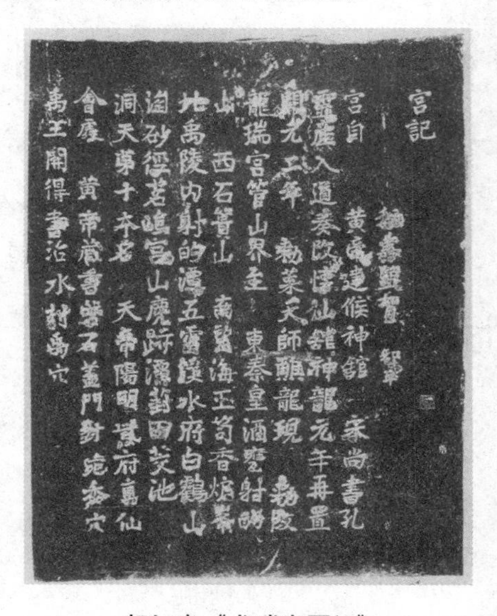

宫記
秘書監賀知章
宫自 黄帝建候神館 宋尚書孔
靈產入道奏改懷仙館神龍元年再置
開元二年 敕葉天師醮龍現 敕改
龍瑞宫管山界至 東秦皇酒甕射的
山 西石簣山 南望海玉笥香爐峯
北禹陵內射的潭五雲溪水府白鶴山
淘砂徑茗塢宫山魔跡潭葛田茭池
洞天第十本名 天帝陽明紫府真仙
會處 黄帝藏書于石蓋門對宛委穴
禹王開得書治水封禹穴

贺知章《龙瑞宫题记》

宫　记

秘书监贺知章

宫自黄帝建候神馆，宋尚书孔灵产入道，奏改怀仙馆。神龙元年再置。开元二年，敕叶天师醮，龙现，敕改龙瑞宫。管山界至：东秦皇、酒瓮、射的山；西石篑山；南望海、玉笥、香炉峰；北禹陵内射的潭、五云溪、水府、白鹤山、淘砂径、茗坞、宫山、麃迹潭、葑田茭池。洞天第十，本名天帝阳明紫府真仙会处。黄帝藏书磐石盖门。封宛委穴，禹至开，得书治水，封禹穴。

关于龙瑞宫的历史、所管山界、道教地位、藏书由来、由宛委穴变为禹穴由来都讲得很清楚。

（三）治水毕功于了溪

关于大禹治水“毕功于了溪”之说在越地流传甚广。了溪，地处今嵊州城北7公里禹溪村。据传，大禹治水到此，治水终获大成，“了溪”因而得名。

（四）大禹斩杀防风氏

《韩非子·饰邪》：“禹朝诸侯之君会稽之上，防风之君后至而禹斩之。”《史记·孔子世家》亦记：“吴伐越，堕会稽，得骨节专车。吴使使问仲尼：‘骨何者最大?’仲尼曰：‘禹致群神于会稽山，防风氏后至，禹杀而戮之，其节专车，此为大矣。’”

《吴越春秋·越王无余外传》记禹：“周行天下，归还大越。登茅山，以朝四方群臣，观示中州诸侯。防风后至，斩以示众，示天下悉属禹也。乃大会计治国之道。内美釜山州镇之功，外演圣德以应天心。”

以上记载说明：其一，古代广泛流传着禹在会稽杀防风氏的传说，并且是在禹第一次来越时所为，是因为禹召开诸侯会议，防风氏迟到了，禹为严明法度而杀之；其二，禹杀防风氏，是极其严厉的，杀后还要戮其尸体，已是恨之入骨，也是为了教训其他诸侯；其三，防风氏被杀的影响在越地极大，因为一直到近两千年后的春秋越国还保存着所谓长骨作为历史见证。

禹治水，也是一次统一华夏民族的过程，禹在会稽召开诸侯会议，是在治水成功后的一次全国性的庆功会，“爵有德，封有功”，作为部落首领之一，防风氏本应得到封赏，却因后至被斩杀。至于为什么后至，史书上都未讲清楚。因治水而被杀，也并非防风氏一人，禹的父亲鲧也因治水失误而被殛杀。鲧被杀或除了有治水上的未获成功的原因，更是由于他不服政令，不能与最高统治者保持一致的原因。

在吴越两地并不因防风氏被禹所杀而否定防风氏的功绩，在民间防风氏是一位受到越民祭祀的治水英雄和神明。《述异记》上卷记载了吴越两地的人们祭祀防风氏的民俗：“今吴越间防风庙，土木作其形，龙首牛耳，连眉一目。昔禹会涂山，执玉帛者万国。防风氏后至，禹诛之，其长三丈，其骨头专车。今南中民有姓防风氏，即其后也，皆长大。越俗，祭防风神，奏防风古乐，截竹长三尺，吹之如嗥，三人披发而舞。”吴越两地民间传说中的防风氏：身高3丈，心中只想着百姓，天天在洪水中奔波，察地形，观水势，住山洞，以树皮、草根充饥。最后采用筑堤束水和因势疏导两种方法，选用息土堆筑了很大很大的盆，用以储存洪水，又在大盆四周开了49条渠道，其中24条引进西北滔滔而来的洪水，25条将大盆里的洪水赶到东南大海里去了。这就是传说中太湖和太湖流域的来历。①

绍兴民间有“十里湖塘七尺庙”之说。湖塘位于绍兴西部。七尺庙位于湖塘街上。据嘉庆《山阴县志》记：山门中有“鉴湖第一社”横匾，为明代嘉靖三十五年（1556）状元诸大绶书。据历史文献记载：鉴湖第一社

---

① 参见金普森、陈剩勇主编，徐建春著《浙江通史·先秦卷》，浙江人民出版社2005年版，第73页。

社神为贺监子。越地重贺公知进退之道，以赐鉴湖一曲为荣。贺公五子皆有德于乡人。所以里人皆祀之为社神，长祀寿圣村，次祀广相村，三祀桃花村，四祀山树坞，五祀湖塘之新堰，即为七尺庙。据传宋时乡人为贺公之子建此庙时，掘土中得7尺长骨，因此地离型塘近，疑为防风氏遗骨，瘗于神座之下，因此乡人名为“七尺庙”。此虽为传说，也是代代相传对古防风氏的纪念。

二　海侵与大禹

（一）历史地理学界的观点

历史地理学家顾颉刚在20世纪20年代出版的《古史辨》（北平朴社1926年版）则提出了“禹是南方民族神话中的人物”“这个神话的中心点在越（会稽）”的观点。对此冀朝鼎对顾氏的观点做了更具体的阐述：

> 关于禹的问题，顾颉刚的见解是，禹是大约公元前11世纪的殷、周期间，流传于长江流域民间神话的一个神。而这个传说，看来先是集中在现在的浙江省被称为绍兴会稽一带发生的。越人崇拜禹，把禹作为他们的祖先，并认为他的墓地就在会稽。这个传说由会稽传到安徽省的涂山，并认为禹曾在涂山召集过诸部落的首领开过会。后来，又由涂山传到楚（今湖北省），由楚传到中国北部。[①]

陈桥驿更明确指出：“禹的传说就因为卷转虫海侵而在越族中起源，然后传到中原。但是这种传说在宁绍平原一带是根深蒂固的。”[②]

时代久远，众说纷纭。将来新发现的证据会对禹的传说做出更科学合理的解释。

---

① 冀朝鼎：《中国历史上的基本经济区》，商务印书馆2014年版，第50页。
② 陈桥驿：《吴越文化和中日两国的史前交流》，《浙江学刊》1990年第4期。

（二）印记

关于大禹是否来越治水，并留下工程实绩，尚无确实的考证，但至少以下几点可以明确。

第一，4000年前宁绍平原是海侵过后的一片浅海或沼泽之地，在当时这里的生产力和特定的地理条件下，人类不可能有能力较大范围地改造这一自然环境。

第二，考古发现的钱塘江流域的跨湖桥文化遗址、河姆渡文化遗址，尤其是良渚文化无法与同一时期传说的大禹治水产生融合与互证。

第三，有记载和现代考证研究发现越部族大规模开发山会平原、兴修水利始于约2500年前的越王勾践时，此前越族活动中心主要在会稽丘陵，“随陵陆而耕种，或逐禽鹿而给食”①。

第四，促成宁绍平原由浅海变为咸潮直薄的沼泽之地，并逐渐具备开发条件的根本原因是第四纪的自然循环，即气候由暖变冷，形成海平面下降出现海退所致。此为自然界的演变，非人类活动。

第五，同一时期在中国广西产生了“盘古开天地”的传说，在西方诞生了“诺亚造方舟”的神话。

以上分析产生两种可能。

一是当越民族在会稽山上俯视以往这片茫茫大海，曾使他们望而生畏的水环境，逐渐变为沼泽地，生存环境有所改变时，他们必然会难以理解，思索是何种早就期盼的神力造成了这一改变。由于人们无法解释海退的自然现象，必然会将此变迁归属为大禹治水，地平天成。

二是如果大禹当时未曾来过会稽，而是神话传说，文化的流传和丰富，民族统一和地位的要求，大禹治水的足迹也会同到过中国其他地区一样，到了古越并得到发扬光大。

---

① （汉）赵晔：《吴越春秋·越王无余外传》，中华书局1985年版，第135页。

（三）文化传承

说绍兴大禹治水，还必须看到以下内容。

第一，司马迁《史记·夏本纪》有“十年，帝禹东巡狩，至于会稽而崩”之说。《史记·越王勾践世家》记：“越王勾践，其先禹之苗裔，而夏后帝少康之庶子也。封于会稽，以奉守禹之祀。”《秦始皇本纪》又载：“（秦始皇）上会稽，祭大禹，望于南海，而立石刻颂秦德。”足见之影响力。

第二，绍兴会稽山下有著名的大禹陵、庙、祠，总体规模为全国之最，为世所公认。

第三，这里流传着许多关于大禹治水的传说和与之相关的地名，禹得天书于宛委山、禹毕功于了溪之说流传广泛，所谓“禹疏凿了溪，人方宅土”①。

第四，大禹治水的传说在绍兴产生了广泛深远的影响，尤其是从精神上影响着绍兴历代治水功臣崇尚和实践“献身、负责、开拓”的大禹精神。缵禹之绪，发扬光大，取得了伟大的治水成就。“宁绍平原这个地区，既是这个传说的发源地，也是这个传说的受惠者。因为卷转虫海侵以后，这一大片沮洳泥泞的沼泽地，确确实实是用禹治水的方法，即疏导的方法，把它整治成为一片富庶的鱼米之乡的。”②

“禹陵风雨思王会，越国山川出霸才。”大禹之爱国、忠于国家的精神，激励和影响着绍兴历代名士精忠报国、为国奉献。

综上，大禹在越治水之说有着悠远的自然环境变迁因素和深厚的历史渊源。

---

①（宋）高似孙：《剡录》卷五《龙宫寺碑》，中华书局编辑部《宋元方志丛刊》，中华书局1990年版，第7230页。

② 陈桥驿：《关于禹的传说及历来的争论》，《浙江学刊》1995年第4期。

第二节 相关地名

由于禹的传说在越中流传甚广，所以越地便产生与禹相关的诸多地名。

会稽

《越绝书》卷八记载的“茅山”，亦称“苗山”，在今绍兴城东南禹陵乡，即“会稽山，在会稽县东南十三里，其山衮延数十里”①。这便是会稽山的来历。《水经注・浙江水》：“又有会稽之山，古防山也，亦谓之为茅山，又曰栋山。《越绝》云：栋，犹镇也。盖《周礼》所谓扬州之镇矣。山形四方，上多金玉，下多玞石。《山海经》曰：夕水出焉，南流注于湖。《吴越春秋》称，覆釜山之中，有金简玉字之书，黄帝之遗谶也。山下有禹庙，庙有圣姑像。《礼乐纬》云：禹治水毕，天赐神女圣姑，即其像也。山上有禹冢，昔大禹即位十年，东巡狩，崩于会稽，因而葬之。有鸟来，为之耘，春拔草根，秋啄其秽，是以县官禁民，不得妄害此鸟，犯则刑无赦。山东有湮井，去庙七里，深不见底，谓之禹井。”《嘉泰会稽志》卷九除记述《水经注》等说法外，又引《旧经》：“会稽山周回三百五十里，盖总言东南诸山之隶会稽郡者。”秦王朝建立后，在吴越之地设立会稽郡，治吴县（今江苏省苏州市），在今浙江省境内有10个县，西汉的会稽郡领县26个，在今浙江和江苏、福建等部分地区内。此后会稽郡的属地逐渐缩小，至清代会稽仅为绍兴府所属的八县之一，和当时的山阴县一起，基本在今绍兴县的范围之内。

① （清）悔堂老人：《越中杂识》，浙江人民出版社1983年版，第2页。

"会稽者，会计也"[1]，追根溯源，是因传说大禹在"茅山""大会计"而名"会稽山"，因此而名此地为会稽。

禹会村

在原绍兴县的张娄、湖门一带。相传大禹治水来到大越，目睹绍兴北部一片沼泽平原，洪水、潮汐泛滥成灾，黎民百姓的生产、生活遭到严重威胁。于是大禹忧心如焚，立即召集各路诸侯开会商议治理水患措施，并与当地人民一起抗御灾害，成效甚大。后人感念大禹"忧民救水"之功德，把其会诸侯之处称为"禹会村"，并建"禹会桥"以志纪念。

禹陵乡

位于绍兴城东南面。相传大禹巡狩江南病死后，葬于此地。大禹陵是合陵、祠、庙为一体的建筑群，传说禹王庙最早为禹的儿子启所建，禹祠则建于少康之时。又传在启之时每年春秋派使者来越祭禹，到第六世少康，恐禹绝祀，就封庶子无余于越，从此禹的后裔姒氏家族一直定居在越地守陵奉祀，今禹陵所在地庙下村的居民中还有姒姓居民数十户。当地亦因有著名的禹陵、禹庙而名禹陵乡。

涂山村

位于原绍兴县禹陵乡境内的若耶溪边。相传大禹治水到大越，在涂山遇见一位名叫女娇的姑娘，这姑娘容貌端庄秀美，对治水英雄产生了深深的敬意和爱恋。禹见了女娇后颇感满意，便娶其为妻。可在婚后第四天，禹深感重任在肩，不能儿女情长，就离别了新婚妻子前往各地治水。以后，禹治水曾三次途经家门，却没有进去看家人。据说有一次禹在家门口听到儿子启的啼哭声，也没有进门探视。涂山就在绍兴稽山门外，村仍名涂山。

夏履桥村

位于原绍兴县西北部，绍兴与诸暨、萧山两县交界处。《吴越春秋》卷

---

① （汉）司马迁：《史记》卷2，中华书局1959年标点本，第89页。

六记载大禹：“乃劳身焦思以行，七年闻乐不听，过门不入，冠挂不顾，履遗不蹑。”据传，大禹治水经过此地，曾失履一只，因治水时间紧迫，他竟顾不得拾取穿上，便赤脚行走。后人感念禹王治水功绩和勤业操劳精神，建桥志念，名为“夏履桥”，村因桥而名。

马山乡

位于原绍兴县东北部。传说大禹治水时，命防风氏到沿海考察治水方略，防风氏经过一土丘间驻马，丘侧有石脊高隆似为山之余脉，因此名“马山”，并以此作地名。

型塘

位于原绍兴县型塘乡，据传禹治水会诸侯于会稽，长人防风氏后至，禹乃诛之。防风氏身长三丈，刑者不及，筑高台临之，故曰“刑塘”。后人为记其事，留刑塘为前鉴，岁久谐音，亦避“刑”字，故雅称“型塘”。

西扆山

位于原绍兴县安昌镇之东南，《安昌镇志》载：西扆山“属西干山脉，牛头山东分支，东西710米，南北755米，海拔116米，面积481亩，古也称涂山、旗山”①。

《越绝书》卷八载：“涂山者，禹所取妻之山也，去县五十里。”《嘉泰会稽志》卷九：“涂山在县西北四十五里，《旧经》云：禹会万国之所。”山之东有斩将台（今称“平台”，在山顶东南），禹在涂山会诸侯，防风氏后至，因其人长筑台斩之。相传血流至山下河中，故有红桥（今红桥村）。扆是帝王宫殿上户牖之间的屏风，禹以山为扆，朝见万国诸侯，西扆由此得名，今山之东麓谓西扆村。

西扆山山顶平坦，原有大禹庙，亦为明代以前祭禹之处，东南角有高丈余蛙形巨石。山坡由西向东略成45°，远望似三角旗，故名旗山。《嘉泰

① 包昌荣主编：《安昌镇志》，中华书局2000年版，第356页。

会稽志》卷十三引《十道四蕃志》云："圣姑从海中乘石舟张石兜帆至此，遂立庙。"孔灵符《会稽记》："涂海中山禹庙，始皇崩，邑人刻木为像，祀之，配食夏禹。后汉太守王朗弃其像江中，像乃溯流而上，人以为异，复立庙。"《嘉泰会稽志》云："（石船、石帆）二物见在庙中，盖江北禹庙也。""又有周时乐器，名錞于，铜为之，形似钟而有颈，映水，用芒茎拂之则鸣。"明万历《绍兴府志》卷十九："山阴大禹庙在涂山南麓，宋、元以来咸祀禹于此，国朝（明）始即会稽山陵庙致祭，兹庙遂废。"今西扆涂山寺部分殿宇残存、历代帝王祭禹石碑、农舍石墙中可觅。

综上也可见，西扆涂山在绍兴大禹文化中有着深厚的积淀和重要地位。

冢斜村

冢斜地处原绍兴县南部稽东镇，距绍兴市区 32 公里。东接王坛镇，南临嵊州市，西与诸暨接壤，北与平水镇毗邻。四面环山，著名的小舜江由村西流经，环东而去。一说冢斜是早期越国古都嶕岘大城所在地。[①] 即《水经注·渐江水》中："山南有嶕岘，岘里有大城，越王无余之旧都也。"据《冢斜余氏宗谱》载，大禹有子三，大儿名"启"，三儿名罕。其中还记："余氏始于夏，禹之三子罕者，时则以地建封，禹娶涂山（氏），因涂有余字，遂赐罕为余氏。则自罕而下，千流万派，宁知天壤，间可以亿兆记耶，然则孰宗之为是也。"冢斜余氏为大禹后裔，现冢斜村余姓占 80% 以上。

冢斜好淫祀。自古以来，冢斜的祭祀禹之风颇盛。又据传除祭大禹外，还要祭"舜妃""禹妃"，因相传舜帝、大禹之妻都葬于该村大龙山麓的铜勺柄，历代朝廷均要派遣大臣到冢斜祭祀。

上虞

上虞县名的来历有两种说法，《水经注·渐江水》："《晋太康地记》曰：舜避丹朱于此，故以名县。百官从之，故县北有百官桥。亦云：禹与诸侯

---

① 参见余茂法主编《冢斜古村》，西泠印社 2011 年版，第 12 页。

会事讫，因相虞乐，故曰上虞。”《嘉泰会稽志》引《十三州志》：“夏禹与诸侯会计，因相虞乐于此地。”《太平寰宇记》卷九十六引《郡国志》：“禹与诸侯会计事至此，因相虞乐，以为名。”

禹峰乡

在原上虞县的东北部，相传大禹治水曾驻此地。《上虞县志》记载：“夏盖山在县西北六十里，一峰崒嵂，高出天半，其形如盖。一名夏驾山，相传神禹曾驻于此。”山南有纪念大禹的净众寺，宋侍郎张即之书其门匾“大禹峰”，“禹峰”二字典出于此。

禹溪村

地处嵊州城北七公里处。据传，古时这里原是沼泽之地，庄稼常为洪水淹没，大禹治水到此，水患得以治理完成，治水终获成功，“了溪”因而得名。后来形成村落，亦名“了溪”。人们为纪念大禹治水之功，建禹王庙，塑大禹像，并将村名改为“禹溪”。史称“禹治水毕功于了溪”，就在此地。近处的“禹岭”据说曾是大禹治水时弃余粮之处。即“禹余粮岭，在了山，山下为了溪”。《宝庆会稽续志》卷四引《博物志》：“禹治水，弃余食于江，为禹余粮。”① 这里关于禹余粮之说在越地流传长久。《东岇志略》：“禹余粮石，随人意劈开，呼麻类麻，呼菽类菽。”今东岇山禹溪一带山岭还常可寻找到“禹余粮石”，黄褐色，大致呈圆形，手摇可感觉到内有核动，破之，可见核为泥丸状，据载具有化瘀的功能，可治病。

顾东山

据万历《新昌县志》记载：“顾东山在三十三都，县东五十里，世传禹治水时登之，以望东海诸山。”顾东山即今新昌县新林乡祝家庄村周边之山。为纪念大禹治水到此，当地民众修建禹庙，历代祭祀不绝。

---

① （南宋）张淏：《宝庆会稽续志》卷4，《绍兴丛书·第一辑（地方志丛编）》第1册，中华书局2006年影印本，第437页。

除以上所记，《浙江通史·先秦卷》统计出绍兴、上虞、余姚三地的传说中的禹、舜故迹有27处之多，并且绝大部分位于会稽山南部地区的山麓地带。[①] 这些山麓地带也是宁绍平原卷转虫海侵之后最早成陆的地方。

第三节　大禹陵、庙

《越绝书》记载大禹曾两次来越巡狩，因病去世，并葬于会稽山。在绍兴大禹治水的传说可谓源远流长，千百年来人们崇敬其治水精神，缅怀其功德，祭祀经久不断，而历经无数春秋依旧金碧辉煌，雄伟壮观的大禹陵、庙正是这一历史凝成的巨大丰碑。

一　大禹陵

大禹陵在绍兴城稽山门外东南6里处，会稽山麓、鉴湖南畔。它是一处合陵、庙、祠于一体的古建筑群，高低错落，各抱形势，展示了中国传统的建筑美。

《汉书·地理志》载："山阴，会稽山在南，上有禹冢、禹井，扬州山。"说明汉代大禹陵在会稽山的记载是十分明确的。据《墨子》"葬会稽之山，衣衾三领，桐棺三寸"和《越绝书》卷八记载大禹陵"穿圹七尺，上无漏泄，下无即水，坛高三尺，土阶三等，延袤一亩"之说，似为薄棺深葬，葬礼简朴。由于年代久远，陵基确址已无从稽考。至明代，于山之西麓，原禹祠之上，兴建大禹陵碑亭，以志永久。大禹陵坐东朝西，面临

① 参见金普森、陈剩勇主编，徐建春著《浙江通史·先秦卷》，浙江人民出版社2005年版，第48—49页。

禹池，前有山丘分列左右，会稽主峰环绕其后。入口处有牌坊，内辟百尺青石通道，尽头处为大禹陵碑亭，亭中碑高丈余，有“大禹陵”三字，端庄凝重，气势宏大，每字一米见方，系明嘉靖年间绍兴知府南大吉所书。

二　大禹庙

陵的北侧便为蔚为壮观的禹王庙。相传最早为启所建。《越绝书》卷八载：“故禹宗庙在小城南门外，大城内，禹稷在庙西，今南里。”《水经注·渐江水》记载：会稽山“山上有禹冢，昔大禹即位十年东巡狩，崩于会稽，因而葬之”。又《史记正义》引孔文祥云：“宋（指南朝刘宋）末，会稽修禹庙，于庙庭山土中得五等圭璧百余枚，形与《周礼》同，皆短小。此即禹会诸侯于会稽，执以礼山神而埋之。其璧今犹有在也。”万历《绍兴府志》引《十道四蕃志》也有“（南朝）宋孝武（454—464）使任延修禹庙，土中得白璧三十余枚，意是禹时万国所执。梁初治庙穿得碎珪及璧百余片”。均证明禹庙年代之久远，以及历代祭祀留下的遗物之丰富。禹王庙建成以来屡有兴废，现存禹王庙，基本保留了明代建筑规模和清代早期的建筑风格。

正殿正中央耸立着大禹塑像，高5.85米，衮袍冕旒，执圭而立，神态端庄，令人肃然起敬。这一艺术形象，是后人对大禹功德的极高赞誉。

塑像之后壁所绘的九把斧钺，象征着大禹疏凿九州劈山开河的艰难困苦和治水伟绩。

殿前有御碑亭，碑文系清乾隆祭禹诗句。左右两侧分别竖有两块碑文，右侧为《会稽大禹庙碑》，系1934年中国水利工程学会会长李协所撰。左侧是《重建绍兴大禹陵庙碑》，为1933年著名学者章太炎所著，再过东庑房便为碑房，陈列着数十块明清两代帝王和官员在此祭祀大禹的碑文。

殿东小丘之上，有“窆石亭”，内置一秤锤形窆石，高2米，顶端有一碗口大洞。其用途或谓下葬工具，或称葬后之镇石，亦有言陵墓所在之标

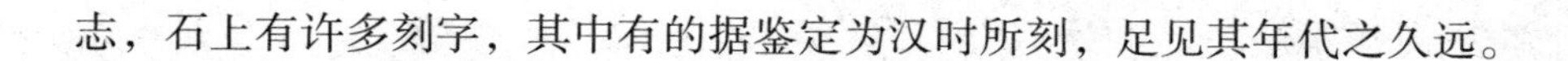

志，石上有许多刻字，其中有的据鉴定为汉时所刻，足见其年代之久远。

三　大禹祠

陵的南侧数十米处有一片古朴典雅的平房，为禹祠。据传始立于少康时。建祠3000余年来，屡废屡建。今禹祠重建于1986年。祠分前后两进。第一进右面为大禹三过家门而不入的砖刻图，左边则为砖刻大禹纪功图。第二进中央为禹塑像，此为禹治水时辛劳朴实的形象，高约2米，头戴笠帽，脚着草履，手拿石铲，目光炯炯，有开天辟地、重振山河的英雄气概，却又是一位普通劳动者的形象。

禹祠左前侧有禹井，相传大禹治水在此居住，凿井取水，后人饮水思源，称为“禹井”。

四　祭祀

祭禹之典，传说发端于夏王启。《吴越春秋·越王无余外传》：“禹崩……启遂即天子之位，治国于夏。遵禹贡之美，悉九州之土以种五谷，累岁不绝。启使使以岁时春秋而祭禹于越，立宗庙于南山之上。”之后“禹以下六世而得帝少康。少康恐禹祭之绝祀，乃封其庶子于越，号曰无余”。“无余质朴，不设宫室之饰，从民所居。春秋祠禹墓于会稽。”无余之后，王位传了十多代，禹王的祭祀又中断过，直到无壬承接越国王族的统绪，又恢复对禹王墓的祭祀。按《吴越春秋》的记载，祭禹开始较简单，这或与禹的勤俭生活和葬礼简朴有很大关联。祭禹不仅历史悠久，而且有多种形式：或宗室族祭，或皇帝御祭，或遣使特祭，或在秋例祭。

（一）皇帝御祭

公元前210年秦始皇“浮江下，观籍柯，渡海渚。过丹阳，至钱唐。临浙江，水波恶，乃西百二十里从狭中渡。上会稽，祭大禹，望于南海，而立石刻颂秦德”①。此为历史上第一次由皇帝亲临会稽祭大禹，也是秦始皇到先代帝王陵寝亲祭的唯一一次（他去湖南祭舜是望祀），可见大禹在秦始皇的心目中地位崇高。此举也开创了国家大禹祭典最高礼仪。说明当时祭禹中心就在会稽。

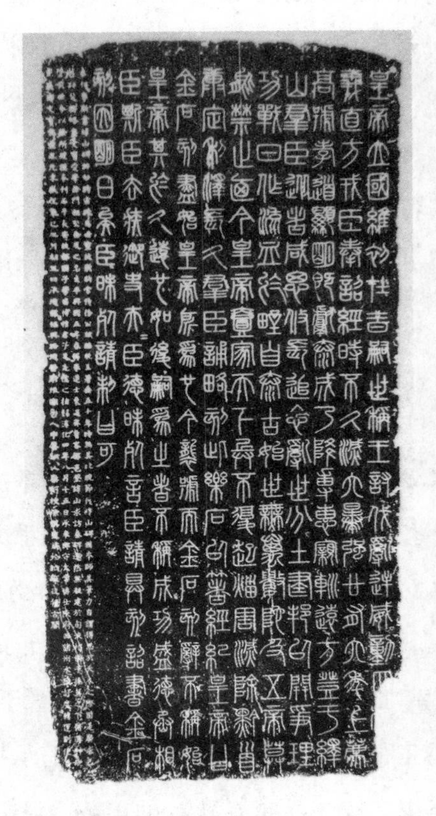

李斯会稽刻石

秦二世胡亥即位后，也到会稽礼祀大禹。

《史记·封禅书》云：“二世元年（公元前209），东巡碣石，并海南，

① （汉）司马迁：《史记》卷6，中华书局1959年标点本，第260页。

历泰山，至会稽，皆礼祠之，而刻勒始皇所立石书旁，以章始皇之功德。”胡亥此行与其父皇出游一样，也由丞相李斯随从。他为了“以章始皇之功德”而升高自己的威望，故凡其父皇所礼祠之处“皆礼祠之”。《汉书·郊祀志》记载与上引《史记·封禅书》相同。秦二世是亲祭大禹的第二位皇帝。

康熙二十八年（1689），康熙第二次南巡，二月十四日祭大禹陵。康熙题禹庙匾“地平天成”，又题禹庙联“江淮河汉思明德，精一危微见道心”。又写下《谒大禹陵》诗：

> 古庙青山下，登临晓霭中。梅梁存旧迹，金简纪神功。
>
> 九载随刊力，千年统绪崇。兹来荐蘩藻，瞻对率群工。①

乾隆十六年（1751）三月初八，乾隆祭大禹陵。题禹庙“成功永赖”匾，题禹庙联：“绩奠九州垂万世，统承二帝首三王。”又写《谒大禹庙恭依皇祖元韵》诗：

> 展谒来巡际，凭依对越中。传心真贯道，底绩莫衡功。
>
> 勤俭鸿称永，仪型圣度崇。深惟作民牧，益凛亮天工。②

（二）皇帝遣使祭

皇帝遣使祭分两类③，一类称特遣专官告祭，简称告祭。明、清两朝皇帝即特遣专官告祭，清代又规定国有大事亦特遣专官告祭。另一类称遣使致祭，简称致祭。致祭又分传制祭、随机祭，一般是皇帝派专任使臣送香帛、祝文到绍兴府，明代由绍兴府知府担任主祭；清代或由杭州（或乍浦）

---

① （清）徐元梅等：嘉庆《山阴县志·卷首》，《绍兴丛书·第一辑（地方志丛编）》第8册，中华书局2006年影印本，第494页。

② 同上书，第496页。

③ 参见沈建中《大禹陵志》，研究出版社2005年版，第77—78页。

副都统（正二品），相当于中将级武官担任主祭。清代，遣官致祭达44次之多。朱元璋洪武四年（1371）有专官告祭文：

洪武四年皇帝遣臣告祭夏禹王文

曩者有元失驭，天下纷纭。朕由此集众平乱，统一天下，今已四年矣。稽诸古典，自尧舜继天立极，列圣相传，为烝民主者，陵各有在。虽去古千百余载，时君当修祀之。朕典百神之祀，故遣官赍牲醴，奠祭修陵。君灵不昧，尚惟歆飨。

是为朱元璋统一天下后对先祖大禹的祭祀和献礼。

（三）地方公祭

唐代有“三年一祭，祀以当界州长官，有故，上佐行事”之制。自宋至清，历朝规定：岁时春秋祀禹以太牢，祀官以本州（府）长官。

（四）民祭

起源甚早，《吴越春秋·越王无余外传》中“众民悦喜，皆助奉禹祭，四时致贡，因共封立，以承越君之后，复夏王之祭”便是民祭的形式。绍兴民间的农历三月初五日为大统节序之一。《嘉泰会稽志》卷十三：“三月五日俗传禹生之日，禹庙游人最盛，无贫富贵贱，倾城俱出。士民皆乘画舫，丹垩鲜明，酒樽食具甚盛。宾主列坐，前设歌舞。小民尤相矜尚，虽非富饶，亦终岁储蓄以为下湖之行。春欲尽数日，游者益众。千秋观前，一曲亭亦竞渡不减西园。”届时，自禹庙山门外至南镇殿前近三华里处，路旁帐篷接踵，万商云集，游人不息，社戏连台，空巷观望。民谚云：“桃花红，菜花黄，会稽山下笼春光，好在农事不匆忙，尽有工夫可欣赏。嬉禹庙，逛南镇，会市热闹，万人又空巷。”①

① 朱元桂：《绍兴百俗图赞》，百花文艺出版社1997年版，第265页。

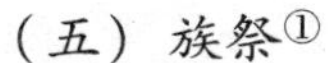

（五）族祭[①]

为大禹后代专祭，如姒、夏、鲍、余、娄等姓氏，以及守陵村之祭。

禹陵村（或称庙下村）姒姓人都尊大禹为始祖，禹庙也是姒姓全族（包括所有分支）的祖庙，无论是留居禹陵还是迁居他地，每年都举族到禹庙祭禹，禹祀不绝。在禹陵庙下村姒姓家族除有族长外，还有一位涉及族务的头面人物——奉祀生。奉祀生是专司禹陵、禹庙管理和祭祀的专职人员。据《姒氏世谱》记载，到明朝万历年间（1573—1620），奉祀生已有了“衣顶”，由官府任命。至清乾隆时（1736—1795），奉祀生被封为世袭八品官，但其并未取代族长，而是两者并存，各司其职。奉祀生限于陵庙管理、应对相关事宜。

禹陵村姒姓每年族祭大禹两次。第一次在农历元旦。当日清晨，全族集中于禹庙大殿，但女儿不参祭。祭礼由族长主祭，族长入殿时鸣铳。祭品供五牲（猪、羊、鸡、鹅、鱼）福礼。祭仪极为隆重，但不同于寺院拜佛。仪式开始，族众男左女右分站两旁，鸣铳，燃放鞭炮，然后族长带头按辈分顺次逐个以大礼（规定为四跪四叩首，双手抱拳而不合十）向大禹塑像礼拜。祭毕，族人互相拜年，称为“团拜”。团拜后随即散去。凡参祭者，均可得竹筹一支，事后向操办者换取铜钱百枚（以后改为银币一角），称为“百岁钱”。

第二次族祭，在大禹生日的农历六月初六，祭仪与元旦时相仿，只是以鼓乐代替鸣铳。祭礼的操办由姒族四大房每年轮值。清代学者俞曲园《春在堂全书》越中记游云：绍兴“禹陵村姒姓每岁元旦及六月初六日禹生日率子孙祭奠”。陵庙有20亩祭田，收益作祭费，祭仪、祭品的规格，均有严格规定。

---

① 参见沈建中《大禹陵志》，研究出版社2005年版，第100—101页。

（六）当代国家祭祀

1995 年 4 月 20 日，在绍兴大禹陵隆重举行“浙江省暨绍兴市各界公祭禹陵大典”，全国政协、国务院部分部委、省市领导、学者和海内外包括大禹后裔在内的各界代表数千人致祭。是年以后，祭禹成为绍兴市一个常设节会，采取公祭与民祭相结合的方式，每年举行祭祀活动。

2006 年 5 月，“大禹祭典”入选为第一批国家级非物质文化遗产名录。

2007 年 4 月 20 日，文化部与浙江省政府共同主办公祭大禹陵典礼，成为中华人民共和国成立后的国家级祭祀活动。

（七）其他

工程师节及大禹纪念歌。1947 年，中国工程师学会决议：以农历六月六日大禹诞辰日为中国工程师节。又于上年公开向全国征求大禹纪念歌词、歌曲。共得应征作品 96 件，评选结果，阮璞作词、俞鹏作曲的《大禹纪念歌》为第一名。①

第四节　文化传承

一　治水精神

“绩奠九州垂万世，统承二帝首三王。”② 大禹，是中国远古时代治水英雄的杰出代表，是中华民族立国之祖的象征，在越地大禹治水传说可谓源

① 参见沈建中《大禹陵志》，研究出版社 2005 年版，第 102 页。

②（清）徐元梅等：嘉庆《山阴县志·卷首》，《绍兴丛书·第一辑（地方志丛编）》第 8 册，中华书局 2006 年影印本，第 497—498 页。

远流长。大禹治水的核心思想是天人合一，核心价值是国家和民族的利益高于一切，核心精神是“献身、求实、创新”。绍兴今天能成为美丽富饶的鱼米之乡，依靠的是“缵禹之绪”，代代不息兴修水利，实现天人和谐。康熙《会稽县志·总论》中称：“越多贤郡守，皆加意于水利，而著绩乎水利焉。”其中历史上被绍兴人民称为“三公”的马臻、汤绍恩、俞卿更是大禹精神实践的典范。

宋代著名文人王十朋《马太守庙》诗曰：

会稽疏凿自东都，太守功从禹后无。
能使越人怀旧德，至今庙食贺家湖。[①]

诗中记述了马臻建鉴湖与大禹的承继关系，以及鉴湖的效益及人们的纪念。

明代著名文人徐渭在汤太守祠有题联，上下联分别写汤绍恩建造三江闸和萧良幹修缮三江闸的功绩，并给予了高度的赞誉：

凿山振河海，千年遗泽在三江，缵禹之绪。
炼石补星辰，两月新功当万历，于汤有光。[②]

此亦可为绍兴人们对历代贤牧良守、传承大禹治水精神、取得辉煌业绩的高度概括和由衷赞颂。

郦学泰斗陈桥驿有《大越治水》[③] 诗曰：

神禹原来出此方，洪海茫茫化息壤；

---

① （明）萧良幹等：万历《绍兴府志》卷19，《绍兴丛书·第一辑（地方志丛编）》第1册，中华书局2006年影印本，第858页。

② 程鸣九纂辑：《闸务全书》，冯建荣主编《绍兴水利文献丛集》，广陵书社2014年版，第65页。

③ 邱志荣：《鉴水流长》，新华出版社2002年版，第406页。

应是人定胜天力，稽山青青鉴水长。

此诗揭示了远古绍兴的历史地理环境、大禹产生的时代背景、天人合一、改造自然，以及绍兴成为鱼米之乡的逻辑发展关系。

“禹陵风雨思王会，越国山川出霸才。”大禹治水是为了国家和民众的利益奉献的崇高之事业。越民为大禹治水及大禹陵在会稽感到自豪，有一种巨大的感召力量和忠诚于国家的意识。明末志士、清末辛亥英杰都留存着禹文化的历史基因。此外，越地普遍流传着大禹涂山娶女的传说，也就在绍兴的曹娥江庙产生了曹娥孝感天地的故事。

二　《会稽大禹庙碑》评说

在绍兴大禹陵气势雄伟的正殿两侧，分别竖有两块碑文，其右侧为《会稽大禹庙碑》，系1934年由中国水利工程学会会长李仪祉所撰。李仪祉（1882—1938），名协，字宜之，后以仪祉出名，蒲城（陕西）人，是水利工程界的主要代表人物，中国水利工程学会的创始人和首届会长。大禹陵中有众多著名碑文，多颂扬之词、传承之语，而此碑以现代科学的思想和求实的态度来评说大禹和大禹陵。

李协会稽大禹庙碑

碑文共495字，其要旨如下。

（一）要以科学精神研究大禹

碑文指出：“禹何人？斯崇之者以为神，否其为神者则并否有其人，研经者之不以科学之道，而好奇之士喜为诙诡之说以求立异，均非可以为训也。”大禹是中华民族精神上的第一个朝代的开国君王，关于大禹的记载反映了中华民族悠久的历史文化，象征着民族的团结和凝聚力，表现了改造自然的科学治水精神，体现了执政者应无私为民奉献的形象。大禹时代距今已有4000多年，由于年代久远，受文化发展局限的影响，难有确凿的史实记载，真正有价值的应是形象和精神。正如碑文中称："夫禹之德行，孔氏、墨氏言之至矣；禹之功业，孟轲、史迁述之详矣，后起之人虽欲赞一辞而不得。"司马迁是我国西汉伟大的史学家，他的敬业精神和著述成就在当时是空前的，他所能看到关于大禹的记述、听到关于禹的传说也是后来者无可比拟的。据此，后来者要超过司马迁对大禹的研究和记述，除非重大的考古发现和科学测定，这又谈何容易。但确实出于后来者不同的需要，有的把大禹当成了神，有的把大禹当作国家统一的象征，也有的做无充要依据的考证和发现，便著书立说。虽有众多考古之作、离奇传说，但皮之不存，毛将焉附，皆缺少科学根据，难以定论，更有的与大禹精神背道而驰。碑文又指出："至禹崩何所，禹穴何在，论者纷然，窃皆以为无关宏旨。"李仪祉的观点，至今对大禹的研究仍有指导意义，大禹属于整个中华民族开创者的形象和精神，从细枝末节上去争论一些问题，违背历史事实和当时条件去进行不切实际的考证，反而失去了意义，甚至成为无稽之说。

（二）会稽大禹陵、庙有着独特的地位

李仪祉认为："盖九州之中，禹之迹无弗在也，禹之庙亦无弗有也。而论山川之灵秀，殿宇之宏壮，则当以会稽为最。"李仪祉为现代水利专家，对古代水利史研究至深，对当代水利了解之广，常人难及。他的足迹遍布全国各地，所见之禹迹、禹庙，为数众多，而论"灵秀""宏壮"，他认为会稽应排在中华大地之首位，因此他已确定会稽的禹陵庙为天下第一大。他又认为："且禹大合诸侯于斯，其一生事功，至是可谓大成，则即以斯地为禹穴所在，又何不可？"此说一是肯定了会稽为大禹治水毕功之地；

二是对全国多处所称的禹穴其真实性持怀疑的态度，同时又认为将绍兴大禹陵称为禹穴未尝不可。以上肯定了绍兴大禹陵、庙独特的历史和地理地位。

（三）大禹伟大品格和精神形成非一朝一夕

一是历史上不朽之治水业绩是人民创造的。碑中指出："思天下大业非一二人所可为力，必众擎乃易举。"二是领袖在其中起着关键性的领导作用。"而此所谓众者，必有一致之目的，一贯之精神，群策群力，申于一途，乃可有济。唯目的趋于一致尚易，而精神统于一贯实难。必有一极高尚之人格，其德业可以为全国万世之所共同崇仰而不渝者以为师表，始可以合千万人而一之。"三是大禹已成为中华民族伟大品格和精神的象征。"吾华民族每一行业，必有其所祀之神，旨在乎斯。矧天下大业容有逾于平成者乎！亘古人格容有过于大禹者乎。"此绝非短期可成，是民族文化精神的集聚。

（四）万众一心，缵禹之绪，才能拯救中国

此碑写于1934年，时当苏浙大旱，黄河大水。李协先生率领他的水利同人怀着忧国救民之心、防灾减灾之意来到绍兴大禹陵，目的是统一思想、弘扬精神，拯救国难、振兴中华。"方今水政废弛，旱潦频仍，民困财竭，国将不国。"水利和国之强弱密切相联，水利兴则国家强，水利废则国家弱，要救中国，改造自然和社会，必须万众一心，发扬伟大的大禹精神。"拯民救国，厥惟继禹而兴者有其人，禹功非一二人所可即，则在吾众众俱以禹为宗，则千万人者一人也，四千年者旦暮也。朝夕而尸祝，为奉其旨、师其意，本其精神以治事，为旱潦容有不息者乎！"透过这块碑文我们也可看到李仪祉先生"治水思想既包容了现代水利的科学内核，也闪烁着我国传统治水思想的智慧，超越了他所在的时代”①，也超越了水利本身。

三　鲧禹是中国第一代河长

治水是治国安邦之大事，责任之重，重于泰山。自古以来，中国对治水活动就有严格的责任考核制度，其中以行政责任人为主体的河长制是为强有力的措施保障之一。至于河长制的起源和印记可追溯到远古的尧、舜时期，传说中的鲧、禹治水便是典型范例。

（一）第一位河长——鲧治洪水

据《史记·夏本纪》载：“当帝尧之时，鸿水滔天，浩浩怀山襄陵，下民其忧。尧求能治水者，群臣四岳皆曰鲧可。尧曰：‘鲧为人负命毁族，不可。’四岳曰：‘等之，未有贤于鲧者，愿帝试之。’于是尧听四岳，用鲧治水。九年而水不息，功用不成。于是帝尧乃求人，更得舜。舜登用，摄行天子之政。巡狩，行视鲧之治水无状，乃殛鲧于羽山以死。”

以上记载说明，当天下洪水滔滔，水灾为民众大害之时，最高统治者尧把选取治水首领当作头等要事。最后在争议之中选定了鲧为治水责任人，并严明责任要求。当时洪水滔天，水环境十分险恶，这鲧治的是普天之下的大洪水，任务极其繁重。鲧是治水能人，治水不可谓不尽力，他埋头苦干，勤劳敬业，持之以恒地连续在艰难困苦中度过了九年的治水岁月。《山海经·海内经》载，治水中鲧不顾自身安危“窃帝之息壤以堙洪水，不待帝命”，也可谓舍生忘死之举。然即使如此，水患还未治平。历史时期的特大洪水原因众多，控制殊非易事：在滨海地区，卷转虫海侵引起沧海变幻，海水倒灌平原；在江河上中游，可能有极端气候作怪，或者地震形成巨大堰塞湖，山崩地裂造成水道变迁、洪水泛滥的自然现象，非人力所可抗拒。

① 周魁一：《李仪祉的治水思想及启示》，《水利的历史阅读》，中国水利水电出版社2008年版，第639页。

鲧治水是继承前人经验“障”和“堙”的做法，也就是用泥土筑堤防把聚落和农田保护起来。但面对滔天洪水，低标准的堤防一冲即溃。虽然是事出有因，人力所不可抗拒，尚可谅解，但舜为了严明治水责任，还是采用了极其严厉的措施，殛之于羽山。

鲧是上古时期部族领袖尧选拔任命的第一个治水河长，虽治水失败，为悲剧人物，但鲧也是民族治水英雄，他的治水精神一直为人民所追念，传说夏代人们把鲧当作光荣的先祖，每年都要祭祀。[①] 没有鲧的失败经验教训，也就不会有之后禹治水的成功。

（二）第二位河长——大禹治水

“于是舜举鲧子禹，而使续鲧之业。”[②] 禹被推上了政治舞台，开始承担第二位天下大河长之重任。鲧被杀当然是禹家族的耻辱，大禹被舜推举治水既是对禹的肯定，又是对禹能力的考验，风险极大。禹的伟大之处是不计个人的恩仇，而以天下、民族的利益为重，肩负起了治水的重任。

且看大禹这位中华民族的英雄大河长是如何治水的。

其一，不辱使命，献身治水。禹牢记鲧治水失败教训：“伤先人父鲧功之不成受诛，乃劳身焦思，居外十三年，过家门不敢入。”[③] 《韩非子·五蠹》说：“禹之王天下也，身执耒臿，以为民先。股无胈，胫不生毛，虽臣虏之劳不苦于此矣。”又《黄氏逸书考》辑《逸庄子》：“两神女浣于白水之上者，禹过之而趋曰：治天下奈何？女曰：股无胈，胫不生毛，颜色烈冻，手足胼胝，何以至是也。”为了治平洪水，大禹置自身利益于不顾，“三十未娶，行到涂山”后，“恐时之暮，失其度制……禹因娶涂山，谓之女娇”。婚后仅4天，又辞别娇妻，前往治水，长年在外，过门不入，致使

① 《国语·鲁语上》记：“夏后氏禘黄帝而祖颛顼，郊鲧而宗禹。”禘、祖、郊、宗分别为不同的祭祀典礼。

② （汉）司马迁：《史记》卷2，中华书局1959年标点本，第50页。

③ 同上书，第51页。

"启生不见父，昼夕呱呱啼泣"[①]。

禹治洪水，遭遇凶险而英勇无畏，置生死于度外。《淮南子·精神训》记："禹南省，方济于江，黄龙负舟。舟中之人，五色无主。禹乃熙笑而称曰：'吾受命于天，竭力而劳万民。生，寄也；死，归也。何足以滑和！'视龙犹蝘蜓，颜色不变。龙乃弭耳掉尾而逃。"此外，禹治水重实干，不追求骄奢淫逸的生活，如《战国策·魏策》记载："昔者，帝女令仪狄作酒而美，进之禹，禹饮而甘之，遂疏仪狄，绝旨酒，曰：后世必有以酒亡其国者。"

其二，深入实践，探求方略。为治平洪水，禹深入实地考察，研究治水之理。《吴越春秋·越王无余外传》载：禹"循江，溯河，尽济，甄淮，乃劳身焦思以行，七年闻乐不听，过门不入，冠挂不顾，履遗不蹑，功未及成，愁然沉思"。大禹得到高士指点，在大越宛委山得到金简玉字之书，通晓治水方略后，再深入实地调查研究，"遂巡行四渎，与益、夔共谋。行到名山大泽，召其神而问之山川脉理、金玉所有、鸟兽昆虫之类及八方之民俗，殊国异域土地里数，使益疏而记之。故名之曰《山海经》"。

禹不墨守成规，深入实地，虚心听取民众意见，总结鲧及前人治水教训经验，采取了"疏"的办法，利导江河，即"决九川距四海，浚畎浍距川"[②]。"导弱水至于合黎，余波入于流沙。导黑水至于三危，入于南海"[③]，又"江水历禹断江南，峡北有七谷村，两山间有水清深，潭而不流。又《耆旧传》言，昔是大江，及禹治水，此江小，不足泻水，禹更开今峡口"[④]。也就是疏通主要江河，引导漫溢于河道之外的洪潮归于大海。于是"水由地中行，江、淮、河、汉是也。险阻既远，鸟兽之害人者消。然后人

① （汉）赵晔：《吴越春秋·越王无余外传》，中华书局1985年版，第129页。
② （战国）孟子等：《四书五经》，中华书局2009年版，第223页。
③ 同上书，第225页。
④ （北魏）郦道元著，陈桥驿校释：《水经注校释》，杭州大学出版社1999年版，第596页。

得平土而居之”[①]。

又相传禹治水时已出现了原始的测量，即所谓“行山表木，定高山大川”“左准绳，右规矩”。[②]

其三，封赏有功，会计天下。所谓“禹迹始壶口，禹功终了溪”[③]。传说中禹治水的地域范围大致是从黄河到长江，最后到了大越的了溪（今绍兴市所属的嵊州市），治水大获成功，地平天成。《史记·五帝本纪》在记舜对22位大臣的考核和论功时也评说：“此二十二人咸成厥功……唯禹之功为大，披九山，通九泽，决九河，定九州，各以其职来贡，不失厥宜。方五千里，至于荒服。南抚交阯、北发，西戎、析枝、渠廋、氐、羌，北山戎、发、息慎，东长、鸟夷，四海之内咸戴帝舜之功。”说明舜是高度评价了禹治水的伟大功绩。

《越绝书》记载：“禹始也，忧民救水，到大越，上茅山，大会计，爵有德，封有功，更名茅山曰会稽。”治水成功后，大禹在大越召开了全国性的最高政治会议，对品德高尚的人赏以爵位，对治水有功的人进行封赏；对不服从统一调度的人进行严厉惩罚。《韩非子·饰邪》：“禹朝诸侯之君会稽之上，防风之君后至而禹斩之。”绍兴广泛流传着大禹诛杀防风氏的故事。

大禹还将茅山改名为会稽山，这便是传说中会稽山的由来。当然这也是一次新的治水会议，必定研究确定了治水新思路和新举措。

（三）启示

鲧、禹治水的传说流传广泛，影响深远，是为中华民族远古时期治水英雄的缩影和象征，而最具影响力的应是大禹留下的代表中华民族传统美

① （战国）孟轲著，杨伯峻、杨逢彬注译：《孟子》，岳麓书社2000年版，第109页。
② （汉）司马迁：《史记》卷2，中华书局1959年版，第51页。
③ （宋）高似孙：《剡录》卷6，台北成文出版有限公司1970年版，第201页。

德的伟大的治水精神（今日概括为献身、负责、求实的水利行业精神），形成了中华水文化的基石。一代又一代的治水人物本其精神而治水，缵禹之绪、发扬光大。同时传说中远古时代治水严厉的责任追究和水利责任主体，也为历代所借鉴和重视。

第三章　越国水事

越王勾践曾对子贡自称越地为“此乃僻陋之邦，蛮夷之民”[1]，他面对着“西则迫江，东则薄海，水属苍天，下不知所止。交错相过，波涛浚流，沉而复起，因复相还。浩浩之水，朝夕既有时，动作若惊骇，声音若雷霆。波涛援而起，船失不能救，未知命之所维。念楼船之苦，涕泣不可止”[2] 的水利形势，忧虑不安，食不甘味，常思改造之计，多议治水之事。为振兴越国、发展生产、改造水环境，他接受了大夫计倪“人之生无几，必先忧积蓄，以备妖祥”“必先省赋敛，劝农桑；饥馑在问，或水或塘，因熟积以备四方”[3] 的建议，以范蠡为主实施兴建了一批水利工程。

第一节　工程体系

一　山麓水利

（一）南池

在越王勾践的诸多谋士中，范蠡是越国“十年生聚，十年教训”时期

---

① （汉）袁康、（汉）吴平：《越绝书》卷7，浙江古籍出版社2013年版，第46页。

② （汉）袁康、（汉）吴平：《越绝书》卷4，浙江古籍出版社2013年版，第27页。

③ 同上书，第28页。

最重要的策划者，他功成身退的大智大勇也为世所称道。范蠡还是我国古代杰出的工程师，在他的主持下建成了越国的都城山阴小城、大城，以及富中大塘、石塘等水利工程。此外，他还致力于组织开发农业和养殖业，为越国的迅速强盛奠定了坚实的基础。

《嘉泰会稽志》记载："南池在县东南二十六里会稽山，池有上下二所。《旧经》云：范蠡养鱼于此。又云：勾践栖会稽，谓范蠡曰：孤在高山上，不享鱼肉之味久矣。蠡曰：臣闻水居不乏干熇之物，陆居不绝深涧之宝。会稽山有鱼池，于是修之。三年致鱼三万。"南池亦称"牧鱼池"或"目鱼池"。建成年代应在勾践返国后（公元前490）不久。

出绍兴城南门，过九里、官山岙、下施家桥，有南池乡的南溪发源于秦望山。《水经注》记载："秦望山在州城正南，为众峰之杰，陟境便见。《史记》云：秦始皇登之，以望南海。自平地以取山顶七里，悬磴孤危，径路险绝。"

沿溪边卵石路而上，至秦望村，有大堤东西横亘于大笠帽山和童子山山麓。据称此坝俗名塘城岗，相传塘上游曾是一个湖。中华人民共和国成立后在塘北侧建一砖瓦厂，挖泥时塘中还残留有木桩基及树干、芦竹等。

据考证①，古塘全长约220米，距附近田面高16.3米（田面黄海高程为20米），底宽为106米，面宽65米。塘东已有一大缺口，长约56米，溪水流贯其中。坝体由当地红黏土填筑而成，局部夹杂其他土质，北侧多为粉砂土，可能是随涌潮自然堆积而成。据地形图量测，南池溪控制集雨面积15.87平方公里，塘内以35米等高线计，面积为0.53平方公里。塘坝高为16.3米，估算库容约为300万立方米。

据此推断：其一，该塘的地理位置及有关兴建年代，与《嘉泰会稽志》中关于南池的记载相符；其二，塘坝系人工挑筑无疑，基本可定为南池坝

---

① 参见盛洪郎、邱志荣《南池寻考》，《中国水利报》1992年7月4日第4版。

址；其三，该塘地处山麓冲积扇地带，其下已是山会平原。塘东坝头东南约50米处的山岙，可作为天然溢洪口。在中国水利史上，南池应是最早的水库工程之一。其主要作用为蓄淡及养鱼。建成年代既然是“修之”或在范蠡之前早已存在。

（二）坡塘

嘉庆《山阴县志》记载：“朱华山在府城南二十里，郡城龙脉祖鹅鼻而宗朱华，朱华之脉北委于陈家岭、茅阳、方前以及张家山、应家山，又起琶亭诸山，迢递入城。”

朱华山海拔351米，虽不甚高峻，却特有一种“万峰苍翠色，双溪清浅流”的清奇景象。由朱华山发源的“三江四渎之流”以下，原绍兴县坡塘乡盛塘村沿山而踞。当年范蠡养鱼有池两处，“上池宜于君王，下池宜于臣民”，“上池”即在此地。

据考证[①]：在村北侧，桃象山的山麓，村民称一距山脚高约20米的平坦山坡，古代曾建有一望潮亭，每至潮水由以北海上滚滚而来，可由亭中观望。潮汐几十里过山会平原到会稽山北麓，至少应在鉴湖兴建以前，其时山会平原应是沼泽连绵，人们多山居。在横亘于村中的绍兴县解南公路处，曾有一条高出路面6—7米的土坝，相传为坡塘遗址。当地人称坝为掘断坝。系黏土填筑而成，现代建公路及附近砖瓦厂用土，堤坝已被平夷。有村民曾在砖瓦厂取土时，见到塘坝中有木桩、树枝等物。坡塘溪集雨面积为5.51平方公里，在东西向的庙山和大窑山之间筑起一条长约250米、高10米左右的大坝，其内形成一个水面约0.24平方公里、蓄水量约为80万立方米的蓄水库。范蠡的另一养鱼池南池水面为0.53平方公里，相比此塘又显得较小。但这又和“上池宜于君王，下池宜于臣民”在规模上较相符合。

---

① 参见盛洪郎、邱志荣《坡塘轶闻》，《中国水利报》1992年10月7日第4版。

坡塘与南池面积加在一起约为1155亩。“三年致鱼三万”，亩产当为26斤左右。南池与坡塘两大鱼塘，开中国水库养鱼之先河，其养殖经验在范蠡著名的《养鱼经》中有所反映。

（三）吴塘

在勾践的父亲允常时，越部族的活动中心还在地势较高的山丘，但到了越王勾践之时，部落的中心开始由崎岖狭隘的会稽山地，北迁到山麓冲积扇的平阳，作为向广阔的山会平原进军的跳板。由于山会平原曾长期是一片沼泽之地，洪涝潮汐频仍，土地盐渍化又十分严重，为此，开发山会平原，兴建水利工程形成一批小范围的灌区，就成为至关重要的一步。吴塘正是在以上背景之下建筑起来的，属山麓型蓄水工程，遗存坝址尚在。

吴塘的首次记载见于《越绝书》：“勾践已灭吴，使吴人筑吴塘，东西千步。”清嘉庆《山阴县志》对此又进行了补述：“吴塘在城西三十五里。”这里不但说明吴塘确系在城西北方向，与《越绝书》记述相同，又可由此推测，塘的位置大致在今湖塘乡一带。

据考[1]，今湖塘古城村曾是越部族的一个活动中心，其下是山麓冲积扇和广阔的平原，随着古城以外的平原逐步开发、人口的增长，就必须蓄淡拦潮，以解决人畜用水和农田灌溉需要。在来年山与马车坞山之间筑起一道堤坝，顶高程约17.5米，由于其内三面环山，便成为一个蓄水工程。根据15米（黄海，下同）等高线测算，水库面积约为0.605平方公里，库容大致在350万立方米。在堤不远处有一被称为笔架岙的山岙，据传古代曾是水道，面宽约25米，高16.5米，略呈弧形，在裸露的岩石上，依稀有曾被水冲刷过的痕迹，估计为该蓄水工程的自然溢洪道。

越灭吴在公元前473年，既是以吴国战俘筑塘，因此建筑时间大约在此略后。吴塘可谓越国山麓地带水利工程的代表，当时类似的工程必有多处，

① 参见邱志荣、陈鹏儿、沈寿刚《古越吴塘考述》，《中国农史》1989年第3期。

类似的有苦竹塘、秦望塘、唐城塘、兰亭塘等。

吴塘的废弃时间当在鉴湖兴建前后。随着山会平原开发利用面积的逐步扩大、水利形势的渐次改变，以及人们的居住地缓慢地向平原发展，吴塘的御咸蓄淡功能不断减弱，到鉴湖兴建不久随之废弃。

二　平原水利

（一）山阴故水道

1. 形成与位置

《越绝书》卷八载：“山阴故水道，出东郭，从郡阳春亭，去县五十里。”“东郭”和“阳春亭”均在今绍兴城东的萧绍运河边。“去县五十里”和《越绝书》卷八中记载绍兴东部的练塘位置相同：“练塘者，勾践时采锡山为炭，称炭聚，载从炭渎至练塘，各因事名之，去县五十里。”练塘的地名今尚在，称炼塘，位于今上虞东关镇西，在距今萧绍运河200米处。从绍兴城东至炼塘村按古代里程算，约为50里。练塘为勾践冶炼之处，“《旧经》云：越王铸剑之处”。据考证，练塘之西北面为所谓“稷山”等的一片紧邻的小山丘，东北面则有前高田头村、后高田头村。“村处小河两岸，地势较高，故名高田头。”[1] 由此可见练塘一带为平原内地势较高、受潮汐影响较少之地，练塘之塘应为早期之堤塘及沿海码头，外阻潮汐，内为一个冶炼基地，又沟通了山阴故水道，为水上交通便捷之地。《越绝书》所记的山阴故水道正是从绍兴城东郭，经阳春亭直达练塘的。

2. 工程定位

最早开挖山阴故水道的目的并非仅是为航运，应主要是为了挡潮和发展塘以南的生产基地。因为处在海潮直薄的沼泽之地和感潮河段上，只有建塘才能改变生态环境，御咸蓄淡，确保农业生产灌溉。开挖河道，以其

① 浙江省上虞县地名委员会编：《上虞县地名志》，1984年第一版（内部发行），172页。

泥石在紧邻的河岸上筑起故陆道，形成了一河一路的格局。随着环境的改善，生产基地不断向北部平原拓展，故水道和故陆道交通航运地位便随之不断上升。而到越王勾践时随着迁都平原及东部地区发展的需要，必定会对并存的此水、陆两要道进行建设提升，使其成为越国主要的交通要道。

故水道和故陆道横亘平原以东，如东部南北向的河道全部堵塞，在汛期，仅靠东西端河道泄洪入海，恐难以承受，将造成洪涝灾害。反之，如在故陆道上留有北向河流的缺口，而无涵、闸、堰调控设施，每受潮汐及夏秋干旱影响，将无法正常蓄淡及航运。以此而论，可以推测在建故水道和故陆道时，沿河岸必定会有以木制为主的涵洞、闸桥、堰一类设施，大小不一，用以挡潮、排洪、蓄水调节及航运。

3. 作用地位

山阴故水道早于勾践时便已建成，至勾践时又进一步疏凿和整治，使之和古陆道一起成为越国主要的水陆交通主干道，其作用和地位十分重要。

（1）沟通了纵横交错的越国水上交通网络。

《越绝书》记载山阴故水道的地理位置是从山阴城东东郭门至今上虞炼塘村，如此，则这一带南北向的水道通过故水道的涵闸设施得以沟通，然山阴故水道连通的主要河道并非仅在平原东部，还有如下 4 条。

山阴城内航道

《越绝书》卷八记载：“勾践小城，山阴城也。周二里二百二十三步，陆门四，水门一。”“山阴大城者，范蠡所筑治也，今传谓之蠡城。陆门三，水门三，决西北，亦有事。”“大城周二十里七十二步，不筑北面。”勾践小城于前 489 年建成，随即又在小城以东建筑山阴大城。这里需要指出的是在大小城范围内及周边有众多自然河流，从东到西会稽南部山区的主要河流：若耶溪沿城东缘而过；南池江、坡塘江纵贯城中心；兰亭江则沿城西缘而过。大小城中的四个水门，表明了当时城中水运之发达。

山阴故水道沟通了山阴城内的河道，一为水上航运，二为向城内提供淡水资源，调节水位。

若耶溪航道

若耶溪发源于原绍兴县平水镇上嵋岙村龙头岗，北至城区稽山门，全长26.55公里，集雨面积152.42平方公里，多年平均来水量7804万立方米[①]，是山会平原南部山区最大的河流，为“三十六源”之首。若耶溪支流众多，来水丰沛，交注汇合，至龙舌嘴分为东西两江，东江过今绍兴大禹陵东侧进入平原河网，西江沿今绍兴城环城东河进入山会平原，流注泗汇头、外官塘至三江口入海，可谓山会平原南北向的中心河。

山阴故水道在东郭门外和若耶溪相交，连通了山会平原东部和越族中心若耶溪的水上交通。

山会平原西部航道

山阴故水道、故陆道均位于绍兴城东部，而《越绝书》中有关西部记载多为越国军事基地、沿海码头等。是否山会平原西部当时尚无开发或无横亘东西的主水道？陈桥驿先生在《运河纪事·序》中认为：

> 《越绝书》为先秦古籍，经东汉初人整理辑缀，增入汉事而删节越史，其所记古运河显有缺佚。山阴为秦所建县，既称“山阴故水道”，则此水道必流贯山阴全境；“水道”而称“故”，足证此古运河为先秦所存在。[②]

对此做以下分析。

其一，山阴故水道通固陵港口。

《越绝书》卷八记载：“浙江南路西城者，范蠡敦兵城也，其陵固可守，故谓之固陵。所以然者，以其大船军所置也。”《吴越春秋》卷七记载：“越

① 参见邱志荣《鉴水流长》，新华出版社2002年版，第118页。

② 邱志荣：《上善之水：绍兴水文化》，学林出版社2012年版，第471页。

王勾践五年五月，与大夫文种、范蠡入臣于吴，群臣皆送至浙江之上，临水祖道，军阵固陵。”水退之后，勾践一行往南从鸡鸣山落船渡钱塘江去吴。鸡鸣山位于今浦沿镇境内，海拔 28.1 米，越国时曾是钱塘江南岸的一重要渡口。《越绝书》卷八记载：“勾践将降，西至浙江，待诏入吴，故有鸡鸣墟。”此地后成为重要集镇，三国吴黄武年间（222—229）至隋开皇九年（589），这里成为永兴县治所在地。《水经注 · 渐江水》：“浙江又迳固陵城北，昔范蠡筑城于浙江之滨，言可以固守，谓之固陵，今之西陵也。”据以上《越绝书》所记，西城应钱塘江的南下通道，当时为越国主要水上屯兵的要塞之地和通河口主码头。《吴越春秋》所记，越王勾践于此地与越国将士壮别，勾践应是从绍兴城向西乘舟于此到钱塘江边，固陵既为军事要地，又是通钱塘江的主要码头，因之绍兴城至固陵必有一条东西向水上要道。《水经注》的记载则可推断这个主要的军事要塞码头位于固陵城北。据考证，西陵即为今之萧山西兴。关于固陵地理位置有两种说法，一说是西兴即固陵。① 西兴地处钱塘江南岸，东距萧山区 4.5 公里，西与长河镇为邻，东与城厢镇毗连，是浙东运河的西起始点，自古为“浙东首地，宁、绍、台之襟喉，东南一都会也”②。“六朝至唐，因其位于会稽西端，遂易名西陵”，后梁乾化二年（912）八月，以“陵”非吉语，始名西兴。另一说即“固陵者越王城山，西陵者今谓西兴”③。据考，越王城山位于萧山西偏南约 1500 米处，海拔 128 米，由东南面仰天田螺山与西北面马山组成，在湘湖砖瓦厂城山上，南临湘湖，西距闻堰三江口 5000 米，北距西兴镇 1500 米。越王城山被史学界和考古界鉴定为目前保存得最为完整的春秋战国时

① 参见杭州市西兴镇人民政府编印《杭州市西兴镇志 · 概述》，2000 年（内部交流），第 4 页。

② （明）王世显：《西兴茶亭碑记》，杭州市萧山区人民政府地方志办公室编《明清萧山县志》，上海远东出版社 2012 年版，第 221 页。

③ 陈志富：《萧山水利史》，方志出版社 2006 年版，第 127 页。

期的城堡遗址。[1] 近山顶处可见一豁口，即是越王城的出入口，两边对峙山峰称“马门”，两侧山脊仍可辨微隆的土城垣，环绕至山顶。山上还有洗马池、古井、佛眼泉等古迹。越王城山以钱塘江为天堑又众山相连，易守难攻，越国以此为水军基地和北通钱塘江至北岸的码头，因名固陵。

固陵应是越国主要的沿海港口之一，在越国对外军事、经济、文化等活动中发挥了十分重要的作用。据载：周敬王二十六年（公元前494年），越国水军3万人，数百艘战船，由勾践亲征，浩浩荡荡驶出固陵港，经钱塘入苕溪迎战吴军。周敬王三十六年（公元前484年），越国丰收，以蒸熟过的稻种万石水运还吴。勾践又使大夫诸稽郢率兵3000人渡浙江，助吴伐齐。周敬王三十八年（公元前482年），越国从固陵出发水手2000人，水师47000人，战舰数百艘，一支出海入长江，另一支经钱塘直趋苏州与吴战。周元王三年（公元前473年）“于越灭吴”以后，越国北上争霸，从固陵港出发的海船到达琅琊港的就有300艘。以上军事活动，均由固陵港出发，其中伐吴的水军由固陵港出发后，一路过钱塘沿古苕溪水，分赴嘉兴、太湖；一路则出浙江航海北上。[2]

春秋末期，越国在钱塘江的港口逐渐增多，北岸有柳浦港（今杭州凤凰山、将台山之西南麓）、定山浦港（今杭州转塘乡狮子山东麓），南岸有渔浦港（今萧山闻家堰之西）。越国的故水道东西向主航线通过固陵港与这些港口及海上航线相接，成为交通主航线。

其二，越国时从山阴城至西兴的水上要道在后来的西鉴湖一线。

鉴湖大部分湖堤形成时间要早于汉代，湖堤从海退后到勾践时逐渐形成是一个长期的过程，即山阴故水道和故陆道的位置，到东汉马臻时进行了堤防的全面加固加高和众多涵闸设施的系统完善，基础仍是故水道和故

① 参见沈青松主编《历史文化名湖：湘湖》，方志出版社2006年版，第23页。

② 参见吴振华编著《杭州古港史》，人民交通出版社1989年版，第29—30页。

陆道。鉴湖堤坝在绍兴城东部基本以山阴故水道和故陆道为基础，此已得到一致的论定；而绍兴城西部的古鉴湖堤基本与东部的故水道在东西向同一轴线上也是事实。从山会平原的地理基础、自然环境，以及越部族开发山会平原的规律，推定当时的西部故水道应为之后的古鉴湖西部北堤线过西小江至固陵。

为何《越绝书》等文献未予记载西部的故水道？笔者认为在山阴城以西的山会平原上，《越绝书》中明显少于东部地区的记载内容。主要原因有三。

一是山会平原当时地处钱塘江岸近处，受潮汐直薄影响要大于东部，开发生产和发展聚落受阻碍，有关生产、生活、活动基地的记载自然少于东部之地。

二是吴越战争中这里为兵家争锋之地，容易受到侵犯，不利于发展生产。越国战败后，勾践入吴为奴 3 年，吴王夫差赦免勾践回越，仅封他百里之地：东至离山阴城（后建）60 里的炭渎，西至周宗（在山阴城以西约 40 里处），南到会稽山，北到杭州湾（后海）东西狭长的狭小之地，即《吴越春秋》卷八中“东至炭渎，西止周宗，南造于山，北薄于海”。而西部边境位置大概在今钱清镇一带，尚未到今萧山。因此，勾践在平原西部不敢张扬实力，不便大规模发展生产基地。

三是作为军事要地，西部水陆交通和舟楫基地应处于越国重点掌握和控制之中，设置建设标准应该高于东部地区。主要有《越绝书》卷八的“舟室”“杭坞”“石塘”“防坞”等，出于军事地理上的考虑，不张扬和公开水陆要道，是为迷惑吴国。

山阴故水道过曹娥江到句章港的航道

曹娥江以东的姚江到甬江的航道，在《汉书·地理志》中就有“渠水东入海”的记载，说明此段河道已有部分是人工开凿的人工运河通海港入海的，开凿这段航道，除为当地航运，更是为了使之与曹娥江过山阴故水道的航线连通。其理由如下。

其一，句章也是越国主要港口。

勾践灭吴后掌握了当时全国沿海5个港口中的3个，即句章、会稽、琅琊，既然句章作为港口，必有从山阴往句章内河与之相连，否则，这一港口难以发挥作用。

其二，曹娥江的航运条件要好于钱塘江。

钱塘江是著名的感潮河流，钱塘江河口的形态是一个典型的三角港式，也就是喇叭状的河口，外口大，内口小。“距今五六千年前已具雏形，其后逐渐扩大，至明代与现今边界基本相近。”① 钱塘江以其壮观的涌潮闻名古今中外，《越绝书》卷四中所记述的“浩浩之水，朝夕既有时，动作若惊骇，声音若雷霆，波涛援而起”，便指以此为主的环境。《史记·秦始皇本纪》巡视东南“临浙江，水波恶，乃西百二十里从狭中渡”，记载了秦始皇在钱塘江河口段由于潮浪涛天而不得不沿钱塘江北岸西行至今富阳一带，渡过钱塘江沿浦阳江至诸暨的情形。相对于钱塘江，曹娥江虽也属感潮河流，但潮汐要小得多，《世说新语·任诞》就记载了王子猷夜航曹娥江的故事：“忽忆戴安道，时戴在剡，即便夜乘小船就之，经宿方至，造门不前而返。”显然写的是从绍兴城至曹娥江一种水波不惊、航道顺达、小航快捷的状况。

（2）为越国强盛和发展提供了基础保障。

山阴故水道东起练塘，西到山阴城东郭门，经山阴城南缘河道以西沿今柯岩、湖塘一带至西小江再至固陵，贯通了山会平原东西地区，并与东、西两小江相通，连接吴国及海上航道。又与南北向诸河连通，通过故陆道上的涵闸设施，调节南北水位并阻隔潮汐，可谓越国之命脉。

其一，为越族生活、生产提供了宝贵的淡水资源。

---

① 戴泽蘅主编：《钱塘江志》，方志出版社1998年版，第82页。

由于海侵结束后至越王勾践时山会平原东部地区尚未建成海塘，一日两度的潮汐侵袭平原，使内河仍然感潮变咸，越民生产和生活受到严重影响。故水道和故陆道的建设阻隔了潮水侵入，形成内河。其内各南北向河流可通过与故水道相贯通和蓄水，尤其是其中的各河湖之水因此渐成为淡水，使越族有较充足的淡水资源可供生活和生产。

其二，通过故水道和紧邻的故陆道，连通了各生产、军事基地。

东部地区的主要出入活动地。如《越绝书》卷八记载："勾践之出入也，齐于稷山，往从田里；去从北郭门，照龟龟山；更驾台，驰于离丘；游于美人宫，兴乐中宿；过历马丘，射于乐野之衢；走犬若耶，休谋石室；食于冰厨。"以上稷山，"稷山者，勾践斋戒台也"。"稷山在县东五十里称山南"[①]，位于今上虞道墟镇。中宿台，"越《旧经》，中宿在会稽县东七里"[②]。石室，"燕台在于石室。越《旧经》：宴台在州东南十里"。乐野，"乐野者，越之弋猎之处，大乐，故谓乐野。其山上石室，勾践所休谋也"。乐野与石室应在同一处。

东部地区主要的生产基地。沟通东部主要的冶炼基地，除前述练塘外还有锡山，"在县东五十里，宝山旁。《旧经》：越王采锡于此"[③]，"勾践时采锡山为炭，称炭聚"[④]。锡山既是采锡基地，又是伐木烧炭之地。据"银山在县东五十里"[⑤] 之记载，锡山应在银山的近处，在今上虞区长山乡。称山，"在县东北六十里。丰山西北，北环大海。《旧经》越王称炭铸剑于此，

---

① （清）吕化龙修，（清）董钦德纂：康熙《会稽县志》卷3，《绍兴丛书·第一辑（地方志丛编）》第7册，中华书局2006年影印本，第291页。

② （汉）赵晔：《吴越春秋·勾践归国外传》，中华书局1985年版，第167页。

③ （清）吕化龙修，（清）董钦德纂：康熙《会稽县志》卷3，《绍兴丛书·第一辑（地方志丛编）》第7册，中华书局2006年影印本，第290页。

④ （汉）袁康、（汉）吴平：《越绝书》卷8，浙江古籍出版社2013年版，第253页。

⑤ （清）吕化龙修，（清）董钦德纂：康熙《会稽县志》卷3，《绍兴丛书·第一辑（地方志丛编）》第7册，中华书局2006年影印本，第290页。

俗呼称心山"[①]。这里既是沿海码头，又是冶炼基地，位于今上虞区啸唫、道墟、杜浦三乡镇交界处。连通若耶溪沟通的冶炼基地则有：铜姑渎，"姑中山者，越铜官之山也，越人谓之铜姑渎。长二百五十步，去县二十五里"[②]。"若耶之溪，涸而出铜。"[③] 据此，这一产铜基地应在若耶溪的上游，今平水镇的平水铜矿处。赤堇山，"赤堇之山，破而出锡"[④]。"赤堇山在县东三十里，会稽山东南。"[⑤] 采锡基地赤堇山的地理位置应在若耶溪东，约在原绍兴县的上灶村。

农业生产基地则有富中大塘（之下还要专论）。葛山，《越绝书》卷八记载："葛山者，勾践罢吴，种葛，使越女织治葛布，献于吴王夫差。去县七里。"其是越国种葛织布之所，位于今越城区稽山街道的若耶溪下游。犬山，"犬山者，勾践罢吴，畜犬猎南山白鹿，欲得献吴，神不可得，故曰犬山。其高为犬亭，去县二十五里"。为越国的畜牧之地，犬山今称吼山，在今越城区皋埠镇境内。鸡山，"鸡山、豕山者，勾践以畜鸡豕，将伐吴，以食士也。鸡山在锡山南，去县五十里"。其是越国的又一个畜养基地，位于今上虞区长山、长塘、樟塘三乡交界处。

其三，为城南地区主要生产基地：南池、坡塘。

西部军事基地。除了如前所述的固陵、航坞、石塘之外，还有通过夏履江的越王峥，为越王勾践屯兵之处，乾隆《绍兴府志》："越王山一名越王峥，又名栖山……上有走马岗、伏兵路、洗马池、支更楼故址。"

西部生产基地。官渎，《越绝书》卷八载："官渎者，勾践工官也，去

---

① （清）吕化龙修，（清）董钦德纂：康熙《会稽县志》卷3，《绍兴丛书·第一辑（地方志丛编）》第7册，中华书局2006年影印本，第291页。

② （汉）袁康、（汉）吴平：《越绝书》卷8，浙江古籍出版社2013年版，第54页。

③ （汉）袁康、（汉）吴平：《越绝书》卷11，浙江古籍出版社2013年版，第70页。

④ 同上。

⑤ （清）吕化龙修，（清）董钦德纂：康熙《会稽县志》卷3，《绍兴丛书·第一辑（地方志丛编）》第7册，中华书局2006年影印本，第289页。

县十四里。”乾隆《绍兴府志》引《嘉泰会稽志》：“官渎在县西北一十里。”朱余，《越绝书》卷八：“朱余者，越盐官也，越人谓盐曰余，去县三十五里。”据考在距今绍兴城北35里处的朱储村，既是盐业基地，又是故水道通向沿海的主要河道。木客大冢，《越绝书》卷八：“木客大冢者，勾践父允常冢也。初徙琅琊，使楼船卒二千八百人伐松柏以为桴，故曰木客。去县十五里。一曰勾践伐善材，文刻献于吴，故曰木客。”在今绍兴南偏西的娄宫镇里木栅村，是一个木材采伐基地，通过故水道等河道将木材运往各地。

其四，沟通对外航运。

通过钱塘江南岸的固陵过钱塘江至吴国。此是吴越两国交往再至中原各地的主要水上交通要道。姚汉源先生在《京杭运河史》中认为：“江南运河修建大致自春秋后期的吴越控制时代开始。”[①] 又据载：吴国通往越国的航道中，见于记载的有“百尺渎”。“百尺渎”入钱塘江处称“百尺浦”，又称“越王浦”，越王曾在此河道上兴过工。“百尺浦”在今萧山河庄山侧（河庄山原在钱塘江北岸的海宁市盐官镇西南），宋元以后，因钱塘江江道北移，其山遂隔在南岸今萧山境内。由钱塘江循“百尺渎”北上，经崇德，可以到达吴国国都，以此沟通了钱塘江和吴淞江航道，再北上，通过吴国的“故水道”，可以“入大江，奏广陵”，到达今扬州。[②]

连接沿海码头。主要有从山阴城至直落江到朱余的河道，以及由山阴城故水道东至练塘直往称山的河道。这些河道与钱塘江及外海的连通大大促进了对外之间的文化交流，推动了社会文明发展。

姚汉源先生在《京杭运河史》中所言：“运河非一二人之力，非一时之功。”“其创修则是智者出其智慧，有力者挥洒其血汗，参预者当以兆亿计。心血凝聚不可以升计量，其寿千万年，正其常也！”“其开凿，引江河湖泉

① 姚汉源：《京杭运河史》，中国水利水电出版社1998年版，第34页。

② 参见童隆福主编《浙江航运史 古近代部分》，人民交通出版社1993年版，第8页。

以为源，涓滴以上皆为用，东南多水，故其创始于江浙，司马迁谓：'通渠三江、五湖。'"

山阴故水道开挖年代应该可以基本论定，所处地理位置也十分明确，不但是越国之命脉，而且通过钱塘江沟通吴越两地，通过沿海码头沟通海外，综合效益十分卓著。因此，山阴故水道可谓中国历史上兴建年代最早，并且至今依然保存较好的人工运河之一。

（二）富中大塘

公元前494年，吴越交战，越国为吴国所败，越王勾践夫妇在吴为人质三年，回国后忍辱负重，经历了"十年生聚，十年教训"的卧薪尝胆时期。短暂20年间的风云变幻，越国由弱变强，终于一举灭吴。取得胜利虽有着诸多因素，但富中大塘的兴建，确实对复兴越国起到了至关重要的作用。

"富中大塘者，勾践治以为义田，为肥饶，谓之富中，去县二十里二十二步。"① 据考，富中大塘位于山会平原东部，大致位置西起今绍兴城外若耶溪东岸至东湖绕门山偏南，到东湖坝口，再东偏北到富盛江西侧的坝头山止，介于若耶溪和富盛江之间，除去山丘面积，塘内有约6万亩宽广肥沃的农田。②

富中大塘与紧邻的北山阴故水道是为关联工程。在工程建设上，山阴故水道开挖必然要在两岸堆积大量泥土，尽可能地利用这些土方建故陆道和富中大塘，就地处理土方筑堤十分便利，节约了劳力，使工程早日建成。

在防洪、排涝的保障上，富中大塘之中及周边主要有三条山溪来水：西为若耶溪，因若耶溪到河口集雨面积为136.73平方公里，富中大塘之内

① （汉）袁康、（汉）吴平：《越绝书》卷8，浙江古籍出版社2013年版，第54页。

② 参见陈鹏儿、沈寿刚、邱志荣《春秋绍兴水利初探》，盛鸿郎主编《鉴湖与绍兴水利》，中国书店1991年版，第117页。

无法调蓄若耶溪汛期洪水，因此富中大塘摒若耶溪于塘之外，使若耶溪洪水不再危害这一地区；中为攒宫溪，集雨面积至河口为30.6平方公里；东为富盛溪，集雨面积到河口为9.7平方公里。此两江可年产径流约2815万立方米。[①] 以上两江之水直接纳入富中大塘之内，淡水资源可谓充足。平时富中大塘塘坝在与故水道及若耶溪相隔处因有闸堰存在，一方面起到了蓄水作用，塘内水位略高于故水道水位；另一方面每至汛期洪水来临，塘内水位高涨时，开启沿塘闸门，进行行洪排涝，使塘内不受淹。

在御咸蓄淡、水资源调蓄上，故水道、故陆道的存在使北部咸水不再侵入富中大塘之内，塘内蓄起了丰富的淡水资源，山阴故水道成为富中大塘的灌溉运河。在夏秋季节由于干旱，塘内水位低于故水道和若耶溪水位，水资源发生短缺，开启闸门可直接引淡水至塘内以供生活、生产之用。

在交通运输上，由于故水道和故陆道在富中大塘北缘，为塘内生活、生产提供了十分便捷的交通条件，既有陆路大道，又有水上要道，可谓当时越国交通最发达之地。

富中大塘建成以前，越部族的农业生产相当落后，其时产量低下，粮食匮乏，主要农业生产在南部山丘一带。此塘兴建后，山会平原的水利条件有了一定范围的改变，农业生产的重心开始由山丘向平原水网地带转移，是越族自卷转虫海侵后较大规模向平原开发发展的第一步。水稻逐步成为主要农作物，良好的种植条件又使稻谷产量和质量不断提高，“三年五倍，越国炽富”。甚至吴王夫差也称：“越地肥沃，其种甚嘉，可留使吾民植之。”[②] 到公元前481年，约30万人口的越部族，已经储备了能够供应5万精锐部队需要的粮食，其主要产粮区便在富中大塘。此塘的建成也为山会平原自然环境的改造和经济、文化的发展奠定了重要基础。

---

① 资料来源于绍兴市水文站。

② （汉）赵晔：《吴越春秋·勾践阴谋外传》，中华书局1985年版，第193页。

《文选·吴都赋》载："富中之甿，货殖之选。"说明富中居民的家境富裕，《文选》在引书中把《越绝书》称为《富中越绝书》，由此可见富中大塘在当时越国的重要地位和影响之大。

当然，随着越国社会经济发展、开发能力增强，富中大塘也呈向东不断开发扩展的趋势，范围应该会到后来东鉴湖的东岸线。

东汉永和五年（140），会稽郡太守马臻在这一地区主持兴建了鉴湖，发挥效益达600年之久的富中大塘，遂被纳入鉴湖拦蓄之中而废弃。

三　滨海水利

（一）石塘

《越绝书》卷八载："石塘者，越所害军船也，塘广六十五步，长三百五十三步，去县四十里。"其位置与《越绝书》其后记载的"防坞""杭坞"不但距离相同，而且均在西北方向。"石塘者，越所害军船"，这里的"害"字，应为"妨害"之意，或为阻挡之意。由此推断石塘应是越国军事要塞和水军基地码头。至于石塘是砌石护坡抑或是抛石护坡已无从考证，但从当时的工程技术水平和有关史料分析，抛石护坡的可能性更大一些。

（二）杭坞

《越绝书》卷八载："杭坞者，勾践杭也，二百石长，员卒七士人，度之会夷，去县四十里。"杭坞，位于航坞山山麓。航坞山亦名龛山、杭坞山、王步山，别名吹楼山。位于今萧山坎山镇、衙前镇和瓜沥镇境域，海拔299米。春秋时期航坞山与以北的赭山相对形成钱塘江海门，史称"南大门""鳖子门"。吴越争霸，此为两国兵家必争之地。"杭"与"航"字义相通，为水边码头渡口。"坞"是水边航运泊船之地。杭坞既是越国造船基地、通航渡口，也是水军战略要地。其分布于当时航坞山山麓的大小海湾之间。

（三）防坞

《越绝书》卷八记载："防坞者，越所以遏吴军也，去县四十里。"防坞也应位于航坞山山麓，是越国水陆军队阻击吴国军队之处，与石塘、杭坞形成通航港口码头和军事要塞。

第二节　工程特色

春秋绍兴水利因地制宜，规模不是很大，又大多分布在以富中大塘为主的东南部，但这些水利工程适应了越国的生产力发展要求，为农业、养殖、制盐、冶金、制陶、纺织、酿造生产，以及军事提供了基础条件。各具特色的各类水利工程，其兴建年代、建筑规模、技术水平以及所产生的工程效益，可以毫不逊色于同期黄河流域的水利工程，在中国水利史上留下了光辉的一笔。主要特点如下。

一　综合性强

一切围绕复兴越国伟大目标、国家战略、发展生产来规划建设水利工程。富中大塘的修建促进了生产发展，使原为咸潮出没的平原之地成为肥饶的富中义田。同时，处于吴越交战、兴废存亡的危急关头，越国兴建的水利工程必然具有鲜明的军事色彩，开辟富中农业区也是为了建立军粮基地。筑练塘，是为了在海潮直薄的沼泽地开辟诸多锡、银等冶金基地。从山阴城东部到曹娥江边的东西向山阴故水道整治，不仅是为了沟通这一区域的湖泊与南北向自然河流的联系，也是为了沟通各生产基地和越国都城的交通运输。而冶金业则是与军备密切相关的基础工业。兴建石塘，应属海岸码头，兼及军事、海运，以及对外交往等多种功能。

二　建设速度快

春秋绍兴水利的建设期不过20年左右，所建工程仅据《越绝书》记载的就有塘5处、河道1处、城墙2处。其工程规模，吴塘填土方约35万立方米，故水道挖土方至少200万立方米，小、大两城筑墙的土石方多达100万立方米以上。如此土石方量的工程规模，即使在今天来说，也相当于一个中型工程。而在生产力尚处于由青铜器向铁器过渡时期，仅30万人口的于越部族，在如此短暂的时间内，建成了如此众多的、具有一定规模的水利工程，其建设速度之快，在中国春秋时期的地区性水利中，实属罕见，亦可见越国重视水利的程度和投入。

三　技术先进

春秋绍兴水利的建树，主要在前493—前473年之际，时期之早不仅居于浙江之首，而且在全国也屈指可数。横亘于山会平原东部25公里的山阴故水道和20余里的富中大塘，成功地阻遏了咸潮的侵袭，使塘内6万余亩农田得以有较好的垦殖生产的水利条件，塘沿岸又必定会设置堰、闸之类工程，堤防的综合水利设施已较完备并达到一定规模。兴建时间比战国黄河流域的同类工程早了100多年。再以渠系的拦蓄坝而言，中国早期拦河坝的代表是太原附近的智伯渠坝，创于前453年，原系壅水攻城而筑，后开渠引水灌田，成为有坝取水枢纽。[①] 而越国的吴塘筑于前473年前后，拒潮蓄淡，名为“辟首”，拦蓄库容可达300万立方米，至今大部分坝体尚存，其兴建年代比智伯渠坝早20年。并且用自然山岙作为溢洪道，充分显示了越

① 参见武汉水利电力学院、水利水电科学研究院《中国水利史稿》编写组编《中国水利史稿》上册，水利电力出版社1979年版，第74页。

人因地制宜、善借物利用的智慧和能力。至于在航坞山附近海岸修筑的石塘，更是见于国内海塘史料中的首次记载。从空间位置的分布来看，春秋绍兴水利沿“山—原—海”阶梯状地形，依次在山麓冲积扇、沼泽平原和沿海地区，兴建了不同类型的水利工程，形成自南向北的水工程体系。在一个具有多种地理形态和自然条件的区域范围内，兴建与之相适应的众多水利工程，这样的空间位置分布，体现了较高的科学性和合理性，在中国春秋时期的水利中是不多见的，已经具备了一定的系统规划的思想。

堤塘工程又可分为系统堤防和蓄水堤坝。在堤塘的断面设计上，最有代表性的当推吴塘。吴塘，坝断面的技术数据基本符合记载春秋战国时期水利理论和工程技术的权威文献《考工记》的理论设计，说明历来被认为晚于中原开发的中国南方钱塘江流域的水工技术，实已达到了当时中原地区同等或更先进水平。其中主要原因，是越地特定的水环境所决定的。

又由于地理环境的需要，这些水利工程建设中要设置大小不一的蓄、排水闸，越国之水利灌排设施的主要材料可以认为是以木结构为主。此以香山大墓排水为例①。

香山大墓位于越城区若耶溪下游东侧香山东南麓，这是一座带宽大长墓道的长方形竖穴坑木椁（室）墓。墓室基本上为木质，长 47 米，宽 4.8 米。香山大墓就文物价值而言，文物部门自会做出结论。就可合理推理的水利价值而论，至少有以下几方面。

① 参见邱志荣《上善之水：绍兴水文化》，学林出版社 2012 年版，第 50—54 页。

香山大墓开挖现场

其一，基础处理牢固。该墓室基础先以约 50 厘米 ×50 厘米的柏树方木南北向在平整后的土基上排成两条间距宽约 4 米、长 50 余米的木道，此为第一层。平整后，再以长约 5 米、粗 20 余厘米的杂木（不去皮），东西向紧密架于木道之上，此为第二层。平土后再以长约 5 米、大小约 50 厘米 × 50 厘米的柏树方木东西向每间隔约 5 米铺一条木道，此为第三层。再以 50 厘米 ×50 厘米柏树方木，以南北向，东西间隔约 3.5 米铺成木道，此为第四层。之上再以长约 5 米、50 厘米 ×50 厘米柏树方木紧拼合成南北向约 50 米长的墓室底平面，此为第五层，中部盛放棺椁。同方木纵横相交处都设榫卯，以起固定作用。以上是墓室之基础，周边还加固坚实条木。从以上基础处理看，充分利用力学原理，其地基承载面较宽厚，受力宽广均匀，其榫卯结构精密牢固，均是成熟的基础处理技术，柏树又为极好之防腐木材。墓室历经 2500 年左右至今不坏，便是其基础坚实的见证。

其二，排水系统设置先进合理。整个墓室呈南北向两头略高、中间稍低状，在第四层道木面上中部凿刻一条南北向宽约10厘米、深约3厘米的排水小沟，在道木中间段分别凿两处约10厘米×10厘米的深孔，通过第三层横道木凿15厘米×15厘米木槽，再承以圆木开排水沟，将积水通过一木制排水沟（约25厘米树木剖开后凿木槽，再合上），长十余米，排入以西河沟内。以上可见此木制排水沟制作已非常精细和完备，制作技术也很合理科学。

其三，防腐技术水平高。木椁及排水系统均髹漆，有的至今尚存，而且漆制绘画技术已相当高超。

以上香山越国大墓的基础处理、排水技术、防腐处置，必然会在当时被广泛应用到水工技术之中，诸多的水工基础、闸、排水关键结构部位，都会以上述工艺技术施工处理而充分发挥效益。

这种以木结构为主的技术，也是河姆渡建筑技术的传承与发展，后来鉴湖能建各种形制的斗门、闸、堰等水门69所，应当与此技术的推广和应用密切相关。

第三节　工程效益

一　社会经济

春秋水利促进了越国农业生产的迅速发展。勾践以前，北部沼泽平原尚未得到大规模开发，于越部族“水行山处”主要活动在山麓地带，种植“粢、黍、赤豆、稻粟、麦、大豆、果”等作物。初步估算，当时山会平原以南会稽山北山麓地带的可耕地面积不超过6万亩（5.5米以上），其中可种水稻的不足3万亩，还要遭受山洪和潮汐的侵害，只能“随陵陆而耕种”，所以产量低下，粮食匮乏，其民“愚疾而垢”[1]。随着越国水利工程的相继建成，部分消除了咸潮直薄和山洪的威胁，沼泽平原得以开发，使农业的重心逐步从南部山麓地带转移到北部平原水网地带。稻田大量增加，稻米生产成了农业的中心。由于土地肥沃、水源丰富，水稻产量增高，成为富中之地。可以想象，没有这一系列的水利工程，没有这些工程效益的发挥，没有粮食的丰产、交通的便利，越国复兴大业难以成功，水利之功利如此巨大。

由于春秋绍兴水利在“山—原—海”的不同地形上均有建树，特别是对水土资源丰富的沼泽平原进行了卓有成效的开发，积累了在改造这片山洪漫流、海潮泛滥、沼泽连绵的土地之上围堤、蓄水、建闸、灌排、改造良田等宝贵经验，因而其效益和影响是十分深远的。此后，如鉴湖、平原河网和后海海塘、围涂等，都是春秋时期的堤塘、水道和石塘的延伸与发展，前后之间有着不可分割的联系。

受当时生产力发展水平和地理环境等因素的限制，春秋越国的水利工程设施兴利范围有限，主要集中在东南部地区。总体上山会平原抗御洪潮、防旱灌溉能力还不高。春秋越国水利的基本格局，一直延续到西汉末年，无较大的调整变化。

二　文化交流

（一）吴越交流

同舟共济。《越绝书》卷七载：“吴越二邦，同气共俗，地户之位，非吴则越。”《吕氏春秋·知化》曰：“吴之与越也，接土邻境，壤交通属，习俗同，言语通。我得其地能处之，得其民能使之，越于我亦然。”吴越两国

---

① （唐）房玄龄注，（明）刘绩补注，刘晓艺校点：《管子》，上海古籍出版社2015年版，第285页。

有十分接近的语言、习俗、生产与生活方式、民俗性格，其形成的主要原因之一便是相邻并基本相同的地理环境，共同拥有“三江、五湖之利”等。《孙子·九地》说：“夫吴人与越人，相恶也；当其同舟济而遇风，其相救也，如左右手。”

（二）楚国交流

（1）冶炼技术。越国的青铜冶铸、陶瓷、建筑及音乐歌舞等对楚国产生过较大影响。《越绝书》卷十一记楚王“于是乃令风胡子之吴，见欧冶子、干将，使人作铁剑”。

（2）人文交往。汉刘向《说苑·善说》载：“鄂君子皙之泛舟于新波之中，乘青翰之舟……越人拥楫而歌……鄂君子皙曰：‘吾不知越歌，子试为我楚说之。’于是乃召越译，乃楚说之曰：‘今夕何夕兮，搴舟中流。今日何日兮，得与王子同舟。蒙羞被好兮，不訾诟耻。心几顽而不绝兮，得知王子。山有木兮木有枝，心悦君兮君不知！’于是鄂君子皙乃揄修袂，行而拥之，举绣被而覆之。”

（三）中原交流

（1）于越来宾。今本《竹书纪年》卷下载：周成王“二十四年，于越来宾”。这说明早在公元前1001年，越国就派使者至远在今陕西的周王朝。此“来宾”应为从会稽山乘舟过山会平原过钱塘江走水路而来的。

（2）物资运输。《水经注·河水》引古本《纪年》：魏襄王七年（公元前312年）四月，“越王使公师隅来献乘舟，始罔及舟三百，箭五百万，犀角、象齿焉”。当时利用河淮间的水道，越国的船队线路大约是走海道至淮河口，溯淮西上，再循鸿沟水系西北至魏都大梁的。[1] 这不但证明越国造船业之发达，也表明越国航道之畅达，故水道已充分发挥作用。

---

① 参见武汉水利电力学院、水利水电科学研究院《中国水利史稿》编写组编《中国水利史稿》上册，水利电力出版社1979年版，第94页。

三　河湖水战

（一）齐越之战

《管子·轻重甲》记载，齐桓公二十三年（公元前663年）前后，齐越曾经发生过一次海战。

“齐桓公曰：‘天下之国，莫强于越。今寡人欲北举事孤竹、离枝，恐越人之至。为此有道乎？’管子对曰：‘君请遏原流，大夫立沼池，令以矩游为乐，则越人安敢至。’桓公曰：‘行事奈何？’管子对曰：‘请以令隐三川，立员都，立大舟之都。大舟之都有深渊，垒十仞，令曰：能游者赐千金。’未能用金千，齐民之游水，不避吴越。桓公终北举事于孤竹、离枝。越人果至，隐曲菑以水齐。管子有扶身之士五万人以待，战于曲菑，大败越人。”此战，齐出兵五万，可以肯定越之兵船也为数不少。齐当时为中原大国，越国敢于主动偷袭并且是从海上绕开吴国等去作战，此也证明越之水战能力和当时航道通达。

（二）槜李之战（在今嘉兴市南五里江南运河侧畔）

该战发生于公元前496年。其时越王允常去世，勾践继位。吴王阖庐企图趁越国新政权未稳定之时一举消灭越国，双方在槜李大战。此战吴王阖庐被飞箭射中，饮恨身亡。伍子胥率兵退出战场，深感愧对吴王阖庐，披头散发，号哭累年。后夫差即位，“吴王夫差兴师伐越，败兵就李”。此战“大风发狂，日夜不止。车败马失，骑士堕死。大船陵居，小船没水”[①]。水上之战规模颇大，并空前激烈。

（三）夫椒之战（在今太湖中洞庭西山）

时间在公元前494年，其时勾践胜吴不久，闻夫差欲报雪耻，练兵备虞

① （汉）袁康、（汉）吴平：《越绝书》卷6，浙江古籍出版社2013年版，第40页。

紧密，于是勾践在条件未成熟，敌我双方力量估计不足时，企图先发制人，率兵攻吴，双方战于“五湖”[①]，结果反被夫差战败于夫椒。仅以余兵五千人保栖于会稽。据今人魏嵩山、王文楚考证，勾践这次伐吴路线当由百尺渎北上至今崇德县，然后循今江南运河入于松江、太湖。[②]

（四）姑苏之战

时间在公元前482年，勾践乘夫差争盟黄池、国内空虚之际，“乃发习流二千人，俊士四万，君子六千，诸御千人”[③]，分兵三路进攻吴国。[④] 其中东路军由勾践亲自率领，“溯江以袭吴，入其郛，焚其姑苏，徙其大舟”[⑤]而归；南路军由大夫畴无余、讴阳率领，袭击吴国国都姑苏；另由范蠡、舌庸率军阻截吴王夫差由黄池回救。虽然当时邗沟、荷水已凿，但越国要暗中绕过吴国直入淮河，海道仍是必经之路，史称“沿海溯淮以绝吴路”[⑥]。

据载勾践伐吴雪耻，出师之日，越国父老以美酒为勾践饯行，越王投酒于河中，以示与将士随流共饮，一往无前。后人称此河为“投醪河”、“箪醪河”或“劳师泽”。宋人徐天祐曾有《咏箪醪河》诗曰：

往事悠悠逝水知，临流尚想报吴时。

一壶解遣三军醉，不比商家酒作池。[⑦]

此战越国取得了决定性的胜利，夫差自尽。

吴越水战充分反映了越国之水上战斗力和航运之发达。

---

① “五湖”，三国韦昭《三吴郡国志》以太湖及其东边的游湖、莫湖、胥湖、贡湖为五湖。

② 参见魏嵩山、王文楚《江南运河的形成及其演变过程》，《中华文史论丛》1979年第2辑。

③ （汉）赵晔：《吴越春秋·勾践伐吴外传》，中华书局1985年版，第205—206页。

④ 参见孟文镛《越国史稿》，中国社会科学出版社2010年版，第260页。

⑤ （春秋）左丘明、（西汉）刘向著，李维琦标点：《国语·战国策》，岳麓书社1988年版，第173页。

⑥ 同上。

⑦ （明）萧良幹等：万历《绍兴府志》卷7，《绍兴丛书·第一辑（地方志丛编）》第1册，中华书局2006年影印本，第647页。

第四章　鉴湖兴废

鉴湖，又有庆湖、镜湖、贺家湖、贺监湖、贺鉴湖、照湖、南湖、长湖、大湖、带湖等多种别名，位于东汉时会稽郡山阴县境内（属今柯桥区、越城区、上虞区）。由东汉会稽太守马臻主持建于东汉永和五年（140），是中国长江以南最古老的大型蓄水、航运等综合性水利工程之一。

第一节　兴建前环境

一　自然环境

（一）地质

鉴湖的建成、变迁必然与流域内的自然环境密切相关。鉴湖位于萧绍平原，其汇水地区主要是其南边会稽山区。会稽山，属浙东低山丘陵的一部分。这些山丘的高度，是南高北低，南部一般为350—400米，向北逐渐降低，至平原一般为4.5—5.5米，沿海又略高，高差约为1.5米。由于江山—绍兴大断裂的影响，南部山丘和北部平原之间在山前近东西向界线比较明显。北部平原区除去零星散布的凝灰岩组成的基岩残丘之外，余皆为冲积、淤积、海积而成的坦荡平原。南部低山丘陵多由远古代、古生代的砂岩、白云岩、灰岩、硅质岩，以及中生代的火山岩、闪长岩、花岗岩所组成。这些岩石和构造，除对流域内的地貌发育有一定的影响外，对流域内的河流、湖泊水质也有一定的影响。会稽山向北延伸，呈北北东向相互平行的冈丘谷地，发源于南部低山区的夏履江、型塘江、漓渚江、娄宫江等河流沿冈丘之间的谷地向北流向萧绍平原。①

全新世初期（距今10000—8000年前），东海海面在今海面以下30—40米时，萧绍平原为一向北微倾的切割平原，发源于会稽山的河流经过平原，在其北部汇入西小江和东小江，然后经钱塘江注入东海。这时的萧绍平原同浙北的太湖平原相似，由于地表河谷切割较深，地下水位低，地表不易形成湖泊和沼泽，所以至今在平原尚未发现全新世初期的泥炭沼泽及湖相沉积物。到了距今8000—7000年时，由于气候转为温和稍湿润，东海海面回升至今海面下5米上下。海潮沿钱塘江河口段两岸深切的河谷倒灌至平原腹地（余姚河姆渡古遗址下边的海侵层，就是在这种情况下形成的），一些在滨海岸、海湾，以及河口地区半咸水环境下生活的牡蛎等生物，随潮水进入倒灌地区。从含大牡蛎的海相淤泥质黏土层分布情况断定，距今8000—7500年前，海岸线曾推进到漓渚—兰亭—平水一带。②

全新世中期初（距今7000—6000年前），全球性气候转为暖湿，东海海面回升至今海面之下2米上下，钱塘江口进一步扩大呈大喇叭形，萧绍平原上的河流因基面抬升而比降变小，水流缓慢，平原地区地下水位也同时抬升，一些低洼地区因积水而沼泽化。沼泽里生长的水生植物如苔草、芦

① 参见景存义《鉴湖形成演变与萧绍平原的环境变迁》，盛鸿郎主编《鉴湖与绍兴水利》，中国书店1991年版，第53—57页。

② 参见陈谅闻《鉴湖的形成、演变及其水资源的利用问题》，盛鸿郎主编《鉴湖与绍兴水利》，中国书店1991年版，第79—87页。

苇等，随着海水再上升及潮起潮落，这些生长物的残体在沼泽里堆积而形成泥炭。今鉴湖平原地面以下4—5米深范围内所发现5—20厘米厚的泥炭层（下泥炭层）就是这时形成的。[①]

全新世中期末（距今5000—4000年前），随着杭州湾沿岸气候相对温凉和相对干湿的周期性变化，离潮间带不远处，受海面升降和潮汐影响的滨海平原出现了湖泊和沼泽的反复交替，有麻栎—栗—松—青刚栎植被景观。今被埋藏在深度1.50—3.00米、厚10—30厘米的黑褐色泥炭层就是当年沼泽作用的产物。之上层覆盖了1.5—1.8米厚的灰色淤泥质黏土层，就是之后堆积的湖相沉积物。

（二）河湖

1. 会稽山“三十六源”

春秋时期的山会平原，南为会稽山，北滨后海（杭州湾），东靠曹娥江，中间为一片向西延伸的沼泽平原（山会平原），呈现“山—原—海”的台阶式特有地形。郦道元《水经注·沔水》对这一地区的描述是“东南地卑，万流所凑，涛湖泛决，触地成川，枝津交渠，世家分伙”。

会稽山脉是一片较广阔的丘陵地，东西最宽约50公里，东南至西北最长约100公里，其中丘陵的分布和走向较多变和复杂。会稽山脉的主干聚于山阴、会稽和诸暨、嵊州边界，海拔700米左右。从主干按西南东北走向，分列出一批海拔500米左右的丘陵，形成西干山脉和化山山脉，分别成为浦阳江和曹娥江的分水岭。

西干山脉和化山山脉之间以北的丘陵，又称稽北丘陵，面积约460平方公里。再以北是广阔的冲积平原，平原海拔高程一般在4.5—6.5米之间。

① 参见绍兴地区环保所《鉴湖底质泥煤层分布特征调查及其对水质影响的试验研究》，1983年。当时勘测主要在西鉴湖地区。

据统计这一地区南部山区有溪流43条，流入平原之中。[①] 此外，东小江（曹娥江）掠过会稽东境，西小江（浦阳江）流贯山会平原西境和北境，两江均在北部的三江口附近注入后海（杭州湾）。稽北丘陵由东向西主要有以下河流。

石泄江，源于富盛镇石泄村后青山，过调马场、青塘，在北山经上虞银山以东入运河，长9.5公里，境内主流长6.3公里，支流长4.1公里，集雨面积24.43平方公里。

富盛江，源于皋埠镇青龙山，经富盛万金、章家娄，在甫前孟入运河，主流长9.4公里，支流为平原水网，集雨面积41.50平方公里。

攒宫江，源于富盛镇五丰岭山坑口，经旧埠、上蒋，折西过坝口、东湖注入运河，主流长5.5公里，支流长50.5公里，集雨面积48.98平方公里。

若耶溪，发源于原绍兴县平水镇上嵋岙村龙头岗，流经岔路口、平水、铸铺岙、望仙桥后注入若耶溪，经龙舌嘴，北至绍兴市区稽山门。长26.55公里，集雨面积152.42平方公里，多年平均来水量7804万立方米，是绍兴平原南部山区最大的河流，为“三十六源”之首。若耶溪至龙舌嘴分为东西两江，东江过绍兴大禹陵东侧进入平原河网，西江沿绍兴城环城东河进入绍兴平原，流注泗汇头、外官塘至三江口入海，可谓山会平原南北向的中心河。

南池江，经南池、陆家葑、任家塔，在南门汇入绍兴城环城河。主流长6.7公里，支流长22.6公里，集雨面积21.43平方公里。

坡塘江，源于南池岙底坞妃子岭，经施家桥、栖凫、琶山、横桥，于廿亩头汇入绍兴城环城河，主流长4.1公里，支流长8.7公里，集雨面积

① 参见盛鸿郎、邱志荣《古鉴湖新证》，盛鸿郎主编《鉴湖与绍兴水利》，中国书店1991年版，第27页。

13.39平方公里。

娄宫江，又名兰亭江。源于兰亭镇妃子岭里黄现，经谢家桥、花街、分水桥、娄宫、凌江岸，在偏门汇入鉴湖。主流长21.55公里，支流长98.05公里，集雨面积111.31平方公里。

漓渚江，嘉庆《山阴县志》："漓渚溪，在县西南三十里，发自六峰诸山，北入镜湖。""漓渚在府城西三十里，发源自唐里六峰诸山，合于漓渚溪，唐康使君所居。"又据传勾践时范蠡在此发展生产，生聚教训，故地名"蠡驻"谐音"漓渚"。[①] 源于棠棣刘家村太山岭，经九板桥、义桥、下娄、徐山，于钟堰汇入鉴湖。主流长20.4公里，支流长44.15公里，集雨面积57.23平方公里。

秋湖江，嘉庆《山阴县志》："秋湖在县西三十五里，广三顷。"源于福全镇豆腐尖，经王七墩、秋湖，在彤山东侧注入鉴湖。主流长6.6公里，支流长16.5公里，集雨面积12.09平方公里。

项里江，相传楚霸王项羽早年曾活动于此，故有地名项里。源于柯桥州山冷水湾岗，经项里，在彤山西侧注入鉴湖。主流长4.7公里，支流长13.85公里，集雨面积13.78平方公里。

型塘江，据传是大禹治水诛防风氏之地，故曰"刑塘"，后人留刑塘为前鉴，岁久谐音，亦避"刑"字，故取"型塘"地名，其江亦称型塘江。源于湖塘镇俞家山村九岭下，经潜家桥、型塘，出寿胜埠头注入鉴湖。主流长18.65公里，支流长16.6公里，集雨面积28.61平方公里。

陌坞江，发源于湖塘镇陌坞一字岗，经陌坞、古城，在西跨湖桥注入鉴湖。主流长6.75公里，支流长10.35公里，集雨面积14.03平方公里。

夏履江，即《吴越春秋》卷六记大禹"乃劳身焦思以行，七年闻乐不听，过门不入，冠挂不顾，履遗不蹑"之地。发源于湖塘镇黄山岭下凉帽

① 参见绍兴县革命委员会编《浙江省绍兴县地名志》，1980年，第126页。

尖，流经华丰、夏履桥、汪家埭、九曲河，至前童连通西小江。主流长32.6公里，支流长94.6公里，集雨面积148.4平方公里。

西小江，上游为进化溪（古称麻溪，在今萧山境内），源于螽斯岭，经晏公桥进入江桥镇上板，经杨汛桥，在钱清镇附近穿越浙东运河，折东北经南钱清、新甸、管墅、华舍、嘉会、下方桥、狭猕湖，于荷湖与直落江汇合，经三江闸，入新三江闸总干河注入曹娥江。长91.6公里，绍兴境内共长58公里。

2. 湖泊

地质调查揭示，海侵极盛时，整个宁绍平原成为一片浅海，海水直拍南部山麓。就是在这片浅海上自南向北沉积而成了今日的宁绍平原。根据浅海地带水沙运动的规律，成陆过程通常经历一个湖相沉积阶段，因此在平原北进的同时，就有一大批湖泊随着岸线的北退不断出现。平原南部的天台、四明、会稽、龙门四组山脉都呈北北东走向和当时的海岸斜交，因此岸线曲折，海湾众多。海湾受到泥沙的封积，其中一部分逐渐发育成潟湖，泥沙继续沉积，岸线进一步后退，潟湖就转为淡水湖。卷转虫海侵后的海退，大致结束于距今4000年前，据此推断，大约在原始社会末期，海岸线离开山麓地带，潟湖转化成淡水湖。

这些首先出现的湖泊，后来地方史籍中记载的有名的有：萧山的桃湖、大尖湖，绍兴的容山湖、赝石湖，上虞的漳汀湖、朱山湖，余姚的赵兰湖、蒲阳湖，鄞县的马湖、东钱湖，镇海县的彭城湖和富都湖，等等。

在鉴湖建成之前，山会平原南部山麓最有名的湖泊是庆湖。关于"庆湖"的来历，史籍记载中认为与庆氏部族南迁有关。据三国谢承《会稽先贤传》记，（春秋）昭公二十七年（公元前515年），因公子光之祸，吴王子庆忌的家族曾南渡浙江，隐居在会稽山地以北的平原地区，越人"予湖泽之田，俾擅其利，表其族曰庆氏，名其田曰庆湖"。这个庆湖就是镜湖前身的一部分。对此，还可从贺氏家族（庆氏后又改姓为贺氏）世居"外山"

的史实中得到印证。又考“外山”系位于今绍兴城南约1公里处的一座孤丘（俗称“癞山”），此山地处会稽山北麓、山会平原的南部，其所处地理位置也与上述记载相一致，这里应是当时众多的平原孤丘聚落中的一个。从“予湖泽之田，俾擅其利”的记载论，庆忌家族的隐居地当在沼泽平原的西南部地区（因东部为越国时的富中大塘地区，南部则为越国开发更早的地区）。庆氏部族在此定居，从事周边垦殖和渔猎，成为山会平原早期的外来开发者之一。在“表其族曰庆氏”的同时，又“名其田曰庆湖”，“庆湖”之名因此而生。这里的“庆湖”或并非专指一个湖泊，而是山会平原西部沼泽平原上几个湖泊群的统称。这片“庆湖”，成为后来鉴湖工程形成的地理基础。而“外山”则与其他孤丘一起，在东汉永和以后，均被鉴湖堤拦蓄入内，成为湖中洲岛。由于洲岛周围及湖底涸浅处尚可供耕种，且经水路又可与外界相通，庆氏后裔仍能得以继续生息繁衍。据此前调查，此族居外山者尚存50人。

以上也说明，在公元前6世纪初，海岸已经离开镜湖所在的平原南部地区，而在此一带留下了许多湖泊。《越绝书》卷八“越人谓盐曰余”，则余暨（今萧山）、余姚历史上曾经都是盐场所在。说明海岸在萧山—绍兴城—东关—余姚一线时，这里已经渐成于越部族的活动之地，而历史时期分布在平原中部浙东运河沿线一带的湖泊，如萧山的湘湖、戚家湖，绍兴的牛头湖、瓜渚湖，上虞的上妃湖、白马湖，余姚的牟山湖、乐安湖，慈溪的太平湖、云湖，等等，都是由这一时期的潟湖演化而来的。

越王勾践七年（公元前490年），于越开始在今绍兴城定都，而当时的盐场朱余（即今绍兴朱储村）距今绍兴城已达35里。今浙东运河沿线以北直到汉唐古海岸之间的平原地区所分布的许多湖泊，如绍兴的狭猕湖、贺家池，余姚的余支湖、桐木湖，慈溪的沈窖湖、灵湖，等等，则又是这一时期的潟湖所转化而成的。

还要说明的是，卷转虫海侵过后当时的山会平原，南为会稽山，北滨后海，东临曹娥江，西濒浦阳江，中间是一片向西延伸的沼泽平原。平原以北的会稽山“三十六源”之水顺流而下，在沼泽平原构成众多自然河流，分别注入曹娥江和后海。后海钱塘江主槽出南大门，紧逼山会平原北缘掠三江口而过。钱塘涌潮沿曹娥江、浦阳江等自然河流上溯平原，与会稽山水及山麓线以下的湖泊相顶托，这些湖泊在枯水期彼此隔离，仅以河流港汊相连，一旦山水盛发或大潮上溯，则泛滥漫溢，成为一片泽国。

二 人口与经济

勾践灭吴后，迁都琅琊，带走了大部分军队和大量部族居民，使这里的人口骤然减少。以后，越部族居民纷纷流散，南迁到浙南、福建、广东等地，即所谓三越。秦在建会稽郡设山阴县的同时，把这个地区余留的于越居民迁移到钱塘江以北的乌程、余杭等地①，又从北方移入部分汉民补入。目的是要融合民族文化，对越民汉化，巩固政权。当时不愿接受强制迁移的越族居民就向南流散。② 因此，在上述时期中，山会地区的人口减少，经济发展缓慢，至西汉一代，山阴一直是会稽郡下的一个普通属县。据《汉书·地理志》所载，会稽郡共有2.2338万户，计103.2604万人。当时全郡26县，每县平均还不到4万人。司马迁到会稽后说这里“地广人稀，饭稻羹鱼，或火耕而水耨，果隋蠃蛤，不待贾而足，地势饶食，无饥馑之患。以故呰窳偷生，无积聚而多贫。是故江淮以南，无冻饿之人，亦无千金之家”③。

后汉永建四年（129），大体以钱塘江为界，实现了吴（郡）会（稽郡）分治。江北为吴郡，郡治仍在吴；江南为会稽郡，郡治设在山阴。吴

① 参见陈桥驿《历史时期绍兴城市的形成与发展》，《吴越文化论丛》，中华书局1999年版，第362页。

② 参见陈桥驿编写《浙江地理简志》，浙江人民出版社1985年版，第343页。

③ （汉）司马迁：《史记》卷129，中华书局1959年标点本，第3270页。

会分治是这一地区生产力发展加快的反映。清道光三年（1823），山阴县杜春生在富盛镇跳山发现刻于东汉建初元年（76）的“建初买地刻石”，为当时的买地券文，这从一个侧面反映当时生产力水平提高、土地增值、买卖交易兴起的情况。

三　水利难题

越王勾践时期在山会地区兴修了南池、坡塘、山阴故水道、富中大塘、石塘等一些堤塘蓄水工程，对越国的社会经济发展起到了重要的促进作用，但这些工程的控制和受益范围有局限，不足以满足之后整个平原社会发展和水利基础保障要求。

秦至西汉时期，山会地区人口减少，经济停滞，因此在水利方面无有大的建树。

东汉时期山会地区早于鉴湖兴建的是回涌湖工程。《南史·谢灵运传》：

> 会稽东郭有回踵湖，灵运求决以为田，文帝令州郡履行。此湖去郭近，水物所出，百姓惜之，顗坚执不与……

宋《嘉泰会稽志》卷十：

> 回涌湖在县东四里，一作回踵，《旧经》云：汉马臻所筑，以防若耶溪溪水暴至，以塘湾回，故曰回涌……

据考，回涌湖应为东汉一代名将马援的后代马棱所建。[①]《嘉泰会稽志》卷二记载：“马棱，扶风茂陵人，和帝时转会稽太守，治有声。”《后汉书·马援传》中也有记载：“棱，字伯威，援之族孙也……赈贫羸，薄赋税，兴

① 参见盛鸿郎、邱志荣《回涌湖新考》，盛鸿郎主编《鉴湖与绍兴水利》，中国书店1991年版，第131—145页。

复陂湖，溉田二万余顷，吏民刻石颂之。”

东汉永元十四年（102），马棱由广陵太守转到会稽郡任太守，见郡城以南，山会平原最大的溪河若耶溪经常洪水暴至为患，对郡城及下游的农田、村落构成极大危害，根据自己丰富的治水经验，马棱决定选址在今绍兴城东建回涌湖。主要作用为拦截山会平原最大的溪河若耶溪的洪水，以弯回的堤坝和与之配套的溢洪道的工程设施，使盛发的山水下泄受阻，造成回涌之势，使山水不至直泻为害。其主要作用是滞洪，尚不能根据需要为下游提供较充足的淡水资源。

东汉建成鉴湖后，取代了回涌湖“防若耶溪溪水暴至”的作用，与鉴湖连通后，回涌湖也就废弃了。

会稽在西汉时之所以被司马迁视为“地广人稀”之地，是由于当时山会北部平原虽多土地，但这些土地在农业种植、人民生活安定上受水利条件的严重制约。淡水资源十分短缺，水、旱、潮之灾频发。要发展经济、繁荣社会，必须改变越王勾践留下的生产与经济重心在平原东南部之格局，把新的经济生长点置于对北部平原的开发上。

据雍正《浙江通志》卷一百十一《职官一》载，从和帝在位（89—105）起任会稽太守的庆鸿到马臻在会稽任太守（140）的近50年间，共有10位会稽太守，其间约比马臻早35年的马棱在会稽南部建成了著名的回涌湖。这项重要的防洪工程建设，充分说明了这一地区对农田水利的重视。但回涌湖未解决北部平原的灌溉用水。可以肯定在马棱到马臻期间会稽地区已经在为是否兴建鉴湖酝酿和争论，并且围绕全局利益和部分利益、短期效益和长期效益的争论，矛盾越来越尖锐和突出。又可以肯定在马臻之前关于兴筑鉴湖已成为有识之士和广大民众的共识，至于如何建设也应有初步规划方案。马臻之前的几任太守非不愿筑鉴湖，只是由于财力太大、用工太多，朝廷未予批准；又会触及一些人的利益，尤其权贵的利益太多，风险太大，难以决策而已。

以富中大塘为例，其内开发自越王勾践起历史已达五百余年，是平原粮仓，许多富豪大族多居住在其周边。可推断马臻筑鉴湖之前，富中大塘及历史上有记载的庆湖以内地区，农业开发已颇具规模。在此筑堤蓄水建湖，无可避免将严重影响短期内向朝廷上交赋税收入，增加劳役，也会侵犯相当一部分人的利益，将造成农田受淹、房屋动迁、祖坟易地。绍兴又多有世家豪族居住，在朝廷有较深厚之基础，得罪这些人将引起甚大风险。

第二节　工程规模

鉴湖工程的成功就技术而论首先在于系统规划。马臻巧妙地利用了自南而北的山—原—海台阶式特有地形，将总体工程分成上蓄、中灌、下控三部分。即目前所能见到关于鉴湖最早和最权威的资料，刘宋时期孝武大明时（457—464）孔灵符在会稽任太守，在他所著的《会稽记》中的记述：

> 汉顺帝永和五年，会稽太守马臻创立镜湖，在会稽、山阴两县界。筑塘蓄水，水高（田）丈余，田又高海丈余。若水少则泄湖灌田，如水多则闭湖泄田中水入海。所以无凶年，堤塘周回三百一十里，溉田九千余顷。[①]

一　上蓄

据庆元二年（1196）五月时任会稽县尉的徐次铎《复鉴湖议》文中记：

① 《会稽记》，傅振照等辑注《会稽方志集成》，团结出版社1992年版，第96页。

会稽、山阴两县之形势，大抵东南高，西北低。其东南皆至山而北抵于海，故凡水源所出多自西东南。今众流所聚者，曰平水溪即古若耶溪也，曰上灶溪，曰攒官溪，曰龙瑞官溪，皆在会稽；曰兰亭溪，曰南池溪，曰漓渚溪，皆在山阴。其他一派一坑所出，总之三十六源。当其未有湖之时，三十六源之水，盖西北流入于江，以达于海。自东汉永和五年，太守马公臻始筑大堤，潴三十六源之水，名曰"镜湖"。

堤之在会稽者，自五云门东至于曹娥江，凡七十二里；在山阴者自常喜（禧）门至于西小江（一名钱清），凡四十五里。故湖之形势亦分为二，而隶两县。隶会稽曰东湖，隶山阴曰西湖，东西二湖由稽山门驿路为界，出稽山门一百步有桥曰三桥，桥下有水门，以限两湖。湖虽分为二，其实相通。

徐次铎所处时代正是鉴湖逐渐堙废之时，但此时鉴湖的基本轮廓和主要水利设施还在，就宋及以前所记述鉴湖的文章而论，此文可谓最详细的一篇，对鉴湖的勾勒大致是准确的。当然他对此前鉴湖水系、水利变迁的记载也难免有着时代的局限。

陈桥驿在《古代鉴湖兴废与山会平原农田水利》中认为"古代鉴湖的大致轮廓"：

全湖呈狭长形，周围长度据记载为358里，其面积包括湖中洲岛在内约为206平方公里。由于东部地形略高于西部，全湖实际上又分为两部分，以郡城东南从稽山门到禹陵全长6里的驿路作为分湖堤：东部称为东湖，面积约为107平方公里；西部称为西湖，面积约为99平方公里。东湖水位一般较西湖高0.5—1米。

在陈桥驿先生研究的基础上，盛鸿郎及笔者又结合历史文献记载进行了野外考察调查，并应用现代水利学科和测绘成果做了精细的测量统计，确定了鉴湖的主要规模范围[①]。

1. 湖区

马臻在山会南部平原，筑成东西向围堤，纳会稽的三十六源之水和原近山麓湖泊、农田于鉴湖之中。湖的南界是稽北丘陵，北界是人工修筑的湖堤。鉴湖南部山区集雨面积为419.6平方公里，主要汇入湖区的溪流有43条，鉴湖总集雨面积610平方公里。

2. 湖堤

以会稽郡城为中心，分东西两段。

（1）东段。自城东五云门至原山阴故水道到上虞东关镇，再东到中塘白米堰村南折，过大湖沿村到蒿尖山西侧的蒿口斗门，长30.25公里。

（2）西段。自绍兴城常禧门经绍兴县的柯岩、阮社及湖塘宾舍村，经南钱清乡的塘湾里村至虎象村再到广陵斗门，长26.25公里（即为西故水道的堤线）。以上东西堤总长56.5公里。

东、西湖堤的分界为从稽山门到禹陵的古道，全长约6公里。[②] 分别形成了东湖和西湖，并通过“三桥闸”沟通水系。

3. 蓄水

鉴湖湖区总面积为189.95平方公里，除去湖中岛屿17.23平方公里，水面面积为172.7公里，其中西湖为85.09平方公里，东湖为87.63平方公里。湖底平均高程为3.45米，鉴湖的平均水深为1.55米，正常水位高程5米上下，东湖水位一般高西湖0.1—1米。正常蓄水量为2.68亿立方米左右。

鉴湖初始蓄水时，湖中之水应仍带有咸质。此可见郦道元《水经注·

---

① 参见盛鸿郎、邱志荣《古鉴湖新证》，盛鸿郎主编《鉴湖与绍兴水利》，中国书店1991年版，第13—32页。

② 参见《嘉泰会稽志》卷6记“大禹陵”，“《旧经》云：禹陵在会稽县南一十三里”，此系指会稽县治到禹陵之路。

渐江水》中有这样一段记载：

> 北则石帆山，山东北有孤石，高二十余丈，广八丈，望之如帆，因以为名。北临大湖，水深不测，传与海通。何次道作郡，常于此水中得乌贼鱼。

据考[①]：以上记载中的“石帆山”，在今绍兴市越城区禹陵乡的地盘村西南侧，若耶溪的出口处；“大湖”则是鉴湖的别名；何次道则为晋成帝时的会稽内史。

晋代正是鉴湖的全盛时期，位于鉴湖北 25 里的金鸡、玉蟾两山间有玉山斗门御潮排涝，当时北部平原的开发，使之在沿海必定会筑有部分海塘；鉴湖北堤长为 56.5 公里，堤上又有御潮、蓄淡灌溉的一系列斗门、闸、堰、阴沟等设施。若海潮要越过湖堤进入湖中直达会稽山麓，则湖中全为咸水，何以成蓄淡灌溉之鉴湖?

现代地质勘探的成果和水利史的研究，已解开了这千古之谜。据勘查，在鉴湖上游的若耶溪和娄宫江古河道底质有沙砾石层分布，系晚更新世晚期（距今约 12000 年）冲积相沉积，其顶板埋深 32—40 米。河床地段一般由两层沙砾（卵）石和一层黏土组成，层厚一般 2—10 米，厚处可达 15 米。上部大多为沙砾石，砾石层直达海岸，海水可渗透整片砾石层，使绍兴地下水成为微咸水，至今犹存。鉴湖平均水深虽为 1.55 米，但湖中却有多处深潭，可达微咸水的沙砾石层。

石帆山下，在早于鉴湖兴建前数十年，会稽太守马棱曾主持兴建回涌湖堤坝，堤坝溢洪口石堰之下为洪水冲刷成的孤潭，“水深不测”。经砾石层到孤潭之海水比重大于淡水，形成鉴湖围成后，孤潭上淡而下咸，残留

---

① 参见盛鸿郎、邱志荣《“大湖”捕“乌贼鱼”之谜》，《中国水利报》1992 年 4 月 15 日第 4 版。

湖中的乌贼鱼便仍可在鉴湖类似孤潭的深潭里生存相当一个时期，这就有了后来何次道捕乌贼鱼之事。民间传绍兴王衙池内近现代仍发现有乌贼鱼存在便是例证。

二　中灌

鉴湖围堤后，由于湖面高于北部平原农田约2.5米，在鉴湖工程的一系列斗门、闸、堰、阴沟四种排灌设施的有效控制下，使得湖区蓄水量丰富，沿海潮水被阻，灌区内水网密布，灌溉农田十分便利。《水经注·渐江水》称："沿湖开水门六十九所，下溉田万顷，北泻长江。"①

据统计，古代山会平原鉴湖以北、曹娥江以西、浦阳江东南及其附近、萧绍海塘以南的农田约为47万亩。

三　下控

其是通过沿海地带的海塘和斗门、水闸控制，实行排涝和挡潮的。南朝宋孔灵符《会稽记》称："筑塘蓄水，水高（田）丈余，田又高海丈余。若水少则泄湖灌田，如水多则闭湖泄田中水入海。"这个控制入海的鉴湖枢纽工程便是玉山斗门。

东汉鉴湖时期山会平原的海岸线应以玉山斗门为中心，当时玉山斗门控制的主要是山会平原鉴湖以北以直落江为主流的河道，至于曹娥江和浦阳江均在玉山斗门控制之外。

鉴湖初建时玉山斗门东西沿海，必定还会有以土塘为主的海塘和部分河口处的水闸设施，否则海潮会直接侵入灌区而无法农灌。当然较多的河口平时是封闭的。

---

① （北魏）郦道元著，陈桥驿校释：《水经注校释》，杭州大学出版社1999年版，第697页。

第三节　工程设施

一　斗门

斗门，又称陡门。如万历《绍兴府志》卷十七中，目录中称“闸陡门”，在正文中又称“闸斗门”。姚汉源先生认为：“闸、斗门、水门三者常混称，但严格说实有区别，闸有门，可启闭通舟船；水门为铁棂窗，可上下启闭通船；斗门与闸不易区别，但浙东通舟船者常不名斗门。”① 鉴湖斗门的设置一般在湖与外江的交汇之处，多选择在两山河道流经峡谷之处，形似门斗；上下水位落差和变化较大，形势陡峭；主要作用为泄洪、御咸、蓄淡，不通航。鉴湖工程的四种排灌设施，以斗门为最大，斗门相当于一种大的水闸。由于斗门是鉴湖最大的泄水工程，故若鉴湖水位高出正常水位，且外江低于鉴湖时，可开斗门泄洪；若鉴湖水位正常，一般斗门是关闭的。

据庆元二年（1196）五月时任会稽县尉的徐次铎《复鉴湖议》文中记：“其在会稽者为斗门凡四所：一曰瓜山斗门，二曰少微斗门，三曰曹娥斗门，四曰蒿口斗门。”“在山阴者，为斗门凡有三所：一曰广陵斗门，二曰新径斗门，三曰西墟斗门。”综合历史文献记载中的斗门主要有广陵斗门、新径斗门、柯山斗门、西墟斗门、玉山斗门、瓜山斗门、曹娥斗门、蒿口斗门等，这其中有的是东汉鉴湖建后再修建完善的，但也有与闸混同取名的情况。

现可考在鉴湖的主要斗门。

---

① 姚汉源：《京杭运河史》，中国水利水电出版社1998年版，第745页。

（一）蒿口斗门

为鉴湖东部最边缘之斗门。现存记载鉴湖具体涵闸设施最早的著述为曾巩《越州鉴湖图序》，文内列入的斗门有朱储、新径、柯山、广陵、曹娥、蒿口6处，其中新径斗门建于唐太和年间（827—835），曹娥斗门建于宋天圣年间（1023—1032），均在《新建广陵斗门记》中有记载，而蒿口斗门则在当时便无从稽考，表明其建筑年代要远早于曹娥斗门，为鉴湖建成东缘必备之斗门。“按记云：马侯作三大斗门，自广陵外不著其名……惟广陵、柯山、蒿口不详其自始，当即记所称之三大斗门矣。且就地势而论，广陵泄西湖之水以入于西江，蒿口泄东湖之水以入于东江，又于其中置柯山以资灌溉助宣泄。”

1988年9月15日，笔者在上虞蒿一村考察[①]，据数代管清水闸等闸门启闭的老人钟本杰介绍，该斗门应在当时茶叶公司蒿市附近的峡谷之中，现已为桥。

蒿口斗门是沟通东鉴湖与曹娥江的主要通道，此斗门边或有堰之类水利设施相辅之，以资通航。

（二）广陵斗门

在今绍兴南钱清虎象村虎山与象山之间。《嘉泰会稽志》卷四：“广陵斗门，在县西北六十四里。”据1988年考察[②]，虎象村的虎山和象山之间今有广陵桥。在桥西侧60米处原有一三眼闸，20世纪70年代初填废，所填之处至今还可见原闸槽，在桥与闸之间又有一堤坝遗址，约高于地面1米。1971年大旱，村民挖河，见有较多木桩和泥煤，此即应为古广陵斗门的位置。20世纪80年代初环保等部门对鉴湖底质泥煤进行了地质调查，发现广

① 参见盛鸿郎、邱志荣《古鉴湖新证》，盛鸿郎主编《鉴湖与绍兴水利》，中国书店1991年版，第13—32页。

② 同上。

泛分布于鉴湖范围的泥煤，唯有夏履江一带及清水闸（西墟斗门遗址）缺失，这是河流有力冲刷的结果。①

今广陵桥所处的地面高程在5.2—5.4米之间，古代咸潮可沿夏履江上溯于此，如遇涨潮或夏履江洪水来关闭斗门有防洪、御咸、蓄淡之功能。

古代关于广陵斗门记载较详细的是宋嘉祐八年（1063），由张焘撰并书，李公度篆额的《越州山阴新建广陵斗门记》。

此碑不但记述山会地理大势、马臻筑鉴湖的功德及广陵斗门的位置、作用、修复过程、材料、费用、用工等，还从大禹治水方略，谈到了马臻和鉴湖工程功绩，期望水利永固，造福于民：

> 予尝考天下之利患，见水土之事惟《禹贡》为详。今按其书而求其地之废兴，而禹之迹往往而在。然而昔之酾而为川者，今萛而为丘矣；向之壅而为固者，今凿而为渠矣。盖三代治时之法，废于六国交侵之时，人自保其所有而安之，瀹汇排放，一附以己意，不务循禹之为迹，故民到今病之。今观马侯之遗制，故尝巡行周视，得其利害之详，然后开湖凿门，以纾其患，以至于今，使后人袭其迹而治之，其利仍存而不废，以至于无穷矣。使夫禹之遗迹，亦若马侯之利，有以更兴者，则天下水土之事无复病于今矣。故并叙其所感者书之。

此碑记述与说理并重，为广陵斗门以及鉴湖的研究提供了珍贵的资料。

碑高六尺三寸，广三尺，额篆书斗门记，三字横列，径五寸二分，记十七行，行三十五字，正书径一寸四分，又立石衔名三行，径一寸。碑于2002年3月25日，移至绍兴环城河治水纪念馆中。

鉴湖堙废，广陵斗门功能改变，随之废弃，但之后其址仍建有闸，因

① 参见绍兴地区环保科研所等《鉴湖底质泥煤层分布特征调查及其对水质影响的试验研究》，1983年。

为此时夏履江的洪水及咸潮仍需阻挡在外。或要到钱清江成为内河后闸才渐废，今所见遗址地河岸中尚存闸柱。

（三）西墟斗门

宋徐次铎的《复鉴湖议》，对西鉴湖斗门的记载："其在山阴者为斗门凡有三所，一曰广陵斗门，二曰新径斗门，三曰西墟斗门。"经过发掘考证[①]，在今绍兴越城区东浦镇西鲁墟村与清水闸村交界河道处，即为古鉴湖西墟斗门遗址。其地有残存闸柱及部分基础砌石，其中闸柱高约5米，长宽0.6×0.6米，闸槽清晰可辨，浸水表层部分已侵蚀成圆柱。在对闸柱的开挖中，发现基础处理坚实，底部有较多松桩打入加固，经北京大学历史系C^{14}测定，确定年代为1670±70年。结果与20世纪80年代对古鉴湖堤底木桩测定的年代1670±189年完全吻合。[②]

古鉴湖西墟斗门遗存

① 参见盛鸿郎、邱志荣《古鉴湖西墟斗门考述》，《绍兴晚报》2001年7月26日第9版。

② 参见盛鸿郎、邱志荣《古鉴湖新证》，盛鸿郎主编《鉴湖与绍兴水利》，中国书店1991年版，第13—32页。

西墟斗门亦为古鉴湖早期兴建的斗门，至唐代山会平原北部海塘修建逐渐完成，西墟斗门功能逐渐减弱，至宋基本废坏，后在稍以南的河道上新建清水闸，以拦蓄、抬高水位及排洪，遗址尚存。

西墟斗门遗址下的木桩为东汉鉴湖时期打入，但所见石闸柱亦有可能与玉山斗门类同为宋代改建，之前为木结构。

（四）玉山斗门

位于距绍兴城北 30 公里的斗门镇东侧金鸡、玉蟾两峰的峡口水道之上，三江闸建成以前，玉山斗门为山会平原水利的枢纽工程，发挥效益达 800 多年。

玉山斗门又称朱储斗门，为鉴湖初创三大斗门之一。

《新唐书 · 地理志》记朱储斗门建于唐贞元元年（785），即："山阴……北三十里有越王山堰，贞元元年，观察使皇甫政凿山以蓄泄水利。又东北二十里作朱储斗门。"

玉山斗门

宋嘉祐四年（1059），《会稽掇英总集》卷十九记玉山斗门："乃后知汉太守马臻初筑塘而大兴民利也，自尔而沿湖水门众矣。今广陵、曹娥是皆故道，而朱储特为宏大。”

宋曾巩于熙宁二年（1069）作《越州鉴湖图序》云：“其北曰朱储斗门，去湖最远，盖因三江之上、两山之间，疏为二门，而以时视田中之水，小溢则纵其一，大溢则尽纵之，使入于三江之口。”[①]

以上是北宋以前记唐以前玉山斗门的情况。

鉴湖工程是一个体系，包括水库、大坝、河流渠系、沿海塘坝，以及涵闸、斗门等。孔灵符《会稽记》虽未专记玉山斗门，然“若水少则泄湖灌田，如水多则闭湖泄田中水入海”，“泄田中水”说明这是一个可控制性的工程，这个泄田中水入海的关键性工程显然是玉山斗门。若无此工程，鉴湖的效益便无法实现。陈桥驿认为[②]：在永和年代，作为鉴湖枢纽工程的玉山斗门，作用还不十分显著，因为当时海塘和江塘尚未修筑完成，从鉴湖流出的各河，大部分注入曹娥、浦阳两江下流，而并不汇入直落江。因此，玉山斗门所能控制的范围不大，其调节作用自然也就不能和后来相比。所以从永和至唐贞元的六百多年中，玉山斗门还没有受到很大的重视。唐玄宗开元十年（722），会稽县令李俊之主持修筑会稽县境内的海塘，这是山会海塘有历史记载的首次修筑。此次修筑以后，山阴诸水虽仍和浦阳江密切相关，但会稽诸水由于曹娥江下流江塘连接完成，从此不再注入曹娥江而汇入直落江。于是，山会平原上的内河水系范围扩大，玉山斗门对鉴湖的调节作用也就提高。因此，在李俊之主持修塘50年以后，浙东观察使皇甫政接着于贞元初（788年前后）将玉山斗门进行改建，把原来的简易斗门改成八孔闸门，以适应流域范围扩大而增加的排水负荷。陈桥驿关于玉山斗门在上述时期的作用和演变的考证、分析判断应是基本准确的。

唐开元十年（722），会稽县令李俊之主持修建防海塘。防海塘东起上

---

① （宋）孔延之：《会稽掇英总集》，浙江省地方志编纂委员会编著《宋元浙江方志集成》第14册，杭州出版社2009年版，第6576页。

② 参见陈桥驿《古代鉴湖兴废与山会平原农田水利》，《地理学报》1962年第3期。

虞，北到山阴，全长百余里，基本隔绝了平原河流与潮汐河流曹娥江的关系，使原北流注入曹娥江的东部河流，从此汇入平原中部的直落江河道，北出玉山斗门入海，玉山斗门对鉴湖和平原河流的调节作用也随之提高。

皇甫政在任时，在山会平原沿海多有水利建树，但朱储斗门应是重修，之前此水道和斗门无疑已在。无此斗门鉴湖形不成灌区，宋以前斗门木制，需经常维修或重建也应是常态。皇甫政改建玉山斗门，把二孔斗门扩建成八孔闸门，名玉山闸或玉山斗门闸，使玉山闸适应控制范围扩大而增加的排水负荷。

宋沈绅嘉祐四年（1059）有《山阴县朱储石斗门记》，较详细记载了嘉祐三年五月，“赞善大夫李侯茂先既至山阴，尽得湖之所宜。与其尉试校书郎翁君仲通，始以石治朱储斗门八间，覆以行阁，中为之亭，以节二县塘北之水”的过程。这次整修将原玉山斗门的木结构改成了石结构。

沈绅在此碑中对朱储斗门蓄淡水灌溉的功能有具体的记载：“以节二县塘北之水……溉田三千一百十九顷有奇。”这与孔灵符《会稽记》中的“溉田九千余顷”还是有较大差距的，主要是统计范围不一，这里主要是指山会平原北部“东西距江百有十五里，总一十五乡”。实际控制受益的农田当远不止这些，当然，沿江海塘也会有其他配套水闸。

此外，碑中“及观《地志》与乡先生赵万宗石记，则谓：贞元中，观察使皇甫政所造，此特纪一时之功尔。后景德二年（1005）大理丞段棐为县修之，其记存焉。繇汉已来且千岁，唯政、棐二人名表于世，而人不忘”也阐述了皇甫政所造，只是记载了一个时期的重修，而非自汉以来的全部。更多的修治也就随历史而湮没了，而当时的《地志》及赵万宗的碑石记是有关修玉山斗门更详尽的记载。

玉山斗门有多次修复的记载，其事迹主要收于宋及之后的碑文。

宋赵万宗撰《修朱储斗门记》。此文撰于景德年间（1004—1007），碑文已不在。邵权在《越州重修山阴县朱储斗门记》中提及此文。杜春生

《越中金石记》卷三按："朱储斗门建于唐，一修于景德间，乡人赵仲囦宗万为之记，其文不传。"撰者，字仲囦，大中祥符间（1008—1016）山阴人，《宝庆会稽续志》卷五及《宋诗纪事》卷八有传。

宋邵权撰，江屿书《越州重修山阴县朱储斗门记》，元祐三年（1088）立。此碑原在府学宫明伦堂，今已不存。文收入《越中金石记》卷三、嘉庆《山阴县志》卷二十七等。

此碑除记述了鉴湖及玉山斗门的重要地位，本次维修过程，更有价值的是碑中记述了玉山斗门在管理和建设中的一些具体事宜，如有村民、渔夫在"非启放之时，则相与刓限剔闸盗泄之"的危害斗门的状况；斗门的地质及工程处理技术、经费来源；以及赞扬为官之道等都有所述及，是十分珍贵的绍兴水利史料。

清高辉撰《重建玉山斗门闸记》，撰于康熙五十七年（1718）。文收入康熙《绍兴府志（王志）》卷十七、雍正《浙江通志》卷五十七、乾隆《绍兴府志》卷十四、道光《会稽县志稿》卷六等。文记康熙五十七年（1718）知府俞卿修玉山斗门事。嘉庆《山阴县志》卷二十"玉山斗门闸"条云：

> 康熙五十七年，知府俞卿改建，盖自应宿闸建而斗门之启闭遂废，然洞狭水急，往往碎舟，俞卿扩之高三尺，复去其柱之碍舟者，有中书舍人高辉碑记。

海塘标准提升，三江闸建成，切断了钱清江的入海口，平原内河与后海隔绝，三江闸替代玉山闸，玉山闸遂撤闸板，废启闭，成为闸桥。1954年9月实测，玉山闸桥全长34.58米。流水总净孔宽18.13米（下游侧），东3孔，净孔宽6.95米；已堵塞张神殿边一孔成3孔，净孔宽11.18米，中孔净宽5.90米，系全闸桥主孔。中间部分为张神殿殿基，长22.27米，宽12.11米，由条石砌筑。是年10月，拆除闸桥，在原闸基上建成每孔宽

11.6米、桥面3.3米的3孔钢筋混凝土平梁桥，名“建设桥”。1981年又拆除“建设桥”，拓宽河道，建成2孔、净孔宽78米（40+38米）、桥面4.8米的钢架拱公路桥，名“斗门大桥”。

玉山斗门是鉴湖灌区地处滨海的控水、挡潮枢纽工程，当时鉴湖以北的平原河网其水源依赖鉴湖补充，而其下总的控制靠海塘和玉山斗门蓄泄。也就是说，自鉴湖建成到明代绍兴三江闸建成（140—1537）期间，绍兴平原之水主要由玉山斗门调控。

2003年6月中旬，绍兴市古运河整治办工作人员在河道调查中发现，斗门大桥原金鸡山侧河岸中有微露水面的石槽。请人下水勘察后发现水底有不少散落石柱和石板，于是决定打捞上岸收集保护。经研究考证，这是一组完整的闸体纵立面，包括主闸柱二根（靠岸闸柱，用以置放内外闸门板）、石砌横挡土石墙三面、石柱二根。此立面全部直立于山体上，与岩基凿榫相接。闸体宽约4.5米，残高1.8米，估计上部闸柱已断。

玉山斗门遗存是年已移到绍兴运河园“运河风情”景点重组保护。时年届八十高龄的陈桥驿先生在得悉这一消息后，专程赶到古运河工地现场，指导玉山斗门的布展，并写《古玉山斗门移存碑记》：

> 此是汉唐越中水利遗迹，亦为越人治水之千古物证。后汉永和五年（140），会稽太守马臻兴修鉴湖，于玉山与金鸡山间建玉山斗门（亦称朱储斗门），为全湖蓄泄枢纽。而稽北九千顷土地得以次第垦殖。至唐贞元二年（786），浙东观察使皇甫政改二孔斗门为八孔闸门，以适应垦区扩展而日益增加之蓄泄负荷。自此以后，鉴湖南塘以北，连片沼泽，悉成良田，皆玉山斗门蓄泄之功。明成化十二年（1476），太守戴琥在郡城佑圣观前府河中设置水则，并立碑明示，按水则所标水位，控全境涵闸启闭蓄泄，而玉山斗门仍是其中枢纽。嘉靖十六年（1537），太守汤绍恩兴建三江闸，玉山斗门于是功成身退。综观越中

水利，自马臻初创至汤绍恩建闸，玉山斗门枢纽全境蓄泄排灌达1400年，变沮洳泥泞为平畴阡陌，化潮汐斥卤成沃壤良田。诚越人繁衍生息之命脉，越地富庶昌盛之关键。兹岁绍兴市致力于古运河整治，而此千古水利遗迹，竟于斗门镇原地发现，石柱依旧，闸槽宛然，溯昔抚今，令人钦敬振奋。现移存此千古水工杰构于古运河之滨，用以展示越中水利文化之悠远璀璨，既可供后人纪念凭吊，亦有俾学者考察研究。特书数言，以志其盛。

陈桥驿谨识

二〇〇三年七月

除以上4处斗门，记载还有：

新径斗门，《嘉泰会稽志》卷四："在县西北四十六里。唐大和七年，浙东观察使陆亘始置。"

曹娥斗门，《嘉泰会稽志》卷四："在县东南七十二里。俗传曾宣靖公宰邑所置。曾南丰《鉴湖序》云：湖有斗门六所，曹娥其一也。"

二 闸

鉴湖的水利设施中湖与灌区水位应以水闸为主要调控设施，并有通航作用。正如明代徐光启《农政全书》卷十七《水利》中称："水闸，开闭水门也。间有地形高下，水路不均，则必跨据津要，高筑堤坝汇水，前立斗门，甃石为壁，叠木作障，以备启闭。如遇旱涸，则撒水灌田，民赖其利。又得通济舟楫，转激辊硙，实水利之总揆也。"鉴湖之水闸设置于湖与以北主要内河沟通之处，规模不及斗门。

据徐次铎《复鉴湖议》载：在会稽县"为闸者凡四所：一曰都泗门闸，二曰东郭闸，三曰三桥闸，四曰小凌桥闸"。在山阴县"为闸者凡三所：一曰白楼闸，二曰三山闸，三曰柯山闸”。

又《嘉泰会稽志》卷四“闸”条载：

瓜山闸，在县东四十里。

少微山闸，在县东五里。

曹娥闸，在县东七十里。

（以上应在会稽县）

山阴县玉山闸，在县北一十八里。唐贞元元年，观察使皇甫政始置斗门，泄水入江，后置闸。

据上也可知《嘉泰会稽志》闸和斗门常不做区分，同一地点里程也不一致。

三　堰

堰亦设置于湖与以北主要内河沟通之处，而堰比闸更为简单。堰的主要作用是行洪排涝，以及供给内河灌溉和通航之水，堰不但控制正常湖水位高程，还有拖船过堰通航之作用。

据徐次铎《复鉴湖议》载，在会稽县：

为堰者凡十有五所，在城内者有二：一曰都泗堰，二曰东郭堰。在官塘者十有三：一曰石堰，二曰大埭堰，三曰皋步堰，四曰樊江堰，五曰正平堰，六曰茅洋堰，七曰陶家堰，八曰夏家堰，九曰王家堰，十曰彭家堰，十有一曰曹娥堰，十有二曰许家堰，十有三曰樊家堰。

在山阴县：

为堰者凡十有三所：一曰陶家堰，二曰南堰，皆在城内；三曰白楼堰，四曰中堰，五曰石堰，六曰胡桑堰，七曰沉壤堰，八曰蔡家堰，九曰叶家堰，十曰新堰，十有一曰童家堰，十有二曰宾舍堰，十有三曰抱姑堰，皆在官塘。

《嘉泰会稽志》卷四“堰”条记鉴湖上的堰主要有：

会稽县

曹娥堰，在县东南七十二里。唐光启二年钱镠破韩公汶于曹娥埭，与朱褒战，进屯丰山，后埭遂为堰。治平中齐祖之撰《曹娥重修廨宇记》云：自阳武之越堤，开封之翟桥，总为堰者二十七，曹娥其一也。

东郭堰，在县东南三里。

陶家堰，在县东四十里。

都泗堰，在县东三里，宋何（太祖庙讳）至都赐埭，去郡三里，因曰：“仆弃人事，此埭之游，于今绝矣。”梁江总言：“王父昔莅此邦，卜居山阴都赐里。”都赐今作都泗。

茅洋堰，在县东三十里。

矾江堰，在县东二十二里，俗作凡江。

政平堰，在县东十五里。

王家堰，在县东五十里。

瓜山堰，在县东四十二里。熙宁中越州检照会稽、山阴共管碶闸水（础）一十六所，瓜山堰之一。

白米堰，在县东六十五里。

言家堰，在县东三里。

新埭堰，在县东七十里。

夏家堰，在县东四十五里。

彭家堰，在县东五十二里。

石堰，在县东五里。

山阴县

南堰，在县南一里。

湖桑堰，在县西十里，堰旁有小市居民颇繁。

白楼堰，在县西四里常喜门外。堰之西有则水牌，政和中立。《旧经》云：汉江夏太守宋辅，于种山南教授白楼亭。《世说》：许玄度、孙兴公共商略先达人物于此。注云：亭在山阴，临流映壑，今堰属山阴县界，下临溪流，昔之白楼亭斯近之矣，俗呼常喜堰，又名湖（塳）堰。

四　阴沟

阴沟，是“行水暗渠也。凡水陆之地，如遇高阜形势，或隔田园聚落，不能相通，当于穿岸之傍，或溪流之曲，穿地成穴，以砖石为圈，引水而至”①。阴沟系沟通湖与农田的小型通水渠，主要作用为灌溉。徐次铎《复鉴湖议》中认为：“若其他民各于田首就掘堤，增为诸小沟，洎古诸暗沟及他缺穴之处，难偏以疏举，大抵皆走泄湖水处也。”说明数量众多。

鉴湖工程从初创到所有工程设施全部完成到效益的充分发挥，应该有一个过程，但总体规划、大的格局应在初创时已确定。

第四节　工程技术

鉴湖兴建的工程技术处当时中国水利、土木、航运的领先地位。

① （明）徐光启：《农政全书》，中华书局1956年版，第354页。

一　完整性和规模

鉴湖工程根据山会平原的地形，系统规划，蓄、灌、排、挡设置科学、布局合理，效益优势发挥充分。堤长 56.5 公里，水面 172.7 平方公里，蓄水 2.68 亿立方米，蓄泄水利配套工程设施门类之多，“沿湖开水门六十九所，下溉田万顷，北泻长江”①，均堪称世界之最。根据东、西湖微地貌的不同以湖中堤分隔，并以闸控制水位、交汇及航运，可谓因地制宜，上承越国山阴故水道之水闸设置技术，下启浙东运河航道之水位控制运用规划。

二　基础处理

据 1987 年考证②：是年绍兴县安昌建筑公司在该乡挖掘湖村桥工程桥基，该工程地处湖塘乡西跨湖桥桥北 35 米左右的堰下江上（南北向），地面高程为 5.1 米，地处古鉴湖西湖湖堤的一个堰体。在挖掘至高程（黄海）2.6 米处见有较多数量的松树桩基，已较多腐烂变质，有的已呈泥煤状。在开挖面约 143 平方米之中，木桩靠北面逐渐减少，南面较密（开挖时尚未到尽头）。东西分布基本对称，明显呈东西走向。木桩密集处每平方米 4—5 根。

通过对所见木桩进行 C^{14} 测定，确定距今年代为 1670 ± 189 年。鉴湖筑于 140 年，距木桩出土时隔 1847 年，因此基本可以认为是筑鉴湖时打入的桩基。

此外，沿古鉴湖堤一线的乡村，在近几十年来的挖河和建桥中，都发现塘基有木桩和泥煤，这表明在鉴湖堤上的排灌设施及一些重要地段，兴筑时多采用了以木桩先入地基处理的办法。又从开掘时所见到松桩上横摊

---

① （北魏）郦道元著，陈桥驿校释：《水经注校释》，杭州大学出版社 1999 年版，第 697 页。

② 参见盛鸿郎、邱志荣《古鉴湖新证》，盛鸿郎主编《鉴湖与绍兴水利》，中国书店 1991 年版，第 13—32 页。

着的已呈泥煤状的竹、树枝等斑迹来看，为泥土和柴竹的沉排筑法。以木桩及沉排技术处理工程基础当时属先进。当然，如属山阴故水道的堤坝，时间会更早。

三　控制计量

在鉴湖工程的规划设计中进行了有效的水位控制，主要依据水则调控，徐次铎《复鉴湖议》载：

> 湖之势高于民田，田高于江海，故水多则泄民田之水入于江海，水少则泄湖之水以溉民田。而两县及湖下之水启闭，又有石牌以则之，一在五云门外小凌桥之东，今春夏水则深一尺有七寸，秋冬水则深一尺有二寸，会稽主之；一在常喜（禧）门外跨湖桥之南，今春夏水则高三尺有五寸，秋冬水则高二尺有九寸，山阴主之。会稽地形高于山阴，故曾南丰述杜杞之说，以为会稽之石水深八尺有五寸，山阴之石水深四尺有五寸，是会稽水则几倍山阴。今石牌浅深乃相反，盖今立石之地与昔不同。今会稽石立于濒堤水浅之处，山阴石乃立湖中水深之处，是以水则浅深异于曩时。其实会稽之水常高于山阴二三尺，于三桥闸见之；城外之水亦高于城中二三尺，于都泗闸见之。乃若湖下石牌立于都泗门东，会稽、山阴接壤之际，春季水则高三尺有二寸，夏则三尺有六寸，秋冬季皆二尺。凡水如则，乃固斗门以蓄之，其或过则，然后开斗门以泄之。自永和迄我宋几千年，民蒙其利。

此文中几个鉴湖水则点，高差控制的情况，记述得比较详细。

杜杞鉴湖水则。杜杞（1005—1050），字伟长，宋无锡人，曾任两浙转运使，是主管两浙水陆运输等事务的地方行政长官。他所处北宋时代，古鉴湖被侵占情况日益严重，鉴湖被占及水位降低既造成蓄水减少、水患增多、农业减产，同时水位降低也影响浙东运河主航道鉴湖之航运，作为两浙转运使的杜杞对此事高度重视，因此在庆历七年（1047）与相关官员"同定水则于稽山之下"。

> 转运使、兵部员外郎直集贤院杜杞，议复镜湖蓄水溉田，时与司封郎中知州事陈亚、左班殿直勾当检计余元、太常寺太祝知会稽县谢景温、权节度推官陈绎，同定水则于稽山之下，永为民利。
>
> 庆历七年（1047）十月一日题。

此"水则题记"在今绍兴城东南若耶溪边的宛委山飞来石摩崖石刻上还可见。

刻石的具体位置，宋曾巩《越州鉴湖图序》云："杜杞则谓盗湖为田者利在纵湖水，一雨则放声以动州县，而斗门辄发，故为之立石则水，一在五云桥，水深八尺有五寸，会稽主之；一在跨湖桥，水深四尺有五寸，山阴主之。而斗门之钥使皆纳于州，水溢则遣官视则而谨其纵闭。"[①] 说明北宋时根据新的水情，对鉴湖水则又进行了调整和管理要求。鉴湖堤上的斗门、堰闸的启闭，主要以以上两水则为依据。

湖之北灌区内的水位控制则依据建在都泗门东、会稽山阴交界处的水则确定。《复鉴湖议》又云："凡水如则，乃固斗门以蓄之；其或过，然后开斗门以泄之。"此指玉山斗门的启闭。

总的调控应有水利官员根据调度原则进行综合监管。用测水牌量测控制水位，加强科学调蓄，为当时一流管理水平。

《嘉泰会稽志》卷四"堰"条中，记："白楼堰，在县西四里常喜门外。堰之西有则水牌，政和中立。"这一水则应在鉴湖之中。

"三江门外堰，在县东北七里。堰之北有则水牌。"这一则水牌应该在

① （宋）孔延之：《会稽掇英总集》卷20，浙江省地方志编纂委员会编著《宋元浙江方志集成》第14册，杭州出版社2009年版，第6576页。

鉴湖之外的直落江上，是对鉴湖之外的水位控制。这里的“三江门”是指绍兴城的北水城门（亦称昌安门），即《嘉泰会稽志》卷一“城郭”条中“正西曰迎恩门，北曰三江门”，“北门引众水入于海”。

四　水闸结构技术

越国在山会地区采用木质结构用以建筑工程是由来已久。如建设在约2500年前的香山越国大墓的排水设施就采用了木制品，其技术和工艺已比较精致和成熟。

鉴湖斗门或水闸沿湖设置，数量较多，早期应以木制为主。此可见北宋对玉山斗门的修复，“始以石治朱储斗门八间”“昔之为者，木久磨啮，启闭甚艰”。[①] 已将原木结构改成石制。又以2001年实地发掘考察的西墟斗门为例，在对闸柱的开挖中，发现这一古鉴湖建设的斗门，基础处理坚实，底部有较多松桩打入加固，是早期工程建设所留下的遗迹。上部则采用精巧、坚实的石质卯榫结构。木桩基础处理、木制斗门、水闸等水工技术及水闸工程布局水平也属当时全国领先。

第五节　移民及劳役

马臻筑湖成功后，因“多淹冢宅”，便“有千余人怨诉于台”。分析当时筑成鉴湖172.7平方公里水域地区的人口和生产状况，可推断当时的移民和所用劳役的数量。

---

① （宋）孔延之：《会稽掇英总集》卷19，浙江省地方志编纂委员会编著《宋元浙江方志集成》第14册，杭州出版社2009年版，第6568页。

一　移民

据统计[1]，东汉时会稽郡所辖14县，有户12.309万，人口48.1196万，平均每县约为3.43万人。山阴既为郡治，又合后来的山阴、会稽两县，因之山阴郡治人口总数应在近8万人，按1996年版《绍兴市志》卷三《人口》记："境内县城人口分布记录，始于北宋。"[2] 而按《嘉泰会稽志》卷五：大中祥符四年（1011），越州山阴户2171，丁3800；会稽户3.4076万，丁3.5585万之记载推测，在东汉时山阴郡治人口中东部地区要多于西部地区。这种人口分布应与越国时期富中大塘建成，人口多集聚生活于东部，及西部当时多受西小江洪潮影响的地理环境有关。鉴湖以北地区有土地约47万亩，围成为湖地区约为26万亩，总计约为73万亩，总面积近490平方公里。按当时水域面积占总面积35%计，实际陆地约为47万亩。从人口南北分布看，鉴湖未筑时人口分布比例南部地区应多于北部，这同开发由南而北渐进相符。

由于山阴南部山区面积在806.6平方公里之上，加上鉴湖水域附近有滨水地带的存在，在此将鉴湖北堤以北地区和以南地区以人口4:6的比例划分，则以南地区约有人口4.8万人，对这4.8万人再做山区和平原划分，则鉴湖水域26万亩土地上原居住人口约为2万人，其余约2.8万人居住于周边及山丘。

鉴湖北堤以南东部地区，也就是富中大塘地区居住的多是越国贵族和固定居民，这些人在山阴郡治应是资格最老和最富庶之民。而在鉴湖北堤以南西部地区，居住的人口除了普通平民，还有一批外迁之越族的名门望族，如庆湖周边的贺氏家族便是一例。这些人由于原在北方地区显赫的地

---

① 参见陈桥驿编写《浙江地理简志》，浙江人民出版社1985年版，第364页。

② 任桂全总纂：《绍兴市志》，浙江人民出版社1996年版，第297页。

位和良好的文化素养，不但在稳定和优越的社会环境中很快富起来，而且在朝廷中会有深厚的政治关系。至于鉴湖北堤以北平原居民，除了越族时在一些山丘或高燥之地的零星居住人口，则主要为后来随着山会平原水土资源条件渐变、人口增多，逐渐外迁到北部平原开发之人口；此外，由北方南迁的人口也为数不少。《绍兴市志》卷三《人口》① 记载，西汉元狩四年（公元前 119）和东汉建武年间（25—57），政府数迁关东贫民充实陇西、北地、西河、上郡和会稽郡，达 72.5 万人，以平均数计，会稽郡有 14.5 万人迁入。如到山阴地区，这些人口便主要安置在北部沿海之地，当然这一地区由于适宜农业开发，也会很快产生新兴的豪族居民。

从以上分析我们可以推测后来成为鉴湖水域的地区，至少有 2 万人口居住于此，按每户约 3.5 人计，约 5700 多户。并且这是山阴最富裕和最有社会政治势力的一部分人群。

二　淹没

按当地 35% 水面、20% 生活场地计，这里尚有可耕农田约 14 万亩。按平均每亩年产 300 斤粮食计，年可生产粮食约 2100 万公斤。可见，马臻要筑鉴湖面临着 2 万居民的安置及当年减少 2100 万公斤粮食生产的风险。同时筑湖又须耗费大量的人工和投入，不但要移民，还要这一地区人们出钱出劳役，其难度可想而知。

此外，据宋吕祖谦（1137—1181）《入越录》记：“隆兴初（1163—1164）吴给事芾浚湖，未一二尺，多得古棺，皆刳木为之。盖汉末凿湖前冢墓也。然后知古人为湖，特因地势筑堤，堤立而湖成，不待深疏凿也。”② 说明淹没坟墓也是事实，吕祖谦写到的是鉴湖东部地区，当时在西部地区

① 参见任桂全总纂《绍兴市志》，浙江人民出版社 1996 年版，第 294 页。

② （宋）吕祖谦：《入越录》，顾宏义、李文整理标校《宋代日记丛编 3》，上海书店 2013 年版，第 1146 页。

也必然有此情况。

三 劳力

建成鉴湖这样一条长56.5公里的北堤，估算土方工程量在230万立方米以上，如1万人劳作，以人均每天2立方米计，需4个月以上。虽鉴湖湖堤依山阴故水道原堤而建，然鉴湖湖堤的高度要高于老堤约1.5米，堤上又有众多斗门、闸、堰等水利设施，需基础处理，开挖较深及以木桩加固，还需有较高的水利技术与施工要求。因之鉴湖工程工期至少为1年，并且平均每天需5000人的劳力。

第六节 效益

一 防洪御潮

鉴湖建成，调蓄了上游会稽山419平方公里集雨面积的暴雨径流，基本消除了会稽山降雨时对山会平原的水患威胁。

通过玉山斗门及日益完善的沿海海塘建设，又防御了山会平原以东的东小江、西边的西小江洪水以及后海海潮的直薄平原之害。

二 蓄水灌溉

鉴湖蓄水2.68亿立方米，为北部平原9000余顷土地的灌溉提供了可控制的自流式丰沛水源。

据统计古代山会平原鉴湖以北、曹娥江以西、浦阳江东南及其附近、萧绍海塘以南的农田约为47万亩，所谓“都溉田九千余顷”。由于当时用水大部分无法回收使用，按每亩500立方米计，年需水量为2.35亿立方米，这说明建成鉴湖这样一个正常蓄水量约为2.68亿立方米的大型人工蓄水工程，成为需要和可能。

三　综合发展

唐韦瓘说，镜湖“横合三百余里，决灌稻田，动盈亿计。自汉至今，千有余年，纵阳骄雨淫，烧稼逸种，唯镜湖含泽驱波，流桴注于大海。灾凶岁，谷穰熟，俾生物苏起，贫羸育富，其长计大利及人如此”。

（一）人口增长

西汉司马迁说：“楚、越之地，地广人稀，饭稻羹鱼，或火耕而水耨，果隋蠃蛤，不待贾而足，地势饶食，无饥馑之患。以故呰窳偷生，无积聚而多贫。是故江淮以南，无冻饿之人，亦无千金之家。”说明其时越地自然资源丰富，但大部分土地没有得到充分开发，社会财富贫乏，经济落后于中原地区。

鉴湖水利兴盛，山会平原北部农田得以较大规模开发，尤其是东晋和南北朝，效益显现。东晋咸和四年（329），首都建康发生了苏峻之乱，宫阙灰烬，三吴人士甚至提出朝廷迁都会稽的主张，说明在其时大江以南的诸多城市中除了建康之外，山阴已处最优越地位。

（二）经济发展

一大批从北方地区迁移而来的富裕人家在此定居的同时，也带来了先进的生产技术和生活方式。因此，农业生产得到迅速开发，交通运输业、酿酒业、养殖业、陶瓷业都得到了较快发展。由此促进了经济增长、城市繁荣、人口增多，孔灵符在《会稽记》中形容：今绍兴一带当年已是村落遥相连接，境内无荒废之田，田无旱涝之忧的富庶地区。

到东晋南朝时，越地一跃成为东南富庶之地。《晋书·诸葛恢传》称：

"今之会稽，昔之关中。"《宋书·孔季恭传》中详尽描绘了这里经济发达的情况："会土带海傍湖，良畴亦数十万顷，膏腴上地，亩值一金，鄠杜之间不能比也。"其时会稽郡的富裕程度居然胜过了关中地区，平原的土地全部开垦成良田，达到"亩值一金"的珍贵程度，并出现了"民多田少"的现象。南朝宋大明时（457—464），由于山会之地人多地少，甚至出现把山阴县一些民众迁徙到余姚、鄞、鄮三县，以开垦湖田生产定居的情况。[①] 此时期绍兴经济的迅速发展，固然有政治中心南移、人口增长等诸种因素，但鉴湖水利对经济发展的作用尤为重要。

唐代是鉴湖全盛之时，其效益和作用仍很显著。绍兴平原因有鉴湖的滋润，稻作一向发达，而小麦多种植在山地，随着排水条件的改善，唐代小麦种植在平原也有了发展。唐代除粮食种植业发达外，蚕桑、水产业也很发达。越州的丝绸名闻全国，唐人称浙东"机杼耕稼，提封九州，其间茧税鱼盐，衣食半天下"。而越州又列于浙东富庶之州的前位。

（三）生态改变

鉴湖也从根本上改变了山会地区的生态环境。曾被管子称为"越之水浊重而洎，故其民愚疾而垢"[②]、咸潮直薄、人民生活环境恶劣的山会平原，由于鉴湖的兴建成为山清水秀的鱼米之乡。"人在鉴中，舟行画图；五月清凉，人间所无，有菱歌兮声峭，有莲女兮貌都。"[③] 北部平原约47万亩土地得到了冲淡改造，成为水网密布、河流纵横、五谷丰登、百草丰茂、绿树成荫、气候宜人、自然环境十分优越之地。

（四）航运兴盛（见第五章第二节此处不赘）

综上，鉴湖效益巨大，所谓"境绝利博，莫如鉴湖"。

---

① 参见（梁）沈约《宋书》卷54，中华书局1974年标点本，第1540页。

② （唐）房玄龄注，（明）刘绩补注，刘晓艺校点：《管子》，上海古籍出版社2015年版，第285页。

③ （清）悔堂老人：《越中杂识》，浙江人民出版社1983年版，第206页。

四　文化创作

《嘉泰会稽志》卷一《风俗》载：

> 自汉、晋奇伟光明硕大之士固已继出。东晋都建康，一时名胜，自王、谢诸人在会稽者为多，以会稽诸山为东山，以渡涛江而东为入东，居会稽为在东，去而复归为还东，文物可谓盛矣。

其时朝廷派遣官员到会稽，因为其地环境优越、生活安定，首先要选拔有较好文化素养的优秀人才，相对到此的地方官也较有作为。达官贵人养老、富商巨贾安家、文人墨客会集也多来于此。

（一）书法《兰亭集序》

王羲之的《兰亭集序》，写于西鉴湖南麓的兰亭江边。东晋永和九年（353）三月初三，王羲之与谢安、支遁、孙绰等41位名士在兰亭共修禊之事，流觞曲水，饮酒赋诗，并由王羲之作著名的《兰亭集序》而得名。

> 永和九年，岁在癸丑，暮春之初，会于会稽山阴之兰亭，修禊事也。群贤毕至，少长咸集。此地有崇山峻岭，茂林修竹，又有清流激湍，映带左右，引以为流觞曲水，列坐其次。虽无丝竹管弦之盛，一觞一咏，亦足以畅叙幽情。
>
> 是日也，天朗气清，惠风和畅。仰观宇宙之大，俯察品类之盛，所以游目骋怀，足以极视听之娱，信可乐也。
>
> 夫人之相与，俯仰一世。或取诸怀抱，悟言一室之内；或因寄所托，放浪形骸之外。虽趣舍万殊，静躁不同，当其欣于所遇，暂得于己，快然自足，不知老之将至。及其所之既倦，情随事迁，感慨系之矣。向之所欣，俯仰之间，已为陈迹，犹不能不以之兴怀，况修短随化，终期于尽。古人云："死生亦大矣。"岂不痛哉！

每览昔人兴感之由，若合一契，未尝不临文嗟悼，不能喻之于怀。固知一死生为虚诞，齐彭殇为妄作。后之视今，亦犹今之视昔，悲夫！故列叙时人，录其所述，虽世殊事异，所以兴怀，其致一也。后之览者，亦将有感于斯文。

这次兰亭聚会中的名士，集当时全国之一流名人学士，正如明文征明在《兰亭记》中所言："兰亭诸贤，皆天下选，文物雍容，极一时之盛。"并且面对着的是鉴湖南麓的会稽之崇山峻岭、茂林修竹、清流激湍，手把着的是会稽佳酿，又形成了那种热烈、欢快、轻松的气氛，酒酣赋诗，当场挥毫，终成当时绝无仅有的伟大文学、书法艺术作品。

（二）山水诗

"会稽既丰山水，是以江左嘉遁，并多居之。"[①] 谢灵运的会稽山水诗在南朝很有影响，开一代风气。谢灵运（385—433），小名客儿，世称谢客，南朝宋陈郡阳夏人（今河南太康），出生于会稽，优游于始宁、会稽两县，少好学，博群书，工书画，善文章。"文章之美，江左莫逮"[②]，"每有一诗至都邑，贵贱莫不竞写，宿昔之间，士庶皆遍，远近钦慕，名动京师"[③]。与颜延之被推为江左第一。东晋元兴元年（402）袭封康乐公，咸称"谢康乐"，是中国山水诗派的开创者。

谢灵运又有《于南山往北山径湖中瞻眺》[④]：

朝旦发阳崖，景落憩阴峰。舍舟眺迥渚，停策倚茂松。侧径既窈窕，环洲亦玲珑。俯视乔木杪，仰聆大壑淙。石横水分流，林密蹊绝

① （宋）施宿等：《嘉泰会稽志》卷14，《绍兴丛书·第一辑（地方志丛编）》第1册，中华书局2006年影印本，第273页。

② （梁）沈约：《宋书》卷67，中华书局1974年标点本，第1743页。

③ 同上书，第1754页。

④ （宋）施宿等：《嘉泰会稽志》卷20，《绍兴丛书·第一辑（地方志丛编）》第1册，中华书局2006年影印本，第377页。

踪。解作竟何感，升长皆丰容。初篁苞绿箨，新蒲含紫茸。海鸥戏春岸，天鸡弄和风。抚化心无厌，览物眷弥重。不惜去人远，但恨莫与同。孤游非情叹，赏废理谁通？

作者对自己从朝至暮，由鉴湖水路转陆路的游踪做了细致的阐述，对自然山水、松林竹木、海鸥天鸡产生了无限的眷恋和珍惜，感慨万千。既是对自然山水的品赏赞美，又是对玄理的体悟。谢灵运的山水诗在南朝产生了很大影响，开一代风气，被公认为中国山水诗派的开山之祖，而鉴湖山水是他重要的创作素材和获灵感之地。

谢惠连（407—433），是谢灵运族弟。“幼而聪敏，年十岁，能属文，族兄灵运深相知赏。”[①] 与谢灵运、谢姚并称“三谢”，多有山水诗佳作。《水经注·渐江水》：

东带若耶溪，《吴越春秋》所谓欧冶涸而出铜，以成五剑。溪水上承嶕岘麻溪，溪之下，孤潭周数亩，甚清深。有孤石临潭，乘崖俯视，猿狖惊心，寒木被潭，森沈骇观。上有一栎树，谢灵运与从弟惠连常游之，作连句，题刻树侧。

可见，谢灵运与族弟谢惠连常在会稽山若耶溪、鉴湖一带游览，并作歌咏山水之作，谢惠连有《泛南湖至石帆》诗曰：

轨息陆途初，枻鼓川路始。涟漪繁波漾，参差层峰峙。萧疏野趣生，逶迤白云起。登陟苦跋涉，暐晔乐心耳。即玩玩有竭，在兴兴无已。[②]

① （梁）沈约：《宋书》卷53，中华书局1974年标点本，第1524页。
② （明）萧良幹等：万历《绍兴府志》卷7，《绍兴丛书·第一辑（地方志丛编）》第1册，中华书局2006年影印本，第649页。

南湖即鉴湖之别名。石帆，指石帆山，《嘉泰会稽志》卷九“石帆山在县东一十五里”，山在鉴湖的南麓。谢惠连的此稽山鉴水诗充满清新自然之气，宛若天成。钟嵘《诗品》言：“小谢才思富捷，恨其兰玉夙凋，故长辔未骋。《秋怀》《捣衣》之作，虽复灵运锐思，亦何以加焉。又工为绮丽歌谣，风人第一。”惜其卒才27岁。

（三）唐诗之路

唐代会稽发达繁荣的社会经济，安定的生活环境，繁华的城市和密集的人口，悠久的越国历史文化，千岩竞秀、万壑争流的会稽山，烟波浩渺的鉴湖风光，吸引了全国各地的文人学士闻名来越游览。据研究[①]，载入《全唐诗》中来自浙东的诗人有228人，有据可查而方志漏载的84人，总312人。这些诗人多为唐诗中的杰出代表。在《唐才子传》中收入的才子278人，而来自浙东的就占174人。这些诗人来到浙东，留下了大量优秀诗篇，于是形成“唐诗之路”。这条线路大致范围为从钱塘江，经西兴到鉴湖，到绍兴城至若耶溪为一条，另一条再沿东鉴湖至曹娥江，经剡溪至天台山，所创诗主体应是稽山鉴水、曹娥江、天台山。邹志方先生认为[②]：浙东唐诗之路主要是水路，辅之以陆路。大体走向是：由西陵入浙东运河，前往越州州治、会稽山（小概念）和鉴湖。在州治，游览点主要是卧龙山、飞来山和蕺山；由若耶溪入会稽山，游览点主要是若耶溪、宛委山、会稽山（小概念）、云门山，包括阳明洞天、南镇、禹陵等；由南池溪入会稽山，游览点主要是法华山和秦望山；由兰亭溪入会稽山，游览点主要是兰亭、古筑；由州城下镜湖，游览点主要是龟山、贺知章故居、方干岛、柯山、石城、涂山。从州治往东，再入镜湖和浙东运河，游览点主要是东湖、

① 参见竺岳兵《剡溪——唐诗之路》，中国唐代文学学会编《唐代文学研究》第6辑，广西师范大学出版社1996年版，第867页。

② 参见邹志方《绍兴名胜诗谈》，新华出版社2004年版，第1页。

严维园林、少微山、白塔洋。以上可说是浙东唐诗之路的第一游程。这一游程主要依托浙东运河、若耶溪、南池溪、兰溪和镜湖。

由浙东运河入曹娥江，除了曹娥江本身是旅游景点外，从下游上溯，主要有称山、落星石、舜井、小江驿、东山、始宁、上浦。以上可说是浙东唐诗之路的第二个游程。主要依靠曹娥江。

由曹娥江上溯，过上浦，即溪口，便是唐代诗人向往之剡溪。除剡溪本身是旅游景点外，主要游览点有石门、龙宫寺、剡山、艇湖、石窗、金庭山等。以上可说是浙东唐诗之路的第三个游程，主要依靠剡溪及其支流黄泽溪和长乐溪。

由剡溪及其支流再上溯，便是唐代诗人心目中的剡中。主要旅游点有石城山、南岩、沃洲山、水帘洞、天姥山、刘门山、澄潭等。以上可说是浙东唐诗之路的第四个游程。主要依靠剡溪及其支流黄泽溪、新昌溪、澄潭溪。

浙东运河过曹娥江再往东，经余姚、慈溪到宁波；剡溪尽头，经慈圣、上石桥，即入天台，属于越州地界之外了。

唐诗之路中诗人的鉴湖之游主要可分为以下几类。

1. 壮游

李白一生曾三次游越，留下了脍炙人口的壮丽诗篇，李白诗描写越中著名人物、历史事件、山水景观内容非常丰富，而最精湛的要属于山水诗篇，在他看来越中山水是一幅幅精彩的长卷，最能引起他心灵的共鸣，能满足他山水之乐和情感之释放。《梦游天姥吟留别》曰：“海客谈瀛洲，烟涛微茫信难求。越人语天姥，云霞明灭或可睹……我欲因之梦吴越，一夜飞度镜湖月。”这反映了他对越中山水的向往。李白描写越中山水、稽山镜水风光最瑰丽的应是《送王屋山人魏万还王屋》（部分）：

挥手杭越间，樟亭望潮还。涛卷海门石，云横天际山。白马走素车，雷奔骇心颜。遥闻会稽美，且度耶溪水。万壑与千岩，峥嵘镜湖里。秀色不可名，清辉满江城。人游月边去，舟在空中行。此中久延伫，入剡寻王许。笑读曹娥碑，沉吟黄绢语。[①]

作者横渡钱塘江，看到了举世无双的钱塘江潮水，海潮惊天动地汹涌澎湃，如万马奔腾；稽山镜水，秀美无可比拟，会稽水城映照在镜湖之中，美丽的夜色下，游览镜湖之中如入仙境。诗中描写浓墨重彩，字字精美，光、影、声、色互为转换，远、近、动、静随时而变，如闻其声、如见其景；诗中有画、画中有诗，是一幅越中山水风景大观画图。

杜甫也把“吴越之游”列为早年的壮游之举：“枕戈忆勾践，渡浙想秦皇。”“归帆拂天姥，中岁贡旧乡。”[②] 对历史事件充满浓厚的兴趣，对风土人情、鉴湖风光，予以热情讴歌。

2. 纵情吟唱稽山镜水

唐贺知章的《采莲》：

稽山罢雾郁嵯峨，镜水无风也自波。
莫言春度芳菲尽，别有中流采芰荷。[③]

诗人描写了稽山的雄伟壮丽、镜水的浩大自波。同时告诉人们，即使过了春天，鉴湖更有接天荷叶的另一番奇观，也是西子采莲历史故事的延伸。

朱庆余有《南湖》诗：

湖上微风小槛凉，翻翻菱荇满回塘。
野船着岸入春草，水鸟带波飞夕阳。

---

① （唐）李白著，鲍方校点：《李白全集》，上海古籍出版社1996年版，第134页。
② （唐）杜甫著，高仁标点：《杜甫全集》，上海古籍出版社1996年版，第92页。
③ （清）彭定求等校点：《全唐诗》卷21，中华书局1960年标点本，第277页。

芦叶有声疑露雨，浪花无际似潇湘。

飘然篷艇东归客，尽日相看忆楚乡。①

湖上起微风，沿塘尽莲叶，野船在春草中时隐时现；水鸟低飞着波，瑟瑟芦叶，碧波千里，令诗人心驰神往。

3. 叙写人与自然融和

唐代鉴湖诗，不但写湖山之美，更把人写入其中。唐代诗人笔下的鉴湖，更多是散发着青春气息的采莲女子。李白《越女词》：

镜湖水如月，耶溪女似雪。

新妆荡新波，光景两奇绝。②

宽阔平静的湖面，如水中之月，清澈如镜；耶溪女秀丽端庄，洁白纯真。小船荡漾波中，红妆倒映湖中。人与自然，水上与水中，清新和纯美，融合在一起，堪称人间奇境，充满浪漫主义色彩。

又杜甫《壮游》：

越女天下白，鉴湖五月凉。

剡溪蕴秀异，欲罢不能忘。③

更多地写自身对越女、鉴湖、剡溪之深爱。

又如孟浩然《与崔二十一游镜湖寄包、贺二公》：

试览镜湖物，中流到底清。

不知鲈鱼味，但识鸥鸟情。

帆得樵风送，春逢谷雨晴。

① （清）彭定求等校点：《全唐诗》卷515，中华书局1960年标点本，第5894页。
② （清）彭定求等校点：《全唐诗》卷184，中华书局1960年标点本，第1885页。
③ （唐）杜甫著，高仁标点：《杜甫全集》，上海古籍出版社1996年版，第92页。

将探夏禹穴，稍背越王城。

府掾有包子，文章推贺生。

沧浪醉后唱，因此寄同声。①

既写鉴湖自然景色，又写历史，写越王城，写越文化，写心境。

4. 歌咏风土人情

在鉴湖和若耶溪的诗词之中，有较多的篇章描绘了会稽风物，记述了越中世态人情。而在这众多诗词中又以元稹和白居易唱和之作最为详尽完美。元稹，字微之，曾任越州刺史。在越期间，元稹为民办过许多好事，在水利上也有过建树。大和三年（829），越州大风海潮使海塘决堤，元稹动员山阴、上虞两县人民修堤建塘，改良土壤。“何言禹迹无人继，万顷湖田又斩新。”他在任期间，越境“无凶年，无饿殍”。元稹在越时白居易在杭任刺史，两人志趣相投，唱和甚多，世称“元白”。他们登临鉴湖、若耶溪山水，往返酬答，既留下了诗坛佳话，又为若耶溪文化大增光彩。

主要作品可见元稹《春分日投简阳明洞天作》和白居易《和春分日投简阳明洞天作》。前者如“山川展画图，旌旗遮屿浦”，“舟船通海峤，田种绕城隅”；后者如“越国强仍大，稽城高且孤。利饶盐煮海，名胜水澄湖”，是一幅绝妙的以若耶溪、鉴湖为主题的会稽风俗画图。山水风光、传统文化、地方特产、地理环境、人情世态、生活习俗都得到了详尽的描述，是研究绍兴地方文化风俗的重要诗篇。

以上只是唐代诗人描写越地和风光的一小部分诗，可以看到，或赞美，或讴歌，或叙情，充满着人与自然和谐的氛围，也是心灵与稽山镜水的交融。

（四）陆游稽山镜水诗

绍兴鉴湖山水诗中，宋代成就最大者当属陆游，陆游生平创作诗歌近

① （清）彭定求等校点：《全唐诗》卷160，中华书局1960年标点本，第1643页。

万首，有一半以上是歌咏山阴风物的。内容涉及稽山镜水的有会稽山、大禹陵、石帆山、龙瑞宫、秦望山、刻石山、卧龙山、古鉴湖、西兴运河、若耶溪、兰亭、吼山、三山、沈园、西园、画桥、虹桥等，名副其实地成为稽山镜水诗中的瑰宝。

《稽山行》[①] 是一幅稽山风俗画图，其范围自会稽山至钱塘江，其历史追溯到勾践之时，越地的民俗、风景、特产、人情，以及四季变化等均给予画龙点睛的阐述和热情的歌咏，后人常以此诗研究鉴湖特色、绍兴风俗民情，或作为创作题材和范本。

稽山何巍巍，浙江水汤汤。千里亘大野，勾践之所荒。春雨桑柘绿，秋风粳稻香。村村作蟹椵，处处起鱼梁。陂放万头鸭，园覆千畦姜。舂碓声如雷，私债逾官仓。禹庙争奉牲，兰亭共流觞。空巷看竞渡，倒社观戏场。项里杨梅熟，采摘日夜忙。翠篮满山路，不数荔枝筐。星驰入侯家，那惜黄金偿。湘湖莼菜出，卖者环三乡。何以共烹煮，鲈鱼三尺长。芳鲜初上市，羊酪何足当。镜湖潴众水，自汉无旱蝗。重楼与曲槛，潋滟浮湖光。舟行以当车，小伞遮新妆。浅坊小陌间，深夜理丝簧。我老述此诗，妄继古乐章。恨无季札听，大国风泱泱。

《思故山》[②] 则是陆游对镜湖的深情描写和尽情歌咏。诗中以深秋季节为背景，将水乡的历史古迹、鱼市、水产、民风融合在一起。画桥风光无限，自然生态美好，游览在镜湖之中，有书酒相伴，鱼藕可佐餐，此乐何极，可谓人间仙境。

千金不须买画图，听我长歌歌镜湖。湖山奇丽说不尽，且复为子

① 《陆游集》卷65，中华书局1976年版，第1546页。
② 《陆游集》卷11，中华书局1976年版，第298页。

陈吾庐。柳姑庙前鱼作市，道士庄畔菱为租。一弯画桥出林薄，两岸红蓼连菰蒲。陂南陂北鸦阵黑，舍西舍东枫叶赤。正当九月十月时，放翁艇子无时出。船头一束书，船后一壶酒。新钓紫鳜鱼，旋洗白莲藕。从渠贵人食万钱，放翁痴腹常便便。暮归稚子迎我笑，遥指一抹西村烟。

陆游有一首脍炙人口的《游山西村》[①] 诗，描述山重水复、柳暗花明中的小山村，敦厚朴实的乡情风俗、青山绿水的生态环境，使人感到十分惬意和舒畅，是一幅风光旖旎的山村画。“山重水复疑无路，柳暗花明又一村”或是绍兴山村的形象画卷。

（五）刘基鉴湖采莲歌

刘基（1311—1375），字伯温，浙江青田人。他不但是元末明初著名的政治家，还是一位在中国文学史上有着重要地位的诗文大家。在稽山镜水他写过诸多诗文，并多自然山水之描述。在鉴湖之畔，山水人文风光、采莲女子美貌，激发了他的创作灵性，其《采莲歌三首》[②] 写得情意绵绵，引人入胜。好一幅诗情画卷：

鉴湖湖上画船多，红袖相呼入芰荷。
荡里花深看不见，湖边好听采莲歌。
开池种芡难成藕，凿井栽荚不是莲。
藕丝牵挂莲心苦，烦恼闲情误少年。
鸂鶒飞来柳树阴，水珠翻下鲤鱼沉。
荷叶团圆比侬意，水珠荡漾似郎心。

---

① 《陆游集》卷1，中华书局1976年版，第29页。
② 刘基著，林家骊点校：《刘基集》，浙江古籍出版社1999年版，第276页。

（六）徐渭鉴湖越女词

徐渭热爱越中水利，曾精心研究，作《水利考》。徐渭一生仕途坎坷，大多时间住在绍兴，深爱稽山镜水，自然是他的寄意之一。其间写过诸多游记文章和诗篇，他主张“诗本乎情”，写得清新自然，一扫芜秽之习。

《镜湖竹枝词三首》选两首：

越女红裙娇石榴，双双荡桨在中流。
憨妆又怕旁人笑，一柄荷花遮满头。
杏子红衫一女郎，郁金衣带一苇航。
堤长水阔家何处？十里荷花分外香。①

镜湖越女之美，被写得惟妙惟肖，羞态可爱；十里荷花，堤长水阔，人家滨水而居，春心水中荡漾。

第七节 完善与管理

一 水利配套

六朝至唐、五代时期，鉴湖灌区开挖新河、增建斗门、修筑海塘，水利系统进一步完善。

晋代会稽内史贺循（260—319）主持开凿了西兴运河，使鉴湖西部地区渠系布置更加合理，灌排效益更趋有效。《嘉泰会稽志》卷十载：“晋司徒贺循临郡，凿此以溉田。”当时开凿此河的目的首先是与鉴湖工程配套与

① 《徐渭集》卷11，中华书局1983年标点本，第418页。

灌溉。这条运河自西兴起，东流经萧山县城北，又东接西小江，过钱清、柯桥到绍兴城，全长100余公里。西兴运河大体上与鉴湖堤平行，一般多在鉴湖以北5公里，实际上成了鉴湖灌区东西向的一条总干渠。由于绍兴平原的河流大多是南北走向，故鉴湖堤与这些河流相交处设置了一系列涵闸，湖水一般南北向出斗门流入沿海，如此，存在的问题是南北向河流之间无法沟通，水源的调配、排涝、航运都受到限制。西兴运河开成后，河渠都与运河东西相交，于是改善了湖区的排灌条件，更有利于河渠之间的水量调节，运河的开凿还加快了平原河网化的形成。之后随着经济的发展，这条运河的通航运输作用也日渐得到发挥并成为主航道。

唐代开始在沿海大规模修筑海塘。唐以前零星的海塘可能已经修筑，但咸潮还没有完全与山会平原隔断。唐代对山会平原的海塘进行全线兴修。其中山阴海塘筑于唐垂拱二年（686），在萧山、山阴一带筑海塘50里，因其位于两县交界处，故称为“界塘”。会稽海塘筑于唐开元十年（722）。《新唐书·地理志》载：会稽“东北四十里有防海塘，自上虞江抵山阴百余里，以蓄水溉田，开元十年令李俊之增修”。之后唐大历十年（775）观察使皇甫温、大和六年（832）会稽县令李左次又先后两次增修。这段海塘因大部分位于曹娥江口沿岸，又称为东江塘。大致到唐中后期，西起萧山，东迄上虞的海塘已经连成一线，形成了山会地区比较完整的海塘工程体系。由于它横亘于古代山会平原的北部，所以又称为北塘，而称鉴湖堤为南塘（亦称官塘），前者防潮，后者蓄淡，水利体系更为完备。

唐代又一重要的工程是玉山斗门的扩建。唐代鉴湖灌区的海塘系统建成后，山会平原河网的水流，汇入干流直落江，经玉山斗门宣泄出海。此处地势低下，泄水迅速，但唐以前玉山斗门仅有2孔，控制有限。为了适应水流形势的变化和排水负荷的增加，贞元元年（785），浙东观察使皇甫政改建玉山斗门为8孔闸门。吴庆莪《陡亹闸考证》：“唐以前有斗门而无闸……陡亹之有闸，始自唐德宗贞元初，浙东观察使皇甫政就玉山斗门而改建也。”唐代还开展鉴湖以北河网的整治，元和十年（815）观察使孟简在山阴县北5里开新河，西北10里开运道塘，运道塘走向是从迎恩门直至萧山界。以上，使山会平原水利排泄洪涝的综合能力显著提升。

二　维护管理

《南史·谢灵运传》记载了谢灵运欲把鉴湖以南的回涌湖作为私家庄园之事：

> 会稽东郭有回踵湖，灵运求决以为田，文帝令州郡履行。此湖去郭近，水物所出，百姓惜之，颉坚执不与。灵运既不得回踵，又求始宁休崲湖为田，顗又固执。

谢灵运其时已经在始宁墅建有规模颇大的庄宅园林，为何还要专意于求会稽城东南的回涌湖为田宅？这其中可见始宁之地虽自然山水风光秀美、环境幽雅，然此时的会稽由于东汉鉴湖的兴建，经济发达、湖光山色奇丽，综合人居环境更胜始宁之地一筹，使谢灵运更希望拥有回涌湖这块风水宝地。然由于遭到了百姓和地方行政长官的强烈反对，只得作罢。此事件也说明在鉴湖兴建不久，遭到了垦湖为田的侵占危害，地方政府与权贵之间已产生矛盾。

鉴湖工程主要是依靠湖堤增高蓄水，因此从工程整体性而言，维护湖堤最为重要，至迟在南朝时已形成了岁修制度。《南齐书·王敬则传》称：“会土边带湖海，民丁无士庶皆保塘役。”否则将“致令塘路崩芜，湖源泄散”。“良由陂湖宜壅，桥路须通，均夫订直，民自为用。若甲分毁坏，则年一修改；若乙限坚完，则终岁无役。”明确指出了鉴湖堤防维修是鉴湖水利的关键。此可见，主要的塘役是维护鉴湖湖堤。塘役摊派于民间，不分士族和百姓都要承担此义务。其时（齐武帝时）将塘役折算为现钱，征收入官库。据此记载也推知鉴湖的维修制度建立甚早。建立岁修制度是保证鉴湖得以长期运行的重要措施之一。

唐末、五代吴越国时期，吴越王钱镠定杭州为西府，越州为东府。他自己曾先后于乾宁四年（897）、天复元年（901）、后梁开平三年（909）三次驻节越州，擘画经营，建树甚多，在疏浚整治鉴湖的同时，还制定了详细的管理法规。北宋曾巩《越州鉴湖图序》序称："钱镠之法最详，至今尚多传于人者。"吴越时期一方面加强浚治养护工作，开挖淤泥，修理堤防、闸涵；另一方面加强水土之政，不允许豪强随意围垦，影响水利。史称"富豪上户，美言不能乱其法，财货不能动其心"[①]。所以当时，鉴湖之利"未尝废"，发挥着良好的效益。

第八节　鉴湖堙废

一　原因

（一）人口增多

北宋末叶，北方战乱，开始有移民南迁。宋室南迁以后，随着移民的大量涌入，山会地区人口迅速增长。建炎三年（1129）至绍兴元年（1131），宋高宗赵构驻跸越州，改元绍兴，升越州为绍兴府。浙江作为当时普通移民的聚居区域，"四方之民，云集二浙，百倍常时"。一时，跟随高宗的朝廷官员及许多来自"赵、魏、秦、晋、齐、鲁"的士大夫渡江者，纷纷举家南迁绍兴。到绍兴末（1157—1162），绍兴"周览城闉，鳞鳞万户"，已经是一座拥有四五万人口的大城市了。据《嘉泰会稽志》卷五记

① （明）徐光启：《农政全书》，中华书局1956年标点本，第245页。

载：大中祥符四年（1011），“会稽，户三万四千七十六，丁三万五千五百八十五；山阴，户二千一百七十一，丁三千八百”，到嘉泰元年（1201），“会稽，户三万五千四百六，丁四万一千七百八十一，不成丁一万四千三百七十八；山阴，户三万六千六百五十二，丁四万六千二百二十七，不成丁一万五千七百六十七”。文中“丁”指成年男性，“不成丁”指中小老幼和残疾男性，两者合成男性总数。若统一按嘉泰元年（1201）山会两县丁与不成丁比例，及男女1∶1比例计算，则两县总人口祥符四年为10.58万人，嘉泰元年为23.63万人，在190年中增加了近1.24倍，还不包括因受灾、瘟疫“死者殆半”的人口损失。而同属越州的邻县诸暨，祥符四年（1011）为“户四万九千六十二，丁七万七千五百六十七”，嘉泰元年（1201）为“户四万二千四百二十四，丁五万六千四百二十一，不成丁一万八千五百二十七”，人口同比下降了27%。此可见，宋代山会地区人口增长之迅速，其中移民的大量迁入是人口快速增长的主要原因。

（二）土地稀缺

宋代山会地区正处于一个从唐代“人—地—水”关系基本平衡，到人多田少，以侵占水域达到新的平衡的转折时期。

皇室驻跸和移民剧增首先要解决粮食问题。当时山会地区的粮食供应，如以25万人口计算，达到年人均500斤的水平，则需粮食1.25亿斤，按当时农田每亩年产300斤计，约需42万亩良田。据估算东汉鉴湖以北灌区农田为47万亩，除去上虞、萧山约8万亩，以及当时还未开垦的玉山斗门至三江闸之间约1.3万亩农田，实际可耕农田约为37万亩。这些农田的生产当然不是自给自足，还是要交赋税皇粮的。可见当时可耕农田是十分紧缺的。

南宋还是绍兴酿酒业发展较快的时期，《宝庆会稽续志》卷八引孙因《越问》，当时山会地区“糯种居其十（之）六”。所生产的粮食，大部分用于酿酒，口粮锐减。遇到灾害时，更出现粮荒。大致在南宋开始，绍兴逐渐从余粮地区转向缺粮地区。

南宋时绍兴土地资源有限还表现在，南部会稽山区可供耕种的山谷坡不多，加之旱地种粮产量不高，无潜力可挖。此时，北部山会海塘以外的滩涂资源尚未有效形成和可利用，钱塘江江道虽然在宋代已出现北移趋势，但经常南、北摆动，使海塘外滩涂常为涌潮吞没。由此，南宋鉴湖周边之民，便将围垦鉴湖变为新增农田的重要途径。并且湖田一经围垦便成非常适合种植水稻的良田。这也是驱使沿湖之民敢于不顾禁令，与水争地，盗湖为田的现实原因。

（三）海塘建设

唐垂拱年间以来，大规模修建后海沿岸山会海塘，海塘体系逐步完善后，与鉴湖湖堤一起，在山会平原鉴湖灌区形成南、北两塘并存的局面。山会海塘外御咸潮，内蓄鉴湖流入灌区河湖网的淡水，再经玉山斗门根据水势调控入海。唐代是鉴湖的全盛时期，北部平原进入全面开发阶段，其程度按照当时居民点的分布来看，垦殖已经到达当时海塘前缘，农业生产的需要也促使西兴运河为主干道的北部河湖网布置整理进一步发展，河湖网渐趋密集，蓄水量日益增多，部分取代了鉴湖的蓄水功能，后海塘的地位日益显现，不断提升。海塘建设也有利于鉴湖以北湖泊的形成，诸如狭猕湖、瓜渚湖、贺家池等，并发挥蓄淡灌溉的作用。

从宋嘉定十二年（1219）钱塘江下流江道有了北移[①]的趋势之后，钱塘江对山会地区北部的冲袭减轻，有利于海塘安全，对这一地区水利调整也起到一定的作用。如此，也更有利海塘安全防御能力的提高和作用的发挥。

---

① 《宋史·五行志》："十二年盐官县海失故道，潮汐冲平野三十余里，至是侵县治。"表明江道北移。

（四）水土流失

大约在春秋越国之前，无论是会稽山地或山会平原，天然森林都发育良好。最大的原始森林分布在稽南丘陵和稽北丘陵。当时，绍兴以南的丘陵之地常被称为南山，而这片丘陵又称南林。

东晋永和九年（353）王羲之等在鉴湖上游兰亭江（溪）入行修禊之事，《兰亭集序》称“此地有崇山峻岭，茂林修竹，又有清流激湍，映带左右”，其时鉴湖上游稽北丘陵的水土流失并不严重。自晋室南迁以后，山会地区森林的破坏开始剧增，唐代以后尤甚。引起的主要原因有以下几方面。

其一，越窑再次兴起带来对稽北丘陵森林的危害。据不完全统计，东汉至宋，今上虞区境内（含部分会稽县域）已发现东汉窑址 37 处，三国、西晋窑址 160 余处，东晋、南朝窑址 14 处，唐代窑址 30 余处，五代北宋窑址 60 多处；柯桥区稽北丘陵的漓渚、富盛和钱清等镇，如蔺家山、娄家坞、富盛、九岩都发现了古代窑址。[①] 唐代是越窑的大发展时期，越瓷名闻中外。五代又发展成秘色瓷，只供朝廷使用。越窑地位到唐末、宋初达到顶峰，并远销海外。从东汉至宋的千余年内，由于绍兴窑业兴盛，其所需树木燃料数量之巨、砍伐年代之久对鉴湖上游山区原始森林造成持续性破坏并导致日趋严重的水土流失。

其二，会稽山大面积种茶所造成的水土流失。唐初以后，利用山坡植茶的种植业在稽北丘陵开始发展。五代前后，稽北丘陵地区开始大面积植茶，诸如日铸岭、茶山、天衣山、陶宴岭、秦望山、兰渚山等地，都成为重要的产茶地，其中的日铸茶在宋代已经闻名全国。种茶业的发展，使稽北丘陵的森林砍伐加快。到南宋绍兴初年，在越州鉴湖以南的秦望山一带，出现了“有山无木”的情况，表明其时水土流失已经非常剧烈，引起鉴湖的大量泥沙淤积。

---

① 参见傅振照《绍兴史纲》，百家出版社 2002 年版，第 148 页。

上述这种烧窑和植茶叠加引起水土流失，造成鉴湖迅速淤积。在唐代鉴湖中的葑田已成片出现，到南宋初湖的一部分“高仰去处”已经出露成陆。淤积最为严重的库尾甚至在北宋嘉祐年间（1056—1063）到了“与堤略平”的程度。据1990年对中华人民共和国成立以来会稽山地多年平均侵蚀模数的调查，计算自鉴湖兴建至此的1850年中，湖区内平均淤积厚度为1.15米。[①] 以此估算从鉴湖兴建到乾道元年（1165）基本堙废，鉴湖的平均淤积厚度约已达0.64米，按鉴湖全盛时平均水深1.55米、湖面积172.7平方公里计算，蓄水量相应从2.68亿立方米下降到1.57亿立方米，减少了约43%。

北宋越州知州王仲嶷曾提出鉴湖逐渐垦湖为田主要是由于“自然淤淀”造成的。这里所指的“自然淤淀”就是水土流失的结果。所以到北宋年代，由于湖底迅速淤高，甚至类似五代时钱镠的疏浚工程也已经无法进行。此为大规模的围垦鉴湖创造了非常有利的条件。可见，水土流失也是造成鉴湖堙废的主要因素。

（五）政府管理不当

鉴湖是围湖还是复湖，是宋一代地方政府主要行政长官，甚至是当时皇帝都十分关切的问题。由于所处时代战事频发、国力疲弱、粮食短缺，当政者一直处于对眼前利益和长远目标把握不定的犹豫之中，最后也就出现了全面失管状态，此也是鉴湖堙废的重要原因。

二　过程

（一）有限禁止

从宋大中祥符到熙宁江衍立牌前（约1008—1077）约69年，盗湖者

① 参见盛鸿郎、邱志荣《古鉴湖新证》，盛鸿郎主编《鉴湖与绍兴水利》，中国书店1991年版，第13—32页。

8000余户，盗为田700余顷，不到最后所垦湖田数的三分之一。朝廷的态度初则“三司转运司犹切责州县，使复田为湖”。“官亦未尝不禁，而民亦未敢公然盗也。”[①] 继而动摇，派江衍去调查处理。“衍无远识，不能建议复湖。乃立石牌以分内外，牌内者为田，牌外者为湖。”[②] 承认先前盗湖之田合法，虽做了妥协，但也划定了禁止盗湖的界限。

（二）少量围垦

从熙宁江衍立牌后到政和三年（1078—1113）约35年，虽未见垦湖为田数的记载，但由于政府承认了部分围湖的合法性，至少牌内尚存的水面会被围垦成田，湖田规模进一步扩大。

（三）全面围垦

从政和四年（1114）废湖为田到绍兴末年（1162）基本围垦趋尽不过48年，所垦湖田从700余顷猛增到2300余顷，增加了2.3倍，掀起鉴湖围垦史上规模最大也是最后的围湖高潮，造成复湖不可逆转的质变性后果，其主要责任人就是政和四年至六年（1114—1116）知越州的王仲嶷。王仲嶷“内交权幸，专务为应奉之计”，“输其所入于京师”，以致“奸民豪族，公侵强据，无复忌惮”，[③] 造成全面放任垦湖为田的结果。牌外之湖也垦以为田，共籍得湖田2267顷25亩，每岁得租米5万多石，上输京师。于是环湖之民可以合法围垦，鉴湖基本开垦成田。徐次铎说，此时“湖之不为田者，无几矣”[④]。

直到宋宣和三年（1121）宋徽宗感到废鉴湖将带来山会地区严重的水

---

① （明）萧良幹等：万历《绍兴府志》卷16，《绍兴丛书·第一辑（地方志丛编）》第1册，中华书局2006年影印本，第806页。

② 同上书，第808页。

③ 同上。

④ （宋）施宿等：《嘉泰会稽志》卷13，《绍兴丛书·第一辑（地方志丛编）》第1册，中华书局2006年影印本，第232页。

旱灾害和农田灌溉的问题，下诏书曰：“越之鉴湖、明之广德湖，自措置为田，下流堙塞，有妨灌溉，致失常赋，又多为权势所占，两州被害，民以流徙。宜令陈亨伯究实，如租税过重，即裁为中制；应妨下流灌溉者，并弛以予民。”[①] 虽言辞严厉，但废湖已是大势所趋，难以逆转。

宋孝宗隆兴元年（1163）十一月，绍兴知府吴芾请求开浚鉴湖：“自江衍所立碑石之外，今为民田者，又一百六十五顷，湖尽堙废，今欲发四百九十万工，于农隙接续开凿。”[②] 这是鉴湖最后一次较大规模的浚治活动。工程先从禹庙后唐贺知章放生池开浚，百余日完工，开湖田270余顷，又修治斗门堰闸13所。第二年吴芾奏：“自开鉴湖……夏秋以来，时雨虽多，亦无泛滥之患，民田九千余顷，悉获倍收。”[③] 此奏可能有些夸大，过不多久，由于湖水失泄处过多，所开湖“皆复为田”。

乾道元年（1165）二月二十四日，同意绍兴知府赵令的请求，下诏：“绍兴府开浚鉴湖，除唐贺知章放生池旧界十八余顷为放生池水面外，其余听从民便，逐时放水以旧耕种。”此时鉴湖除贺知章放生池外，其余湖区都允许民众放水耕种，鉴湖也就很快堙废了。庆元二年（1196）徐次铎说：“湖废塞殆尽，而水所流行，仅有纵横支港可通舟行而已。”《宋会要辑稿》载嘉定十五年（1222）四月臣僚言：“越之鉴湖……今官豪侵占殆尽，填淤益狭，所余仅一衣带水耳。”

鉴湖堙废后，原来注入的三十六源之水，就直接流入运河及北部诸多湖泊，再通过北部河网从玉山斗门入海。原鉴湖区域内重新形成纵横河道和数十处小湖泊。万历《会稽县志》称：“凡诸河道纵横一皆镜湖遗迹。”新形成的湖泊在后代继续遭到围垦。

---

① （元）脱脱等：《宋史》卷96，中华书局2000年标点本，第1606页。

② （元）脱脱等：《宋史》卷97，中华书局2000年标点本，第1618页。

③ 同上。

鉴湖围垦过程一览表

序号	时间	情况	资料
1	大中祥符间（1008—1016）	盗湖为田的有二十七户	曾巩《越州鉴湖图序》
2	庆历间（1041—1048）	盗湖为田者二户，田四顷	曾巩《越州鉴湖图序》，《四库全书荟要本》
3	皇祐元年（1049）	政府下令两淮、江浙、荆湖路州军，令后不许以增加租税为名盗湖为田，违者从严惩处	《宋会要辑稿》食货七之十三
4	嘉祐五年（1060）	政府下令两浙地区今后不许在湖塘和运河边岸侵占水面耕作，违者不论侵占年代，一律追缴所得收入	《宋会要辑稿》食货七之十五
5	嘉祐八年（1063）	“差会稽山阴两县官员领壕寨等前去逐一检计合用工料，内开浚鉴湖盗种田脚七百一十二顷二十一亩二十四步”	《越州论开浚鉴湖状》载《永乐大典》卷二二六七
6	治平至熙宁间（1064—1077）	“盗而田之者凡八千余户，为田盖七百余顷，而湖侵废矣，然官亦未尝不禁，而民亦未敢公然盗也”	王十朋《鉴湖说上》
7	熙宁间（1068—1077）	鉴湖被“盗为田九百余顷，尝遣庐州观察推官江衍经度其宜，凡为湖田者两存之。立碑为界，内者为田，外者为湖”	《宋史·河渠志》

续 表

序号	时间	情况	资料
8	政和元年（1111）	政府重申元丰间法律，不许请佃陂湖塘泊，此前许可者应改正	《宋会要辑稿》食货七之三十三
9	政和六年（1116）	“为郡守者务为进奉之计，遂废（鉴）湖为田，赋输京师。自是奸民私占为田益众，湖之存者亡几矣”	《宋史·河渠志》。所说郡守指政和四年八月至六年五月任越州知州的王仲嶷
10	宣和三年（1121）	鉴湖、广德湖北围垦后，田失灌溉，两州被害民户多流徙，减免租税。妨碍下游灌溉的湖田应放还百姓，蓄水灌溉。得到皇帝批准	《宋会要辑稿》食货六十三之一九六
11	宣和间（1119—1125）	①“宣和中王仲嶷为太守，遂尽籍湖田二千二百六十七顷二十五亩以献于官，则民之盗者不复禁戢”②“政和末有小人为州，内交权幸。专务为应奉之计，遂建议废湖为田，而岁输其所入于京师，自是奸民豪族公侵强据，无复忌惮。所谓鉴湖者仅存其名，而水旱灾伤之患无岁无之矣。今占湖为田，盖二千三百余顷，岁得租米六万余石”	①庄季裕《鸡肋集》卷中。该书序于绍兴三年，只有个别事实系三年以后补入者。王仲嶷任越州太守时在政和四年至六年。此处所说宣和间或为垦出湖田二千二百余顷的统计时间，对比宣和三年因鉴湖围垦而遭致严重灾荒的事实，这一分析大致不错②王十朋《鉴湖说上》

续　表

序号	时间	情况	资料
12	靖康元年（1126）	“三月一日臣僚言：东南地濒江海，旧有陂湖蓄水，以备旱岁。近年以来，尽废为田。乞尽罢东南废湖为田者，复以为湖。诏令诸路转运常平司计度以闻”	《宋会要辑稿》食货七之四
13	建炎三年（1129）	越州鉴湖、明州广德湖和润州练湖被围垦后的租税收入“始者取充应奉，次取充漕计，现取充发运司籴本。伏望追还常平司椿管，以待朝廷缓急移用”	《宋会要辑稿》职官四十三之十七
14	绍兴元年（1131）	因吏部侍郎李光之请，遂废余姚、上虞二县湖田，而未涉及其他地区	《建炎以来系年要录》卷五十
15	绍兴五年（1135）	①李光奏请将鉴湖、广德湖和萧山之湘湖废田还湖。其浅淀处于农闲时疏浚开挖，“诏令相度利害申尚书省” ②“其后议者虽称合废，竟乃其旧”	《宋会要辑稿》食货七之四十三 《宋史·食货志》卷一七三
16	绍兴二十三年（1153）	令州军检查废田还湖情况	《宋会要辑稿》食货七之四十七

续 表

序号	时间	情况	资料
17	隆兴元年（1163）	绍兴府守臣吴芾言："鉴湖自江衍所立碑石之外，今为民田者，又一百六十五顷，湖尽堙废。"欲废田还湖。又"许本府辟差强干大小使臣一员，以巡辖鉴湖堤岸为名"	《宋史·河渠志七》《宋会要辑稿》食货八之十九
18	隆兴二年（1164）	刑部侍郎吴芾言："昨守绍兴，尝请开鉴湖，废田二百七十顷，复湖之旧，水无泛溢……今尚有低田二万余亩，本亦湖也……欲官给其半，尽废其田，去其租。"户部请绍兴守臣核实	《宋史·食货志》卷一七三 《宋史·河渠志七》
19	乾道元年（1165）	"二月二十四日诏绍兴府开浚鉴湖，除……放生池水面外，其余听从民便，逐时放水以旧耕种。"从政府方面公开提倡围垦鉴湖	《宋会要辑稿》食货八之八，食货八之七作二年，食货六之三十五作隆兴二年
20	嘉泰元年（1201）	"鉴湖为奸人侵耕包占，日就浅狭……民田害莫大焉……今湖面日蹙，天久不雨，徒步可行。不惟原来食湖之田被害，而日后侵之田亦例失灌溉矣。"认为恢复隆兴间吴芾旧时鉴湖情况是可能的。要求复湖，"从之"	《宋会要辑稿》食货六十一之一四二
21	嘉定十五年（1222）	鉴湖已被"今官豪侵占殆尽，填淤益狭，所余仅一衣带水耳"	《宋会要辑稿》食货六十一之一四九 《宋史·食货志》卷一二六作嘉定十七年

三　废复湖之争

南北宋之交，北方为金人所占，“四方之民，云集两浙，百倍常时”[①]。宋室南迁，越州在建安年间两度成为临时首都，第二次为期达20个月之久，成为南方的政治经济中心，于是在近200年时间内人口增加1倍多，与水争地的情况日益严重，正如《天下郡国利病书》载：绍兴“八邑自嵊、新昌外，其六邑俱以湖为水库，农夫望之为命，盛夏时争水或至斗相杀，然上下历代则田日增，湖日损，至今侵湖者犹日未已，地狭人稠，固其势也”。鉴湖被蚕食围垦集中在宋一代，也就在近200年内，围垦湖田增至2200多顷。这样大的一个在会稽经济、生产和人民生活中有着十分重要的作用，又有颇大影响的蓄水工程，在较短的时期内在宋王朝的眼皮底下被围垦殆尽，其中有着诸多原因，而关键是直接利益的驱动和政府管理不力及放任因素。绍兴自古多有远见卓识的名人学士，面对着鉴湖日甚一日的被围垦，他们深感不安和忧虑，既担忧因此将造成严重水旱灾害，又深虑绍兴自然环境将被破坏，于是围绕鉴湖，展开了一场复湖与废湖的大争辩。

（一）废湖为田说

盗湖为田的除了沿湖的一些乡民，更多的是一些豪族世家。提出“废湖为田”的有越州太守王仲嶷、宰相秦桧等。其理由大致有三：鉴湖已自然淤淀而成田陆；围垦鉴湖不妨民间水利；围垦后将增加粮食生产和赋粮收入等。

（二）废田为湖说

面对鉴湖被侵占为田的趋势，较早提出“废田为湖”的有景祐三年（1036）知越州蒋堂。嘉祐八年（1063）绍兴知府张伯玉，曾带领随从官员

① （宋）李心传：《建炎以来系年要录》卷158，中华书局1956年标点本，第2573页。

对当时鉴湖中已开垦的700多顷湖田逐一调查，并提出疏浚方案。关于复湖所撰文章以曾巩《越州鉴湖图序》、王十朋《鉴湖说》、徐次铎《复鉴湖议》、陈橐《上傅崧卿太守书》最为著名。

1. 曾巩《越州鉴湖图序》

曾巩（1019—1083）是唐宋八大家之一，写过较多的鉴湖诗词。此文写于熙宁二年（1069），时曾巩任越州通判。曾巩在绍期间看到鉴湖湮废加剧，十分痛心，故力主废田为湖。《越州鉴湖图序》文中记述了鉴湖的历史概况、围湖为田的过程，以及造成的危害，“其仅存者，东为漕渠，自州至于东城六十里，南通若耶溪，自樵风泾至于桐坞，十里皆水，广不能十余丈，每岁少雨，田未病而湖盖已先涸矣”。又综述了蒋堂以来各家复湖的主张，“其为说如此，可谓博矣”。接着又追溯历史：“昔谢灵运从宋文帝求会稽回踵湖为田，太守孟颛不听，又求休崲湖为田，颛又不听，灵运至语诋之。”曾巩认为：“请湖为田，越之风俗旧矣。然南湖繇汉历吴、晋以来，接于唐，又接于钱镠父子之有此州，其利未尝废者。”由于“法令不行”、管理不严，造成了湖被围垦。继而又驳斥“湖不必复”“湖不必浚”的说法。“此好辩之士为乐闻苟简者言之也。”

最后指出：“诚能收众说而考其可否，用其可者，而以在我者润泽之，令言必行，法必举，则何功之不可成，何利之不可复哉?”提出要严格依照法规，择众说之长复湖的方法。

2. 王十朋《鉴湖说》

王十朋（1112—1171），号梅溪，字龟龄，乐清左原人。此文写于王十朋任绍兴府签判期间（1158—1159）。王十朋在《鉴湖说》文章开篇便说：“东坡先生尝谓杭之有西湖，如人之有目。某亦谓越之有鉴湖，如人之有肠胃。目翳则不可以视，肠胃秘则不可生，二湖之在东南，皆不可以不治，而鉴湖之利害为尤重。”其中把鉴湖比作了人的肠胃，说明蓄水之湖泊如人的肠胃必不可少，无此，蓄泄失调，万物不能长，越人何以生。文中列举了兴建鉴湖之三大利和废湖为田的三大害，指出："况湖田之入在今日虽饶，而他日亦将同九千顷而病矣。"失去了蓄泄灌溉之利，湖田的获利是短暂的。"使湖尽废而为田，则湖之为田者其可耕乎？"无农田水利如何耕田，而且事实已说明鉴湖围垦，水利失调后，"今之告水旱之病者，不独九千顷之田也，虽湖田亦告病也"。如无鉴湖水利，"则九千顷之膏腴，与六万石之所入之湖田，皆化为黄茅白苇之场矣。越人何以为生耶"？古代鉴湖之效益："三百五十八里之中，蓄诸山三十六源之水，岁虽大涝而水不能病越者，以湖能受之也。"如废湖为田："三十六源之水无吞纳之地，万一遇积雨浸淫，平原出水，洪流滔天之岁，湖不能纳，水无所归。则必有漂庐舍，败成郭，鱼人民之患。"鉴湖废为田，还将引发社会问题："不独九千顷受其病，狱讼之所以兴，人民之所以流，盗贼之所以生，皆此之由。"废湖不但造成水旱灾害，还引发社会问题。其分析不可谓不深入和全面。

王十朋在另一篇名作《民事堂赋》中，记述了当时发生在山会之灾害："嗟会稽之大府兮，罹荐岁之凶荒。飓风作于孟秋兮，雨浸淫而异常。天吴怒而江涛沸溢兮，漂庐舍而坏堤防。粢盛害而岁大侵兮，民饿踣而流亡。射的黑而米斛千兮，撷蓼花以为粮，痛濒海之蚩蚩兮，葬江鱼之腹肠。"认为造成灾害的原因之一是："至若鉴湖利及九千顷兮，日侵削而就荒。"又告以世人："兼并之弊炽于大族兮，编氓馁于糟糠。"围垦鉴湖之祸首是"大族"，这些人根本不顾普通民众的生活困苦。

3. 徐次铎《复鉴湖议》

徐次铎曾任会稽县尉。此文写于宋庆元二年（1196）。

徐次铎写《复鉴湖议》文时鉴湖围垦殆尽已有数十年，徐次铎十分详尽地记述了鉴湖的水利设施和用水管理办法。"自永和迄我宋几千年，民蒙其利。"文中记载了当时围湖造成危害，及围湖者与官府管理鉴湖发生的激烈冲突。"盖春水泛涨之时，民田无所用水，而耕湖者惧其害己，辄请于官以放斗门，官不从，相与什佰为群决堤纵水入于民田之内，是以民常于春时重被水潦之害。至夏秋之间，雨或愆期，又无潴蓄之水为灌溉之利。”围湖为田后，湖田与下游农田之灌排矛盾是如此的激烈冲突。

最后徐次铎提出了复湖的方法：“且堤之去汉如此其久，是必有亏无增，今诚筑堤增于高者二三尺，计其势方与昔同。昔不虑其决，而今顾虑之，何哉？”认为复湖可采取增高堤防的方法。

4. 陈槖《上傅崧卿太守书》

建炎四年（1130）侍郎陈槖在《上傅崧卿太守书》中认为[①]：鉴湖难以恢复的原因是地方官员对下收受贿赂，对上则谄媚奉承。“擅湖利者皆乡村豪强之人，中间上司体量利害。此辈行贿至千余缗。”面对废湖为田造成大片农田灌溉失利，虽得湖田百斛而常赋亏万斛的情况，嬖幸之臣却说：“此百斛者御前所得也，不创湖田何以有此？省计（政府财政）亏羡我何知哉？”显露了这些不负责任、目光短浅、一心只图升官发财的官员，一副媚上取幸、不顾国计民生的丑态。文中还认为：“郡守固当计其得失之多寡而辨其利害。夫公上之与民一体也，有损于公，有益于民，犹当为之。况公私俱受其害，可不思所以革之耶？”表明他废湖田、兴水利的强烈愿望和要求。

最后表示：“乞只以槖今所言，录白缴进……苟利于民，槖虽死不恨。”表示了他的决心，也反映了复湖之艰难。

宋代当然还有诸多有识之士通过各种形式论述了水利对农田、对人之生存以及社会稳定重要性的认识。鉴湖虽然终归废弃，但这些争论有着十分积极的意义，这使后来在越当政者能更清醒地认识到水利之重要性，以至于积极兴修水利、改善水利、调整水利，努力使人水关系平衡；同时也使后来的绍兴人们能以史为鉴，更清醒地认识到保护水面、水环境的重要性。

---

① 参见施宿等《嘉泰会稽志》卷10，《绍兴丛书·第一辑（地方志丛编）》第1册，中华书局2006年影印本，第181页。

四　废湖之害

鉴湖的堙废是山会平原水利的重大变迁，这是在尚未完成新的水利调整情况下，一次有较大盲动性和放任性的变迁。绍兴损失的不仅是水利资源，而是综合性的核心竞争力资源。一定程度上满足了当时人对土地的要求，却对后世水利和生态环境、资源的需要构成危害和造成不利，带来的影响巨大。

绍兴十八年（1148）越州大水，因没有鉴湖的拦蓄，洪水盛发，直接威胁州城的安全。当时五云门都泗堰水高一丈，幸未破堰入城。王十朋对此说道："假令他日湖废不止于今，而大水甚于往岁，则其为害当如何？"① 据统计，北宋的166年中，绍兴有记载的旱灾1次，水灾共有7次；而南宋的143年中，水灾多至38次，旱灾竟有16次。② 水旱灾害频仍，给绍兴人民带来的灾难是可想而知的，而这种状况，一直要延续到明嘉靖十六年（1537），绍兴知府汤绍恩主持兴建了三江闸，基本完成绍兴平原新的水利调整，水旱灾害才得以减少。

宋代绍兴地区的水灾

年份	年号	资料来源
1034	北宋景祐元年	万历《绍兴府志》13
1037	景祐四年	《宋史·仁宗本纪》
1061	嘉祐六年	万历《绍兴府志》13

① （明）萧良幹等：万历《绍兴府志》卷16，《绍兴丛书·第一辑（地方志丛编）》第1册，中华书局2006年影印本，第806页。

② 参见陈桥驿《古代绍兴地区天然森林的破坏及其对农业的影响》，《地理学报》1965年第2期。

续　表

年份	年号	资料来源
1093	元祐八年	万历《绍兴府志》13
1104	崇宁三年	《宋会要辑稿》159
1119	宣和元年	万历《绍兴府志》13
1124	宣和六年	道光《会稽县志稿》9
1133	南宋绍兴三年	嘉庆《山阴县志》25
1135	绍兴五年	万历《绍兴府志》13
1139	绍兴九年	乾隆《绍兴府志》80
1148	绍兴十八年	《宋史·五行志》61 水上
1150	绍兴二十年	嘉庆《山阴县志》25
1158	绍兴二十八年	《宋会要辑稿》159
1159	绍兴二十九年	《文献通考物异》3
1163	隆兴元年	《宋史·五行志》61 水上
1165	乾道元年	《宋会要辑稿》127
1166	乾道二年	康熙《会稽县志》8
1167	乾道三年	《通志宅详略》
1168	乾道四年	嘉庆《山阴县志》25
1171	乾道七年	《宋会要辑稿》125

续 表

年份	年号	资料来源
1174	淳熙元年	康熙《会稽县志》8
1176	淳熙三年	《宋史·仁宗本纪》
1181	淳熙八年	《宋史·五行志》61 水上
1183	淳熙十年	万历《会稽县志》(钞本)8
1189	淳熙十六年	《宋会要辑稿》52
1192	绍熙三年	宋陆游,《剑南诗稿》卷25(《四部备要》本《陆放翁全集》)
1193	绍熙四年	《宋史·五行志》65 木
1194	绍熙五年	《宋史·五行志》61 水上
1196	庆元二年	万历《绍兴府志》13
1197	庆元三年	万历《绍兴府志》13
1199	庆元五年	万历《绍兴府志》13
1207	开禧三年	《宋会要辑稿》52
1209	嘉定二年	万历《绍兴府志》13
1210	嘉定三年	《宋史·宁宗本纪》
1212	嘉定五年	《宋史·五行志》61 水上
1213	嘉定六年	《宋史·五行志》65 木
1216	嘉定九年	《宋史·五行志》61 水上

续 表

年份	年号	资料来源
1222	嘉定十五年	《宋会要辑稿》149
1227	宝庆三年	《宋史·汪纲传》
1242	淳祐二年	《宋史·五行志》61 水上
1254	宝祐二年	《续文献通考物异》1
1264	景定五年	万历《绍兴府志》13
1266	咸淳二年	万历《会稽县志》（钞本）8
1272	咸淳八年	《宋史·度宗本纪》
1274	咸淳十年	《续文献通考物异》1

宋代绍兴地区的旱灾

年份	年号	资料来源
1075	北宋熙宁八年	《越州赵公救灾记》（《元丰类稿》19）
1128	南宋建炎二年	《上傅崧卿太守书》
1135	绍兴五年	万历《绍兴府志》13
1140	绍兴十年	乾隆《绍兴府志》80
1141	绍兴十一年	《宋会要辑稿》159
1148	绍兴十八年	《宋史·五行志》66 金

续　表

年份	年号	资料来源
1163	隆兴元年	道光《会稽县志稿》9
1173	乾道九年	万历《绍兴府志》13
1175	淳熙二年	《宋史・五行志》66 金
1180	淳熙七年	《宋史・五行志》66 金
1181	淳熙八年	《宋史・五行志》66 金
1187	淳熙十四年	《宋会要辑稿》160
1194	绍熙五年	万历《绍兴府志》13
1205	开禧元年	《宋史・五行志》66 金
1215	嘉定八年	《宋会要辑稿》149
1217	嘉定十年	万历《绍兴府志》13
1240	嘉熙四年	万历《绍兴府志》13

两宋绍兴地区水旱灾次数比较

朝代 / 灾别	北宋	南宋
水灾	7	38
旱灾	1	16

鉴湖堙废，不可复得；山川变异，贻害至今。宋以后绍兴区域实力减

弱，发展迟缓，在全国地位降低，鉴湖堙废是一个重要的原因，给后人以极其深刻的教训。

第九节　今存鉴湖

自宋以后，鉴湖的面积不断减少，原本的“长湖”，成为一片狭窄的河道和大小不一的小湖，并且对鉴湖的范围理解与认定也有不同。此根据古鉴湖范围，对今存其内水域及相关资源做一梳理。

一　水源

“三十六源”水源泛指会稽山西干山山脉、化山山脉流入绍兴平原河网之水。古今山不变，水源也无大的变移。

二　水域

（一）今鉴湖范围

主要有以下划分。

（1）按古鉴湖原范围，今所遗留水面为鉴湖。

古鉴湖堙废后，虽大部分成为耕地，却又形成了为数众多的小湖泊和港汊河道。当时，在原东湖新潴成的有浮湖、白塔洋、谢憩湖、康家湖、泉湖、西尌湖等；在原西湖的新湖则有周湖、孔湖、铸浦、石湖、容山湖、秋湖、阳湖等。尔后这些湖泊继续堙废，今则除了稠密的河流外，湖泊所剩不多。

据1989年统计[1]，古鉴湖范围内尚存的河湖面积原西湖区域内为14.78平方公里，东湖区域内为15.66平方公里，合计为30.44平方公里。正常蓄水量按平均水深2米计，约为6000万立方米。

（2）按原西鉴湖范围内，今一般称为鉴湖的水域为鉴湖。

（3）按《浙江省鉴湖水域保护条例》，除原西鉴湖范围水域，将以北的青甸湖也纳入主体保护水域。

（4）陈桥驿认为，鉴湖堙废后，水体北移，故绍兴平原河网可谓新鉴湖。

（二）主要湖泊

1. 鉴湖

今习惯上所称的鉴湖是古鉴湖西湖的残余部分。其主干道东起亭山乡，西至湖塘乡，东西长22.5公里，最宽处可达300米以上，最窄处仅十余米之距，平均宽度108.4米，平均水深2.77米，正常蓄水量875.9万立方米。形如一条宽窄相间的河道，镶嵌在绍兴平原上，并在平原南部构成了特有的河港相通、河湖一体的塘浦河湖体系。长期以来一直是这一带人畜、工农业生产用水、航运等综合利用的水源。

2. 贠石湖

在福全镇，属古鉴湖东湖的残留水域。水域面积17.9万平方米，正常蓄水量50.48万立方米。

3. 白塔洋

在今陶堰镇，属古鉴湖东湖的残留水域，南与百家湖相连，东北有白塔山，山西麓有白塔寺。水域面积125.4万平方米，正常蓄水339.33万立方米。

---

① 参见盛鸿郎、邱志荣《古鉴湖新证》，盛鸿郎主编《鉴湖与绍兴水利》，中国书店1991年版，第13—32页。

4. 洋湖泊

在今皋埠镇，为古鉴湖东湖残余水域，东有百家湖。水域面积 43. 3 万立方米，正常蓄水量 117. 17 万立方米。

5. 百家湖

在今陶堰镇，为古代东鉴湖的残余水域，面积 66. 9 万平方米，正常蓄水量 149. 94 万立方米。水面宽阔，河道纵横。

（三）水位

古鉴湖正常水位高程（黄海）约为 5 米。今绍兴平原河网古鉴湖区域内正常水位高程为 3. 5 米。

三　遗存

（一）古堤

1. 湖塘古堤

位于绍兴城西部柯桥区湖塘。沿湖村落绵延十里，故称十里湖塘，有“十里湖塘一镜园”之誉。所在的塘路便是被称作南塘的其中一段。

2. 鉴湖东湖北堤

鉴湖东湖北堤为稽山门至上虞樟塘新桥头村，长 30. 25 公里，湖的南缘为稽北丘陵的山麓线。今遗存尚较完好。因与浙东运河线重合，2014 年 6 月 22 日已列为世界文化遗产。

3. 东西湖的分界

为稽山门至禹陵的道路。据 1988 年笔者走访禹陵村老农陶云水，称稽山门到禹陵原有路称驿路，又称庙下官塘、南塘、夹塘，阔 2 米余，高过田面约 1. 5 米，两边都有河，村民挖河时塘底多有木桩。又称此路自古有之，祭祀大禹的皇帝和达官贵人、游客都从此路进入禹陵。此应为古鉴湖东西湖分界之塘路，亦即原至禹陵之老路，全长约 6 公里。

4. 湖田与中田分堤

所谓湖田即垦鉴湖为田，也或鉴湖废后为田。中田即高于鉴湖之农田。1988 年 8 月 25 日笔者至原绍兴县柯桥型塘丰里村至州山里庄村一带的凤山与湖山之间，见有一堤坝，据当地老农介绍坝以上为中田，黄海高程约在 6. 2 米（黄海），以下为湖田，一般在 4. 5 米。

（二）古桥

1. 东跨湖桥

《越中杂识》记："跨湖桥在山阴县西南五里镜湖上。" 桥南西端为马臻墓庙，此为西湖之东跨湖桥，因跨鉴湖而得名。陆游有《柳》一诗："春来无处不春风，偏在湖桥柳色中。看得浅黄成嫩绿，始知造物有全功。"

2. 西跨湖桥

西跨湖桥在原绍兴县湖塘乡，李慈铭《微雨中过湖塘》二首描绘了雨中跨湖桥胜景。"西跨湖桥雨到时，四山烟景碧参差。白云忽过青林出，一角斜阳贺监祠。" 桥南北向，为一单孔石栏拱桥，另有引桥四孔，桥高二丈余。明徐渭有桥联："岩壑迎人，到此已无尘市想；杖藜扶我，往来都作画图看。"

3. 泾口大桥

泾口大桥位于原绍兴县陶堰镇泾口村，南北跨会稽段运河，始建于清乾隆以前。乾隆《绍兴府志》卷八载："在城东五十里。" 清宣统三年（1911）重建。

桥由国内罕见的 3 孔马蹄形拱桥和 3 孔平梁桥组成，全长 46. 5 米。拱桥长 30. 8 米，净宽 2. 85 米，南北各置 15 级石台阶；桥高 5. 6 米，拱高 4. 35 米，3 孔跨径自南而北为 5. 85 米、6. 7 米和 6. 6 米；拱券为纵联分节并列砌筑，拱顶有龙门石刻，北孔内设有纤道。梁桥长 15. 7 米，净宽 2. 6 米，桥南置 8 级石台阶，3 孔跨径自南而北为 3. 65 米、2. 8 米和 3. 5 米，孔高 2 米。

全桥石雕装饰精美，置有石栏及望柱，柱端雕饰莲瓣和蹲狮，栏板内外浮雕花草、宝瓶等吉祥图案，中拱孔栏板外侧阴刻楷书“泾口大桥”四字，旁有“大清宣统三年辛亥三月造，陶浚宣题”题记，栏板尾部置卷花石抱鼓。桥东、西立面饰狮头长系石，间壁上刻有桥联，东面联为“利济东南通铁道，长流文字壮陶山”，西面联为“夹泾长虹横白塔，一帆沙鸟度红桥”。桥技术高超、形态优美、文化丰富、工艺精湛，堪称绍兴古石桥之精品。现为全国重点文物保护单位，载入《中国科学技术史·桥梁卷》。

（三）古堰

鉴湖诸堰。据1988年笔者实地查勘，由西向东尚有以下堰可考①：

宾舍堰。在绍兴县湖塘宾舍村同湖滨村交界处，现称宝珠桥。

叶家堰。在绍兴县阮社叶家堰村，有叶堰桥，在桥北约30米河中有一深潭，传说是鉴湖水冲刷而成。

蔡堰。在绍兴县阮社蔡堰村，有蔡堰桥，又称柯西桥。又据传旁有丞相渡口，鲫鱼渡口。

沉酿堰。在绍兴县柯岩堰西村。现有仁让堰桥。据传古人常有酒酿沉于此，故称沉酿堰。

壶觞堰。又称湖桑堰，在越城区东浦镇壶觞村，有清水桥即壶觞堰位置，相传明代刘基来此酒醉，竟将皇帝所赐酒壶掉入水中，故称壶觞。

石堰。在越城区东浦镇鉴湖石堰村塘湾村。北有老塘，南有新塘。现有石堰桥。

中堰。又称钟堰，在越城区亭山钟堰村，有中堰桥，桥西侧有中堰庙。

① 参见邱志荣《鉴水流长》，新华出版社2002年版，第260—270页。

都泗堰。在今都泗门外。堰原为防鉴湖水外泄入运河而设。鉴湖废后随之废。

小凌桥堰，梅龙堰，泗水堰，在越城区禹陵大众村，已改为桥。

石堰。在越城区东湖村，已改为石堰桥。

东家堰（大埭堰）。在越城区东湖塘下赵村，已改为东家堰桥。

皋埠堰。在越城区皋埠镇。据传皋埠之地名因四面环水，此地相对较高故名，现已改名为登云桥。

樊家堰。在越城区皋埠樊江，改为樊家堰桥。

正平堰。在越城区皋埠镇樊江正平村，改为正平堰桥。

陶堰。在绍兴县陶堰村，已改为陶堰桥。

茅洋堰、夏家堰，均在绍兴县陶堰，已改为桥。

王家堰、彭家堰在上虞市东关镇，已改为桥。

白米堰。《嘉泰会稽志》卷第四“白米堰在县东六十五里”。位于今上虞市中塘白米堰村，已改为桥。古鉴湖西湖到东湖之堰均东西向设置于堤上，唯白米堰南北向设置，当地村民称原桥东近处有一条滚水堰坝。是鉴湖东湖北堤的顶端。

（四）湖底泥煤

在萧甬铁路以南至会稽山麓之间原鉴湖湖区的广阔平原中，分布着广泛的泥煤层，分布面积达 81 平方公里，占鉴湖南北 56.5 公里长度的 78% 左右，泥煤分上下两层，分别形成于距今 7000 年海侵以来的“海湾—湖沼—平原”的演变过程。

据 20 世纪 80 年代初环保等部门地质调查①，上层泥煤埋藏在 1.5—3.0

① 参见绍兴地区环保科研所等《鉴湖底质泥煤层分布特征调查及其对水质影响的试验研究》，1983 年。

米地表浅层，层厚10—30厘米，层位稳定，连续性好。下层埋藏在4—6米深处，层厚5—20厘米，层位不稳定，分布范围小。今鉴湖湖水平均深度2.77米，即几乎所有上层泥煤都分布在水深范围内。

第十节　马臻冤杀案[①]

一　马臻到会稽面临的环境

（1）人口增多，经济发展（本章第一节已述）。

（2）水利基础设施薄弱，制约经济社会发展（本章第一节已述）。

（3）是否建设鉴湖成为当时会稽郡发展的核心议题（本章第一节已述）。

二　马臻为何决断筑鉴湖

（一）东汉时太守的地位和权责

据《后汉书·百官志》记载："每郡置太守一人，二千石，丞一人……本注曰：凡郡国皆掌治民，进贤劝功，决讼检奸，常以春行所主县，劝民农桑，振救乏绝。秋冬遣无害吏案讯诸囚，平其罪法，论课殿最。岁尽遣吏上计。并举孝廉，郡口二十万举一人。"太守是一郡首长，既主行政，又主兵事。汉朝，郡太守与佐吏的关系，一般视为君臣关系。[②]"岁尽

① 参见邱志荣《上善之水：绍兴水文化》，学林出版社2012年版，第168—189页。
② 参见金普森、陈剩勇主编，王志邦著《浙江通史·秦汉六朝卷》，浙江人民出版社2005年版，第37—38页。

遣吏上计”是太守的一项重要职责，朝廷通过上计制度要对郡国财政机制进行监督和掌控。《后汉书·百官志》又注引胡广曰：“秋冬岁尽，各计县户口垦田，钱谷入出，盗贼多少，上其集簿。丞尉以下，岁诣郡，课校其功。”太守根据朝廷的考计，所征取的租赋徭役，一部分上交朝廷，还有一部分作为地方财政收入。[①] 东汉建武六年（30），税制恢复被王莽废除了的三十税一制度。《后汉书·百官志》：“本注曰：凡郡县出盐多者置盐官，主盐税。出铁多者置铁官，主鼓铸。有工多者置工官，主工税物。有水池及鱼利多者置水官，主平水收渔税。在所诸县均差吏更给之，置吏随事，不具县员。”

（二）会稽太守成公浮案

东汉政府是一个极端人治的社会，官员奖惩升迁，甚至生杀都掌握在上司和实权者手上，一被检举弹劾，很难能申辩说清和幸免。一些官员或因忤逆旨意，或得罪权贵豪门，或遭人诬陷，轻者免除官职，重者杀头，祸及家族。《后汉书·独行列传·戴就传》，就记载了戴就因会稽太守成公浮案，遭扬州刺史欧阳参上书告发而遭酷刑的残酷事实。

戴就，字景成，会稽上虞人。在他任郡主管仓库的佐吏时，有扬州刺史欧阳参上书告发太守成公浮贪污受贿，州府派从事薛安查问仓库的记事簿，将戴就关在钱塘县的监狱。戴就受到囚禁拷打，五种毒刑交替使用。戴就慷慨激昂，言辞不屈，脸不变色。又烧烫锲斧，让戴就挟在胳肢窝下面，戴就对狱中的士卒说：“可将锲斧烧得滚烫，不要让他冷了。”每次要被拷打，戴就不肯吃饭，肉被烧焦了掉在地上，他就捡起来吃下去。负责拷问的人穷尽了各种残酷的方法，再没有其他办法，于是将戴就捆在船下面，烧马粪来熏他。熏了两天一夜，狱卒都认为戴就已经死了，掀开船却

① 参见金普森、陈剩勇主编，王志邦著《浙江通史·秦汉六朝卷》，浙江人民出版社 2005 年版，第 37—38 页。

见其睁开眼睛大骂："为什么不添火而让火熄掉？"他们又用火烧地面，用大针刺进他的指甲里，要他用手抓土，于是指甲全部掉在地上。负责拷问的人将情况禀告薛安，薛安叫来戴就，对他说："太守声名狼藉，我受上面的指派查问实际情况，您为什么要拿自己的身体来抗拒呢？"戴就趴在地上回答说："太守是朝廷分封的大臣，应该以死报答国家。您虽然奉了命令，但您原本应该明断冤屈，为什么要诬陷冤枉忠诚善良的人呢？而且强行拷打，要臣下诽谤君主，儿子控告父亲！薛安平庸愚蠢，一贯做不义的事情，我被打死的那天，将禀告上天，与众鬼将你杀死在亭子里。要是我能保全性命活下来，一定亲手将你分尸！"薛安终为戴就的气概深感惊奇，立刻除去他的枷锁，重新与他做了一番很深入的谈话。薛安接受戴就之说后很快将戴就的言辞上告朝廷，替郡守的事情做了解释。朝廷便召成公浮回京师，将他免去官职，让他回乡。

成公浮为官之清浊如何，虽未做最后评析，但我们可以从上述《后汉书》记载分析，成公浮被扬州刺史欧阳参参奏是事实，州府从事薛安查问粮食仓库的记事簿，又严刑拷打逼讯戴就，不但说明参奏的重点是粮食，并且抓捕戴就是想在戴就身上找到证据。

如果说成公浮确有罪，戴就必然是同伙，他在严刑拷打之下是难以支撑的。但既然戴就宁死不屈，是他感到成公浮是一个好太守，绝不能"诬枉忠良，强相掠理，令臣谤其君，子证其父"[①]。此不但说明戴就在正义、气势和心理上压倒了薛安，同时薛安经过了解确实也找不到成公浮贪污的证据。此案的最后结局很令人寻味，"安深奇其壮节，即解械，更与美谈，表其言辞，解释郡事"[②]。看来虽是粮食有问题，但绝不是个人贪污受贿之事，应该是用于公共基础设施的。"征浮还京师，免归乡里"[③]，召成公浮回

① （宋）范晔撰，（唐）李贤注：《后汉书》卷81，中华书局1965年标点本，第2691页。
② 同上。
③ 同上。

京师后，虽未治罪，但还是免职了。国家没有规定为地方公益事业建设可以未经同意不上交地方财政收入，动用皇粮。

马臻之后的会稽著名太守刘宠“举就孝廉，光禄主事”①，亦是对戴就充分肯定，那已是在汉桓帝（146—167）之后的事了。是时鉴湖已建成，马臻被杀也已过了几年。

（三）马臻的抉择

马臻身为会稽太守，应该说已是地位权势显赫，足有为人之尊。前任太守不久前发生的大案，马臻不可能不触目惊心，利害明知。

然马臻到会稽后，目睹山会平原之水环境现状亟须需改造，预计改造后又其利无穷，造福子孙万代。“有损于公，有益于民，犹当为之”②，权衡利弊，马臻把山会地区的全局发展和广大民众的长远利益放在首位，不顾部分人的反对和幕僚的劝说，毅然决定兴建鉴湖，较彻底地改造了这里的水利环境，为绍兴开发发展奠定基础，恩泽万代。

三　马臻和前任太守马棱之间的关系

（一）马援、马棱与马臻

马棱，“棱字伯威，援之族孙也，少孤，依从兄毅共居业，恩犹同产”③。《嘉泰会稽志》卷二载：“马棱，扶风茂陵人，和帝时转会稽太守，治有声。”此记载了马棱为茂陵人。笔者1989年考证山阴大王庙，见房前屋后有残碑较多，其中的一石碑有以下文字可辨：“太守马公，讳臻，字叔荐，茂陵人。”清代李慈铭有记：“唐韦瓘有《修庙记》而云：山阴马太守庙在县西六十四里。”④ 说明在唐代此庙已存，碑与记载能对应。另雍正

① （宋）范晔撰，（唐）李贤注：《后汉书》卷81，中华书局1965年标点本，第2692页。
② （明）徐光启：《农政全书》，中华书局1956年标点本，第303页。
③ （宋）范晔撰，（唐）李贤注：《后汉书》卷24，中华书局1965年标点本，第862页。
④ （清）李慈铭：《越缦堂日记》，广陵书社2004年版，第4016页。

《浙江通志》卷一百十一《职官一》，也记马臻为茂陵人。因之，马棱和马臻同为茂陵人（今西安市西北40公里的兴平市），应是可信的。

马棱是东汉名将马援之族孙。马援，字文渊，扶风茂陵人，又称伏波将军。《后汉书·马援列传》记其："常谓宾客曰：丈夫为志，穷当益坚，老当益壮。""因处田牧，至有牛马羊数千头，谷数万斛。既而叹曰：'凡殖货财产，贵其能施赈也，否则守钱虏耳。'""男儿要当死于边野，以马革裹尸还葬身。"

又《马氏宗谱》有汉明帝（28—75）御制《伏波将军像赞》：

天挺人豪，岩岩气节；倬彼奇姿，文谟武烈；
优乎器量，匡时勳国；方叔召虎，乃喻其业。

庚申春正题

从以上记载可知马援是胸怀大志、个性耿直、忠于国家、勇做大事、重义轻财的一代名将。马援不但战功卓著，还倡导兴修水利。当时，为巩固稳定金城破羌之西（今青海乐都东）形势，长治久安，马援"奏为置长吏，缮城郭，起坞候，开导水田，劝以耕牧，郡中乐业"。在越地又"援所过辄为郡县治城郭，穿渠灌溉，以利其民"①。

马援忠诚国家，功绩卓绝，名声太大又生性耿直，难免会得罪权贵或遭人嫉恨。《后汉书·马援列传》载："援尝有疾，梁松来候之，独拜床下，援不答。松去后，诸子问曰：'梁伯孙帝婿，贵重朝廷，公卿已下莫不惮之，大人奈何独不为礼？'援曰：'我乃松父友也。虽贵，何得失其序乎？'松由是恨之。"梁松是东汉名将梁统的儿子，是光武帝的女婿，马援得罪梁松，留下了积怨。之后马援又因诫晚辈书而得罪了梁松和窦固："帝召责

① （宋）范晔撰，（唐）李贤注：《后汉书》卷24，中华书局1965年标点本，第839页。

松、固，以讼书及援诫书示之，松、固叩头流血，而不得罪。”[①] 梁松此后对马援之恨更深。终于梁松找到了机会，在马援一次远征武陵的战争中，因马援被人诬陷，“帝乃使虎贲中郎将梁松乘驿责问援，因代监军。会援病卒，松宿怀不平，遂因事陷之。帝大怒，追收援新息侯印绶”[②]。马援为国捐躯后梁松还不肯放过，可见恨之入骨。事情还未完，当年马援在交趾之地时拉了一车薏苡果实做种子，马援死后被诬陷说是拉了一车“明珠文犀”回家收藏，因此致使马援家人受到了很大打击和冤屈。马援的妻子和侄儿马严草索相连，到朝廷请罪。光武帝拿出梁松的奏章给他们看，马援家人“方知所坐，上书诉冤，前后六上，辞甚哀切”[③]。光武帝这才命令安葬马援。

马援忠勤国事，大半生在疆场度过，实现了马革裹尸、尽忠报国之愿。马援成名靠自己鞠躬尽瘁、发奋努力，虽居要位，从不结党营私，表现了他的优秀从政品质。他生前受到梁松等人的打压，死后又遭到梁松之流深重的诬陷与迫害。这是一段记入正史的历史冤案，不但影响深远，而且对两家的后代也会产生刻骨铭心的不解大仇，也预示着梁松家族对马援后人的忌恨与迫害必定要延续下去。

马棱是马援之族孙，“章和元年，迁广陵太守，时谷贵民饥，奏罢盐官，以利百姓。赈贫羸，薄赋税，兴复陂湖，灌田二万余顷。吏民刻石颂之”[④]。从这段文字的记载我们可以看到马棱是继承了前辈马援的优良从政品质。为民请愿，罢盐官，减轻赋税，救穷困之民，表现了他的亲民思想；兴水利，富裕一方百姓，表现了他为国为民的事业心和责任心。陂湖也是类似于鉴湖之湖，灌田二万余顷，规模已大于鉴湖灌区一倍以上，说明马

① （宋）范晔撰，（唐）李贤注：《后汉书》卷24，中华书局1965年标点本，第845页。
② 同上书，第844页。
③ 同上书，第846页。
④ 同上书，第862页。

棱有在平原沼泽地上建湖兴农田水利之经验。马棱“转会稽太守，治亦有声”[1]。马棱到会稽后不但兴建了回涌湖水库[2]，并且可能看到兴建鉴湖于山会地区的重要性和可行性，还极可能提出了筑湖的规划思想。

马臻为茂陵人较可信，至于他是不是马援的族中后人，尚缺确凿的史料，但是马臻既为茂陵人，茂陵之地的望族有记载的马家，应是《后汉书·马援列传》中记：“马援字文渊，扶风茂陵人也。其先赵奢为赵将，号曰马服君，子孙因为氏。武帝时，以吏二千石自邯郸徙焉。”就此段文字记载推断马臻在当时能从茂陵之籍发展成为会稽太守，为马援家族后代也应是成立的。且马氏家族多单姓，从《后汉书·马援列传》记载，除马援，“子廖、子防、兄子严、族孙棱”包括棱之从兄“毅”均是，此与马臻取名亦有传承。对此盛鸿郎在《绍兴水文化》中有更确定的考证。

（二）马氏家族对马臻的影响

1. 前辈马棱所嘱

马臻筑鉴湖，除了看到了现实的必要性，应是有前任及先人马棱等太守规划思想的基础（马臻是马棱之后第8任会稽太守，从马棱建回涌湖约公元105年到马臻建鉴湖140年相距约35年），或是马臻来会稽任太守时前辈马棱所嘱。

2. 性格和思想有家族的传承

马臻的所作所为，传承了马氏家族忠诚国家、刚直不阿、国家和百姓利益高于一切、不惜牺牲个人的高尚品格和崇高精神；同时也继承了马氏家族擅长兴修农田水利的特长。

---

① （宋）范晔撰，（唐）李贤注：《后汉书》卷24，中华书局1965年标点本，第863页。

② 参见盛鸿郎、邱志荣《回涌湖新考》，盛鸿郎主编《鉴湖与绍兴水利》，中国书店1991年版，第131—145页。

四　对《会稽记》的深入分析

（一）《会稽记》记鉴湖与马臻

分析马臻被杀真相，首先应从孔灵符《会稽记》中所记入手。因为之前史书上看不到马臻之案记载资料，要到后来孔灵符《会稽记》[①] 中才有简明扼要之记述：

> 汉顺帝永和五年，会稽太守马臻创立镜湖，在会稽、山阴两县界。筑塘蓄水，水高（田）丈余，田又高海丈余。若水少则泄湖灌田，如水多则闭湖泄田中水入海。所以无凶年，堤塘周回三百一十里，溉田九千余顷。
>
> 创湖之始，多淹冢宅，有千余人怨诉于台。臻遂被刑于市。及台中遣使按鞫，总不见人。验籍，皆是先死亡人之名。

这段记载说明以下三点。一是马臻创立鉴湖的时间是汉顺帝永和五年(140)，但筑鉴湖的整个过程或会早一些。二是马臻被杀是由于鉴湖初创时，淹没了较多的坟墓和房屋，出现了千余人的群体向朝廷告状事件。马臻很快被杀于闹市公开场所。三是等到朝廷再派人调查，查不到告状之人，经户籍核实告状的都是当地已死亡之人名。

马臻大概在哪年被杀？公元140年太守马臻创立鉴湖。“创湖之始，多淹冢宅”，那“多淹冢宅”之时应在公元140年，鉴湖蓄水之后。如此则马臻被诬告和问罪被杀应在公元140年之后，最大可能是141年。

（二）对筑鉴湖当时人口、土地、移民等的研究

马臻被杀，直接原因是“多淹冢宅”，“有千余人怨诉于台”，那么这一

---

① 《会稽记》，傅振照等辑注《会稽方志集成》，团结出版社1992年版，第96页。

事实是否成立？分析马臻筑鉴湖形成172.7平方公里水域将产生的移民和所用劳役，便可证明这一记载应是可信的（详见本章第五节）。

（三）会稽大族权贵诬告陷害的可能

1. 当时山阴的世家大族

（1）贺氏。据三国谢承《会稽先贤传》：

> 贺本庆氏，后稷之裔。太伯始居吴。至王僚遇公子光之祸。王子庆忌挺身奔卫。妻子迸度浙水，隐居会稽上。越人哀之，予湖泽之田，俾擅其利。表其族曰：庆氏；名其田曰：庆湖。今为镜湖，传讹也。汉安帝时，避帝本生讳，改贺氏，水亦号贺家湖。

这段文字记载可以说明，鉴湖之前因庆氏家族在平原南部湖畔地隐居，种植湖田，而称“庆湖”。由庆氏演改为的贺氏是后来六朝会稽郡的大族之一，当时名列正史的有贺齐、贺达、贺景、贺邵、贺循、贺玚、贺革及贺琛等。

除前已介绍谢承《会稽先贤传》中贺氏记载，《后汉书·左周黄列传·黄琼传》中也有“永建中，公卿多荐举琼者，于是与会稽贺纯、广汉杨厚俱公车征”。永建为汉顺帝年号（126—132）。

《后汉书·李杜列传·李固传》中的记载：

> （李固）迁将作大匠，上疏陈事曰：……陛下拨乱龙飞，初登大统，聘南阳樊英、江夏黄琼、广汉杨厚、会稽贺纯，策书嗟叹，待以大夫之位。是以岩穴幽人，智术之士，弹冠振衣，乐欲为用，四海欣然，归服圣德。厚等在职，虽无奇卓，然夕惕孽孽，志在忧国。臣前在荆州，闻厚、纯等以病免归，诚以怅然，为时惜之。

是列贺纯为德才兼备的治世人才来荐举的。《李固传》中还注引谢承之

《后汉书》曰：

> 纯字仲真，会稽山阴人。少为诸生，博极群艺。十辟公府，三举贤良方正，五征博士，四公车征，皆不就。后征拜议郎，数陈灾异，上便宜数百事，多见省纳。迁江夏太守。

李固是东汉一代忠臣、忧国志士，把贺纯列为当时天下栋梁之材来看待。李固任荆州刺史在顺帝六年（141），上书时间大约在永顺帝汉安二年（142）之后，则贺纯以病免归时间大约在141—142年。关于贺纯《晋书·贺循传》中亦记："贺循，字彦先，会稽山阴人也。其先庆普，汉世传《礼》，世所谓庆氏学。族高祖纯，博学有重名，汉安帝时为侍中，避安帝父讳，改为贺氏。"又江西永新《处善堂龙田贺氏九修族谱·远祖传记》[①]说得更清楚："公元121年3月，邓太后死，已虚立即位14年的安帝始得亲政。纯公被推举为贤良方正。经策论殿试，学识渊博，议治国安邦之策，辄依理对，深受安帝赏识，拜为议郎，为安帝近臣。纯公在仕安帝削平外戚邓氏势力中，襄赞谋划，又得群臣协力，一举成功，功勋卓越，群臣钦佩。121年7月，安帝大宴群臣，论功行赏，尊帝父清河王刘庆为孝德皇，改年号为建光。为避帝父名讳，诏庆纯，以御笔亲改，赐姓贺。更庆纯名为贺纯。此为贺姓之始。纯公即为贺氏之鼻祖。"贺纯不但是贺氏之鼻祖，而且在历史上颇有美名。

（2）钟离氏。《浙江通志》[②]据《元和姓纂》卷一"钟离"条载："《世本》云：与秦同祖，嬴姓也。《战国策》齐贤人钟离子。汉有钟离昧，楚人。钟离岫撰《会稽后贤传》后汉尚书仆射钟离意，会稽山阴人。钟离意曾孙绪，楼船都尉，生骃。"此记载了东汉钟离氏家族在山阴前后的变

---

① 张钧德：《会稽贺氏》，中国文史出版社2006年版，第12页。

② 参见金普森、陈剩勇主编，王志邦著《浙江通史·秦汉六朝卷》，浙江人民出版社2005年版，第67页。

迁。《后汉书·钟离宋寒列传·钟离意传》：“钟离意，字子阿，会稽山阴人也，少为郡督邮……建武十四年，会稽大疫，死者万数，意独身自隐亲，经给医药，所部多蒙全济。”建武十四年（38），钟离意当时能为疫者治病，给以生活救济，一则说明了他的义举，再则也表明钟氏家族在山阴属大户富家，否则他是难以行使救济义举的。

（3）谢氏。谢夷吾，东汉会稽山阴人。《后汉书·方术列传·谢夷吾》载：“谢夷吾字尧卿，会稽山阴人也。少为郡吏，学风角占候，太守第五伦擢为督邮……举孝廉，为寿张令，稍迁荆州刺史，迁巨鹿太守。所在爱育人物，有善绩。”谢夷吾所在时代谢家不一定太富有，然他的子孙在山阴也很有声望，如虞预《会稽典录》载：“谢渊，字休德，山阴人。其先巨鹿太守夷吾之后也。”“少修德操，躬秉耒耜，既无戚容，又不易虑，由是知名。举孝廉，稍迁至建武将军。”“兄咨，字休度，少以质行自立干局见称，官司至海昌都尉。”可见，谢氏在山阴还是很有良好影响和实力的。

（4）郑氏。郑吉，西汉山阴人。《汉书·傅常郑甘陈段传·郑吉》：“郑吉，会稽人也，以卒伍从军，数出西域，由是为郎。吉为人强执，习外国事。”又《后汉书·郑弘传》中记：“郑弘，字巨君，会稽山阴人也。从祖吉，宣帝时为西域都护。弘少为乡啬夫，太守第五伦行春，见而深奇之，召署督邮，举孝廉。”唐李贤注引谢承《后汉书》曰：郑吉之父“本齐国临淄人，官至蜀郡属国都尉。武帝时，徙强宗大姓，不得族居，将三子移居山阴，因遂家焉。长子吉，云中都尉，西域都护。中子兖州刺史。少子举孝廉，理剧东部侯也”。

（5）赵氏。《后汉书·儒林列传·赵晔》：“赵晔，字长君，会稽山阴人也。少尝为县吏，奉檄迎督邮，晔耻于厮役，遂弃车马去……晔著《吴越春秋》《诗细历神渊》，蔡邕至会稽，读《诗细》而叹息，以为长于《论衡》。”

以上所记山会之地的世家大族多是士族人家，进入正史的人物是要经过严格选择的，一般应有高尚的道德、卓越的才能、杰出过人之处，或对社会有重大贡献。上述贺氏家族一直有良好的声誉，如贺纯思想道德、学识修养、处世为人都给人以儒雅、正直、低调的感觉。其他如钟离意是义举之人，谢夷吾是高尚之人，郑吉、郑弘均以孝义亲民、为国效力著闻，赵晔则是东汉名著《吴越春秋》的作者。

2. 当时山会户籍由谁掌控

综上所举山会之地的大族名人要成为诬陷马臻之奸人，按常理亦难以推定。此外，当时的一些大户人家其坟地应会选在高燥的山麓之地，埋葬在平原低地的应多为寻常百姓人家。

当然，如果上述这些世族大家、德才之士、著名人物不状告马臻，他们的同族人或其他家族的人不一定不告状。再仔细分析孔灵符《会稽记》中所记“有千余人怨诉于台”，为数众多，“及台中遣使按鞫，总不见人”，说明马臻被杀是没有经过调查的，由于朝廷中对此事有不同的看法，于是再派人到会稽调查，却核实不到活人。“验籍，皆是先死亡人之名”，核对户口，才发现这些告状之人都是已经死亡的人名。过去读这段文字，对此“验籍”两字注意不多，现在看来，孔灵符在写此两字时蕴藏着深意，要得到千余已死亡之人姓名实情又谈何容易，即使是大户人家如要公开调查得到这些人名，岂不是路人皆知。冤杀马臻太守，查清后诬告者是要被处以满门诛杀的。“验籍”，查实告状之名是和政府的户口簿能够对得起来的已死亡之人，那么户口簿由谁在管理，无疑，诬告马臻的主要组织者是会稽当时之政府要员。笔者 1988 年 8 月 22 日走访当时主管山阴大王庙（马臻庙）的骆印明师傅说，因马太守主持修筑鉴湖时用去了许多钱粮，淹没了大户人家的农田和墓地，又未能按规定交纳皇粮，便有奸人上奏诬陷马太守贪污，皇帝偏信后将其定为死罪，剥皮揎草，死得十分惨烈。[①] 因而这

① 参见邱志荣《马臻与墓庙》，《鉴水流长》，新华出版社 2002 年版，第 240—248 页。

"奸人"应是指当时会稽极有权势的政府官员。

五　梁家阴谋

（一）梁商与梁冀

梁商，字伯夏，为梁统之曾孙。永建三年（128），顺帝选取梁商的女儿和妹妹进入皇宫做嫔妃，顺帝阳嘉元年（132），梁商的女儿被册立为皇后，妹妹被立为贵人。阳嘉四年，梁商终于接受顺帝的赐授当上了大将军，权倾朝野。梁商"自以戚属居大位，每存谦柔，虚己进贤，辟汉阳巨览、上党陈龟为掾属。李固、周举为从事中郎，于是京师翕然，称为良辅，帝委重焉"[①]。梁商还在灾荒之年赈贫而不宣扬自己，给人以"性慎弱无威断，颇溺于内竖"[②] 的感觉。对一些政敌的诬陷，他显示了宽怀，只办首犯，调和了社会矛盾。他在临死前，也要求薄葬。死后"赠轻车介士，赐谥忠侯"[③]。史家及后人对梁商评价多是诚实稳重、忠君爱民、廉洁不贪的正面形象，以肯定为主。

至于梁冀，字伯卓，是梁商的儿子，"为人鸢肩豺目，洞精矘眄，口吟舌言，裁能书计。少为贵戚，逸游自恣。性嗜酒，能挽满、弹棋、格五、六博、蹴鞠、意钱之戏，又好臂鹰走狗，骋马斗鸡"[④]，刻画了少年时的梁冀已具有豺狼之性格，阴险毒辣，纨绔之本性的形象。梁冀不仅自梁商死后的永和六年（141）起，便是一个总揽朝廷大权的大将军，并且他的一个妹妹还是顺帝皇后。他很快胡作非为，骄横跋扈，根本不把皇帝放在眼里。汉顺帝死后，接替的小皇帝又很快死去。梁冀就在皇族中找了个八岁的汉质帝当皇帝，因聪明的汉质帝在朝廷上当着文武百官的面称梁冀为"跋扈

---

① （宋）范晔撰，（唐）李贤注：《后汉书》卷34，中华书局1965年标点本，第1175页。
② 同上。
③ 同上书，第1177页。
④ 同上书，第1178页。

将军"[①]，很快被梁冀毒杀。之后梁冀又在皇族中挑了一个十五岁的皇帝汉桓帝，朝政大权全落入梁冀之手，他便更加随心所欲、竞相奢华、飞扬跋扈、无恶不作。然多行不义必自毙，到延熹二年（159），汉桓帝终于下决心灭了梁氏家族。"诸梁及孙氏中外宗亲送诏狱，无长少皆弃市。""收冀财货，县官斥卖，合三十余万万，以充王府，用减天下税租之半，散其苑囿，以业穷民。"[②] 梁冀当大将军自永和六年（141）八月初十到延熹二年（159）八月初十，整整十八年，一天也不多，可谓恶贯满盈，气数已尽，天诛地灭。

（二）马臻主要为梁家所害

之所以要在以上专论梁商和梁冀从政之所为，是为了更好地剖析马臻被杀案真相。

"太守筑湖在顺帝永和五年，是时宦竖之祸犹未甚烈，何至以怪妄无稽之言遽诛郡守，自来蔽狱亦无此荒诞若此者。"[③] 马臻被杀既是千古冤案，也是千古之奇案和谜案。马臻因建鉴湖造成移民问题难以处理，征用繁重劳役、耗尽地方财力、得罪权贵，引起群体上诉这是事实，但作为朝廷应如何看待这一地方上的水利建设之举，如何公正处置这一事件？

说马臻被杀是冤案，是因为筑鉴湖将有利于会稽地方经济发展，有利于增强国家实力，有利于保障当地人民生产生活，是有利于可持续发展的长远之计。马臻忠诚国家，为民举事，朝廷不但不予肯定和支持，反而因当地一些权贵的利益受损而杀害马臻，这必定是一桩莫大冤案。

说马臻被杀是奇案，是因为仅凭一些人的告状，朝廷未经调查，立即诛杀，足以令人生疑。更令人费解的是事后朝廷又派人到会稽调查，结论

① （宋）范晔撰，（唐）李贤注：《后汉书》卷34，中华书局1965年标点本，第1179页。
② 同上书，第1187页。
③ （清）李慈铭：《越缦堂日记》，广陵出版社2004年版，第4013页。

是当地有人以死人之名告状，而不加侦查了结此案，堪为奇案。

说马臻被杀是谜案，因为此案不但未深究深查，并且未载入正史记载，当时的一切有关史料都已封杀湮灭，一直到约300年以后的孔灵符，才在《会稽记》中做了关于马臻和修筑鉴湖的上述记载，但仍留下众多谜疑。

山阴有千余人状告马臻，不管如何不顾事实诬告，却不能直接置马臻于死地。马臻是会稽太守，其管辖的地域相当于今日半个浙江省之多，能够杀马臻者，关键是当时的汉顺帝和位居三公之上、掌握朝廷大权的大将军。公元141年做东汉大将军的先后为梁商和梁冀。那年八月梁商病死，壬戌日（初十），拜河南尹、乘氏侯梁冀做大将军，那么决定杀马臻的或是梁商或是梁冀，按历史上人们对这父子两人的评价，梁商谦柔谨慎，梁冀跋扈凶残，处事多非法。以梁冀杀马臻的可能较大。但必须注意的是："商薨未及葬，顺帝乃拜冀为大将军。"及"帝崩，冲帝始在襁褓，太后临朝，诏冀与太傅赵峻、太尉李固参录尚书事。冀虽辞不肯当，而侈暴滋甚"[①]。此说明梁冀在朝中掌握实权是有一个过程的。还必须看到的是梁冀之为人处世为天下人所恶恨，其罪行史家并无掩饰记载，如果其冤杀马臻，必也是须记其罪状之一，然史书中无此记述。

梁商，史上虽有清名，但深层次分析梁商也可见其具有处事谋划深远，不张扬而实现目的，手段极其高明的从政能力。梁商把女儿及妹妹送给了顺帝，"女立为皇后，妹为贵人"[②]，并且他避免了前辈梁竦的悲剧重演。顺帝要"以商为大将军"，他虽辞不受而最后还是当了大将军；他赈灾"不宣己惠"，而天下人都知道了他的义举；对陷害他的政敌，他请求顺帝"罪止首恶"，"刑不淫滥"，对状告他的人少处罚，但首要者张逵、张凤、杨皓都被处以死刑；他向顺帝选送歌妓友通期，没有做到事君当进贤士，而送品

① （宋）范晔撰，（唐）李贤注：《后汉书》卷34，中华书局1965年标点本，第1179页。
② 同上书，第1175页。

质恶坏的妓女到皇帝身边，其行为可见一斑；他死前要求薄葬，但实际葬礼十分隆重；他养育了一个品性极端恶劣、诡计多端、无恶不作的儿子，为父的深层影响和责任难推；他明知儿子梁冀的品行，却未阻止顺帝对他的提拔重用，最后顺帝让梁冀继承了他的大将军之职。梁商死于顺帝六年（141）秋，史载他在三月上巳日（初九）大会宾客，在洛水宴会，酒过半后，唱《薤露之歌》。马臻被杀属违法违反程序案，未经调查核实便把马臻残杀，披刑于市，此种生杀太守的大权只有皇上才拥有。顺帝永和六年（141）春还免去了司空郭虔的官职，按《后汉书·百官志》记："司空，公一人。本注曰：掌水土事。凡营城起邑，浚沟洫，修坟防之事，则议其利，建其功。凡四方水土功课，岁尽则奏其殿最而行赏罚……凡国有大造大疑，谏争，与太尉同。"[①] 郭虔在顺帝永建六年（131）任尚书时曾和胡广、史敞向顺帝呈奏章，对梁商女及妹"阳嘉元年，女立为皇后，妹为贵人"[②] 起到关键作用，对梁家可谓有恩，如此看来主管全国水土之事的最高官员也被免职，应是有重大过错。绍兴民间相传马臻的生日为农历三月十四，马臻的生平都无记载可考，何来详细的生日记载，倒是顺帝永和六年（141）郭虔于三月十六日被免职有正史记载。按此分析民间所传马臻生日应是他被杀害之日，到第三天主管全国水土之职的司空郭虔也被免职。

能把马臻之案办成冤案、奇案、谜案的也只有老谋深算的梁商。马臻到会稽后修鉴湖必然向朝廷报告过，由郭虔"岁尽则奏其殿最而行赏罚"[③]，郭虔开始应该是支持的。后来出现了千余人怨诉到朝廷，除了淹没坟墓、房屋，更重要的是会稽粮食突然大量减产，出现了上交国家的粮食租赋虚空的事实，并且比前任太守成公浮要严重得多。对诬告马臻的多项罪状，不仅会有告到郭虔那里的，还会有告到梁商处的。于是梁商感到一次新的

---

① （宋）范晔撰，（唐）李贤注：《后汉书》卷114，中华书局1965年标点本，第3561页。
② （宋）范晔撰，（唐）李贤注：《后汉书》卷34，中华书局1965年标点本，第1175页。
③ （宋）范晔撰，（唐）李贤注：《后汉书》卷114，中华书局1965年标点本，第3562页。

报祖先之私仇、打击马家的机会到来了。通过精心谋划，掩盖事实真相，编造死罪并很快告到顺帝处。顺帝听信梁商关于马臻贪污粮食，引起社会动乱的谗言，感到太守都如马臻，天下社稷岂能太平？冲冠一怒，便下令斩杀了马臻，罢免了主管水利的司空郭虔。只有免去郭虔之职，马臻杀得才更有理。此案马臻蒙冤，当时朝廷必定会有人提出异议，会稽必然有正义、有识之士会为马臻鸣冤，向朝廷提供真实情况。何以平众之议，于是朝廷事后派人去会稽调查，最后以查到的都是已死之人告状为由，既不肯定马臻是非功过，也不追究告状人之罪责而了事，此结局与前述前任太守成公浮案有类似之处。

历史留下的另一个重要的证据，是马臻被害后，朝廷派到会稽任太守的是何人？是梁旻。《后汉书·党锢列传·刘祐传》记："是时会稽太守梁旻，大将军冀之从弟也。祐举奏其罪，旻坐征。"原来是梁冀的从弟到会稽新任太守，要办梁商主谋的，与梁家有世代宿怨马援后代马臻之案，梁旻难道会提供对马臻有利对梁商不利的证据，会提供真实的情况，会追究诬告人之责吗？而梁冀在朝廷主政，他会去深究父亲办的案子吗？顺帝会承认自己的过错吗？淹没坟墓、房屋住宅是事实，告状也是事实，会稽郡毕竟是国家一郡而已，太守是二千石官，杀也杀了，查也查了，再查也是皇帝杀错之错了，顺帝已被捆绑其中。就筑鉴湖本身而言，也没有人说是不对，鉴湖依存，效益已在不断显现，时间一长朝中也就无人再提起此事。正史是不会记载此事的，有不便写、不好写、不能写的原因在其中。留给后人评说。

（三）梁妠也是帮凶

马臻身为会稽郡太守，其地位不低，又有前世先人马援、马皇后等卓著功名和在朝廷的影响，亦非一般官员可及，要仅凭几封诬告信和未经核实便被杀，并非易事。马臻被杀还要提到一个关键人物，便是梁皇后梁妠。

梁妠“顺烈梁皇后讳妠”，是“大将军商之女，恭怀皇后弟之孙也”[①]。梁妠即是梁商之女，为贵人时已深得顺帝宠幸，擅长谋政之道，史书记其选入后宫，做了贵人，常常破例被召见侍奉君主，却从容推辞说：“夫阳以博施为德，阴以不专为义。螽斯则百，福之所由兴也。愿陛下思云雨之均泽，识贯鱼之次序，使小妾得免罪谤之累。”[②] 皇帝因此感到她的贤能。阳嘉元年（132）立为太后，却常干预朝政。梁商、梁冀能成为大将军，一揽朝中大权，祸害国家，她起到重要和关键作用。汉安元年（142）是马臻被杀后的第二年，是年八月朝廷选遣八使徇行风俗，派遣侍中河内人杜乔、周举、守光禄大夫周栩、冯羡、魏郡人栾巴、张纲、郭遵、刘班分别到各州郡去，表扬贤良，显耀忠诚勤劳。其中有犯贪污罪过的，刺史、二千石由驿站传达，进奏弹劾；墨色绶带以下的官吏，便立刻收捕举发。[③] 这八位派遣使，“皆耆儒知名，多历显位”[④]，又多正直、刚正不阿之士，对梁家参政多有反感，天下号曰“八俊”。如其中张纲独自把车轮埋在洛阳的都亭，说：“豺狼当路，安问狐狸！”[⑤] 于是进奏，弹劾大将军梁冀及河南尹梁不疑，以外戚关系蒙承受恩，取代了阿衡的地位，却专门贪求无厌，放肆恣纵，没有节制等十五件事，一时震动京师。但当时正是皇后梁妠受皇上宠幸，却不能采用。“时冀妹为皇后，内宠方盛，诸梁姻族满朝，帝虽知纲言直，终不忍用。”[⑥] 又《后汉书·张王种陈列传·种暠传》亦记：“时所遣八使光禄大夫杜乔、周举等，多所纠奏，而大将军梁冀及诸宦官互为请救，事皆被寝遏。”可见梁妠干政之甚，助纣为虐。是年冬朝廷虽免除了太尉桓焉、司徒刘寿之职，但又派赵峻做太尉。赵峻是和梁不疑一同被张纲揭露过的贪

① （宋）范晔撰，（唐）李贤注：《后汉书》卷10，中华书局1965年标点本，第438页。
② 参见（宋）范晔撰，（唐）李贤注《后汉书》卷10，中华书局1965年标点本，第439页。
③ （宋）范晔撰，（唐）李贤注：《后汉书》卷56，中华书局1965年标点本，第1817页。
④ 同上。
⑤ 同上。
⑥ 同上。

赃枉法、违法乱纪之人，他能当太尉，梁妠和梁冀应起了主要作用。至于后来之梁氏专权立帝与谋杀汉质帝，李固、杜乔等忠诚之士被杀，梁妠都有不可推卸之罪。同样，马臻含冤被杀，就最高决策层而言，梁妠亦应为梁家主要谋划者之一。

六　推断与结论

（一）原因及过程

东汉和帝时期（89—105），会稽山阴南部地区已对兴建一个带有全局性水利工程的要求越来越迫切，马棱在位时应已提出这一规划思想，至成公浮为太守时或已部分开始实施，从而开始引起社会矛盾，影响上交国家财政，有人告状到扬州刺史，朝廷决定查办。如无当时戴就死命相抗，坚持不屈，成公浮恐怕也难逃一死。

马臻到会稽为太守后，以前任太守未竟事业为己任，以会稽之大发展为目标，毅然创建鉴湖，因此引起更大的移民、淹没房屋坟墓、增加劳役等棘手问题，当地也必然有既得利益受损害者不满。更严重的是在政府官员中的马臻反对者，以及梁家在地方的势力，充分利用这一机会，诬告马臻。经周密策划，阴险地以瞒天过海的手段，在政府掌管的户籍簿上抄录已死亡人之名，以这些死人名告状到朝廷。状告的主要罪名是马臻贪污政府皇粮和财政收入，筑湖淹没当地百姓土地、房屋和祖坟，激化社会矛盾。梁商、梁太后把此事直接告到顺帝处，于是抓捕马臻到京。对会稽地区不交纳或少交中央财政和粮食的事实，对当地淹没损失，马臻难以辩说；此外更有实名举报，于是顺帝一怒之下，下旨杀马臻，并免去司空郭虔之职，很快梁冀之从弟梁旻去会稽任太守。

（二）史书不记载的原因

由于朝廷忠诚官员为马臻申辩，会稽正义之士为马臻诉冤，反响强烈，顺帝亦感到不妥，派人去会稽调查，竟查不到活人，新任太守梁旻策划把政府的户口簿交给了朝廷来使，核实都是已死亡之人。既然是死人告状，也难对质，更有朝廷来的压力，不再深究既为顺帝之错做了掩饰，也是梁家的希望和可在掌控的范围之内。于是结果是不做讨论，不再提及，不载史记。

直到孔灵符在孝武帝大明（457—464）时在会稽任太守，这已是马臻筑鉴湖300年以后的事了，他到会稽后，看到鉴湖巨大效益，见到一些地方史料记载，听到民间相传马臻被杀的冤情，心中自然愤愤不平。孔灵符是绍兴历史上一位有作为、声誉良好的太守，据《水经注·浙江水》记，当年孔灵符曾在原上虞县建了一座水利工程："湖之南即江津也。江南有上塘、阳中二里，隔在湖南，常有水患，太守孔灵符遏蜂山前湖以为埭，埭下开渎，直指南津，又作水楗二所，以舍此江，得无淹溃之害。"这项工程大致模式是和鉴湖一样的，亦可见孔灵符对马臻的崇仰和效仿。于是他整理历史史料，在所著《会稽记》中以简短的文字记下了鉴湖的建筑时间、规模、形制、效益，以及马臻被杀的缘由。对马臻被杀，他不做评论，也不好多做评论，弄不好招来杀头之祸。但他又不得不记，时间长了后人更说不清，马臻之冤，他不说谁说。正史他无权记，但作为太守，一郡之史志他可以记入。孔灵符也属刚直之人，最终也逃脱不了悲惨命运："前废帝景和中，犯忤近臣，为所谗构，遣鞭杀之。二子湛之、渊之，于都赐死。"①读东汉史，看孔灵符的妙笔记述，马臻被杀冤案是终可追源昭雪的。

郦道元《水经注·浙江水》中，记述了越地大量地理环境和水系，并且大多以事系人，但在记述鉴湖时仅短短几句话："浙江又东北得长湖口，湖广五里，东西百三十里，沿湖开水门六十九所，下溉田万顷，北泻长江。"如此大的工程，只记湖本身，并未提人事，这也是全书中少有。

---

① （唐）李延寿：《南史》卷17，中华书局1975年标点本，第726页。

综上，马臻筑鉴湖，在会稽因损害当地既得利益者，淹没土地、房屋、坟墓而被权贵和当地官员联合诬告；在朝廷因祖先马援和梁松结下怨仇，而被顺帝时主政者梁商所害，梁妠有寝谋之嫌，梁冀、梁旻也有掩盖事实真相、逃避梁家罪行之责。

（三）马臻被杀对后世的影响

马臻筑鉴湖的影响和精神在会稽是至深、至远、至大的。

1. “境绝利博，莫如鉴湖”①

大禹是绍兴人民心目中的治水英雄，然大禹是传说且更重精神层面，因为大禹治水的工程实绩后人并未见到过。而马臻是大禹精神的实践者，是绍兴历史上真正实践了带有全局性意义工程的治水英雄。鉴湖建成，全面改造了山会平原，效益所在，流泽后世，使会稽渐成地灵人杰、富庶的鱼米之乡，没有马臻和鉴湖，绍兴之历史要重新改写。

2. “太守功德在人，虽远益彰”②

在会稽这块土地上马臻显示了一代名太守忍辱负重、宁死不屈、为民献身、功垂不朽的高风伟节。马臻筑鉴湖当时主要是为了蓄淡灌溉、航运畅通，造福一方，但之后带来的综合效益是当时谁也估计不到的，然这又不仅是区域性的，在这之后绍兴能为中华民族的经济、浙东运河的建设、文化做出贡献和取得成就主要得益于鉴湖。

会稽人民没有忘记马臻，据民间相传，当年马臻被害时，百姓愤愤不平，冒着生命危险，暗地不惜重金将其遗体运回会稽，并葬于郡城偏门外的鉴湖之畔。唐代已记载在山阴鉴湖边有两座马太守祠庙，表明了政府和民众已对马臻筑鉴湖的功德充分肯定和高度评价，形成共识。唐代已被封

① （宋）王十朋著，梅溪集重刊委员会编：《王十朋全集》卷16，上海古籍出版社1998年版，第825页。

② （清）李慈铭：《越缦堂日记》，广陵书社2004年版，第4012页。

为“仁惠公”，北宋嘉祐元年（1056），仁宗赐马臻为“利济王”，此为宋代皇帝对马太守的高度评价。每年农历三月十四日，民间举行祭祀。

3. “太守清，河水清”

鉴湖工程充分显示了其在会稽的重要地位和巨大效益。绍兴历代多贤太守，贤太守多重水利兴修，水利需要伟大的奉献精神，绍兴人民也敬重和怀念为兴修水利做出贡献的历代会稽地方官。从另一个层面而言，绍兴民众也认识到，兴修水利除了要靠政府组织，更要万众一心，支持水利。需要一代又一代人缵禹之绪，弘扬光大；不断开拓，不懈努力。

第五章　浙东运河

越为水乡泽国，人们的生产、生活、军事等活动有赖于水运。考古发现，距今8000—7000年的萧山跨湖桥文化遗址已使用了完整独木舟①；河姆渡文化遗址发现了更多的木船桨②，考古成果证明，古越舟楫使用久远、水运素来发达。

浙东地区最早的运河称“山阴故水道”，早于春秋越国便已存在。之后又称“漕渠”“运河”“官塘”“浙东运河”等，其各段的称谓又有“西兴运河”“萧绍曹运河”“虞甬运河”等。主要航线：西起钱塘江南岸，经西兴镇到萧山，东南到钱清镇，再东南过绍兴城至曹娥江，过曹娥江以东至梁湖镇，东经上虞丰惠旧县城到达通明坝而与姚江汇合，全长约125公里，此段为人工运河。之后，经余姚、宁波汇合奉化江后称为甬江，东流镇海以南入海，此段以天然河道为主，亦有部分人工改造工程，自西兴镇到镇海全程约200公里。

---

① 参见徐峰等《中国第一舟完整再现》，《杭州日报》2002年11月26日第3版。

② 参见浙江省文物管理委员会《河姆渡遗址第一期发掘报告》，《考古学报》1978年第1期；汪济英、林华东等《浙江文物》，浙江人民出版社1987年版，第14页。

第一节　浙东运河的历史演变

“灌溉运河或许是与农业同时开始的，比作为航运运河的发展要早得多。”浙东运河兴建之初主要是为农业灌溉，之后沟通和扩大了内河航运，再之后成为这一地区对外交往的水上要道，形成浙东商贸航线和海上丝绸之路，运河对浙东地区经济社会发展起着不可或缺的保障作用。浙东运河通过连接钱塘江以北运河航线，是中国大运河之南起始端。

一　越国时期

（一）航线

《越绝书》卷八载：“山阴古故陆道，出东郭，随直渎阳春亭。”“山阴故水道，出东郭，从郡阳春亭，去县五十里。”此故水道，西起今绍兴城东郭门，东至今上虞东关镇西的炼塘村，全长约25公里。“山阴故水道”以北毗邻故陆道，南则为富中大塘，其作用首先是为挡潮和为以南生产基地灌溉、排涝，之后航运功能不断提升。

由于故水道东西横亘于平原南北向的自然河流之中，其人工沟通有一个过程，其连成时间必然早于越王勾践建城时，这条河流应随着越族人们在平原活动范围的不断扩大，而逐步形成东西向航运要道。至勾践到平原建城时再将其疏挖整治，形成整体，并使其更充分发挥航运、水利等综合作用。同时由于山会平原西部的开发和连通钱塘江以及与中原各地交往的需要，在山会平原西部必然也会有一条当时东西向与故水道相连的人工运河。在越王勾践时期已形成了一条东起东小江口（后称曹娥江），过炼塘，西至绍兴城东郭门，经绍兴城沿今柯岩、湖塘一带至西小江再至固陵的人工水道。它贯通了山会平原东西地区，并与东西两小江相通，连接吴国及海上航道，又与平原南北向诸河贯通。

（二）对外通航

越国对外贸易、文化交流是以山阴故水道为主要航线的，之后随着浙东运河形成发展，浙东海上丝绸之路也就通过运河和宁波港口相连漂洋过海，举世闻名。

《越绝书》卷二：“百尺渎、奏江，吴以达粮。”百尺渎又称百尺浦。“百尺浦在县西四十里。《舆地志》云：‘越王起百尺楼于浦上望海，因以为名。’今废。”[①] 在原海宁县南盐官镇西南40里河庄山侧，原在钱塘江北岸。直到宋元之后钱塘江渐走北大门，其山已在钱塘江南岸。故百尺渎这条从吴国的苏州向南，经过吴江、平望、嘉兴、崇德，在今浙江省海宁南盐官镇西南40里河庄山的水道是和越国相通的，水上交通便利。[②]《越绝书》卷二又记载：“吴古故水道，出平门上郭池，入渎，出巢湖，上历地，过梅亭，入杨湖，出渔浦，入大江，奏广陵。”此故水道应自今苏州西北行，穿过漕湖，逆太伯渎与江南运河而上，再经阳湖北入古芙蓉湖，然后由利港入于长江，以达扬州。[③] 这是当时从山阴故水道到长江以北通航的情况。

秦始皇灭六国后，为加强对东南地区的控制，注重对这一带河渠道路的整治，在太湖西北面开凿了一条从丹徒至丹阳的河道。在太湖东南面，秦还开凿另一水道，《越绝书》卷二记载：“秦始皇造道陵南，可通陵道，到由拳塞，同起马塘，湛以为陂，治陵水道到钱唐，越地，通浙江。”以

① 《咸淳临安志》卷36，浙江省地方志编纂委员会编著《宋元浙江方志集成》第2册，杭州出版社2009年版，第742页。

② 参见张承宗、李家钊《秦始皇东巡会稽与江南运河的开凿》，《浙江学刊》1999年第6期。

③ 参见汪波《江南运河的形成及其演变》，陈桥驿主编《中国运河开发史》，中华书局2008年版，第320页。

此，基本形成了由今江苏镇江，经丹阳、苏州、浙江嘉兴，直到杭州的航线，沟通和形成了长江和钱塘江的江南运河的基本走向，进而使得山会地区与北方航运交通更加畅达。秦始皇巡越促进了南北航线较大规模的整治，山会航道又有了新的发展。

（三）作用和地位

姚汉源先生所言："其开凿，引江河湖泉以为源，涓滴以上皆以为用，东南多水，故其创始于江浙，司马迁谓：'通渠三江、五湖。'"① 山阴故水道的基本形成至少有2500年的历史，作用主要为三：一是沟通了纵横交错的越国水上网络；二是为越国强盛提供了基础保障；三是促进了对外通航与文化交流。

山阴故水道的经济、社会效益十分显著。当时越国的生产生活基地主要在山会地区东南部，也就是《越绝书》记载故水道所经之地。故水道为富中大塘等生产基地所提供防洪、排涝和航运效益十分显著，也为山会地区自然环境的改造、水利建设和经济、文化的发展奠定了重要基础。

山阴故水道在我国航运史上有着十分重要的地位，《水经·济水注》引《徐州地理志》："偃王治国，仁义著闻，欲舟行上国，乃沟通陈蔡之间。"陈国的国都在今河南淮阳县，蔡国的国都在河南上蔡县，这条人工运河位于沙水和汝水之间。《中国水利史稿》称此运河为最早的人工运河，但这条运河究竟在什么位置，史实已不可考。② 有明确记载的为春秋后期鲁哀公九年（公元前486年），吴人开的邗沟，沟通了江淮两大水系。开邗沟后4年（公元前482年），吴人又"阙为深沟通于商鲁之间，北属之沂，西属之

① 姚汉源：《京杭运河史》，中国水利水电出版社1998年版，第16页。

② 参见武汉水利电力学院、水利水电科学研究院《中国水利史稿》编写组《中国水利史稿》上册，中国水利电力出版社1979年版，第87页。

济”[1]，沟通了泗水和济水，也就是沟通了黄淮两大水系。而山阴故水道开挖年代应该可以基本论定，所处地理位置也十分明确，不但是越国之基础命脉，而且通过钱塘江沟通吴越两地，通过沿海码头沟通海外。山阴故水道可谓我国历史上兴建年代最早，并且至今依然保存较好、发挥作用的人工运河之一。

二　汉唐时期

（一）鉴湖航运

鉴湖北堤是在原山阴故水道的基础上增高堤坝，新建和完善涵闸设施建设而成的，西起广陵斗门，东至蒿口斗门，全长56.5公里。西鉴湖过西小江至钱塘江边的西兴渡口，沟通钱塘江航道。东鉴湖向东一条过白米堰、曹娥堰后到曹娥江东经上虞，至姚江可达明州；西北则为曹娥江通杭州湾航道。另一条至白米堰往南过蒿坝，沿曹娥江可达嵊州、天台。鉴湖建成后，水位抬高和设施完善使航运条件更为优越。鉴湖初创至晋代，山会地区主航线即为鉴湖，晋后至唐，西线（山阴县）的航线渐为西兴运河所取代，而东线（会稽县）鉴湖仍为主航线并延承至现代。鉴湖航运的地位和作用也十分显著，六朝虞预《会稽典录·朱育》中称“东渐巨海，西通五湖，南畅无垠，北渚浙江”，指的便是当时航运四通八达的情形。

（二）西兴运河

鉴湖兴建，为山会地区提供了优越的水利条件，使会稽经济、社会迅速发展，同时也对水利、航运等基础设施提出了新的要求。于是公元300年前后，在晋会稽内史贺循（260—319）的主持下，又开凿了著名的西兴运河。“运河在府西一里，属山阴县，自会稽东流县界五十余里入萧山县，

---

[1] （春秋）左丘明、（西汉）刘向著，李维琦标点：《国语·战国策》，岳麓书社1988年版，第173页。

《旧经》云：晋司徒贺循临郡，凿此以溉田。”[①] 它自郡城西郭西经柯桥、钱清、萧山直到钱塘江边，起初称漕渠。因运河从萧山向北在固陵镇与钱塘江汇合，而固陵从晋代即称西兴，故名西兴运河。开凿之初，首先是为了灌溉。这说明随着山会平原西部农业生产发展，对灌溉和用水调度提出了更高的要求。由于运河与鉴湖堤基本平行，相距多在10里之内，鉴湖的多处闸、堰和这条运河相通，这使得鉴湖的排灌效益大为提高，又由于沟通了山会平原西部鉴湖以北的南北向河流，对调节水量也十分有利。西兴运河东至绍兴西郭门入城，再向东，过郡城东部的都赐堰进入鉴湖，既可溯鉴湖与稽北丘陵的港埠通航，也可沿鉴湖到达曹娥江边，沟通了钱塘江和曹娥江两条河流。当然，这条运河的航运功能随之发挥并不断扩大，成为这一地区的主航道。

（三）隋唐航运

1. 江南运河开挖的影响

《读史方舆纪要》称：“运河即江南河也。隋大业中将东巡会稽，乃发民开江南河，自京口至余杭八百余里。”[②] 第一，说明隋炀帝开挖江南运河的主要目的之一是“东巡会稽”；第二，既然隋炀帝要到会稽，浙东运河段肯定也要进行大规模整治。隋炀帝最后虽未到过会稽，但使江苏、浙江、福建等地大受其惠，之后，通过大运河使沿途经济带距离缩短、文化传播加快、水运效率提高。以杭州为起点，主要航线有两条：一条是沿钱塘江上溯到江西，再到达广东；另一条经浙东运河至越州，再由海路到福建、广东等地。也正是运河水运作用的发挥，促使浙东地区经济发展、农业增产、人口增多、城市日趋繁华。浙东运河的巨大作用，使越州有了一条稳

① （宋）施宿等：《嘉泰会稽志》卷10，《绍兴丛书·第一辑（地方志丛编）》第1册，中华书局2006年影印本，第168页。

② （清）顾祖禹著，贺次君、施和金点校：《读史方舆纪要》卷92，中华书局2005年版，第4229页。

定的直通华东、华中、华北各地的航线，形成了得天独厚的海港城市，促成之后明州的实质性发展和形成。到唐开元二十六年（738）从越州分出鄮县等四县为明州，明州成为一个独立的行政区域。

2. 唐代运河的提升

唐代，西兴运河的航运地位更加突出。元和十年（815）观察使孟简开运道塘，这是对西兴运河的一次重要整治，也是运河通航和管理标准提升的重要标志。又《嘉泰会稽志》卷十："新河在府城西北二里，唐元和十年观察使孟简所浚。"位于城西西郭直通城北大江桥与小江桥相连，因此缩短航线，避免壅塞，促进沿运商贸。

唐代浙东地区重视农田水利，据《新唐书·地理志》载：唐代会稽增修防海塘；山阴凿越王山堰，作朱储斗门，置新径斗门；上虞置任屿湖、黎湖；明州置小江湖、开西湖，增修广德湖，筑仲夏堰等。此外，唐大和七年（833）鄮县（今鄞州区）县令王元暐兴建了位于宁波西南50余里的鄞州区鄞江桥西樟溪之上著名的它山堰工程。这些举措不但提高了农田灌溉能力，还为当时明州城内运河航运提供了较稳定的水源，充分反映了水利的综合效益。运河水利的兴盛对促进当地经济社会发展的作用是巨大的，唐代越州刺史元稹在长庆年代（821—824）有《再酬复言和夸州宅》，诗中称："会稽天下本无俦，任取苏杭作辈流。"[①]

3. 作用与地位

唐代尤其是晚唐是浙东海上丝绸之路较快发展的时期，鉴湖和西兴运河的交通便利，使甬江和钱塘江通过浙东运河的交通运输业快速发展，越州城成为浙东航运的中心枢纽城市，不但与国内各地加强了商贸交易，还通过明州港口，与日本、朝鲜及南洋等国家加强商贸与文化交往。

① 《元稹集》，中华书局1982年版，第703页。

三　两宋时期

宋代是浙东运河的最辉煌时期，运河国家级地位突出。

（一）兴盛原因

其一，浙东地区经济继续快速发展，北宋绍兴城市彰显繁华盛况，地位非同一般，嘉祐五年至六年（1060—1061）任越州太守的刁约有《望海亭记》认为："越冠浙江东，号都督府。"①

其二，南宋是绍兴城市发展史上的一次飞跃，绍兴已成富庶的鱼米之乡，在全国城市中有杰出地位。建炎三年（1129），宋高宗赵构从杭州过浙东运河到越州驻跸州治。绍兴元年（1131），赵构驻越州，改元绍兴，升越州为绍兴府，绍兴由此得名，次年赵构回临安。

其三，南宋都临安，浙东运河是其通向南、北、东三条水运干道之一，绍兴、明州、台州成了临安的主要后方，也是通向海上丝绸之路的门户。浙东运河的重要地位，决定了政府必须全面加强对运河的管理、维修。

其四，宋代是明州历史上的鼎盛时期。宋代的明州城，在唐代明州城的基础上更加完善。宋明州罗城共有十个城门，主要街巷达五六十条。城内人口密集，北宋元丰年间，达11.5万多户。建立了各种专业性作坊，主要有：造酒、纺织、铸冶、造船等手工业和制造军器的"作院"，还有竹行、花行、饭行等商业比较集中的商行以及杂剧、曲艺和杂技等娱乐场所。

（二）北宋航运

北宋中期，两浙路向朝廷所贡的粮食、布帛和赋税，由于鉴湖和西兴运河的交通便利，使甬江和钱塘江通过浙东运河的交通运输业快速发展。

---

① （宋）施宿等：《嘉泰会稽志》卷9，《绍兴丛书·第一辑（地方志丛编）》第1册，中华书局2006年影印本，第145页。

“两浙之富，国用所恃，岁漕都下米百五十万石，其他财赋供馈不可悉数。”[①] 其对漕运的要求也必然显著提高。北宋末叶，知明州军蔡肇曾记载了他从杭州到明州运河沿途所见：“三江重复，百怪垂涎，七堰相望，万牛回首。”[②] 熙宁五年（1072）日本僧人成寻率弟子七人搭乘宋商孙忠的船只从肥前壁岛出发到明州。明州不许入港，又乘船沿海而行经越州、萧山到杭州。在杭州获准参天台国清寺后，又乘船从杭州出发，沿浙东运河经越州、曹娥，溯曹娥江而上，到剡县，又坐轿去国清寺。回杭州后又沿江南运河经秀州、苏州、扬州去五台山。可见，从浙东运河通大运河河道之畅达。

（三）南宋航运

至南宋，鉴湖堙废，以西兴运河及原东鉴湖为主形成的浙东运河航运地位更加突出，特别是由于宋室南渡后，“四方之民，云集两浙，百倍常时”[③]。南宋定都临安，政治、经济形势的巨大变化，浙东运河的地位充分显现，文献中关于此河流记载也就不断增多。顾炎武（1613—1682）记载：

> 且又往时之运道，一在湖中，一在江海上。在湖中者，东自曹娥循湖塘，经城内至西兴。在江海上者，宋都钱塘时，凡闽广漕运入钱塘者，必经绍兴北海上，凡塘下泊处，辄成大市。今皆废矣。

这里的“湖中”应是鉴湖，也说明鉴湖是运河航道。绍兴二年（1132）定都临安后，这条运河成为繁华富庶的绍兴府、明州和浙东运河沿岸其他城镇的水上交通枢纽。如漕米、食盐、布匹及其余物资运输和官来商去，都在此河。如闽、广、温、台等地的漕粮钱物皆由海道至定海、明州、余

① （宋）苏轼：《进单锷吴中水利书状》，《苏轼文集》，中华书局1986年版，第916—917页。

② （宋）施宿等：《嘉泰会稽志》卷10，《绍兴丛书·第一辑（地方志丛编）》第1册，中华书局2006年影印本，第175页。

③ （宋）李心传：《建炎以来系年要录》卷158，中华书局1956年标点本，第2573页。

姚等地换船，或直接通过杭州湾运到杭州，或由浙东运河运往杭州。运到国都杭州的漕粮，又分别储存到南宋政府在临安设置的“上界”“中界”“下界”三仓。又因南宋陵园设在绍兴（今绍兴富盛攒宫宋六陵），帝后梓宫迁运，非水路不办，全靠这条运河水道。同时浙东运河也成为当时临安与海外联系的重要通道。亦如南宋姚宽在《西溪丛语》卷上说：

> 今观浙江之口，起自纂风亭，北望嘉兴大山，水阔二百余里，故海商舶船，畏避沙滩，不由大江，惟泛余姚小江，易舟而浮运河，达于杭越矣。

说明杭州湾的航运存在着海潮和沙堆的危险，由明州至杭州商船多走浙东运河航线。

南宋状元王十朋《会稽风俗赋》描述其时浙东运河的水运状况、途经线路、繁盛景象：“堰限江河、津通漕输。航瓯舶闽，浮鄞达吴。浪桨风帆，千艘万舻。”①

根据《嘉泰会稽志》及史料记载，可将浙东运河各段分述如下：萧山运河路：“东来自山阴县界，经县界六十二里，西入临安府钱塘县界，胜舟二百石。”山阴运河路：“东来自会稽县界，经县界五十三里一百六十步，西入萧山县界，胜舟五百石。”会稽运河路：即东鉴湖航道，水深高于西兴运河，“胜舟五百石”以上。上虞运河路：“在县南二百二十步。东来自余姚县界，经县界五十三里六十步，西入会稽县界，胜舟二百石。”余姚江路：“西来自上虞县界，经县界五十五里，东入庆元府（明州）慈溪县界，胜舟五百石。”余姚城至明州西渡堰约为 82 里。综上，萧山西兴堰至明州西渡堰总长约 383 里。又“曹娥江路南来自上虞县界，经县界（会稽县）

---

① （宋）王十朋著，梅溪集重刊委员会编：《王十朋全集》，上海古籍出版社 1998 年版，第 852 页。

四十里北入海，胜五百石舟”，是运河由曹娥江入海的情况。

宋代爱国诗人陆游在《法云寺观音殿记》中描绘了地处绍兴城西法云寺边的漕运发达，其地富庶的景象：

> 出会稽城西门，循漕渠行八里；有佛刹曰法云禅寺。寺居钱塘、会稽之冲。凡东之士大夫仕于朝与调官者，试于礼部者，莫不由寺而西，饯往迎来，常相属也。富商大贾，捩舵挂席，夹以大橹，明珠大贝翠羽瑟瑟之宝，重载而往者，无虚日也。又其地在镜湖下，灌溉蓄泄，最先一邦，富比封君者，家相望也。①

陆游在宋乾道五年（1169）受命通判夔州，坐船从绍兴城出发，经浙东运河经萧山、杭州，又经江南运河过秀州、苏州、真州，再逆长江去四川的水上路程，对此，他的《入蜀记》中有较详细记载。

（四）运河管理

运河航运繁盛，也对管理和整治提出更高要求。《宋史·河渠志》记载了绍兴年间浚治上虞县梁湖堰东运河、余姚县境内运河、萧山县西兴镇通江闸堰等的状况，无论是中央政府还是地方政府都高度重视对运河的整治和管理，整治里程之长、投入之多、管理人员要求之高都是少有的。

针对南宋嘉定年间（1208—1224），浙东运河“自西兴至钱清一带为潮泥淤塞，深仅二三尺，舟楫往来，不胜牵挽般剥之劳”② 的状况，知府汪纲于嘉定十四年（1221）上奏朝廷，请求开浚，资金由地方政府自筹和朝廷添助相结合。治理后，河道通畅，行舟便利，民众称好。是年，汪纲又组织对西兴至绍兴府城的运河新堤整治，使堤岸“徒行无褰裳之苦，舟行有

① 《陆游集》卷19，中华书局1976年版，第2156页。

② （南宋）张淏：《宝庆会稽续志》卷4，《绍兴丛书·第一辑（地方志丛编）》第1册，中华书局2006年影印本，第428页。

挽縴之便，田有畔岸，水有储积”。还建沿塘路的施水坊于田野郊远之地，以供路人暂息。此举对运河的整治和管理都起到重要完善作用。

四　明清时期

（一）明代运河

1. 河湖整治

明代初年钱清江的航运状况堪忧：

> 钱清故运河，江水挟海潮横厉其中，不得不设坝，每淫雨积日，山洪骤涨，大为内地患。今越人但知钱清不治田禾，在山、会、萧三县皆受其殃，而不知舟楫之厄于洪涛，行旅俱不敢出其间，周益公《思陵录》可考也。①

明代成化九年（1473）戴琥任绍兴知府，对绍兴平原河网及运河集中进行了整治。明嘉靖十五年（1536）七月，绍兴知府汤绍恩主持兴建了著名的滨海三江大闸，正常泄流量可达280立方米/秒。三江闸建成，山会海塘连成一线，始与后海隔绝，至此，山会平原形成了以三江闸为排蓄总枢纽的绍兴平原内河水系网，完成了从鉴湖水系向运河水系的演变，绍兴平原河网格局基本形成，也开创了绍兴水利史上通过沿海大闸掌控水利形势的新格局。三江闸的建成不但使这一地区水旱灾害锐减，还为航运、水产等创造了有利的条件。

此外，明代中叶政府组织对浦阳江进行了人工改道，浦阳江主流经临浦过碛堰山北流至渔浦到钱塘江，使西小江再不受浦阳江干扰。于是浙东运河的主要段落，即由钱塘江南岸经过绍兴到曹娥的约200里航道，水位稳

---

① （清）平衡辑：《闸务全书续刻》，冯建荣主编《绍兴水利文献丛集》，广陵书社2014年版，第79页。

定，通航条件大为改善，不再有牵挽般剥之劳。

2. 运河整治

明代政府对运河的整治也十分重视，明嘉靖四年（1525）绍兴知府南大吉主持大规模修整府城内外运河，修砌塘身。明弘治中（1488—1505），山阴知县李良重修，甃以石。明季湛然僧再修之，石塘宽不逾丈。至此，运河堤岸多成石塘，塘线也更稳固。

从浙东运河全线而言，运河沟通曹娥江与姚江段的自然地理环境最差，王稚登《客越志》有："夜过中坝，水高一丈，雨晴微月，碛声怒激，若千雷殷作。"[①] 又余姚下坝："滩声下碛，怒如惊涛。船从枯堤而下，木皮如削，为之毛发森耸。""明洪武初，鄞人郑度建言"[②] 将通明北堰移建至郑监山下，名郑监山堰，又名新通明坝或中坝。明代永乐九年（1411）由于通明江上游七里滩处沙涨淤积，河浅碍船行，开浚县北（时治丰惠镇）新河，从县西黄埔桥直抵郑监山至新通明坝。又修通明坝，开凿了十八里河直抵江口坝。"官民船皆由之"[③]，此水路虽不甚便，然可避免候潮过坝之难。嘉靖年间（1522—1566）上虞县令郑芸于梁湖坝一带浚挖河流，又将梁湖坝向西移到曹娥江江边，以利舟楫通行。

3. 航线

明代是中国大运河史上运河河道比较畅通的时期。弘治元年（1488），朝鲜官员崔溥在海上遇险后漂流至浙东台州沿海，上岸后由官府接待，沿运河北上抵达北京，北返归国。他在后来写的《漂海录》一书中详细记载了一路的见闻，比较完整地反映了运河的实际情况，也是浙东运河沿途经

① （明）萧良幹等：万历《绍兴府志》卷17，《绍兴丛书·第一辑（地方志丛编）》第1册，中华书局2006年影印本，第827页。

② 同上。

③ （清）顾祖禹著，贺次君、施和金点校：《读史方舆纪要》卷92，中华书局2005年版，第4229页。

济、社会、文化兴盛的重要史证。①

明万历《绍兴府志》卷七载："运河自西兴抵曹娥横亘二百余里，历三县，萧山河至钱清长五十里，东入山阴迳府城中至小江桥长五十五里，又东入会稽长一百里。"

明代较详尽和生动记载浙东运河的是王稚登《客越志》：

> 西兴买舟，已在萧山境上，此地舟行如梭，卷篷蜗居，不可直项，插一竹于船头，有风则帆，无风则繂，或击或刺，不间昼夜……二十里萧山县，听潮楼甚伟。②

以上是由西兴到萧山所见的情景。

> 四十五里山阴县枕上过，六十里绍兴郡，禹穴已成梦游。
>
> 廿五日早过樊江，去绍兴五十里，为会稽县。大禹巡狩诸侯，防风氏玉帛后至，戮于此，今不识专车之骨安在。时朝旭初升，群峰尽出，岚容如沐，紫翠濯濯，与建初指挥四顾，邻船皆惊。又八十里，渡曹娥江。

这是作者经会稽、山阴两县到曹娥江所见运河航道、沿岸风土人情、历史文化的情景，以及自由想象的感受。

又据明万历《绍兴府志》卷二载：时浙东运河水路为"绍兴府城之西北，出西郭水门，由运河西至于钱清镇，又西北至于萧山之西兴镇，渡钱塘江，凡一百二十里，达于杭州。又由钱清水路，西南至于临浦，达于钱塘，凡一百里"。又"东出都泗门，由运河南过五云门，又东至于绕门山，

---

① 参见［朝鲜］崔溥著，葛振家点注《漂海录——中国行记》，社会科学文献出版社1992年版，第77—79页。

② （明）萧良幹等：万历《绍兴府志》卷7，《绍兴丛书·第一辑（地方志丛编）》第1册，中华书局2006年影印本，第645页。

又东至于东关之曹娥江渡江，由运河又东南至于上虞，过县之东，又东至于大江口坝，入于余姚江，又东至于余姚，过江桥，又东达于宁波之慈溪，凡二百七十五里，东通宁波，入于东海。又由东关南至于蒿坝，由剡溪而上，南至于嵊县，过县，又东南由陆路至于新昌，由新昌东南山路达于台州之天台，凡三百七十五里”。

这里记载的运河航道：由西兴镇经绍兴到宁波的距离为395里；由钱清到临浦的距离为120里；又由东关南折过蒿坝，沿曹娥江水路可到嵊县，之后陆路到新昌，再到天台距离是375里。

根据明朝徽商黄汴编纂的《天下水陆路程》和清朝憺漪子编纂的《天下路程图引》记载，经整理，明清时期杭州至宁波的水路如下：

> 自杭州武林出发，往南25里至浙江水驿，渡浙江18里至西兴驿，经50里，至钱清驿，再50里到绍兴府蓬莱驿，又80里达东关驿，渡曹娥江10里，至曹娥驿，经90里到姚江驿，再60里至东厩驿，又60里达宁波府四明驿。①

以上总443里。

浙东运河过曹娥江后，在上虞和余姚的交界处，分两支进入余姚段。一支从上虞的四十里河经通明坝，始建于宋嘉泰元年（1201），汇入姚江上游的干流“四明江”，在安家渡北侧余姚云楼乡上陈村东侧进入。在此西侧约1公里处，是与之平行的十八里河，开掘于明永乐九年（1411），在云楼乡窑头东侧进入余姚段，下行1公里后从云楼的下坝汇入姚江七湾处。下坝即大江口坝，亦名下新坝。这段塘河十八里河与四明江并行的航道，原是浙东运河进入余姚段的主线。另一支称新河，从上虞百官的上堰头（现改道为赵家坝）起，经驿亭到五夫长坝，接余姚马渚横河，过斗门曹墅桥后

① 童隆福主编：《浙江航运史 古近代部分》，人民交通出版社1993年版，第131页。

汇入姚江干流。其中长坝以东余姚河段长12公里，是利用当地的湖泊沼泽，经人工整理后形成的运河。

姚江流经余姚县城，主航道穿城而过，在郁家湾与旧慈溪县交界，流经丈亭古镇，与慈江交汇形成丈亭三江口，古时这段姚江又被称为“丈亭江”，设丈亭渡和南渡以通往来。之后分为两支：东南干流为航运主道，至明州城东汇入甬江入海。另一支向东经慈江至夹田桥分两处，一处继续东流至镇海；另一处从慈溪刹子港南端小西坝摆渡过姚江，通过南岸的大西坝，过高桥镇后进入西塘河，经11.5公里水路直达宁波城西望京门，与宁波城内水系和鄞西平原的南塘河、中塘河等运河水系沟通。西塘河完成了浙东运河从西往东到达明州府城的最后一段运河航程。

上述余姚段、慈溪镇海段、鄞县西塘河段自然与人工相间共同组成的浙东运河段，其中基本由人工开掘利用的达70多公里。以姚江、甬江自然河道为主的航道沿线，历史上大多在沿岸修筑土石塘和各种内河及外江航运码头，并利用两岸支流开浦建闸、作堰起坝，使自然江河逐步成为防洪（潮）灌溉与航运两擅其利的水利、航道系统。

（二）清代运河

1. 康乾南巡

康乾盛世中，两位帝王尤重拜祭大禹，因此在乘龙舟途经浙东运河时留下了辉煌的篇章，为清代大运河图增添异彩。《南巡盛典》也记载了当时为迎接乾隆皇帝祭禹整治浙江海塘、浙东运河的情况，以及乾隆在运河的途经和所写的诗文。

清乾隆五十五年（1799）前后朝廷制作了大运河全图，第二部分绘制的是从绍兴府经杭州直至京城的大运河，详细反映了运河沿途各府县周边水道、湖泊、山川、河流间沟通关联济运情形，足证浙东运河为中国大运河南起始端。

2. 民间捐修

晚清运河河段多民间捐修之善举，包括塘和桥之类。今上虞东关澎家堰村运河段，有澎家堰老桥，这是一座东西向造型建筑十分精美的单孔平梁桥，呈现了古纤道与古桥相融之古朴形象。桥之东侧有一块桥头石碑。此碑高约0.8米，底厚约0.35米，高约0.28米，长约3.5米，自重在3吨左右，安装在桥东之北面，碑南面无字，北面镌刻：

> 是桥自康熙辛酉吾族武成公建后，历久渐欹，行旅危之。立夫凤寿，爰议集腋重修。适章子小品，亦为乐醵资赞助。遂由凤寿经理，卜吉从事焉。功既竣，因缘数言，并镌捐助姓氏于石上。（以下是捐款大洋名单及数量，共助洋六百三十四元，略）
>
> 经理：杜凤寿识
>
> 光绪丁酉冬 吉旦

以上碑文表明：其一，此桥建于康熙辛酉年（1681），由杜姓氏族武成公主持始建。其二，桥至光绪年间时已倾斜成危桥，已危及航运及行人安全，又由杜凤寿在光绪丁酉年（1897）等发起集资捐款重修。修建完成后便根据事由经过，写成短文及捐款人姓名刻于碑上。其三，萧绍运河虽属官河，但在维修整治上，多民间捐助和主持兴修之举。

据《上虞地名志》[①] 记载，此桥所在地澎家堰村，“相传昔有彭姓兄弟定居于此，并在村前河上筑土坝以抗旱排涝，由此得名彭家堰，后演变为澎家堰”。由此也可见此地及绍兴民间捐款兴修水利与运河塘、路、桥之风俗传承。值得一提的是此桥桥板外沿两侧未同一般桥题刻桥名，而是凿刻了南北两幅横额，南为“巽水腾蛟”，北为“太乙生元”。其意应北为“自然精气，造就万物”，南为“风调雨顺，人才辈出”。

① 参见浙江省上虞县地名委员会编《上虞地名志》，1983年版，第172页。

为有利于商运，晚清也有宁绍商家提出开深梁湖一带运河的咨呈。绍兴皋埠段有同治年间（1862—1874）捐修运河纤道塘的塘石刻记。今柯桥区、绍兴城区运河段多处可见当时民间商业界及有实力之士捐修河塘留下的刻石题记。

3. 内河航运权

鸦片战争后，清政府屈从于英国入侵，《南京条约》后次年又签订了《五口通商章程》。自此，宁波港作为向西方开放的口岸，浙东被纳入新的经济贸易圈中，并受到西方文明较大的影响。1904—1905 年浙江人民取得了抵制和反对法国强索绍兴内河权斗争的胜利。1908 年 7 月宁波人虞和德邀集同乡，并联合绍兴巨商集股创办了宁绍商轮股份有限公司，不但打破了外国航运势力和封建势力对甬沪线的垄断局面，并且在较长一段时间中和外国航运势力进行坚决斗争并最后取得重大胜利。[①]

五　近现代

（一）民国运河

1. 航线

民国时期浙东运河航道与明清时无大改变。

《浙江全省舆图并水陆道里记》修于光绪十六年（1890），至光绪十九年（1893）完成。该书首图为《浙江全省百里方图》，一格代表百里；每府有二十里方图，一格为二十里；每县有五里方图，每格为五里。县五里方图上的山脉、河流、道路、村庄、桥梁标注规范、清楚，图可作为时浙东运河状况的重要依据。

当时确定的运河里程：

① 参见邱志荣、陈鹏儿《浙东运河史》上卷，中国文史出版社 2014 年版，第 356 页。

浙东运河，起自钱江南岸之西兴镇，止于鄞县之新江桥，计长一百七十余公里，横贯钱江、曹娥江，并顺姚江达甬江而通于海，就天然阶段，可将全线划分为钱塘曹娥段、曹娥姚江段及姚江本身等三大段。①

2. 整治方案

民国时期江浙经济发展较快，浙东运河之水运地位尤为重要。浙东地区在外海轮船航运、内河轮船航运、港口、船舶修造等方面均有较快发展。由于浙东运河地位显得日趋重要，全线整治也提到了议事日程。杨健在《浙东运河之重要性与整理意见》中指出：

吾国主要江河，流向均由西而东，惟运河则由北而南，起自北平，南迄宁波，长达二千余公里，贯通后可使黄河、扬子、钱塘、曹娥各流域之航运，得以联络一气，产物得以相互接济，关系全国交通、经济、国防者甚大。故整理运河，为整个国家之建设大计；而宁绍杭为沿运生产最富之区，整理浙东运河，实为贯通全运之嚆矢。此关于联络全国航运，浙东运河之应行整理者。②

首先提出了浙东运河在全国航运和经济发展中的地位。又认为浙东运河的整治当时已引起了中央政府的高度重视，为切要之工程：

全国经济委员会特拟订全国水利建设大纲，令行各省建设机关拟具工程计划，以俟筹款兴办，循序推进，并指定浙江自杭州钱塘江经绍兴达宁波通海之浙东运河，为全国当前切要水利工程之一。

对浙东运河整治十分有利于发展宁波港，及促进长江三角洲、全国经

① 杨健：《浙东运河之重要性与整理意见》，《浙江省建设月刊》1936年第3期。

② 同上。

济集聚优势的重要性则认为：

> 为今之计，莫如先就上海相近扩充宁波原有商港以分其势为有利。宁波为东南重要商埠之一，以镇海为门户，舟山列岛为屏蔽，形势天成，风涛平静，最合商港地点；徒以腹地水运过短，客货输销不远，以故商业未能充分发展。运河之成，使甬埠可以直接吸收扬子、钱塘、曹娥各流域之富源。且浙赣铁路既已完成，杭甬全线行将通车，宁湘株钦两路再使与浙赣接轨，闽赣闽浙路线渐次完成，即长江以南，徽、赣、湘、桂、闽各省商货，均得罗致于宁波出口，然后以甬人雄厚之金融与商业上之经验，以经营出入口及国际汇兑事业，则不难完成真正中国人之商埠，以转移上海之经济势力。此关于调整全国经济与开发甬埠，浙东运河之应行整理者。

对当时浙东运河在战事的重要战略地位也做判断：

> 近代兵凶战危，在军事时期，轨道桥梁最易被毁，陆路交通随时有停顿之虑。水道运河既无被阻之可能，而船舶设备简单，航行便捷，辎重运粮之接济工作，非此莫属。况宁绍各处支流分歧，航道四达，在军事上尤有特殊之便利。此关于国防上，浙东运河之应行整理者。

对实施整治浙东运河的资金筹措、组织形式事宜则提出了切合实际的思路：

> 近年中央对于各省水利建设，莫不予以实力之扶植；况甬人执全国商业之牛耳，绍属素称富饶之邦，地方之金融势力颇为雄厚，际此省库穷竭时期，对此偌大工程，恐非政府能力之所能独任，尤赖中央及地方贤达之主持指导，以成此关系整个国家之伟大建设耳。

此为杨健当时受浙江省建设厅委派，对浙东运河计划进行整治所提的意见方案，其成果系统、深入、周密，具有很强的可操作性。这样一个事关国家和民生，且已列入国家计划，上报中央政府的大运河整治工程方案，因日本次年发动“七七卢沟桥事变”全面侵华战争而未能实施。

3. 孙中山浙东运河之行

民主革命的先行者孙中山曾3次来浙江考察，第三次先后到了绍兴和宁波，他乘船走浙东运河绍兴段，又乘火车到宁波，其间给浙东人民深刻的教益和启示，也为浙东运河增添了光辉的历史篇章。

（1）到绍兴。

据《民国日报》1916年8月23日载[①]：1916年8月19日晨刻，孙中山由杭州清泰第二旅馆至督军署辞行后，即乘舆出凤山门至南星桥渡江东行。随行者为胡汉民、邓家彦、朱执信、周佩箴、陈去病5人。时值退潮沙见，浪静波恬，先生容舆中流，回顾其乐。轮渡过江达西兴稍憩，即换乘越航（越安公司轮船），由汽船拖带而行。午后四时抵柯桥，学商军警相迎，众居民亦倾巷来观。五时抵西郭门外育婴堂河埠，军队官绅已争出迎迓，遂登岸，乘舆入城。时花巷布业会馆作“行台”，士女夹道欢呼，莫不称叹。

8月20日清晨，孙中山一行从布业会馆乘轿到卧龙山，步行登高，游龙山、登望海亭，望绍兴山水。上午十时，回布业会馆，应商会之请，在觉民舞台召开的欢迎大会上发表演说，他说：“浙民知识较他省为优，西湖岸上之烈士墓纪念尚存。绍兴河畔之牌坊不少，此非有知识之作为而何？……知当今之国家，非一人之国家，我人民之国家……国家之强弱，人人有莫大之责任！”下午县知事宋承家、银行行长孙寅初、商会会长陶荫轩陪同乘三明瓦即“烟波画舫”游禹陵展谒神像，并登窆石亭摩挲古碣，

① 参见中国人民政治协商会议浙江省绍兴县委员会文史资料工作委员会《绍兴文史资料选辑》第5辑，1987年。

叹为未见。当晚，出席布业巨商陶荫轩的宴会。

8 月 21 日清晨，孙中山仍由宋承家等陪同，坐“烟波画舫”出游鉴湖，登岸又游陆游快阁。然后下画舫去娄宫，上岸，骑坐天章寺备的驴子，配上兜轿，游王右军的兰亭及唐林三侠士墓。下午仍坐画舫去五云门外游东湖，谒陶焕卿祠，召见陶的父亲陶品三，叫秘书写一手谕给浙江都督府，意谓：从 1916 年开始，追加陆军上将陶成章烈士年抚恤金七百元整。表示对烈士家属的关怀，同时还为陶祠题“气壮山河”匾额，表示对烈士的敬仰。然后，坐画舫 30 里，去孙端孙德卿家，参观上亭公园[①]，瞻仰明末乡贤朱舜水遗像。

（2）到宁波。

8 月 22 日清晨，孙中山由孙端转曹娥江到百官镇，改乘曹甬铁路火车前往宁波。当日下午 2 时，在省立四中的宁波各界欢迎会上，孙中山发表重要演说，阐述了他浙东之行的许多精辟的见解。

孙中山肯定宁波为通商大埠，具有区位和人才优势。他十分感慨地说：“所最钦佩者，莫如浙江。良以浙江地位、资格均适宜于共和，而民心又复坚强，故能有此结果。今观宁波之情形，则又为浙省之冠。查甬地开埠在广东之后，而风气之开不在粤省之下。且凡吾国各埠，莫不有甬人事业，即欧洲各国，亦多甬商足迹，其能力之大，固可首屈一指者也。”他还希望宁波：

> 第一在振兴实业。宁波人之实业，非不发达，然其发达者，多在外埠。鄙见以发达实业，在内地应更为重要。试观外人，其商业发展

---

① 上亭公园建设主要为孙德卿出资，是一个以个人筹建为主，民间相助，以为民众服务，宣传和推广民主、民生、科学思想为目的建设的综合性公园，也是绍兴第一个农村公园。1915 年建成，时公园面积达 20 余亩。孙中山先生来绍兴，到上亭公园参观，亲题“大同”二字相赠，可见孙中山对其建园主旨的肯定和造园风格的赞赏。参见邱志荣《绍兴风景园林与水》，学林出版社 2008 年版，第 106—107 页。

于外者，无不先谋发展于母地。盖根本坚固而后枝叶自茂也。宁波人对于工商业之经验，本非薄弱，而甬江有此良港，运输便利，不独可运销于国内沿海各埠，且可直接运输于外洋，若能悉心研究，力加扩充，则母地实业，既日臻发达，因之而甬人之营业于外者，既无不随母地而益形发展矣。此所望于宁波者一也。

二在讲究水利。宁波地方以地位论，其商业之繁盛，本不至在上海以下。而上海商业之所以繁盛，实在于为外海之总汇。宁波若能讲求水利，其情形未始不让。盖宁波之地位，较杭州、汉口为佳。杭州、汉口不能直达外洋，而甬江修理得宜，可与各国直接通商。以繁盛之上海，其江口尚有淤积之患，欲改良交通，颇非易事。若在宁波，仅有镇海口岸容易修理，若能将甬江两岸筑一平行之堤，则永无淤塞之患，而极大之轮船，可以出入，宁波之商务，自无不发达矣。此所希望宁波者二也。

三在整顿市政。此事为自治中更宜注意。凡市政之最要者，道路之改良，街衢之清洁是也。试游上海之公共租界，其道路之宽广为如何，其街衢之清洁为如何，宁波何尝不可仿此而行……

(3）殷切之望。

孙中山到绍兴、宁波的首要目的当然是宣传阐述他的三民主义，特别是民生主义的思想主张，同时我们从他的行程和讲话中可以看到。

其一，他对越中山水风光、人文历史非常热爱。绍兴的主要路程，他几乎都是在船上，作西兴运河、鉴湖之游。在卧龙山登高望远，赏稽山鉴水风光；至鉴湖观快阁胜景，仰放翁遗风；到兰亭看书圣笔迹，赏曲水流觞之高雅；在运河之畔的东湖，既拜谒辛亥先烈，又饱览“残山剩水”之奇绝。以至于随行的胡汉民途中欣然作诗一首：“西湖三日共勾留，乘兴扁舟更远游。我有一言君信否，会稽山水胜杭州。”[①]

其二，期望浙东水利、水运加快发展。从钱塘江乘船经运河至迎恩门进绍兴城，在绍兴他看到了鉴湖和三江闸的巨大效益；之后，又到了宁波，见到了三江口的浩大、海洋资源的丰富和海运的发达，因之希望浙东水利、航运，既要传承历史，充分利用资源优势，更要规划好大的工程，加快宁波港、海上丝绸之路的发展，建东方大港。

其三，希望浙东振兴实业，在政治、经济、城市、金融、社会管理等方面领先于国家其他各省。所谓“能积极经营，奋发自强，即不难成为中国第二之上海，为中国自己经营模范之上海。是为诸君子勉为之耳”。

孙中山先生宁绍之行，为浙东地区、浙东运河沿线谋划了发展方向，勾画了宏伟蓝图，产生了深远影响。

（二）当代新杭甬运河

1. 原杭甬运河

起自杭州艮山港，出三堡入钱塘江，绕道浦阳江至临浦，经峙山闸到萧绍内河。之后大多沿原浙东运河线入姚江，穿宁波市区、甬江达终点镇海码头，全程258.09公里。该航线自1979年到1983年全线疏浚后，能通航20—40吨级船舶，达到八级航道标准。但由于受杭甬运河沿线升船机和局部航段限制，实际只能通25吨级船舶。[②]

2. 新杭甬运河

为浙江省“十五”重点工程项目。地处杭州、绍兴、宁波水网地区，西起杭州三堡，途经萧山、绍兴、上虞、余姚、宁波，东达宁波甬江口，其中杭州段自长43.543公里，绍兴段全长101.729公里，宁波段全长93公

① 中国人民政治协商会议浙江省绍兴县委员会文史资料工作委员会：《绍兴文史资料选辑》第5辑，1987年。

② 参见罗关洲主编《绍兴交通志》，国际文化出版公司1996年版，第43页。

里。全长238.272公里，沟通了钱塘江、曹娥江、甬江三大水系。工程全线按四级航道改造，分航道护岸、桥梁、船闸、土（石）方等工程。杭甬运河航道面宽60米，底宽40米，水深2.50米，桥梁净高7米，最小弯道半径R≥330米，建设后可通航500吨级船舶。杭甬运河改造工程总投资达74.2653亿元。

新建的杭甬运河建设标准、现代化程度高，投入大，具有航运、防洪、灌溉、旅游、战备等方面的综合效益。从节约资源和环保而论，其效益和前景更是十分广阔。

新杭甬运河绍兴段已北离浙东运河，航道更为宽广和顺畅。杭甬运河通过京杭运河与浙北内河网及江苏、上海相连；还沟通钱塘江、曹娥江、甬江三大水系，通过钱塘江，可上溯新安江至浙西南及皖东南地区，通过甬江与宁波深水港相通。在钱塘江南岸形成了连通浙北、浙西及邻近地区的东西向水运主通道，对完善腹地内交通运输网络和促进区域经济发展具有十分重要的意义。工程于2002年开工，除宁波3期工程，至2009年9月已全线实现通航。

第二节　工程技术

浙东运河独特的工程技术产生由来已久，形成的根本原因是由浙东地区自身的地理环境和人们的生活习俗所决定的，这是古代浙东人民在水利、水运上的杰出创造。其中既有功能上的需要，也包含了审美和艺术的因素。亦所谓：“一些很少受到物理及水平测量原理教育的人，竟然能将如此伟大

的工程完成得尽善尽美，真是让人难以相信。”①

一　系统的航道水位控制工程

（一）早期的港口码头

1. 句章

宁波三江地区见于史书的早期城邑有三处，分别为句章、鄞、鄮。《宝庆四明志》记载：此三地最初为越国采邑，秦时成为会稽郡属县。关于句章城始于春秋越国之说，现史料是北魏阚骃的《十三州志》，书中关于“句章”的记载，见于《后汉书·臧洪传》章怀太子注的引文：“《十三州志》云：勾践之地南至句无，其后并吴，因大城句，章伯功以示子孙，故曰句章。”②

唐张守节《史记正义》记：“句章故城在越州鄮县西一百里。”《宝庆四明志》则说：“古句章县在今县（慈溪）南十五里，面江为邑，城基尚存，故老相传曰城山，旁有城山渡，西去二十五里有句余山。”这里的“城山渡”在今宁波江北区乍山乡城山村。明清以来的地方志书记载多与此一致，即句章故址城山位于余姚江南岸岸边，东距三江口（余姚江和奉化江合流为甬江之处）22公里，由此顺余姚江流东去，可经由三江口入甬江，再北行由镇海大浃口（宁波镇海区）入海。③

《史记·东越列传》载：汉武帝元鼎六年（公元前111年）秋，东越王余善反叛，武帝“遣横海将军韩说出句章，浮海从东方往；楼船将军杨仆出武林；中尉王温舒出梅岭；越侯为戈船、下濑将军出若耶、白沙。元封元年冬，咸入东越”。最终平定越王余善之叛乱。此记载表明，句章在西汉

---

① ［法］李明：《中国近事报告》，郭强、龙云、李伟译，大象出版社2004年版，第108页。

② （宋）范晔撰，（唐）李贤注：《后汉书》卷58，中华书局1965年标点本，第1884页。

③ 参见刘桓武、王力军《试论宁波港城的形成与浙东对外海上航路的开辟》，李英魁主编《宁波与海上丝绸之路》，科学出版社2006年版，第124页。

时期是浙东航行的一个出海之地。《汉书·地理志》记载句章是会稽郡所辖26县之一，其注云："渠水东入海。"《后汉书·孝顺孝冲孝质帝纪》载：阳嘉元年（132）二月，"海贼曾旌等寇会稽，杀句章、鄞、鄮三县长"。《三国志·吴志·孙休传》载："（吴景帝永安七年）（264）夏四月，魏将新附督王稚浮海入句章，略长吏资财及男女二百余口。"综上，句章为汉代乃至三国时代宁波三江地区的一个通海城邑。据上，有许多学者认为句章是越国出海和返航的港口；也有人认为句章只能算是一个处于萌芽时期的港城。①

《宋书·武帝本纪》载：隆安四年（400），刘牢之"使高祖（刘裕）戍句章城，句章城既卑小，战士不盈数百人，高祖常披坚执锐为士卒先，每战辄摧锋陷阵，贼乃退还浃口"。又载："（隆安）五年春，孙恩频攻句章，高祖屡摧破之，恩复走入海。"《宋书·刘敬宣传》又记："五年，孙恩又入浃口，高祖戍句章，贼频攻不能拔。敬宣请往为援，贼恩于是退远入海。"此亦可见句章是孙恩军队从海上入浃口攻击会稽东部内地的门户和首要目标，进攻时沿甬江逆流而上，至三江口转而向西，再溯余姚江直指句章，撤退时由原路顺流从浃口至海上。《浙江通志》卷四十三《古迹·宁波府》"古句章城"条注云："宋武帝讨孙恩，改筑（句章）于小溪镇。"小溪镇在今鄞州鄞江镇（宁波市区西南25公里），位于奉化江支流的鄞江之滨。句章旧城由此消失。②

2. 固陵

《越绝书》卷八记载："所以然者，以其大船军所置也。"固陵应是越国沿海大港，在越国对外军事、经济、文化等活动中发挥了十分重要的作用。

越国的故水道东西向主航线通过固陵港沟通了钱塘江的各港口及海上

---

① 参见刘桓武、王力军《试论宁波港城的形成与浙东对外海上航路的开辟》，李英魁主编《宁波与海上丝绸之路》，科学出版社2006年版，第126页。

② 同上。

航线。

3. 北海港

北海港一说在绍兴城卧龙山以北今北海池一带。据康熙《绍兴府志》卷七《山川志·海》载："今绍兴北海，乃海之支港，犹非裨海也。王粲《海赋》云：翼惊风而长驱，集会稽而一睨，是也。""北流薄于海盐，东极定海之蛟门，西历龛赭入鳖子门抵钱塘。""商贾苦内河劳费，或泛海取捷，谓之登潬潬者，海中沙也。""遇风恬浪静，瞬息数百里；狂飙忽作，亦时有覆没，漂流不知所往。"这一古海港在越王勾践时存在是可信的，至鉴湖建成在直落江口筑起玉山斗门，河海隔绝，港口已在玉山斗门之外。

（二）闸堰

早在2500年以前建成的越国山阴故水道，在东西向运河和南北向自然河道的交汇处，已设有木制的水闸类控水工程。浙东运河是诸多的河流和湖泊连通而成的，其所穿越的钱塘江、钱清江、曹娥江、余姚江落差较大，又受潮汐影响，因之，运河通航水位必须依赖闸、堰调节。在鉴湖时期，"开水门六十九所"。鉴湖航运必须使湖与外江及以北平原航线沟通，由于鉴湖上的闸多在湖与平原河网的连接处，在水位上下差不是很大的情况下可以开闸通航。鉴湖与外江通航主要依靠堰坝，堰一般是用泥或石建砌而成的，表面光滑，高程在鉴湖常水位之间。

西兴运河开凿之初必须解决钱塘江与运河的堰坝之隔，因之可以肯定运河形成之始堰坝体系已经存在，有的会更早。《读史方舆纪要》记载：

> 六朝时谓之西陵牛埭，以舟过堰用牛挽之也……齐永明六年（488），西陵（即西兴）戍主杜元懿言："吴兴无秋，会稽丰登，商旅往来倍多常岁，西陵牛埭税官格，日三千五百，如臣所见，日可增倍，并浦阳、南北津、柳浦四埭，乞为官领摄，一年格外可长四百余万。"

会稽太守顾宪之极言其不可，乃止。①

可见，当时钱塘江南岸其堰埭之多，经济发展和水运之繁盛。

北宋浙东运河所谓的："三江重复，百怪垂涎，七堰相望，万牛回首。"②"三江重复"，是指把运河分隔成多段落的钱塘江、钱清江、曹娥江三条潮汐河流，一条接一条横截于运河上，最后总归杭州湾；"百怪垂涎"，是指运河沿途上游山丘河流众多、蜿蜒而下、形如怪兽、变化多端；"七堰相望"则指西兴堰、钱清北堰、钱清南堰、都泗堰、曹娥堰、梁湖堰及通明堰；"万牛回首"，指行船过堰，小者挽牵，大者般剥，主要依靠牛力，老牛负重，盘旋回首，步履艰难，形成一条运河风景线。

通明堰是浙东运河东部人工运河和自然河流的标志性分界点。"通明北堰在县东一十里。"③ 通明堰所处地势险要，运河与余姚江水位高差较大，船运很不便利。又有通明南堰：

嘉泰元年冬始置，海潮自定海历庆元府城，南抵慈溪，西越余姚，至北堰，几四百里。地势高仰，潮至辄回，如倾注。盐运经由需大汛，若重载当䂨，则百舟坐困，旬日不得前。于是增此堰分导壅遏，通官民之舟，而北堰专通盐运。④

关于以牛牵轮拖船过堰的情况在日本人成寻（1011—1081）《参天台五台山记》中记载了过钱清堰时"以牛轮绳越船"的情景。

所记的牛是水牛，因水牛善于负重并耐劳。具体方法是以牛牵转盘将

① （清）顾祖禹撰，贺次君、施和金点校：《读史方舆纪要》卷92，中华书局2005年版，第4216页。

② （宋）施宿等：《嘉泰会稽志》卷10，《绍兴丛书·第一辑（地方志丛编）》第1册，中华书局2006年影印本，第175页。

③ （宋）施宿等：《嘉泰会稽志》卷4，《绍兴丛书·第一辑（地方志丛编）》第1册，中华书局2006年影印本，第72页。

④ 同上。

船牵到陆地上，接着引船入河而至江口，又从江面越堰入河。船只大小不一样，所用牛的数量也不同。如书中记过钱清堰是以“水牛八头付辘轳绳”。过都泗门堰，则“以牛二头令牵过船”。

（三）水则

浙东运河在绍兴平原段河湖密布，东西又存在水位差，由于各地和不同季节对河湖的防洪、排涝、灌溉、航运有着不同的要求，因之对水位必须统一调度。南朝宋孔灵符《会稽记》称：“筑塘蓄水，水高（田）丈余，田又高海丈余。若水少则泄湖灌田，如水多则闭湖泄田中水入海。”这个控制鉴湖河网水位入海的枢纽工程便是位于绍兴城正北25里的玉山斗门。由此入海的主要河流即是直落江，亦是稽北丘陵干流若耶溪的下流，玉山斗门的主要作用为挡潮和控制北部平原河网水位。

到北宋庆历中任两浙转运使兵部员外郎杜杞，又根据当时水位实际，立水则于鉴湖，刻石宛委山“同定水则于稽山之下，永为民利”[①]。在管理调控水位上有明确有效的操作规范和制度。

明戴琥于成化十二年（1476），在深入实地调查和总结历史经验的基础上创建了一座山会水则（水位尺），置于河道贯通于山会平原诸河湖的绍兴府城内佑圣观前河中，并在观内立有一块可供观测使用的《山会水则碑》，按《山会水则碑》观测“水则”，管理10多公里以外的玉山斗门的启闭，可以调节整个山会平原河网高、中、低田的灌溉和航远，这是山会平原河湖网系统整治和有效管理的标志，也是绍兴水利、航运史上的一个杰出创造。这座水则一直使用了60年，直到汤绍恩主持建成三江闸。

三江闸建成，在闸上游三江城外和绍兴府城内各立一石制水则，自上而下刻有“金、木、水、火、土”五字以作启闭准则。按水则启闭，外御潮汐，内则涝排旱蓄，控制水位，确保航运。万历十二年（1584）郡守萧

---

① 邱志荣：《绍兴风景园林与水》，学林出版社2008年版，第214页。

良幹修闸，之后实行更科学有效的用水管理：

> 立则水牌于闸内平澜处，取金、木、水、火、土为则。如水至金字脚，各洞尽开；至木字脚，开十六洞；至水字脚，开八洞。夏至火字头筑，秋至土字头筑，闸夫照则启闭，不许稽迟时刻。仍建则水牌于府治东祐圣观前，上下相同，观此知彼，以防欺蔽。①

平原河网、萧绍运河水位以水则为准，实行不同季节的联合调度。

二　早期的木桩基础、木制设施技术

山阴故水道在越王勾践时已得到了全面整治，使其东西向贯通山会平原，连通钱塘江与曹娥江。在建设故水道时，越国尽可能以开挖的土方综合利用建成以南的富中大塘，并且为阻挡北部平原潮水侵入，控制上游洪水及排涝和富中大塘灌溉之需，沿河岸必定会有诸多的闸、堰、涵洞一类设施，这类设施中的闸应以木结构为主。除了从河姆渡文化遗址中已发现有建筑中较高制作水平的木构件和木桩打入地基加固技术，2011 年在越城区若耶溪下游东侧的香山越国大墓②，发现了全木制作的坚实牢固的基础处理，具有先进合理的排水系统，以及较高水平的防腐技术。以香山越国大墓为代表的基础处理、排水技术、防腐处置，必然同时被广泛应用到运河、水工技术中，诸多的水工基础和排水关键结构部位，会以上述工艺技术施工处理而充分发挥效益。

至于后来鉴湖能建各类形制的水门 69 所，也当与此技术的推广和应用密切相关。水闸使用木制技术在鉴湖早期的斗门、闸制作中也可得到印证。以玉山斗门为例，宋嘉祐四年（1059），沈绅《山阴县朱储石斗门记》中

① （清）程鸣九纂辑：《闸务全书》，冯建荣主编《绍兴水利文献丛集》，广陵书社 2014 年版，第 30 页。

② 参见邱志荣《上善之水：绍兴水文化》，学林出版社 2012 年版，第 50—53 页。

称："嘉祐三年五月……始以石治朱储斗门八间，覆以行阁，中为之亭，以节二县塘北之水。"① 至此已将原木结构改为石制替代。玉山斗门闸在宋前采用的是木结构，可见越地使用木制水闸技术高超和使用广泛。

沿古鉴湖堤一线的乡村，在近几十年来的挖河和建桥中，都发现塘基有木桩和泥煤，这表明在鉴湖堤上的排灌设施及一些重要地段，都采用了以木桩先入地基处理技术。

三　堤、桥营建工艺

（一）石堤

浙东运河沿线钱塘江、西小江、曹娥江、余姚江水位变化高差较大，而内河航运水位年际变化并不大，一般在1米上下，河势相对稳定。运河为人工开挖，必须筑堤岸护河，山阴故水道的堤岸除涵闸设施采用部分砌石及木制外，基本为土堤。至唐代观察使孟简在山阴西兴运河南岸建运道塘，部分路段已从泥塘改为石塘，之后运河堤岸建设标准渐趋向石塘发展。

浙东运河航船之动力在古代或靠摇橹，或靠风帆，或依靠堤岸纤夫背纤。由于摇橹费力而速度慢，又浙东地区一般风力较弱，背纤便是行船的主要方式之一。运河建设和保护需要堤岸，背纤要有纤道路，便形成了浙东运河闻名于世的古纤道。绍兴古纤道是浙东运河上古代人们行舟背纤和躲避风浪的通道，也是我国航运技术史上的杰出创造。古纤道西起钱清，东至曹娥，长近150里，其主要地段位于柯桥至钱清一带的运河上，纤道路可分为单面临水和双面临水两大类，根据地形和实际需要建造。

1. 单面临水

一面临水、一面依岸的纤道路一般在河面不甚宽阔之处，路基的砌筑

① （宋）孔延之：《会稽掇英总集》卷19，浙江省地方志编纂委员会编著《宋元浙江方志集成》第14册，杭州出版社2009年版，第6568页。

方法主要有两种：一种是用条石错缝横平砌丁石，层层上叠；另一种则采取“一顺一丁”之法垒叠。其路面高出水位约1米，一般以石板横铺而成，每块石板的宽度在0.7—0.96米之间；长度（即纤道的宽度）则基本相近，为1.50—1.60米。由于铺路石板的背面较粗糙，有时难以使路面保持平衡，石匠便在石板与路间垫入若干大小不一的石片进行校正。

2. 双面临水

双面临水的纤道路多在水深河宽之处，砌筑难度相对较大，是纤道中的精华所在。它可分为实体纤道路和石墩纤道桥两种。

（1）实体纤道路。路基及路面砌叠方式与一面临水、一面靠岸的纤道相一致。最长的一段要数柯桥东首至谢桥塘湾溇，全长约3里，平面略呈“S”形弯曲，这种形状，既具有砌筑技术上的稳定性，又在一定程度上抗击抵消了波浪对塘路的冲击，同时也使塘路呈现了曲折多变和形象的动感之美。古代河埂砌筑不可能如同现代采用围堰技术，须技艺高超的石工，在水下直接用石砌工艺技术操作，主要采用定位、放样、搭排架、平整基础、打桩、放盘石、砌筑基面等的方法。

（2）石墩纤道桥。一名“铁锁桥”，在阮社太平桥至湖塘板桥一带的运河上，有两段。据现存于纤道桥上的清光绪九年（1883）八月乡绅章文镇、章彩彰以及匠人毛文珍、周大宝凿刻的《重修纤道桥碑记》云：“自太平桥至板桥止，所有塘路以及玉、宝带桥，共计二百八十一洞。”今其中的一段全长有502米，149桥孔；另一段全长有377.4米，112桥孔。这种纤道桥每隔2.36—2.75米设一桥墩，采用“一顺一丁”之法干砌，墩与墩之间用三块长3.37—3.51米、宽0.49—0.52米的大石梁并列搁成，通宽在1.5米左右。有的还间以系石，以增加桥面的稳固。此外，一般采用桥梁微微拱起，两边夹紧顶实，增加牢固度，以免断裂，同时也使纤道本身既有整体形成的壮观美，又平添了个体的弧线美。

由于实体纤道路上船只无法横穿，石墩纤道桥亦多贴近水面，只起到贯通水体作用，倘若船只需进出，或遇到较大的风雨时，便必须通过与纤道平行的凸起拱桥和梁桥由外官塘主航道进入里官塘躲风避雨，以防翻船之险。里官塘河宽一般20余米，长短及配套随主河道及地理位置确定。

（二）石桥

为运河南北行人过往需要，便必须有赖于横跨运河两岸的大中型石桥。据统计，浙东运河上多横架之桥，仅绍兴古纤道上就有这类石桥40余座，它们形式多样，多姿多彩，是纤道不可分割的组成部分。[①] 其中荫毓桥、融光桥、太平桥、迎恩桥、会龙桥和泾口大桥，在我国水利桥梁建筑史上具有较高的研究价值和地位。至于余姚的“通济桥”，是浙东地区最大跨度的圆拱大石桥，故称为“浙东第一桥”。据《建桥碑记》记：“海舶过而风帆不解。”

四　航船制作能力

（一）越国

《国语》言及越国的四至：“勾践之地，南至于句无，北至于御儿，东至于鄞，西至于姑蔑。”句无、御儿、鄞和姑蔑分别位于诸暨、嘉兴、鄞县和衢县。可见越国的疆域主要分布于钱塘江和杭州湾两岸，为濒海临江、河湖纵横之地。越国迁都今绍兴城后，其地理环境和生产、生活、军事的需要，更加快了造船业的发展。《越绝书》卷八对越族交通做了形象的描述：“水行而山处，以船为车，以楫为马。”《淮南子·齐俗训》：“胡人便于马，越人便于舟。”《慎子》：“行海者，坐而至越，有舟故也。”

根据文献记载，越国有专门的造船工场。《越绝书》卷八载：“舟室者，勾践船宫也。去县五十里。”这个距离国都五十里、坐落在钱塘江南岸的

① 参见周燕儿《绍兴古纤道考查记》，盛鸿郎主编《鉴湖与绍兴水利》，中国书店1991年版，第224页。

"舟室"，即"船宫"，就是越国的造船工场。越国还有专事管理造船的船官司，《越绝书》卷三："方舟航买仪尘者，越人往如江也。治须虑者，越人谓船为须虑。""治须虑者"，即越国管理造船的船官司。还有众多的造船工，被称为"木客""作士""楼船卒"，都是专职木工，主要是建造船只。勾践一次"使木工三千余人，入山伐木"[①]；又一次因"初徙琅琊，使楼船卒二千八百人伐松柏以为桴，故曰木客"[②]，造船工人数之多，由此可见一斑。

越国各类船只的形制如下[③]。

楼船，《越绝书》几次提到"楼船卒"，足见越有楼船。直到汉武帝时，还特令朱买臣到会稽郡"治楼船"，也可证明越地是制作楼船的场所。《史记·平准书》："楼船，高十余丈，旗帜加其上，甚壮。"杜佑《通典》卷一六〇也说："楼船。船上建楼三重，列女墙战格，树幡帜，开弩窗、矛穴，置抛车、垒石、铁汁，状如城垒。"便于攻击敌舰，作为水军的主力舰只。

戈船，见《越绝书》卷八记载："勾践伐吴，霸关东，从琅琊起观台。台周七里，以望东海。死士八千人，戈船三百艘。"戈船应是中型战船，船底设有戈器，以防水底被偷袭。

翼船，分为大翼、中翼和小翼。《初学记》卷二十五引《越绝书》云："越为大翼、中翼、小翼，为船军战。"《事类赋注》引作"越为大翼、中翼、小翼船以战"。钱培名《越绝书札记·逸文》辑录的伍子胥《水战兵法内经》："大翼一艘，广一丈五尺二寸，长十丈，容战士二十六人，棹五十人，舳舻三人，操长钩矛斧者四……弩各三十二，矢三千三百，甲兜鍪各三十二；中翼一艘，广一丈三尺五寸，长九丈六尺；小翼一艘，广一丈二尺，长九丈。"吴、越两国俗相类，越国的大翼、中翼、小翼，其形制大抵

① （汉）赵晔：《吴越春秋》，中华书局1985年版，第183页。
② （汉）袁康、（汉）吴平：《越绝书》，浙江古籍出版社2013年版，第254页。
③ 参见童隆福主编《浙江航运史 古近代部分》，人民交通出版社1993年版，第9—10页。

亦当如此。

扁舟，亦称轻舟。《国语·越语》范蠡“乘轻舟以浮于五湖”，《史记·货殖列传》作“扁舟”，是一种轻便灵巧的小船，作民间往来江河之用。

方舟，亦作方、舫。《越绝书》卷三记载越国有方舟、航买、仪塵，今不得其详。《说文解字》解释：“方，并船也。”即两船相并。西汉铜鼓饰纹尚可见其图形。不仅平衡安全，而且速度快，是越国常用的水上交通工具。迄今在南洋和太平洋群岛还可见到。①

舲，见于《淮南子·主术训》：“越人乘干（舲）舟，而浮于江湖。”又同书《俶真训》：“越舲蜀艇，不能无水而浮。”高诱《注》说：“舲，小船也。”其是一种小巧的船只，精熟水性之人方能驾驭。

乘舟，《左传·昭公二十四年》记载：“越公子仓归（馈）王乘舟。”《竹书纪年》记载，魏襄王七年四月“越王使公师隅来献乘舟”。乘舟应是一种气势浩大、王公贵族所专用船只。

越国造船的数量也不少。例如，公元前482年，勾践乘夫差率领精兵北上黄池之际，“乃发习流二千，教士四万人，君子六千人，诸御千人”②，大举进攻吴国。“习流”就是习水战之兵。一支两千人的水军，需要翼船已不在少数。勾践灭吴以后迁都琅琊，“勾践伐吴，霸关东，从琅琊起观台。台周七里，以望东海。死士八千人，戈船三百艘”③。建立起一支水军舰队，如果当时没有为数众多的船只做基础，是难以成立的。直到公元前312年，越王还派遣使者公师隅向魏襄王“献乘舟，始罔及舟三百”④。“始罔”大约为“乘舟”之取名。可见，在战国后期，越国的造船业不仅在技术上而且在数量上，依然保持着领先的水平。

---

① 参见石钟健《古代中国船只到达美洲的文物证据》，《百越史研究》，贵州人民出版社1983年版，第143页。

② （汉）赵晔：《吴越春秋·勾践伐吴外传》，中华书局1985年版，第205—206页。

③ （汉）袁康、（汉）吴平：《越绝书》卷8，浙江古籍出版社2013年版，第51页。

④ （北魏）郦道元著，陈桥驿校释：《水经注校释》，杭州大学出版社1999年版，第56页。

以上，充分说明了越国造船业的发达，其使用功能大多用于军事，也有商业和生活之用。

宋代孙因有《越问·舟楫》予以歌颂，文中，越人不但善于操舟，并且舟船和越国历史上著名事件、众多名人联系在一起。船之大，数量之多，场面之大，十分壮观。又有竞渡之俗，使观者动心骇目。非水乡泽国绍兴何以有此舟楫盛事。

（二）隋唐

隋代江浙一带造船业的发达，已经引起朝廷的防范和警惕。开皇八年（598）隋文帝下诏："吴越之人，往承弊俗，所在之处，私造大船，因相聚结，致有侵害。其江南诸州，人间有船三丈已上，悉括入官。"①

唐代为适应经济繁荣和外交贸易的需要，造船基地和船的数量增加很快。造船技术也明显进步，杭州、越州都是造船发达之地，尤以造大船、海船闻名著称。

对五代时期吴越的造船业，日本学者中村新太郎说："仅从日本史书中所见，前后算来，商船往来就有十四次，而实际上恐怕还要更多。这些往来的船只，全是中国船，日本船一只也没有。而中国船中，几乎又都是吴越的船只。"②

（三）宋元

宋元时期浙江杭州和明州等地都设有造船场，宋时设在明州的船坊指挥、杭州的船务指挥等厢兵，其主要职责就是打造船只。③ 明州造船厂主要设在今姚江南岸的将心寺到江东庙一带，后来称为战船街。1979 年的"东门口遗址"发掘中，曾发现宋元时代修船厂遗址。北宋真宗天禧（1017—

---

① （唐）魏征、（唐）令狐德：《隋书》卷 2，中华书局 1973 年版，第 27 页。

② ［日］中村新太郎：《日中两千年》，张柏霞译，吉林人民出版社 1980 年版，第 161 页。

③ 参见童隆福主编《浙江航运史 古近代部分》，人民交通出版社 1993 年版，第 77 页。

1021）末年下达全国各地打造漕船额定数量为 2915 艘，其中明州 177 艘，婺州 105 艘，温州 125 艘，台州 126 艘，总计 533 艘，占近 1/5。南宋初年，“两浙江东西路各造船二百只，专充运粮”①。

宋代出使国外的海船许多在浙江打造，如宋神宗派使者出使高丽，命明州“造万斛船二只”，分别为凌虚致远安济神舟和灵飞顺济神舟。当年徐兢描写宋徽宗遣使至高丽两条明州打造的神舟“巍如山岳浮动波上，锦帆鹢首，屈服蛟螭，所以晖赫皇华震慑夷狄”。

宋代造船技术的高超堪称全国之最。乐史《太平寰宇记》，即将船舶著录于明州土产栏目之下。在施工管理上，宋代造船工匠已能按图纸施工；在船型上已能打造江海两用船。根据徐兢《宣和奉使高丽图经》卷三十四《客舟》载，以及对 1979 年宁波市区“东门口遗址”中出土的宋代海船研究，可以肯定当时的船型、结构、装饰等具有先进的工艺，在同时的日本船和波斯船中都还未采用②。

宋元时期，浙江民间的造船业也相当发达。主要营造商船、客船、游船及其他民用船只，所造船只为民间船主所有。建炎三年（1129）十二月，宋高宗被金兵追赶到明州，明州提领张公裕筹集“千舟”③，作为宋高宗由海路逃往台州、温州的准备。开庆《四明续志》卷六记载庆元府可征用的民船有 7916 艘，可见数量之巨。

宋元绍兴水上之舟，已有较高标准，较常见有画船。如柳永《夜半乐》词中“泛画鹢，翩翩过南浦”，此中所指“画鹢”是雕在船身上的图案。画船一类游船在这时已普遍使用。

---

① （清）徐松棈，刘琳、刁忠民、舒大刚校点：《宋会要辑稿》，上海古籍出版社 2014 年版，第 6982 页。

② 参见童隆福主编《浙江航运史 古近代部分》，人民交通出版社 1993 年版，第 86 页。

③ （宋）李心传：《建炎以来系年要录》卷 30，中华书局 1956 年标点本，第 583 页。

（四）明清

此时期，绍兴航运和用于生产、生活的舟船不断增多，质量提高，形制也日趋完备。主要航埠船有以下几种。

航船，也称夜航船，多于傍晚开船，次晨到达目的地，航程较远。航船船身较大，上盖竹篷，船舱下层装货。因夜航，沿途停靠点较少。明张岱称："天下学问，惟夜航船中最难对付。"[①] 其中也可见夜航船人流之多之广，因坐船上时间长，谈天说地便成寻常之事，天南海北，无奇不有。既是水上趣事，亦属民俗文化。

埠船，为水乡主要商旅交通工具。以城区和农村集镇为中心，往返行驶，沿途停靠主要村庄。有一天来回者，亦有一天两次来回者，俗称"四埭头"。

乌篷船，用于载客和水乡游览。乌篷船，也称乌篷划船，船篷油漆成黑色。船长一般 1 丈 5 尺左右，分为 5 舱，客人席地而坐，中舱 4 人，前舱 2 人，后舱坐船老大。"伸足推之进行甚速。绍兴人精此技。"[②]

楼船，既可观戏，又可人居其上，颇有气势。明张岱有《楼船》。

民国年间浙江的手工造船仍有着较高水平，所造海船以宁波船形为主；内江的木船则以江山船和绍兴船为主。绍兴船形船身较长，平底，船头短小，中舱宽大，两舷微呈弧形后梢高翘，一般无桅杆。又用竹笠编的圆棚遮盖棚盖漆成黑色的称乌篷船，本色的称白篷船。

---

① （明）张岱：《琅嬛文集·张岱著作集》，浙江古籍出版社 2013 年版，第 28 页。

② 转引自童隆福主编《浙江航运史·古近代部分》，人民交通出版社 1993 年版，第 137 页。

第三节 文化风情

浙东地区文化发达、积淀深厚、交流广泛，运河又起着巨大的承载作用。运河文化的产生发展大致包括三部分，一是运河本地产生的文化；二是外地精英带来的先进文化以及在浙东创作的文化作品；三是通过运河形成对外的文化交流。

一 文化学术承载之河

绍兴为越文化的中心，浙东运河则从其形成的雏形山阴故水道起就一直是这里的文化产生和传播之地。

（一）积淀深厚

浙东之地舜禹传说流传甚广。《水经注·浙江水》：“《晋太康地记》曰：舜避丹朱于此，故以名县，百官从之，故县北有百官桥。”此便为上虞“百官”地名之来历，亦为曹娥江古名“舜江”的由来。至于著名传说和史书中记载大禹治水来到会稽山下，沿运周边流传着“三过家门而不入”“诛杀防风氏”“涂山娶妻”等众多动人的传说，会稽山下耸立着历史悠久、殿宇宏壮的大禹陵，成为浙东水文化的源头。

《吴越春秋》卷七记载了越王勾践入臣于吴，群臣送浙江之上，越王夫人乃据船而哭的《愁歌》，是感人肺腑、生离死别的绝唱。《越绝书》卷八还记载了勾践习教美女西施、郑旦的“美人宫”在东郭门外的山阴故水道边。之后，又有了西子于此采莲的传说。汉刘向《说苑·善说》记：“鄂君子皙之泛舟于新波之中也，乘青翰之舟……越人拥楫而歌。”是古越水文化与楚文化交流之写照。

浙东“西则迫江，东则薄海”[1]，潮起潮落，波涛汹涌，变幻莫测，令人惊叹。于是越人心中产生了海潮之神，是神的意志主宰着这一自然现象。最著名的当属伍子胥和文种的神话故事。又：“葬一年，伍子胥从海上穿山胁而持种去，与之俱浮于海。故前潮水潘候者，伍子胥也；后重水者，大夫种也。”[2] 这一故事也就在运河沿岸广泛传播。

曹娥江畔运河边还流传着一个凄美的孝女曹娥故事。“孝女曹娥者，会稽上虞人也。父盱，能弦歌，为巫祝。汉安二年（143）五月五日，于县江溯涛婆娑迎神，溺死，不得尸骸。娥年十四，乃沿江号哭，昼夜不绝声，旬有七日，遂投江而死。”[3] 又有言“曹娥（130—143），皂湖乡曹家堡人”[4]。后人为纪念其孝，名江为曹娥江。曹娥庙中亦留下了东汉学者蔡邕和杨修“绝妙好辞”的故事，以及深厚的孝德文化。

鉴湖建成后会稽的自然环境起了转折性的变化，而西兴运河的建设又使山会平原水利、社会环境更趋优越。于是越文化的神秘、会稽山的高深莫测、古鉴湖的风光无限、故水道的悠远，吸引了众多的文人学者、迁客骚人，或沿鉴湖、西兴运河航线畅游，或定居湖畔岸边，于此挥毫泼墨、著书立说、吟唱咏颂，留下了丰富多彩、文化深厚的作品。魏晋南北朝时期，会稽相对成了偏安之地，于是文人学士多会于此，“会稽有佳山水，名士多居之”[5]。谢灵运在会稽的山水诗很有影响，开一代风气，他与谢惠连、谢姚并称“三谢”，在运河之畔多有佳作。

唐代有更多文人学士闻名来越游览，这条线路大致范围为从钱塘江到西兴，之后一条经西兴运河到绍兴城；另一条从鉴湖到绍兴城，或至若耶

---

① （汉）袁康、（汉）吴平：《越绝书》卷4，浙江古籍出版社2013年版，第27页。
② （汉）赵晔：《吴越春秋·勾践伐吴外传》，中华书局1985年版，第231页。
③ （宋）范晔撰，（唐）李贤注：《后汉书》卷84，中华书局1965年标点本，第2794页。
④ 《上虞县志》编纂委员会编：《上虞县志》，浙江人民出版社1990年版，第776页。
⑤ （唐）房玄龄著，黄公渚选注：《晋书》卷80，商务印书馆1934年版，第200页。

溪，或沿东鉴湖至曹娥江，经剡溪到天台山。来越诗人多为唐诗中杰出代表，沿途创作了大量的优秀诗篇，被誉为“唐诗之路”。

孟浩然《渡浙江问舟中人》写出了仰慕越中山水之情：

潮落江平未有风，扁舟共济与君同。
时时引领望天末，何处青山是越中。①

贺知章，字季真，号四明狂客，唐越州永兴（今萧山）人，早年迁居山阴。贺知章在鉴湖边、运河畔写下脍炙人口的《回乡偶书》二首。

少小离家老大回，乡音未改鬓毛衰。
儿童相见不相识，笑问客从何处来。

离别家乡岁月多，近来人事半消磨。
唯有门前镜湖水，春风不改旧时波。

南宋诗人陆游家住西兴运河近处，从少小离家到晚年家居，常泛舟运河之中，或记述事物，或歌咏风光，多有妙篇佳作。如《钱清夜渡》诗：

轻舟夜绝江，天阔星磊磊。地势下东南，壮哉水所汇。
月出半天赤，转盼离巨海。清辉流玉宇，草木尽光彩。

写出钱清江渡口月出时分的壮丽景象。又《西兴泊舟》：

衰发不胜白，寸心殊未降。避风留水市，岸帻倚船窗。
日上金镕海，潮来雪卷江。登临数奇观，未易敌吾邦。

① （唐）孟浩然著，曹永东笺注：《孟浩然诗集笺注》，天津古籍出版社1989年版，第351—352页。

此为西兴渡口所见钱江潮奇观。

明清文人在浙东运河歌咏之作不断，明袁宏道有“钱塘艳若花，山阴芊如草”句广为传颂；清齐召南有“白玉长堤路，乌篷小画船”句脍炙人口。

（二）多元文化

浙东运河及沿海港口也是这一地区对外文化交流的重要承载之地。由于古越地处四通八达的河湖和海边，又因为故水道的东西向连通，越人能利用舟楫和水上航行进行航海和对外文化交流。春秋战国时期，我国有五大港口，越国拥有琅琊、会稽、句章三大贸易港口，两个在浙东。那时的越族人民漂洋过海去今天的日本列岛和韩国济州岛等地。对两地文化，尤其是在稻作农耕、养蚕纺织、建筑、冶炼、艺术语言等方面产生深远之影响。①

唐朝时，中日两国交流最突出成就者是高僧鉴真。他不畏艰险，东渡日本，讲授佛学理论，传播博大精深的中国文化，有效地促进了日本佛学、医学、建筑和雕塑水平的提高，受到中日人民和佛学界的尊敬。据赵朴初先生考证，鉴真第五次赴日，最后是从越州城出发，取道浙东运河东渡。

在宋代，日本僧人成寻（1011—1081）一行于1072年（日本白河天皇延久四年，中国宋神宗熙宁五年）三月十五日自日本松浦壁岛登上中国商船，从这一天起就开始写日记，后成《参天台五台山记》，其中记下了成寻乘船从钱塘江，过萧山经古运河，一直到曹娥、嵊州、新昌到天台的行程等，不但记述了运河水道，还记载了诸多沿运山川风光、风土人情。

至于500多年前朝鲜人崔溥写的《漂海录》，因其所见所闻都是明代中国大运河沿岸周边的第一手资料，所以深受朝廷重视。

17世纪中叶两次来华并在浙江杭州、绍兴、金华、兰溪、宁波传教的

① 参见方杰《越国文化》，上海社会科学院出版社1998年版，第349页。

意大利传教士卫匡国，在向欧洲介绍中国历史文化时，于顺治十一年（1654）在欧洲出版了《鞑靼战纪》，书中不仅详细记载清军南下攻占整个浙江的过程，而且介绍了运河水城杭州、绍兴等城市风貌，书中称绍兴："是中国最美丽的城市。"①

冈千仞（1833—1914），字天爵，号鹿门，日本仙台藩人，是著名汉学家。1844年6月冈千仞来华游历三百余日，著《观光纪游》《观光续纪》《观光游草》之书。《观光纪游》近十万字，是近代日本所著汉文体中国游记中最有代表性的一部。

（三）特色鲜明

运河沿岸不但有丰富的物质文化遗存，亦有众多的非物质文化遗存闻名遐迩，为世人交口赞誉。

会稽大禹祭典是中国历代王朝的重要祀典之一，因其绵延不绝。2006年5月，"大禹祭典"入选第一批国家级非物质文化遗产名录。

"梁祝传说"形成于东晋穆帝、孝武帝时代，距今已有1600余年，"梁祝传说"产生地在浙江上虞城南运河边的丰惠镇蔡岙的祝家庄。"梁祝传说"所蕴含的梁山伯与祝英台追求爱情的婚姻自主、具有强烈的反封建礼教的思想和震撼作用，形成以来，社会广泛流传，艺术创作形式和内容多样。"梁祝传说"2006年入选第一批国家级非物质文化遗产名录。

"绍兴师爷"，以其独特的传奇、巧计、智慧等在民间颇有口碑，这就产生"绍兴师爷故事"和"徐文长故事"。"绍兴师爷"成为老百姓心目中的才学和智慧的象征。

此外，"绍兴水乡社戏""绍兴乌毡帽""绍兴背纤号子""妈祖信仰""百年龙舞""麻将亿元的故事"等文化遗存以其历史悠久、内容丰富在浙

① ［意］卫匡国：《鞑靼战纪》，杜文凯编《清代西人见闻录》，戴寅译，中国人民大学出版社1985年版，第35—36页。

东运河边影响深远、流传广泛。

绍兴在越王勾践时就有酿酒、饮酒的历史记载，有投醪河闻名于世。运河沿岸的湖塘、阮社、柯桥、东浦、东关一带酒坊遍布，酒艺独特；酒香千里，酒旗斜耸；船行不绝，运送不断。绍兴酒为黄酒之冠，1988 年“古越龙山”加饭酒被定为国宴酒，2006 年 5 月“绍兴黄酒酿制技艺”入选第一批国家级非物质文化遗产名录。

越族自古是一个能歌好咏的民族，运河沿岸及周边河道的水上戏台是其演唱弹歌的舞台，戏曲艺术的不断发展也就形成了富有水乡特色的剧种。绍剧，又称绍兴大班、绍兴乱弹，为浙江主要剧种之一，唱腔激荡高亢、粗犷豪放，善于表现激昂壮观的场景，主要代表作有《孙悟空三打白骨精》等。越剧，源于嵊州，又称绍兴文戏，演唱风格委婉细腻，主要作品有《梁山伯与祝英台》《红楼梦》《西厢记》等。绍兴莲花落，以绍兴方言演唱为主，唱腔朴素流畅，内容生动活泼，极富民俗生活气息，主要节目有《血泪荡》《回娘家》等。此外，绍兴平湖调、新昌调腔也颇有影响和特色。

二　名人志士荟萃之地

浙东运河地处山川灵秀之地，“海岳精液，善生俊异”[①]。宋陆佃在《适南亭记》中记：“会稽山川之秀，甲于东南。自晋以来，高旷宏放之士，多在于此。”[②] 重要的区域位置和水乡泽国主航道地位，便有众多历史精英人物荟萃于此。

秦始皇巡越，“上会稽，祭大禹，望于南海，而立石刻颂秦德”[③]，并乘舟山阴故水道上，于是运河边有秦望村和秦望桥，东湖绕门山又传为秦始

① （晋）陈寿：《三国志（下）》卷 57，中华书局 2011 年标点本，第 1106 页。

② （明）萧良幹等：万历《绍兴府志》卷 9，《绍兴丛书・第一辑（地方志丛编）》第 1 册，中华书局 2006 年影印本，第 685 页。

③ （汉）司马迁：《史记》卷 6，中华书局 1959 年标点本，第 260 页。

皇驻马之地。

东汉王充（27—约97），字仲任，上虞人，著名唯物主义哲学家。他在浙东运河所经的曹娥江畔“闭门潜思”，“绝庆吊之礼，户牖墙壁各置刀笔。著《论衡》八十五篇，二十余万言”①。此书在哲学思想史上具有振聋发聩的力量和作用，对人们正确地认识人与自然、人与水环境有重要的启迪作用。

东汉大学者蔡邕（132—192）曾浪迹会稽，相传在今绍兴柯桥的竹亭取亭中竹椽制成长笛，吹出悠扬的乐声闻名越中，后人为纪念其人其事，在柯桥运河边重建柯亭，至今犹存。又相传晋代竹林七贤之阮籍、阮咸在西兴运河畔的阮社嗜酒如命，文章风流。今柯桥运河边的荫毓古桥有楹联：“一声渔笛忆中郎，几处村酤祭二阮。”阮社尚存籍咸桥。

永和九年（353）三月初三，书圣王羲之（303—361）与名流41人会集会稽山下，鉴湖之畔，在“有崇山峻岭，茂林修竹，又有清流激湍，映带左右”的兰亭饮酒赋诗，畅叙幽情，留下了不朽名篇和千古书法绝本《兰亭集序》，是人与自然和谐交融的结晶。

谢安（320—385），字安石，东晋陈郡阳夏（今河南太康）人，“少有重名”②，谢安曾任佐著作郎，并以疾辞，“寓居会稽”，在东山隐居。与名士王羲之、许询、孙绰，名僧支遁等交游，为江东名士领袖，朝野瞩望。足迹遍及运河、曹娥江两岸。因此有“东山再起”之说。

据记载，南宋两位皇帝理宗、度宗于西兴运河绍兴城西入口迎恩门边早年生活并发祥而登龙庭，今浴龙宫、全后宅、会龙桥是其生活和纪念之地。③

王守仁（1472—1528），字伯安，明代著名哲学家、教育家，当年离职

① （宋）范晔撰，（唐）李贤注：《后汉书》卷49，中华书局1965年标点本，第1629页。
② （唐）房玄龄著，黄公渚选注：《晋书》卷79，商务印书馆1934年版，第182页。
③ 参见（清）悔堂老人《越中杂识》，浙江人民出版社1983年版，第39—40页。

还乡，在山阴故水道南侧若耶溪宛委山中的阳明洞天处结庐其侧，设帐讲学，因以为号，人称王阳明、阳明先生。他两次到宛委山阳明洞天，潜心求索，终于大悟“格物致知”的道理，应当自求诸心，不当求诸物，后创立“致良知”说，又称“心学”。

刘宗周（1578—1645），初名宪章，字启东，一作起东，号念台，学者称蕺山先生，为一代儒学名臣，刘宗周于崇祯四年（1631）在浙东运河边的山阴创建“证人书院”，结“证人社”，以诚意、慎独之学纠正王学末流的空疏之失。从学者不下千人，而称为蕺山学派。至今绍兴蕺山书院门墙上依然高挂着“浙学渊源”四个大字。

浙东学派是中国历史上颇具特色和成就的学术流派，起源于宋代经元明过渡时期，在清代到达鼎盛。其代表人物黄宗羲（1610—1695）为余姚人，万斯同（1638—1702）为鄞县人，全望祖为鄞县人，章学诚（1738—1801）为会稽人，他们的一个共同特点都是从小受浙东运河自然环境的养育，接受浙东文化的哺育和熏陶。梁启超在《中国近三百年学术史》八《清初史学之建设》中评说：清代“浙东学风，从梨洲（黄宗羲）、季野（万斯同）、谢山（全望祖）起以至于章实斋（章学诚），厘然自成一系统，而其贡献最大者实在史学”。他们的学术成就也就如浙东运河，其历史一脉相承，其源流绵延悠长。

清康、乾两帝先后横渡钱塘江沿浙东运河浩荡南下，一时间紫气蔽日，彩云遮天；龙舟独尊，千帆竞发，沿河百官黎民云集，迎接圣驾，气象壮观。至于孙中山为拜谒大禹陵，沿运河乘越安专轮来绍兴宣传民主革命，瞻览绍兴风景。“在汽笛声中，驶到西郭门外育婴堂河埠……绍兴群众，倾城出动”①；又孙中山在绍演说时称：“绍兴河畔之牌坊不少，此非有知识之

① 陈德和：《孙中山先生游越记实》，中国人民政治协商会议浙江省绍兴县委员会文史资料工作委员会《绍兴文史资料选辑》第5辑，1987年。

作为而何？”是对绍兴沿运文化的充分肯定。周恩来在抗战危急关头，乘舟运河，宣传抗日，激励民众等意义非凡的历史场景均已载入史册，为绍兴人民广为传颂。辛亥革命前后，绍兴更有徐锡麟、秋瑾、陶成章、鲁迅、蔡元培等人的光辉业绩功垂史册，是浙东之骄傲。毛泽东有诗曰：“鉴湖越台名士乡，忧忡为国痛断肠。剑南歌接秋风吟，一例氤氲入诗囊。”① 可谓不尽名人在越中，处处胜迹留运河。

三　历史名胜卓绝之乡

浙东属山—原—海的地貌地形，“山有金木鸟兽之殷，水有鱼盐珠蚌之饶”②，千岩竞秀、万壑争流；河湖广阔、碧水长流；东海无垠、万岛所聚；风调雨顺、物产丰富，加之数千年的文化积淀，于是在浙东运河沿岸有着奇特的山水自然风光和众多的名胜古迹。

（一）历史名城

绍兴

“浙东之郡，会稽为大。”③ “鉴水环其前，卧龙拥其后，稽山出其东，秦望直其南。自浙以东，最为胜处。”④ 浙东运河沿运的中心城市绍兴是国务院1982年首批公布的全国24座历史文化名城之一，建城已有2500年历史。古代浙东运河穿越绍兴城而过。运河经迎恩门入绍兴城后分为两支。“其纵者自江桥至南植利门，北至昌安水门；其横者都泗门至西郭门，中间支河甚多，皆通舟楫。”绍兴水城可谓镶嵌在浙东运河之中的一颗璀璨明珠。

明刘基在《游云门记》中称：“语东南山水之美者，莫不曰会稽。岂其

① 毛泽东：《七绝两首》，《人民日报》1996年9月20日。

② （晋）陈寿：《三国志（下）》卷57，中华书局2011年标点本，第1106页。

③ 《陆游集》卷19，中华书局1976年版，第2156页。

④ （宋）王象之编著，赵一生点校：《舆地纪胜》卷10，浙江古籍出版社2012年版，第368页。

他无山水哉？多于山则深沈杳绝，使人憯凄而寂寥；多于水则旷漾浩瀚，使人望洋而靡漫。独会稽为得其中，虽有层峦复冈，而无梯磴攀陟之劳；大湖长溪，而无激冲漂覆之虞。于是适意游赏者，莫不乐往而忘疲焉。”①明张岱在《古兰亭辨》中说：“会稽佳山水，甲于天下，而霞蔚云蒸，尤聚于山阴道上，故随足所至，皆胜地名山。”② 祁彪佳《越中园亭记》楚人胡恒所作序称：“越中众香国也，越中之水无非山，越中之山无非水，越中之山水无非园，不必别为园。越中之园无非佳山水，不必别为名。”认为越中之山水本来就是园林景观，或是人工与自然之结合。诸如运河边的柯岩、东湖、羊山都是绝妙胜景。

宁波

宁波，“古越地之东境”。“东通吴会，南接江湖，西连都邑。川泽沃衍，风俗澄清。海陆珍异所聚，蕃汉商贾并凑。”“四明在浙东最为濒海，宜有环奇伟特之观，快登临者之心目。大江横其前，群山拱其后。岛屿出没，云烟有无。浪舶风帆，来自天际。又舟井之屋，尽在目中。”③

宁波城是著名的中国国家历史文化名城，其历史悠久、文化深厚、经济发达、海城风光闻名已久。《读史方舆纪要》载：

> 宁波府，东至海岸百有四里，南至台州府四百二十里，西至绍兴府二百二十里，北至海岸六十二里，自府治至布政司三百六十里，至京师三千七百里。禹贡扬州之域，春秋时越地。秦属会稽郡，汉以后因之。隋平陈属吴州，大业初属越州，寻属会稽郡。唐武德四年置鄞州，八年州废。开元二十六年复置明州，治鄮县，以四明山而名。④

---

① （明）刘基著，林家骊点校：《刘基集》，浙江古籍出版社1999年版，第104页。

② （明）张岱：《琅嬛文集·张岱著作集》，浙江古籍出版社2013年版，第88页。

③ （宋）王象之编著，赵一生点校：《舆地纪胜》卷11，浙江古籍出版社2012年版，第431页。

④ （清）顾祖禹撰，贺次君、施和金点校：《读史方舆纪要》卷92，中华书局2005年版，第4237页。

宁波城这片土地都是在卷转虫海退后淤涨起来的，即秦建鄞、鄮、句章三县之地。前482年，勾践为发展水师，增辟通海门户，在其东疆句余之地开拓建城，称句章。句章是甬江流域出现最早的港口，是会稽的海上门户，句章作为海上交通和军事行动的出入港口而屡见史册。句章古港在6世纪逐渐衰落后，甬江流域的港口开始东迁三江口（今宁波城区），三江口即为明州的前身。821年，明州州治从小溪移至三江口，是年，刺史韩察建子城（即内城），唐天祐四年（907）刺史黄晟筑罗城。现宁波古城的子城、罗城的城墙虽被拆除，但子城、罗城的范围、轮廓犹存；古城格局依稀，并遗留了大量的文化遗存。现有各级文保单位214处，其中国家级5处，省级20处。

宁波城发端于姚江、甬江、奉化江交汇的三江口地区，又有西塘河、南塘河等人工运河引入，为诸多水系交汇的核心城市，是重要的交通枢纽。唐代，随着明州城的崛起，对外交通贸易日趋繁荣，成为全国四大港口之一。宁波老城东门外的三江口一带，历史上就是对外贸易的繁华港埠。至今城区还保存有古海运码头、使馆、会馆等众多体现港口城市特色的文物古迹。运河带动了包括佛教、伊斯兰教、天主教等众多文化的交流与传播，至今宁波城内保留有诸多宗教性文物古迹与历史建筑。宁波老城历史街区众多，具有传统岁月的街区主要有鼓楼公园街区、郡庙县学衙街区、月湖文化景区、天主教堂“外滩”街区和永春街区五片。[①] 其中月湖开凿于唐贞观年间（627—649），湖呈狭长形，宋、明间建成三堤七桥并十洲胜景。

（二）古县城

百官

其记载可追溯到传说中的尧舜时代。《水经注》引晋《太康地纪》云：

---

① 参见建设部城乡规划司、国家文物局编《中国国家历史文化名城》，中国青年出版社2002年版，第438页。

"舜避丹朱于此，故以名县，百官从之，故县北有百官桥。"百官镇名由此而来。秦代置上虞县时为县治所在地。万历《绍兴府志》把曹娥坝视作运河的东端。百官旧有三大舜迹：舜井、舜庙、百官桥。曹娥江西岸之曹娥孝女庙，素称"江南第一庙"，镇南20余公里有东晋名士谢安隐居地东山。

丰惠

自唐长庆二年（822）至1954年的1000余年间为上虞县治所在地，丰惠曾为浙东运河所经之地，文化发达，名人辈出，街巷通达，屋舍俨然，多有高大古代建筑。据万历《绍兴府志》元至正二十四年（1364）方国珍据浙东始筑城，周围13里。1954年，县政府迁百官镇。

丰惠街河由西向东从镇中傍街穿过，全长约1000米，河面宽4—11米，平均水深2米，东面有城横河，南面有巽水河，北面与四十里河相通连，东可达余姚、宁波，西连绍兴、萧山，曾是浙东运河上重要的内河之一。

丰惠古城墙遗址、九狮桥、丰惠桥均为历史名胜。

余姚

位于浙东运河中心位置，是沟通绍兴、宁波的重要节点。《读史方舆纪要》载：

> 余姚县，府东北百四七十里。东至宁波府慈溪县九十里，东南至宁波府百里，西南至上虞县八十里。舜支庶封此，以舜姓姚而名。秦置县，属会稽郡。汉以后因之，隋初省入句章县。唐武德四年复置县，兼置姚州。七年州废，县属越州。宋因之。元元贞初升为余姚州，明初复为县，编户三百里。①

又载：

---

① （清）顾祖禹撰，贺次君、施和金点校：《读史方舆纪要》卷92，中华书局2005年版，第4224页。

> 余姚城，志云：县有新旧二城。旧城筑于孙吴将朱然，周不及二里，后废。元至正十九年方国珍重筑，周九里，四面引江为濠，可通舟楫。明朝洪武二十年增筑，嘉靖三十年修葺，以御倭，周广如旧城之制。其新城在姚江南岸，明初邑人吕本建议增筑，后渐圮。嘉靖三十六年以倭患营葺，与旧城隔江相对。通济桥亘其中，通两城为一。县治在旧城内，而学宫在新城中。城周八里有奇，俗谓之江南城。

余姚秦时置县，东汉建城，临姚江而立。余姚的“一水双城”格局在诸多运河城镇中是十分罕见的，独特的城市形态与格局表明了运河对其发展的直接影响。

临运河的历史街区，历史建筑丰富，规模完整，包括府前路历史街区、通济桥、舜江楼等以及龙泉山以南古建筑群，文昌阁、龙泉寺等，展现了运河城镇独特的水乡风貌。1930 年、1937 年双城虽然先后被拆除，但基本保留了轴线分明的古城传统格局。

河姆渡遗址，位于余姚市河姆渡镇河姆渡村的东北，姚江南岸，它是世界闻名的新石器时代遗址，遗址总面积约 4 万平方米，第四文化层距今约 7000 年。

慈城

《读史方舆纪要》载：

> 句章城，府南六十里。志云：故城在今慈溪县界。晋隆安四年孙恩作乱，刘牢之等讨之，改筑句章城于小溪镇，即此城也。自刘宋及隋、唐句章县皆治此，开元中省入鄮县。[①]

慈城始建于勾践时（约公元前 495），名为句章，县治置于姚江畔城山。

① （清）顾祖禹撰，贺次君、施和金点校：《读史方舆纪要》卷 92，中华书局 2005 年版，第 4239 页。

唐开元二十六年（738）始设慈溪县，迁县治于浮碧山。自此，慈城一直为慈溪县治所在地。

慈城格局方正，以城墙与护城河为防御带，县治背山面南而坐，建筑依左文右武布局；城内街道3纵4横33条弄，呈“井”字交错，形成规整的棋盘形平面格局。现城内保留了完整的县治格局。慈城内有国家级、省级、市（区）级文物保护单位30余处。

（三）沿运古镇

沿运多古镇。

西兴镇，位于钱塘江南岸，临江扼（运）河，地势险要，交通发达。历史时期系钱塘古渡，浙东运河西起点，萧绍海塘之西江塘与北海塘的分界处，浙东地区西出钱塘江的主要通道，史称两浙门户。

萧山县治城厢镇，位于钱塘江下游南岸，地处杭州、浙北地区通向浙南和浙东沿海地区的咽喉。作为县治有1600余年历史。

钱清镇，西邻萧山，东接柯桥，地处钱清江与西兴运河交汇处，历来为绍兴赴杭的水陆交通要道，因东汉会稽太守刘宠于钱清江投钱，并由此得名。

柯桥镇，历史悠久，文化厚重。古街、牵道、小桥，具有典型的江南水乡集镇特色。为绍兴县经济重镇，有“金柯桥”之称。

丈亭镇，是姚江中段的水陆交通枢纽，自古以来，丈亭镇就是宁绍水陆通途中心重镇，商贾客旅会聚于此候潮而行。

其他如沿运的东浦镇、安昌镇、皋埠镇、驿亭镇、高桥镇、贵驷镇、骆驼镇、长石镇等古镇都各具特色，历史悠久，文化深厚，风光无限，闻名遐迩。

第六章　浙东海上丝绸之路

“海上丝绸之路”泛指全球东西方通过海洋进行商贸往来和文化交流的通道。[①]“浙东海上丝绸之路”，则主要指浙东地区通过浙东古运河东到宁波港（为主），西至杭州港形成的对外贸易和文化交流。良好的航道、优越的港口条件和这一地区丰富的物产、繁荣的商贸、深厚的文化，使得浙东运河既是中国大运河的南端，亦是著名运河海上丝绸之路的南起始点。

第一节　形成与发展

一　古越对外交往

（一）早期航海

早在7000—6000年前越人足迹已到过“台湾、琉球、南部的印度支那

① 参见陈炎《宁波“海上丝绸之路”文化遗存初探》，李英魁《宁波与海上丝绸之路》，科学出版社2006年版，第3页。

等地”[①]。

由几十位学者集体撰著的首部《中国航海史》在论述太平洋诸岛的古文化与中国上古生民的源流关系时认为，上古时期分布于中国东南沿海地区的百越人，5000 年前驾着筏舟，趁着赤道逆流，由西向东，逐岛漂航，横过太平洋，到达美洲西岸。过去 100 年来，在菲律宾，苏拉威西和北婆罗洲，波利尼西亚的夏威夷、马克萨斯、社会岛、库克群岛、奥斯突拉尔、塔西提岛、查森姆岛，甚至在新西兰、复活节岛以及南美的厄瓜多尔，均发现了属百越文化的有段石锛。[②]

（二）航海能力

越国由故水道沟通沿海码头的河道主要有：从山阴城北至今直落江到朱余的河道；由山阴城故水道东至练塘直往称山的河道；以及山阴故水道东过曹娥江到姚江句章港口东入海的航道，这些河道与后海（后称杭州湾）及外海的连通大大促进了对外之间的文化交流，推动了社会文明和发展。

由于古越地处四通八达的河湖且濒临海边，又因为故水道的东西向连通，使得越人利用舟楫的能力和水上航行能力要比现代人强。在春秋战国时越国已能造出多种形态、功能不一的船只，并拥有强大的水师。春秋战国时期，越国拥有会稽、句章两个贸易港。公元前 473 年越败吴，夫差遣使求和，勾践叫人转告夫差：“吾置王甬东，君百家。”[③] 甬东，在会稽句章东海中洲，大约在今浙江舟山岛，其中也可因此看到越国有较强的航海能力和较大的沿海的控制范围。

（三）海外交往

台湾与大陆文化交流历史十分悠久，影响深远，其土著居民与古越人

---

① 陈桥驿：《吴越文化和中日两国的史前交流》，陈桥驿《吴越文化论丛》，中华书局 1999 年版，第 59—60 页。

② 参见金普森、陈剩勇主编，徐建春著《浙江通史 · 先秦卷》，浙江人民出版社 2005 年版，第 248 页。

③ （汉）司马迁：《史记》卷 40，中华书局 1959 年标点本，第 1745 页。

风俗相似，延续到后代。《太平御览》卷七八〇引《临海水土志》：“夷州在临海东南，去郡二千里……山顶有越王射的，正白，乃是石也。”《越中杂识》：“射的山，在会稽县南十五里（若耶溪中），山半石壁，白晕，宛若射侯。”《水经注·浙江水》：“常占射的，以为贵贱之准，的明则米贱，的暗则米贵，故谚云：射的白，斛米百，射的玄，斛米千。”会稽山射的山之的至今还在，笔者曾去实地考察，爬上山腰，手摸岩体，仔细观察，认为这“射的”是古人在岩体上人工凿进去的，这凿进去的岩面相对之外岩石少风吹雨打，干燥，略呈白色，如果这一年风调雨顺，光照充足，“射的”就显得白，粮食丰产，米就售价低；反之，这一年若雨季长，光照少，湿度大，“射的”就暗，粮食歉收，米价就贵。越族人有着高超的观察和利用天文气象、山川地理的能力和想象。两地射的应是同一种文化现象，而正是通过运河航海，越地的这一文化才到了台湾。

此外，当时的越族人民每至夏季，集聚货物，通过故水道利用黑潮暖流，顺着盛行的偏南季风，乘着舟筏，漂洋过海来到今天的日本列岛和韩国济州岛等地。而至冬季，日本列岛之民，也必然以寒流之势，顺着盛行的偏北风，来到古越。由此对两地文化，产生深远影响。

二　秦汉对外往来

（一）徐福渡海

《后汉书·东夷传》载：“会稽海外有东鳀人，分为二十余国。又有夷洲及澶洲。传言秦始皇遣方士徐福将童男女数千人入海，求蓬莱神仙不得，徐福畏诛不敢还，遂止此洲，世世相承，有数万家。人民时至会稽市。”这里所记的“夷洲”，便是台湾。说明在秦汉时期，浙江东部沿海地区与包括台湾等东南海域岛屿一直有着贸易往来。晋人陆云说，始皇东巡会稽，“身在鄮县三十余日”。有一说徐福是从慈溪县城东 30 公里的大蓬山（又名达蓬山）出海的，此山以东临海，山上有秦渡庵画像刻石，至今犹存。

在日本新宫市一带则还流传着这样的传说：徐福率领的500童男童女，带着五谷杂粮种子和农具，漂洋过海来到日本，在熊野浦上陆，开荒种地，从事农业生产。之后，这批童男童女成长繁育后代，成为这里第一代开辟草莱者。又相传徐福前往寻求长生不老之药所说的蓬莱山，在新宫市以东3公里的那一片层峦叠嶂的山冈。[①]

（二）对外贸易

从宁波地区出土的汉墓证实，在东汉时期在浙东有大批的舶来品，如玳瑁、琉璃、玻璃等各式珠、瑱类装饰品。它们不但在“三江口”中心地带公共葬地中多次出土，在宁波市郊的北仑、镇海、鄞州，以及余姚等的东汉大墓中也屡次出土。[②] 在上述墓葬中还出土了不少用青瓷烧制的五管瓶，其上堆塑了许多来自西方胡人的形象，有要弹丸、倒立、驯虎、弹奏等生动的画面。这是东汉时期西域胡人来浙东的艺术写照。在东汉晚期到东吴时，人物堆塑中还出现了佛像，说明佛教文化也已被浙东所吸收和传播。

此外，随着对外交流的发展，东吴的印度高僧那罗延从海道来到句章五磊山创建了浙东地区早期寺庙。又有浙东工匠到日本铸神兽铜镜，东南亚出土晋代早期越窑器，朝鲜出土晋虎子、盘口壶，日本出土晋代早期越窑青瓷的例证。[③]

三　隋唐时期

东汉鉴湖兴建，晋代西兴运河开凿，使浙东地区的水利、航运条件极

① 参见［日］中村新太郎《日中两千年》，张柏霞译，吉林人民出版社1980年版，第1页。

② 参见林士民《浅谈“宁波海上丝绸之路”历史发展与分期》，李英魁《宁波与海上丝绸之路》，科学出版社2006年版，第37页。

③ 参见林士民《浅论明州港历代青瓷的外销》，《海交史研究》1983年第5期。

大改善，社会稳定，经济繁荣，到唐代已有“会稽天下本无俦”[①] 之称。

（一）明州发展

1. 港口

唐代是浙东海上丝绸之路较快发展的时期，这有赖于当时明州的设置和港口的发展。唐王朝由于实行开放政策，对外交往的需要，于开元二十六年（738）将经济、文化发达的浙东鄮县（港）从越州划出，由县级建制升格为州级政权机构，单独建明州府。到唐长庆元年（821），在“三江口”建明州城。这标志着“海上丝绸之路”的新港口城市正式建成。随着与各国交往和贸易发展，一跃成为唐代东南沿海一座快速发展的繁华港口城市，与交州（现越南地）、广州、扬州同为四大名港。宋人张津在《乾道四明图经》卷一《总叙·分野》载：“明之为州，实越之东部，观舆地图则僻在一隅，虽非都会，乃海道辐辏之地，故南则闽广，东则倭人，北则高句丽，商舶往来，物货丰衍。”[②]

2. 水利

明州在唐代的迅速发展，与当时这一地区的水利建设及浙东运河作用密切相关。

贞观十年（636）修小江湖，天宝三年（744）开拓东钱湖，大历八年（773）、贞元元年（785）重拓广德湖，太和六年（832）建仲夏堰，七年（833）建它山堰，其规模各在溉田十几万亩、几十万亩，并为农业灌溉和城市用水提供了充裕的水量。[③]

它山堰位于宁波西南50余里的原鄞县鄞江桥西的樟溪之上，汇四明山区的大皎溪、小皎溪、樟溪、桓溪、中溪、龙王溪等溪来水，集水面积351

① 《元稹集》，中华书局1982年版，第703页。

② 《乾道四明图经》卷1，浙江省地方志编纂委员会编著《宋元浙江方志集成》第7册，杭州出版社2009年版，第2880页。

③ 参见孔凡生主编《宁波水利志·概述》，中华书局2006年版，第3页。

平方公里。它山堰未建之前，潮水可上溯到平水潭（鄞江镇上游约3公里），致使咸潮倒灌，河水变咸，造成这里淡水资源不足。唐大和七年（833）鄮县（今鄞州）县令王元暐，在鄞江镇它山附近选址筑堰，名它山堰。它山堰为条石溢流坝，今堰身已被泥沙埋没，仅露堰顶。总计堰长114米，面宽4.8米。据传左右上下各36级。其砌筑所用石条长2—3米，阔0.5—1.4米，厚0.2—0.35米。它山堰建时规划周密。据宋魏岘《四明它山水利备览》称时筑堰："规其高下之宜，涝则七分水入于江，三分入于溪，以泄暴流；旱则七分入溪，三分入江，以供灌溉。"入溪之水，分由南塘河，小溪港引水灌溉鄞西平原24万亩农田。南塘河又引水入宁波城南门，蓄潴日、月两湖，再经支渠脉络，进入城内。又在南塘河上兴建乌金、积渎、行春3座泄洪闸，涝排旱蓄。之后，配套设施逐步完善。北宋熙宁年间（1068—1077）县令虞大宁在行春、积渎两闸间加筑风棚碶，增排蓄能力；南宋淳祐二年（1242），知庆元府陈恺在它山堰西北150米处建回沙闸3孔，以阻沙入渠，今尚存石柱4根，西首第二石柱上刻有"水则"，为计放水准则。

它山堰选址科学，尤其是坝体结构，"是我国建坝史上首次出现的以大块石叠砌而成的拦河滚水坝"[①]。

3. 航运地位

关于隋唐时期浙东运河的作用和宁波的地位，现代日本汉学家斯波义信在《宁波及其腹地》[②] 文中也写道：

> 隋唐时期……凭借经余姚、曹娥把宁波与杭州联系起来的水路及浙东运河，宁波实际上成了大运河的南端终点。而且，由于杭州湾和

① 武汉水利电力学院、水利水电科学研究院《中国水利史稿》编写组：《中国水利史稿》上册，水利电力出版社1979年版，第36页。

② ［日］斯波义信：《宁波及其腹地》，［美］施坚雅主编《中华帝国晚期的城市》，叶光庭等译，中华书局2000年版，第470页。

长江口的浅滩和潮汐影响，来自中国东南的远洋大帆船被迫在宁波卸货，转驳给能通航运河和其他内陆航道的小轮船或小帆船，再由这些小船转运到杭州、长江沿岸港口以及中国北方沿海地区。

（二）航线与贸易

唐代浙东的水上交通，据唐朝后期李吉甫《元和郡县志》载：杭州“东南取浙江至越州一百三十里”（“越州条”下作一百四十里）。北宋乐史《太平寰宇记》记载的水路是唐五代以来水路之延承：明州“南至台州宁海县水行一百八十里，从县西南至台州二百五十里，都四百三十里”，“北至越州余姚县海际水行一百八十里”，“东南至海中崛门山四百里”，“东北至大海岸浃口七十里，从海际浃口往海行七百五十里至海中检山”。

隋唐时期，浙东海外航运得到继续开辟和发展。浙江与日本间的遣唐使航运初期是横渡黄海，在山东半岛登州、莱州登陆再到长安，到公元676年，唐朝与新罗关系恶化，新开辟了一条横渡中国，在明州登陆，然后循浙东运河到杭州，再循江南运河到扬州，并且由大运河至汴州、西安的航线。[①]

隋唐时期还开辟了浙东同朝鲜半岛，甚至东南亚、南亚、北非等地的海上航运关系，“逐渐增加的对海上贸易的大量要求，在9至10世纪左右迸发出来，从阿拉伯、印度方面一只又一只大船开进了广州、泉州、明州、杭州等地，购得货物后又西行归国，中国方面的巨船也驶向了南海大洋”[②]。这条航线从杭州或明州出发，经台湾海峡，而至菲律宾或至东南亚、印度、阿拉伯等国。唐天复三年（903）阿拉伯地理学家伊本法基在其《地理志》中，把中国的陶瓷、丝绸、灯并列为三大名牌货。

① 参见童隆福主编《浙江航运史 古近代部分》，人民交通出版社1993年版，第55—56页。
② ［日］三上次男：《陶瓷之路》，李锡经、高喜美译，文物出版社1984年版，第154页。

五代时期，由于陆路及内河航运受阻，沿海航线便成为吴越国通往闽广和中原各地的主要航线，北上中原的航线不仅贡赋常由此道，使者往来及贸易通商也“常泛海以至中国”，并在“滨海诸州皆置博易务与民贸易”①。当时的航道大致由钱塘江走浙东运河到明州，再北上，经山东半岛，登州、莱州，然后取道东西两京（今河南开封、洛阳）。据记载，钱佐时“航海所入，岁贡百万”②，足见其海上航运贸易之盛。此外，吴越国还依靠发达的海上交通航线，与契丹、日本、朝鲜、印度、伊朗等地建立海外贸易关系。吴越国的海上贸易交往，既属于商贸交往需要，更是一种务实的外交策略，进而极大提高了吴越国在海外的贸易地位与影响，增强了经济实力，巩固了钱氏政权。钱镠曾说：“吴越地去京师三千余里，而谁知一水之利，有如此耶?”③ 又有所谓：“吴越地方千里，带甲十万，铸山煮海，象犀珠玉之富，甲于天下。”④

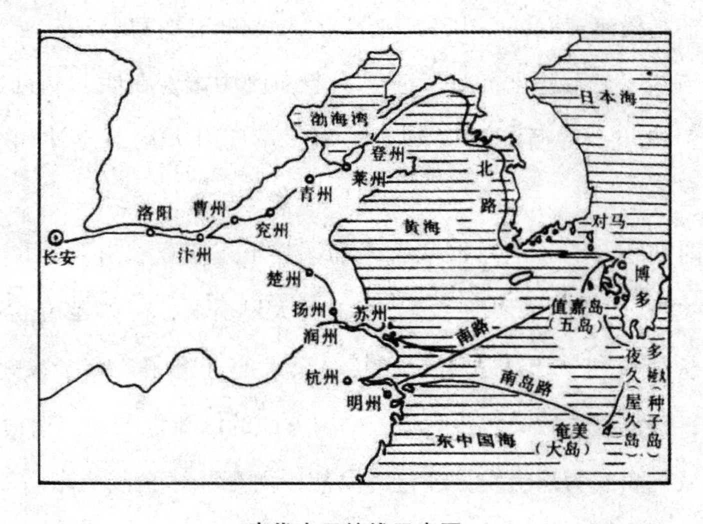

唐代中日航线示意图

① （宋）欧阳修撰，（宋）徐无党注：《新五代史》卷30，中华书局1974年版，第335页。
② （宋）薛居正等：《旧五代史》卷133，中华书局1976年标点本，第1774页。
③ 同上书，第1775页。
④ （宋）苏轼撰，孔凡礼点校：《苏轼文集》，中华书局1986年版，第499页。

（三）对外文化交流

1. 鉴真东渡

鉴真自天宝二年（743）始，历十一载，遭五次失败，双目失明，终于在第六次东渡成功，受到日方隆重接待，出任大僧都，为日本律宗始祖，留居日本。

据考①，唐天宝二年（743）十二月，鉴真率从僧17名及工匠85名第二次渡海，不幸在狼沟浦附近（南通市狼山）遭遇风暴。船经修理后继续南下，又在桑石山附近触礁。被岛民救后送到鄮山阿育王寺安置。在这以后的一年中鉴真以阿育王寺为基地，参拜浙东及附近各处圣迹，并传教授法。据《唐大和上东征传》载：天宝三载岁次甲申，越州龙兴寺众僧请和上讲律授戒。事毕，更有杭州、湖州、宣州并来请和上讲律。和上依次巡游，开讲授戒，还至鄮山阿育王寺。鉴真一方面传教授法，同时也为东渡日本准备各种物品。

又据《唐大和上东征传》载：天宝七年（748）鉴真第五次东渡是从扬州新河（瓜州运河）出发，经狼山、三塔山、暑风山，从须岸山放洋。这里所指的"须岸山"为何地？据日本最早的汉文正史《日本书纪》（720）载，齐明天皇五年八月十一日，第四次遣唐使"奉使吴唐之路"，从筑紫六津之浦起航，九月十六日副使津守吉祥的船舶"行到越州会稽县须岸山"，二十二日乘东风"行到"，闰十月一日"行到越州之底"。从行程看"须岸山"应在余姚之东海岸。鉴真从扬州运河出发到"须岸山"，第四次遣唐使从"须岸山"，"行到越州之底"，都途经了明州到越州的浙东运河。

鉴真一行带了各种珍奇异宝到日本，其中有"王羲之真迹行书一帖、

① 参见王勇《唐代明州与中日交流》，李英魁主编《宁波与海上丝绸之路》，科学出版社2006年版，第265—267页。

王献之真迹三帖”[1]。无疑，当时越州的兰亭书法影响在日本也会广泛传播。

2. 日本遣唐使

中日文化交流史中的杰出使者，与鉴真齐名的日本奈良时期遣唐使阿倍仲麻吕，曾以唐朝送使的身份在离开中国前咏诗一首，题名《望乡诗》：

翘首望东天，神驰奈良边。

三笠山顶上，想又皎月圆。

而这首最早出现在《古今和歌集》中的著名和歌，有一篇序言指出此歌吟咏地点为“明州之海边”。

日本学者中村新太郎在《日中两千年》书中也记载了在派遣遣唐使的第三阶段（702—762）的第10次遣唐使，以及第四阶段的各次遣唐使，都由南路（大洋路）的路线：“从大津浦开船后，到平户岛、小值贺岛、福江岛等岛屿做短期停泊，等待顺风，一直横越东中国海，到长江下游的扬州、楚州、明州等地靠岸。回来时再沿此路线逆行。走这条路线，航行时间要比北路大大缩短。”[2] 至于遣唐使的目的，一方面是为输入唐朝的典章制度和文化，另一方面也是为了进行朝贡贸易，也就是以贡献“礼物”的形式，给唐朝送去物产，由此也得到了唐朝政府回赠的物品。“然而，比进行贸易更重要的，却是与遣唐使同行的留学生们所肩负的任务。他们要广泛吸取唐朝文化，并把它带回日本普及推广，从而丰富和发展我国的文化。”[3] 第三阶段“正是唐朝的鼎盛时期，遣唐使的规模之大，阵容严整，可以说是遣唐使的全盛阶段。在这以后的天平时代，文化、艺术之所以繁盛一时，完全是由于这一时期的学问僧和留学生们起了非常重要的作用”[4]。综上，

① ［日］中村新太郎：《日中两千年》，张柏霞译，吉林人民出版社1980年版，第105页。
② 同上书，第59页。
③ 同上书，第52页。
④ 同上书，第53页。

也证明了浙东海上丝绸之路在唐代对中日贸易、文化交流所做的贡献之大。

3. 峰山（丰山）道场

峰山寺是目前可考证的古东鉴湖边、浙东运河曹娥江西岸、留下中日文化交流印证的一个最古老的佛教场所。

峰山亦作蜂山或丰山。《嘉泰会稽志》卷十一载：“丰山渡在县东六十五里。”万历《绍兴府志》卷四载：“峰山在府城东北六十二里，壕山西北，临曹娥江。钱王镠破刘汉宏将朱褒于曹娥，进屯丰山，褒等降，此山是也。”位于今绍兴上虞百官镇的梁巷村境内（即原上虞县中塘乡境内，曾名金星村）。《上虞县地名志》：“相传东汉时诸姓居民陆续来此定居，其中以梁姓最兴旺，取村名梁旺，后演变为梁巷。位于上虞城西北5公里，南临萧甬铁路、杭甬公路。”峰山海拔为40米，地处曹娥江西岸、萧绍海塘的西畔、浙东运河萧绍段的东起始点、峰山之外的萧绍海塘处，曾为浙东运河曹娥江（百官）西岸的渡口。

佛教在秦之后逐渐传入中国，两晋以后，佛教到达一个登峰造极的时期。公元605年前后，以天台智者大师（538—597）为首形成了中国第一个佛教门派——天台宗。公元804年，日本高僧最澄等人来华，学习天台宗和密宗佛法。唐贞元二十一年（805）四月十八日，最澄在越州峰山道场的顺晓大德阿阇犁处接受灌顶，取得密宗道具和教义，成为佛国那烂陀寺善无畏法师创立的密宗佛法第四代传人之一。其经过如下。

最澄从中国天台和越州取得真经回日本后，在延历25年（806）1月25日开创了日本“天台宗”，并于弘仁十年5月19日，即公元819年5月19日，向日本弘仁天皇呈上奏折，具体描述了他在中国取经的情况。奏折中说，唐贞元二十一年（805），最澄一行来中国天台取经，“天台一家之法门已具”，到宁波即将回国之际，明州（今宁波）刺史郑审则接待他；当得知最澄已学得天台宗佛法，郑审则便告知，还值得去越州（今绍兴）学习密宗佛法。最澄一行接了明州度牒，乘船经浙东运河过曹娥江，到“峰山”

幸遇在峰山道场弘法的顺晓大德阿阇梨；顺晓向最澄传授了密宗佛法的“两部灌顶”和一部分“种种道具”。并介绍他去绍兴龙兴寺寂照和尚处购买了其他一部分“种种道具”。于4月19日，最澄带走102部（115卷）密宗经书和道具、法器，从而使最澄在中国取经之行画上了一个圆满的句号。尽得密宗佛法的最澄便“归船所”离明州，欣然回国。从此“主上随喜，顶礼新发，奖圆教学”。使密宗这门佛法在日本盛传后世。

向最澄传授衣钵的顺晓和尚，是大唐泰岳（今山东济南）灵岩寺的大德阿阇梨，也是密宗佛法的第三代传人，据史料记载，唐初，密宗创始人为印度大那烂陀寺善无畏法师，后来，他入唐传与弟子——大唐国师义林大德阿阇梨。义林为初唐高僧，103岁时，还在新罗国（今韩国）弘扬佛法。顺晓大德阿阇梨是第三代传人，他先在山东，后来浙江越州。最澄前来越州取经时，顺晓大德阿阇梨在越州“峰山道场”弘法。最澄抵达峰山，便拜顺晓为师，并“转大法轮”。

据《显戒论》和《显戒论缘起》中“顺晓大德阿阇梨付法文”记载，顺晓和尚居“镜湖东岳，峰山道场”。此镜湖即现在的绍兴东鉴湖。宋代以前，鉴湖之东湖东端紧缘峰山；东岳，泛指鉴湖东端之山。峰山道场，是顺晓和尚传授佛法之地。最澄在峰山学习密宗佛法共14天，受到顺晓的热情接待。回国后甚为感激，他在给天皇奏折中称“幸遇顺晓和尚”，这可从最澄保存的龙兴寺主持寂照和尚写给顺晓的回执中看出。最澄灌顶授法后，尚需求取密宗法器，由于峰山道场没有足够的法器，顺晓就写信并派本寺超素和尚送最澄去越州龙兴寺寂照和尚处买法器，寂照很不情愿地卖了三件法器给最澄，最澄在龙兴寺停留2天，带着寂照和尚的回执返回峰山。此信存于日本比睿山延历寺，成为最澄在越州道场求学的重要佐证。

最澄回国后，被日本天皇封为“传灯大师位”。

在日本天台宗是佛教的一大宗派，这是由最澄及弟子义真等人结合台宗与密宗，加以改造、创立而成，并衍生有净土宗、曹洞宗、临济宗、念佛宗、日莲宗等，天台宗是日本佛兴的根本宗。

今峰山依旧、老屋尚存；古道仍在、气场宏阔；石亭庄严、画雕逼真。古老神秘的石雕大佛在残缺后得到重修。

四　宋元时期的繁荣

（一）宋代

1. 港口海关机构

北宋时期，明州港是当时五个对外贸易港（前期为广州、杭州、明州三港，后期增加了泉州、密州板桥镇二港）之一，是北宋同日本、高丽往来的主要口岸。在南宋时期，明州港是当时全国的四大港口（广州、泉州、明州、杭州）之一。南宋初年，明州遭受金兀术兵火洗劫。城市遭受严重破坏，海外贸易也受到了损害。但不久得到恢复，绍兴七年（1137），明州已是“风帆海舶，夷商越贾，利厚懋化，纷至沓来”[①]。

市舶司或海关的设立，历来被视为对外交通、贸易发展的重要标志。纵观中国古代史，设立市舶司最早的是唐代广州。北宋，随着海外贸易的发展，始置市舶司于广州，其后又设两浙市舶司。至淳化元年（990），明州设立市舶司，是全国3个主要市舶司之一，与广州、杭州市舶司，通称“三司”。当时，明州的外贸更加发达，与泉州、广州为全国三大贸易港口。外商来明州贸易的，东有日本，北有高丽，南有阇婆（马来西亚）、占城（越南）、暹罗（泰国）、真里富（柬埔寨）、勃泥（加里曼丹）、三佛齐（苏门答腊），西南有大食（阿拉伯）等国。仅以瓷器进行交易的，就达17个亚非国家。

南宋迁都临安，对海外贸易采取鼓励政策，注重东南市舶之利，明州

---

① （宋）张津：《乾道四明图经》卷9，浙江省地方志编纂委员会编著《宋元浙江方志集成》第7册，杭州出版社2009年版，第2971页。

作为京都的门户，成了各国使者、商贾、僧侣出入境之地，进口货物也由此转运全国，经常“樯橹接天，藩舶如云”。明州城内设立一整套市舶机构，主要有签证关卡、办事、仓库、码头以及接待宾客、商人的使馆、驿馆等。这些都促进了对外贸易的发展。

2. 航海技术

据徐兢《宣和奉使高丽图经》记载：“（五年癸卯夏五月二八日庚辰）是夜，洋中不可住，唯视星斗前迈。若晦暝，则用指南浮针，以揆南北。”此是宋代中国海船最早使用罗盘导航，航行于确定航线的明确记载。而且书中所记其始发地及回归地均是明州，目的地则为朝鲜。《宣和奉使高丽图经》是最早记述中国远洋航船使用罗盘导航成功来回的记载，这也是对宋代明州港航运能力和地位的展示和肯定。

3. 对外贸易

宋代，浙东远洋通航的主要国家是日本和高丽。[①] 当时中国通往日本的海船从明州港出发后，横过东中国海，先到肥前的值嘉岛（今日本五岛），再转船到筑前的博多（今日本福冈）。时闽南的生意人海外贸易大多在南洋市场，而到日本做生意的是浙江宁波台州一带的商人。[②] 到高丽的海上船路一般从明州定海（今镇海）放洋，越东海、黄海，沿朝鲜半岛南端西海岸北上，到达礼成江口。《宋史·高丽传》载：

> 自明州定海遇便风，三日入洋，又五日抵墨山，入其境；自墨山过岛屿，诘曲嶕石间，舟行甚驶，七日至礼成江，江居两山间，束以石峡，湍激而下，所谓急水门，最为险恶。又三日抵岸，有馆曰碧澜亭，使人由此登陆，崎岖山谷四十余里，乃其国都云。

---

① 参见童隆福主编《浙江航运史·古近代部分》，人民交通出版社1993年版，第98—99页。

② 参见李言恭、郝杰著，汪向荣、严大中校注《日本考》，中华书局2000年版，第60—61页。

此为较详细途经线路。至于高丽政府迎接中国商船之礼遇，“贾人之至境，遣官迎劳”，对中国商人的贡物，常计其值以方物数倍偿之。此外，《宋史·外国传》中亦有北宋淳化三年（992）十二月，阇婆国（即今印度尼西亚爪哇）遣使朝宋“朝贡使泛舶船六十日至明州定海（今镇海）县”等记载，说明其时还与东南亚、西亚诸国通航。

4. 文化交流

宋代，浙江与日本的文化交流十分密切和繁荣。据研究，通过海上丝绸之路浙江对日本文化产生很大影响，主要有以下几方面。①

（1）佛教。据统计“在整个北宋时代的一百六十余年间入宋的僧侣是二十余人，但在南宋的一百五十年间，仅史料上载明的入宋僧就超过了百人。这个僧侣数可与唐代鼎盛时期相匹敌”。这些入宋的日僧基本都到过浙江天台山、天童寺等地学佛学。

（2）书画艺术。宋代日僧曾到浙江学书法和绘画，同时随着书画的传入日本，日本随之出现了模仿这些内容的作品，并受到浙江书画家艺术风格的影响。

（3）武士道。浙江学者对日本武士道的思想理论也有影响，如会稽僧人无学祖元在日本时，经常与日本武士认真参禅究道，其中有所谓突破生死的牢关，一旦临事，得以随处采取主动。这对于后来日本武士道的发展产生了颇大影响。

（4）医药学。宋代日僧荣西留居天台山等寺院时，曾学过医学。所著的《吃茶养生记》同时也是一部教导养生之术的医书。

（5）茶与茶道。日本的茶道是源于中国、开花结果于日本的高层次的生活文化，其兴起与浙江茶文化有紧密联系。

---

①　参见徐吉军《论宋代浙江与日本的文化交流》，李英魁主编《宁波与海上丝绸之路》，科学出版社2006年版，第303页。

（6）丝绸纺织。丝绸织品一直是宋代浙江对日出口的大宗货物，浙江商船去日本都装有大量丝绸品。

（7）印刷术。印刷浙江在宋代是全国最发达的地区，浙江刊印的书籍曾作为商品大量运到日本，对日本印刷业影响很大。

（8）建筑业。宋代浙江输入日本的建筑技术主要有“天竺式”和“唐式”。禅寺建筑对日影响颇大。

（9）造船和航海。日本商船学习了宋船的造船术和航海术，大大减少了像过去遣唐使那样遇难的不幸事件。

（二）元代

1. 庆元港

到元代浙东运河地位已不及南宋，但仍是庆元港（明州改庆元）联系腹地的主要航线，庆元港依然保持着我国港口的“三司”地位，是三大主要贸易港（广州、泉州、庆元）之一，是对日本、朝鲜贸易往来的重要口岸，正如张翥所描写的：“是帮控岛夷，走集聚商舸，珠香杂犀象，税入何其多。”[①] 此外，还有东南亚、西亚，甚至地中海、非洲许多国家、地区与庆元港有贸易关系。

据载，元代从庆元启航的目前所知的一艘最大贸易船，在途中沉没于韩国木浦，一次出运有2万多件贸易瓷器品，铜钱28吨，实属少见。又宋代从明州进口商品有160余种，而元代比宋代多60余种，由此也可见庆元港在全国贸易中的地位不同寻常。

2. 白洋港

据史料记载，在唐代中叶绍兴北部白洋山（又称乌凤山），系耸立海口小岛。大和年间（827—835），在此筑塘拦潮，改称大和山，是当时浙东著

---

① （元）张翥：《送黄中玉之庆元市舶》，（清）顾嗣立《元诗选》，中华书局1987年版，第1336页。

名的盐场及海上交通贸易港口。到元朝末年，白洋港仍有巨船泊岸，对外贸易兴盛。明洪武二十年（1387）为防倭寇，信国公汤和在大和山南麓建白洋城，设巡检司驻兵御寇。至明中叶海岸线北移，港口才堙废。[①]

五　明清海禁影响

（一）明代

1. 海禁与抗倭

海禁

明朝建立之初，东南沿海有倭寇为患，日本人常犯中国山东、浙江、福建沿海，洪武三年（1370）“复寇山东，转掠温、台、明州旁海民，遂寇福建沿海郡”。“五年（1372）寇海盐、橄浦，又寇福建海上诸郡。”[②] 此外，时有张士诚、方国珍余部骚扰，加上中国传统的重农抑末（商）思想的影响，所以朱元璋在其登上皇位的第四年（1371），便下令禁止沿海地区居民私自出海，这一禁令当时称为“海禁”，并多次加以重申。

三江所城

三江所城是倭寇入侵浙东，明初实行“卫所”制的特定背景下建设的军事设施。当时，绍兴府由于地处东南海防前哨，形势险要，所以打破常规，特设绍兴卫、临山卫、观海卫3卫，下设三江所、沥海所、龙山所、三山所、余姚所5所。3卫5所，隶浙江都指挥使司。三江所城等所在明太祖洪武年间（1387），由信国公汤和所筑。万历《绍兴府志》卷二载：

---

① 参见屠华清主编《绍兴交通志》，中国大百科全书出版社1993年版，第57页。

② （清）张廷玉等：《明史》卷322，中华书局1974年标点本，第8342页。

三江所城，在府城北三十里，山阴浮山之阳，践山背海。为方三里二十步，高一丈八尺，厚如之。水门一，陆门四，北则堵焉。城楼四，敌楼三，月城三。引河为池，可通舟楫。兵马司厅四，窝铺二十，女墙六百五十八，墩台七。

据《绍兴县志资料第一辑·三江所志》等文献载：旧制，三江所设千户五员，百户15员，镇抚1员，额军1352名。下辖蒙池山台和航坞山、马鞍山、乌峰山、宋家溇、周家墩、桑盆六烽堠。三江和白洋设有巡检司，分别配备弓兵100名和32名，军势颇盛。

又《读史方舆纪要》卷九十二："下为三江城河，各县粮运往来之道也。所东为三江场，东南即宋家溇，防维最切。"港航位置地位也十分重要。

万历《绍兴府志》卷二十三有"三江所城图"：

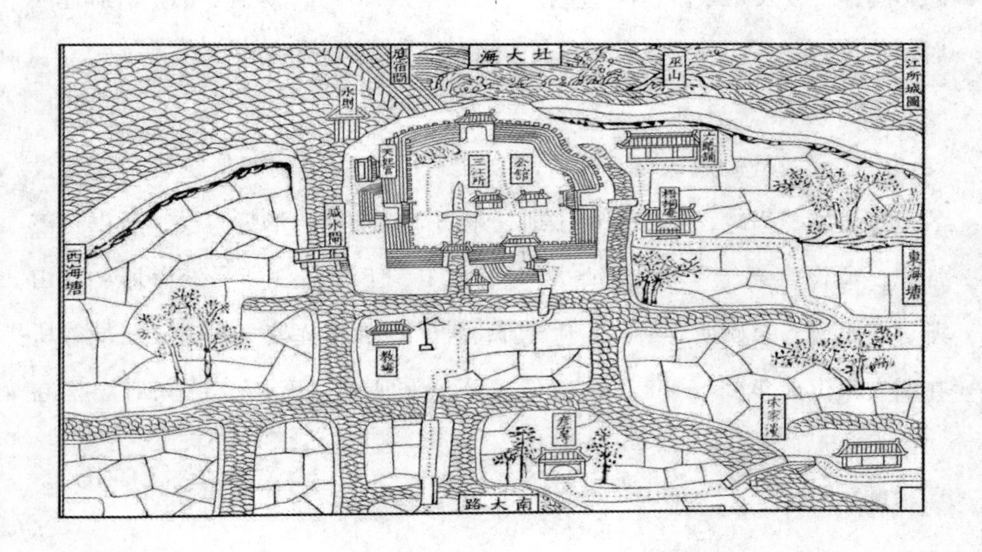

又有乾隆《绍兴府志》“海防全图”：

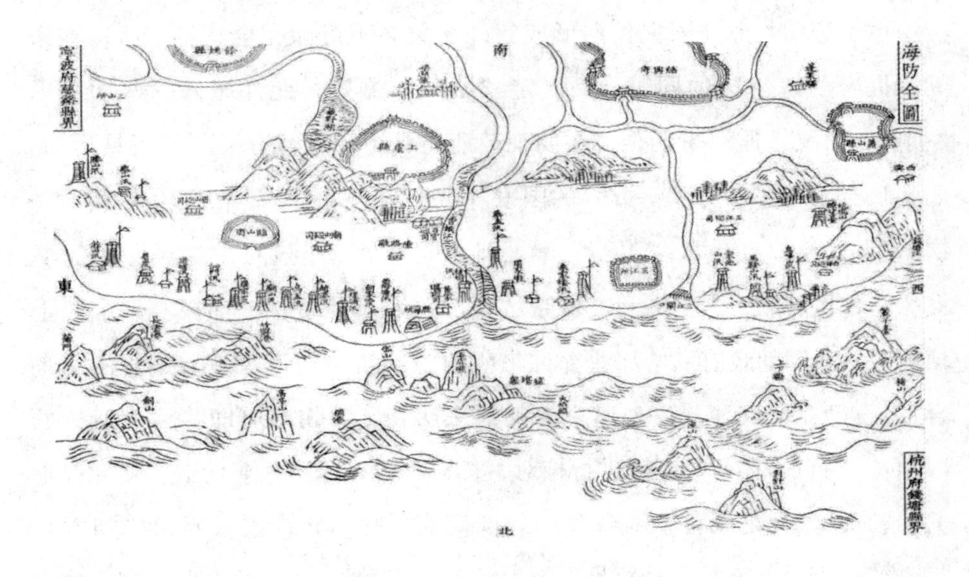

从以上记载和图示可知，三江所城时为军事机构，属国家所有，其内核心的构建是军事设施。当然，之后随着海防、三江河口形势的改变，及军屯、军民人口的集聚等原因，三江所城军事功能衰退，军事人员大量减少。至清同治年间（1851—1874）尚有三江所公署、守城营、三江教场、火药房、风火池、三江仓、三江铺等建筑。

三江所城历代多有修建，如清乾隆九年（1744），山阴知县林其茂修建；二十三年（1758）所城被风潮所坏，三十五年（1770）知县万以敦重修。

对三江所城造成最大的损坏当是人口增多、大量民居迁入，逐年侵占了原军事设施之地所致。到20世纪80年代，三江所城已名副其实地演变成为三江村，据2014年拆迁前调查已有1700多户5000余人，不但是人口多，地域范围也扩大了，约80%的建筑为现代建成。600多年历史的古三江所城，只有东城门为明代所城遗址，市级文保单位，其余两处为文物部门三普登记清代以后的建筑物。

2. 贸易与管理

由于中国与海外国家长期形成的外交关系不可能完全禁绝，所以在朱元璋提出“海禁”的同时，又制定“贡舶”制度，允许海外一些国家以“朝贡”名义，航海来明朝，在明朝政府监督下，进行有限制的贸易活动。明朝政府还允许来明“朝贡”的国家规定期限（3 年、5 年或 10 年朝贡一次），并发给“勘合”。“勘合”就是证书，“勘”是核对，“合”是相同。海船的数目、船上人员数目、所带“贡品”和其他货物，都在“勘合”上填写明白。明朝政府发给那些允许来明朝“朝贡”的国家编有编号的“勘合”，自己存留底簿。海外国家海舶前来明朝，明朝政府即将他们所持的“勘合”与自己存留的底簿进行核对，核对无误，证明并非伪造，便允许他们“朝贡”。凡是没有“勘合”的外国商船，则不允许进入明朝“朝贡”。“朝贡”，事实上就是一种贸易，因为每次“朝贡”，朝廷照例要依据贡物而偿以相当的货物。所以多数国家并不以“朝贡”为满足，贡使或附搭的行商，常常乘“朝贡”之机运载大批货物前来贸易，进行“互市”。

明初，延续前朝的做法，将主要与日本交往的“贡市”地点设在宁波，设市舶司。“提举一人（从五品），副提举二人（从六品），其属吏目一人（从九品）。掌海外诸蕃朝贡市易之事，辨其使人表文勘合之真伪，禁通番，征私货，平交易，闲其出入而慎馆谷之。”① 此为官吏设置和主要职责。又记：“吴元年，置市舶提举司。洪武三年，罢太仓，黄渡市舶司。七年，罢福建之泉州、浙江之明州、广东之广州三市舶司。永乐元年复置，设官如洪武初制，寻命内臣提督之。嘉靖元年，给事中夏言奏倭祸起于市舶，遂革福建、浙江二市舶司，惟存广东市舶司。”此为明代设市舶司的沿革变化。

永乐二年（1401），明朝和日本签订了勘合贸易条约（即《永乐条

① （清）张廷玉等：《明史》卷 75，中华书局 1974 年标点本，第 1848 页。

约》)，开始进行“勘合贸易”(即“朝贡贸易”)。

明朝在全国只允许广州、泉州、宁波三处港口为“朝贡”国家的船只泊岸，还规定占城、暹罗、西洋诸国在广州泊岸，琉球在泉州泊岸，日本则在宁波泊岸。因此，中日之间的勘合贸易在明朝通商是到宁波港进行的。

明代日本勘合贸易船来宁波的航线有两条，即“南路”和“南海路”。南路航线从日本的兵库(或堺)出发，通过濑户内海，经博多、五岛，横渡中国东海，到达宁波；南海路航线，从日本的堺出发，通过土佐冲，经由萨摩的坊津，然后横渡东中国海或南中国海，到达宁波。与南路航线相比，南海路航线较长，需要较长的航行时间，据日本《荫凉轩日录》记载，南海路比南路航线往返要多费时3至4个月。

明代日本的“勘合贸易”进入宁波洋面后，从普陀山、莲花洋、沈家门在政府管理人员的导引下，经定海入宁波港，然后经签证允许，换船从宁波出发，循浙东运河，经余姚、绍兴、萧山，越过钱塘江到杭州，再循江南运河，经嘉兴、苏州、常州等地，横渡长江，由大运河到北京，回程再由大运河到宁波起航渡海归去。

为接待和转送贡使，明朝在宁波还设置四明驿。据《宁波简要志》载：“四明驿，府治西南二里十步，月湖中。本唐贺知章读书处地。宋置涵虚馆，为迎送宾客之所。元至元十三年改置水马站，分南北二馆，中通桥路。国朝洪武元年改置水驿，选官置吏，站船八只，每船水夫十名，带管递运船二十四只，每船水夫六名，南北驿房各四间。各房设正副铺陈四床，铺夫二十四名，防夫二十名。”[①] 永乐时改名为四明驿，是送贡使赴京的处所，一般日本使团从四明驿上船，经由运河去北京。

据明末鄞县人高宇泰《敬止录》引《皇明永乐志》所载，“日本国”物品248种，分为九大类：宝物矿物类、工艺品类、扇类、兵器类、马匹毛

① 《宁波简要志》，俞福海《宁波市志外编》，中华书局1988年版，第284页。

皮类、纸品类、布绢类、香料药物类、日用杂品类。可见，明代宁波海外贸易极为兴盛。

从嘉靖三年（1524）起，又接连颁布“禁海”命令。这项禁令，一直到明世宗死去，明穆宗继位（1567）后才废除。

3. 文化交流

明代实施“海禁”，但中外文化交流仍在进行，据统计在明大约300年时间里到中国的日本僧人为数众多，仅知名的就可以数出110多人。这些僧人到明朝的目的既是寻求佛法、研习经文，更是文化交流、领略风土人情。

> 前往北京，要先从宁波沿着大运河和其他河流，途经余姚、绍兴、萧山、杭州、嘉兴、苏州、常州、镇江、南京、扬州、淮安、彭城、济宁、天津等地，因而在往返途中可以在各处停留，游历神山宝刹、名胜古迹。由于这些使僧们全是乘坐特许贸易船只往返的，因而，所谓在明朝时间，也仅仅是奔波于宁波—北京间的路途之中，大体上只有一二年时间。[①]

由此可见，从宁波到北京的大运河在中外文化交往中的地位。

日本著名画僧雪舟（1420—1506）于明成化四年（1467）实现了他的夙愿[②]，随使节团出发来明。在宁波登陆后参游天童寺、阿育王寺，之后沿浙东运河经余姚、绍兴、萧山，渡过钱塘江到杭州，遍游名胜，又沿京杭运河到北京，翌年原路返回，一路观光体验，或学习临摹，或创作绘画，创作技法大进，之后归国。至今仍保存于日本寺院的有《唐土胜景记》《归中真经图卷》等作品。

明末清初浙东人朱舜水也为中日文化交流和传播做出杰出贡献。朱舜

① 同上书，第195页。

② 参见［日］中村新太郎《日中两千年》，李柏霞译，吉林人民出版社1980年版，第199页。

水（1600—1682）名之瑜，字楚玙，余姚人。他东渡日本，为浙东文化传播到日本做出了巨大的努力，在他的影响下，当时日本思想界崛起了独树一帜的儒家学派——水户学派。又被誉为："先生是真正的经济家，今日在无人之野起建一座城池，必咸集士农工商之擅长者，如有先生一人在，则成就全城尚且有余。有诗书礼乐至水旱田作之理，由房屋建造至酒盐油酱之方，先生无不精通备至。"①

4. 走私

明初，政府虽一再颁布海禁令，然私商海上航运贸易一直在秘密进行。浙江私商海上贸易的主要对象仍然是日本。双方贸易的货物主要有：日本的倭刀、倭扇、莳绘（描金）的东西、盒子、屏风、砚盒和工业原料铜、硫黄、苏木等，为中国所重。

明代，双屿岛成为走私贸易基地，又有葡萄牙人、倭寇和海盗常劫掠浙东沿海，明朝廷便于嘉靖二十六年（1547）令浙江巡抚朱纨发兵双屿岛，禁毁所有建筑物和货物，烧毁小船35艘、大船12艘（但尚有葡、日和海盗等走私海船1290余艘逃脱）；同年五月，官军又用木石筑塞双屿岛的南北水口，之后一个时期，浙东沿海民间海上走私贸易得到控制。

（二）清代

1. 海禁

清政府统一中国后，为了防止台湾郑成功抗清，又沿袭明制，严禁商民出海贸易。清政府的"海禁"十分严厉，规定犯禁者不论官民一律处斩，货物入官，家产赐给告发者；所在地方文武官员一律革职，地方保甲如不告发在先，一律处死。外国商船不准进出东南沿海各港口，只以澳门一处港口作为对外贸易口岸。其后，又强迫濒海居民迁徙内地，历史上称为"迁海"。其时浙江的海上对外贸易运输几乎停顿。

---

① ［日］中村新太郎：《日中两千年》，张柏霞译，吉林人民出版社1980年版，第225页。

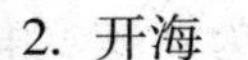

2. 开海

康熙二十二年（1683）清朝统一台湾，“海疆宴清”，政权巩固，同时也由于对外贸易交往的需要，遂在东南沿海各省官吏的吁请之下，于第二年（1684）九月下令“开海贸易”。此后，东南沿海商民可以自行造船出海贸易，海上对外贸易又开始逐步发展。

浙江输往日本的商品有：白丝、绉绸、绫子、绫纤、纱绫、南京缎子、锦、金丝布、葛布、毛毡、绵、罗、南京绡、茶、纸、竹纸、扇子、笔、墨、砚台、瓷器、药、漆、胭脂、方竹、冬笋、南枣、黄精、芡实、竹鸡（鹑类）、红花榉（即丹桂，药用）、附子、药种、化妆用具等。而从日本输入的主要是金、银、铜等。

在清朝，即使“海禁”时期，民间私商海外贸易也未间断过，“走险窃出”时有发生。有些还贿通地方官出海贸易。康熙帝曾经说过：“向虽严海禁，其私自贸易者，何尝断绝。凡议海上贸易不行者，皆总督、巡抚自图射利故也。”①

清代（鸦片战争前），“海禁”开放后，宁波港“南北”号船帮和宁波海运船主十分活跃。

清廷在全国成立了四个海关，康熙二十四年（1685），在宁波设立浙海关。康熙三十七年（1698），又在宁波和定海，分别设立浙海分海关。② 宁波港在与西方通商中，以英国为例，首次于1683年有商船来往于浙江舟山、宁波，宁波海关建立后，至宁波者更多，仅康熙四十九年（1710）到宁波舟山英船有10艘。乾隆二十年以来，外洋番船收泊定海，舍粤就浙，岁岁来宁。

鸦片战争后，清政府屈从于英国入侵，《南京条约》后次年签订了《五

---

① （清）章梫纂：《康熙政要》，华文书局1969年版，第416页。

② 参见林士民《浅淡宁波“海上丝绸之路”历史发展与分期》，李英魁主编《宁波与海上丝绸之路》，科学出版社2006年版，第45页。

口通商章程》。自此，宁波港作为向西方开放的口岸，浙东海上丝绸之路被纳入新的经济贸易圈中，并受到西方文明较大的影响。

第二节　主要对外贸易产品

历史上以绍兴为中心的浙东地区山川秀丽、物产丰富，有诸多产品闻名于世，并通过浙东海上丝绸之路销往世界各地。主要产品和营销情况如下。

一　陶瓷

越地最早的陶器是发掘于河姆渡文化遗址的“夹炭黑陶”。主要种类有釜、罐、盆、豆、盘、钵、器盖和支座。绍兴县1983年发现的凤凰墩遗址（距今4000多年）、仙人山遗址（距今为5000年左右），先后出土了一批夹砂红陶、泥质灰陶和泥质黑皮陶。《中国陶器史》认为，我国南方地区在新石器时代晚期出现了印纹硬陶，其分布范围，大致和越族人民的聚落地区相吻合。1984年，在上虞百官镇西南5公里处发掘到5座商代早期龙窑窑址，残片可见印纹陶纹饰有人字纹、编织纹、回纹、云雷纹、绳纹、弦纹等。①

春秋战国时期，越国原始青瓷质量比前期提高，胎质细腻、采用轮制成型、胎壁厚薄均匀，外施青釉。春秋越国绍兴除有众多的印纹陶和原始青瓷成品外，在众多发掘的窑址中还发现有烧造印纹硬陶、原始青瓷，以及两者合烧的窑址。尤为吼山原始青瓷窑址，胎色灰白，胎釉结合良好，

① 参见李文龙主编《绍兴物产·陶瓷》，文化艺术出版社2000年版，第240页。

或是越国鼎盛时期的官办窑场。

经过越地烧瓷匠人代代不息提高工艺，大约到东汉中期以后完成越窑由原始青瓷向成熟青瓷的转变，实现质的飞跃。[①] 上虞上浦小仙坛青瓷窑址，便是其代表。此处罍、壶、洗、罐等窑址产品胎质细腻、色泽淡雅、造型优美，技术含量高，属上乘产品。三国时期越窑质量又有较大改进提高，品种明显增加，并且不乏珍品。

西晋时期越窑激增，产品质量提高更快，龙窑达到 15 米以上，出现了扁壶、鸡头壶、樽、狮形烛台等品种。

唐代越窑进入全盛时期，产量大增，瓷制茶具、餐具、酒具、文具、玩具以及实用的瓶、壶、罐各种器皿，无所不有。越窑青瓷的不同一般之处，一是瓷质精细而极薄，呈半透明态，这便是古人所说的“越窑如冰”；二是色泽迷人，其青色显得晶莹剔透，古人称为“雨过天青”。唐代著名文人陆羽，曾著有《茶经》，书中也品评了各地的瓷器，其中盘和瓯两者，都以越窑为第一。陆羽还说：“或者以邢州处越州上，殊为不然，若邢瓷类银，越瓷类玉，邢不如越一也；若邢瓷类雪，则越瓷类冰，邢不如越二也；邢瓷白而茶色丹，越瓷青而茶色绿，邢不如越三也。”[②]

越窑之美到了唐末、宋初到达顶峰。五代，越窑产地属吴越国钱氏管辖。吴越钱氏在绍兴地区建起了所谓秘色器，秘色者，言其色泽奇异独特，不随便示人，此瓷只供朝廷使用。[③] 晚唐诗人陆龟蒙（？—约 881）有《秘色越器》诗，言其神奇和好处：“九秋风露越窑开，夺得千峰翠色来。好向中宵盛沆瀣，共嵇中散斗遗杯。”[④]

唐代，越窑青瓷不仅在国内名列前茅，并且在当时的国际贸易中，也

① 参见李文龙主编《绍兴物产·陶瓷》，文化艺术出版社 2000 年版，第 246 页。
② （唐）陆羽：《茶经》，中华书局 2010 年版，第 65 页。
③ 参见陈桥驿《绍兴史话》，上海人民出版社 1982 年版，第 76 页。
④ （清）彭定求等校点：《全唐诗》卷 629，中华书局 1960 年标点本，第 7216 页。

深得国外商人之喜爱，产品在中唐以后大量行销国外。五代时，吴越钱氏除了烧制“秘色瓷”进贡中原王朝外，还组织货源，开辟海上航线，对外贸易。其销路分别到达朝鲜、日本、泰国、越南、柬埔寨、印度、伊朗、巴基斯坦、斯里兰卡、菲律宾、印度尼西亚、伊拉克、埃及、苏丹、坦桑尼亚、西班牙等国和地区。这些国家和地区或有越窑青瓷的收藏或有大量青瓷碎片的保存。

唐代越州窑的中心窑场在上虞、余姚上林湖一带，距离明州港很近，众多越窑青瓷就是由明州港输出国外的。

北宋时期，越窑青瓷釉色透明，花纹装饰繁缛，题材广泛。采用各种艺术手法塑造人物、花草、珍禽、异兽。北宋中叶后，青瓷制造中心已由明州、越州转至龙泉，因之明州港青瓷外销中越窑比例减少，但越窑作为历史悠久的瓷器产地，其外销数量仍为数不少。据日本《朝野群载》卷二十所收录宋朝航海“公凭”记载，纲首李充赴日贸易，携带的舶贸中就有：“瓷碗贰佰床，瓷碟壹佰床。”此外，研究表明，在巴基斯坦、马来西亚、伊拉克等地都有北宋越窑青瓷出土，这证明在北宋时期明州港仍有越窑青瓷的对外贸易。[①] 至南宋越窑开始衰落。

二　丝绸

《越绝书》卷四已有大夫计倪向勾践“劝农桑”等记载，足见其时已开始有蚕桑养殖和丝织品的存在，并且地位重要和发展农业一起作为兴国措施之一。当时的“桑”也可泛指其他纺织，是织布的代称。《吴越春秋·勾践阴谋外传》有“得苎萝山鬻薪之女，曰西施、郑旦。饰以罗縠，教以容步，习于土城，临于都巷。三年学服，而献于吴”的记载，其中“罗”是

① 参见王宏星《唐至北宋明州南下航路与贸易》，李英魁主编《宁波与海上丝绸之路》，科学出版社2006年版，第142页。

有纹之绸，“縠”是有皱纹的纱。[①] 可见当时王公贵族已开始着丝绸之服。

至于《吴越春秋·勾践归国外传》记载中的《采葛歌》，更反映了当时越地纺织制布之流行和织制水平之高。

> 葛不连蔓棻台台，我君心苦命更之。尝胆不苦甘如饴，令我采葛以作丝。饥不遑食四体疲，女工织兮不敢迟。弱于罗兮轻霏霏，号絺素兮将献之。越王悦兮忘罪除，吴王欢兮飞尺书。增封益地赐羽奇，机杖茵蓐诸侯仪。群臣拜舞天颜舒，我王何忧能不移。

其中所写的“弱于罗兮轻霏霏”，既说明当时有丝绸存在，也表明这种以葛作原料的“黄丝之布”质量之上乘珍贵。

越地丝绸在隋唐时期名扬天下。《浙江通志》记：“炀帝以越州进花绫，独赐司花女袁宝儿及绛真，他妃莫得。”《新唐书·地理志》载：越州丝绸贡品有“宝花、花纹等罗，白编、交梭、十样花纹等绫，轻容、生縠、花纱、吴绢”等品种。刘禹锡《酬乐天衫酒见寄》诗云：“酒法众传吴米好，舞衣偏尚越罗轻。动摇浮蚁香浓甚，装束轻鸿意态生。”[②] 据《嘉泰会稽志》卷十七记载：“越罗最名于唐。杜子美诗屡道之。《缲丝行》曰‘越罗蜀锦金粟尺’，《后出塞曲》曰：‘越罗与楚练，照耀舆台躯。’”唐末朝廷在浙东重赋搜括，单越绫一项，每十天就要征调一万五千匹。[③]

五代时，吴越钱镠“闭关而修蚕织”“桑麻蔽野”，“年年无水旱之忧，岁岁有农桑之乐”[④]，越绫越绢遍产会稽民间。并且品种之丰，超过前代。

宋代，王十朋《会稽风俗赋》中有：“万草千华，机轴中出，绫纱缯縠，雪积缣匹。”[⑤] 在贡品中又新增了绯纱和茜绯纱等。

---

① 参见李文龙《绍兴物产·丝绸》，文艺出版社 2000 年版，第 214 页。

② （唐）刘禹锡：《刘禹锡集》，中华书局 1990 年版，第 480 页。

③ 参见（宋）司马光编著《资治通鉴》卷 259，中华书局 1956 年版，第 8460 页。

④ 傅振照主编：《绍兴县志》，中华书局 1999 年版，第 1029 页。

⑤ （清）悔堂老人：《越中杂识》，浙江人民出版社 1983 年版，第 207 页。

到明代虽绍兴丝绸业地位有所下降，但丝绸依然是当地重要的农副产业，如明末清初，有“华舍日出万丈绸”之誉，清末，绍兴府继续保持浙江四大丝绸生产基地之一的位置。

丝绸是唐五代浙东主要输出货物，五代越州设“沿海博易务”，主管南北货物交易及与日本、高丽丝绸贸易，外销锦绮等织物。[①] 当时通过明州运往日本等国的吴越之地商品以锦绮等织物为主。丝绸为当时日本王公贵族的心爱之物，无不竞相争购。北宋时，越州丝绸外销日本、朝鲜及印度、大食（阿拉伯半岛）、占城（越南）、阇婆（爪哇）等国。据《明会典》载，明朝初年间，绍兴等地设织染局，丝绸出口南洋及日本。清初，江浙粤闽等地贩丝绸出洋者甚多，所经路线基本是从浙东运河到明州港入海。

三　茶叶

据《神异记》：“余姚人虞洪，入山采茗，遇一道士，牵三青牛，引洪至瀑布山，曰：吾丹丘子也，闻子善具饮，常思见惠。山中有大茗，可以相给。”[②] 后来虞洪令“家人入山，获大茗焉”。《神异记》是汉代故事集，固不可全信其真，但丹丘子为汉代名士，从其言行可佐证汉代越地便有了茶叶。陆羽在《茶经》中品评浙江茶叶是：“越州上，明州、婺州次，台州下。”不但说明了浙东此时茶叶生产已经成熟和形成规模，有了品牌，还表明当时会稽山的茶叶品质位居浙东之首。

绍兴之茶兴于唐而盛于宋。宋代会稽山已经是茶园遍布，“会稽山茶，以日铸名天下”。著名的产品除日铸岭的雪芽茶外，还有会稽山的茶山茶、天衣山的丁堄茶、陶宴岭的高坞茶、秦望山的小朵茶、东土乡的雁路茶、兰亭的花坞茶等。草茶之中，日铸岭所产，被评为全国第一。绍兴地区的

---

① 参见傅振照主编《绍兴县志》，中华书局1999年版，第951页。

② 嘉定《赤城志》，浙江省地方志编纂委员会编著《宋元浙江方志集成》第11册，杭州出版社2009年版，第2971页。

茶产量，据绍兴二十三年（1162）记，当年绍兴府茶叶总产量到达38.5多万斤。

明清两代，会稽山茶仍以品质优越闻名于世，明代茶叶专家许次纾的《茶疏》中的全国最著名的五大名茶，绍兴日铸茶名列其中，认为“绍兴之日铸皆与武夷相为仲伯”。

绍兴珠茶外销大约始于17世纪中叶。当时在英国伦敦市场上，售价不亚于珠宝。明末清初，绍兴平水镇就形成了一个重要茶市。光绪元年（1875），绍兴茶商在上海设茶行，与英商怡和洋行共营出口平水珠茶，由宁波船运至上海出口，销往欧美国家，年均外销20万箱左右（合880万斤）。[①] 光绪九年至二十年间（1883—1894），平水珠茶出口量在10万吨以上，占同期全国茶叶出口总量的20%，占浙江省茶叶出口量的半数。

四　黄酒

绍兴黄酒明代始销国外。时山阴叶万源酒坊所产之酒，以其质特优，专销日本和南洋群岛各国。之后，绍兴酒外销范围扩大，数量增多。1915年，绍兴云集信记和谦豫萃、方柏鹿酒，在美国旧金山巴拿马太平洋万国博览会上，分别获金牌和银牌奖章，产品远销英国伦敦、美国纽约、日本东京等大都市和新加坡等地。[②]

---

① 参见任桂全总纂《绍兴市志》，浙江人民出版社1996年版，第1149页。

② 同上书，第1148页。

第三节　外国人浙东运河游记

一　成寻《参天台五台山记》

成寻（1011—1081），俗姓藤原氏，出身官僚家庭。1072年（日本白河天皇延久四年，中国宋神宗熙宁五年）三月十五日，成寻一行自日本松浦壁岛登上中国商船，从这一天起就开始写日记，后成《参天台五台山记》。其中记下了乘船从钱塘江，过萧山经古运河，一直到曹娥、嵊州、新昌到天台的行程等，不但较详细记述了运河水道、船运设施，还记载了诸多沿运山川风光、风土人情、乡村城镇，是北宋时期（涉及中晚唐）浙东运河极其珍贵的历史史料。如：

由杭州经浙东运河到天台山。

五月五日甲申……巳时，江下止船，依潮未满也。申时，潮满出船。得顺风，上帆，过钱塘江，三江中其一也。酉时，著越州西兴泊宿。

五月六日乙酉……自五云门（萧山）过五十里，未时至钱清堰，以牛轮绳越船，最稀有也。左右各以牛二头卷上船陆地，船人多从浮桥渡，以小船十艘造浮船，大河一町许。过三里，有山阴县，有大石桥。通前五大石桥也。过二里，至钱堰。从堰过五十里，戌时，至府迎恩门止。水门闭了，宿下……今日过百卅里了（从杭州“定庆门”起）。

五月七日丙戌……迎恩门如日本朱雀门，大五间，左右有廊。扉有间搡，通水料欤？过五里，有都督大殿，如杭州府。过五里，有都泗门，以牛二头令牵过船。都泗二阶门楼五间，如迎恩门。未时，过六十五里，著盘江。同四点过十五里，至白塔山酒坊……过十五里，至东关……过十五里，至曹娥堰宿。今日过百卅五里了。

五月八日丁亥，天晴。辰一点潮满。元以水牛二头引上船陆，次以四头引越入大河——名曹娥河。向南上河，河北大海也。河泭蒿山行，过五十里，午四点至王家会，暂逗留买薪。过廿五里，酉一点至夏午浦口——河名也，虽同河，上下名异。过廿五里，至蔡家山宿。七时行法了。今日过一百里也。

五月九日戊子……巳时，过十五里，至弯头。借小船乘，移运入杂物。河水浅，大船不能上，仍借小船也。过廿里，午时著三界县。过卅五里，申四点至黄沙。顺风出来。上帆进船……

又由天台山经浙东运河回杭州。

八月十九日甲午（回程）……从杭州转运使送牒崇班："日本僧出路，久不见来。钱塘江浅，不得渡。今日之内可出船。萧山泝水浅，大船不得进，示县：借小船六只，可来者。"午时，出船。过五十里，子时至钱清堰。

八月廿日乙未……卯时，以水牛八头付辘轳绳，大船越堰。船长十丈，屋形高八尺，广一丈二尺也……申时，至于萧山。小船六只将来乘移。今日过四十里，至河口定清门宿。

八月廿一日丙申……辰时，从法过门乘大船，待潮生。天小晴，申时潮生，渡钱塘江。过十五里，酉时，到著杭州官舍。运船物，宿。七时行法了。都衙云："从府至杭州一百五里。"云云，未一定。

二　崔溥《漂海录》

明弘治元年（1488）正月，朝鲜官员崔溥，乘船海上，遭“雨脚如麻”，“怒涛如山，高若出青天，下若入深渊，奔冲击跃，声裂天地”[①]之风暴，与同船43人随风暴从朝鲜济州岛漂至中国浙江台州府临海县地。初被疑为倭寇，后经多层严厉审查，确认身份，便受到中国政府的友好接待。其行经路线，自临海牛头外洋登岸，水陆兼行，经桃渚、健跳、越溪、宁海、奉化到宁波；然后从宁波舟行浙东运河，经慈溪、余姚、上虞、绍兴、萧山、西兴，渡钱塘江至杭州；再从杭州走京杭运河，途经嘉兴、吴江、苏州、常州、镇江、扬州、高邮、淮安、宿迁、邳州、徐州、沛县、济宁、临清、德州、沧州、静海、天津、通州至北京；最后由北京走陆路至鸭绿江返回故国。在中国停留四个半月，行程8800里。回国后崔溥根据这次经历，写了一部重要著作，名《漂海录》，约5.4万字，作为写给朝鲜国王的“内部报告”。

《漂海录》因其所见所闻都是明代中国大运河沿岸周边的第一手资料，所以深受朝廷重视，“朝鲜《海东文献总录》及《文献备考》都把它作为重要古籍收入”。又“据悉，日本早在1769年便由清田君锦把《漂海录》译成日文，改名《唐土行程记》。美国也于1956年由约翰·迈斯凯尔将《漂海录》译成英文，名为《锦南漂海录译注》”。可见其影响。

崔溥是一位具有深厚汉文化素养和丰富地理知识的朝鲜中层官员，而且他做事认真，个性耿直，颇具学者风范。崔溥在中国几乎走完了大运河南北全程，《漂海录》所记从海上丝绸之路到运河沿岸的我国明代的海防、政制、司法、运河、水利、城市、地志、民俗及两国关系等均有较丰富的

① ［朝鲜］崔溥著，葛振家点注：《漂海录——中国行记》，社会科学文献出版社1992年版，第39页。

第一手资料记载，极具参证价值。

（一）关于浙东沿运城市和水道的记载

1. 宁波府

（闰正月）二十九日，过宁波府。是日雨翟勇与臣等乘轿过大川。川畔有佛宇，极华丽，前有五浮图、双大塔。又过虚白观、金钟铺、南渡浦，至广济桥。桥跨大川，桥上架屋，桥长可二十余步。桥所在之地即宁波府界，旧为明州时所建也。又行至三里，有大桥，桥之北有进士里。又行至十余里，又有大桥，桥上亦架屋，与广济桥同而差小，忘其名。桥之南有文秀乡。又过常浦桥至北渡江，乘小舠而渡。自牛头外洋西北至连山驿，群峰列岫纠纷缭绕，溪涧岩壁萦纡错乱。至此江，则平郊广野，一望豁如，但见远山如眉耳。江之北岸筑一坝，坝即挽舟上过之处。坝之北筑堤凿江，有鼻居舠绕岸列泊。勇引臣等乘其舠过石桥十三，行二十余里。江之东堤，闾阎扑地；其西南，望有四明山。山西南连天台山，东北连会稽、秦望等山，即贺知章少时所居也。棹至宁波府城，截流筑城，城皆重门，门皆重层，门外重城，水沟亦重。城皆设虹门，门有铁扃，可容一船。棹入城中，至尚书桥，桥内江广可一百余步。又过惠政桥、社稷坛。凡城中所过大桥亦不止十余处，高官巨室，夹岸联络，紫石为柱者，殆居其半，奇观胜景不可殚录。棹出北门，门亦与南门同。城周广狭不可知。府治及宁波卫、鄞县治及四明驿，俱在城中。至过大得桥，桥有三虹门。雨甚，留泊江中。

2. 慈溪县

二月初一日，过慈溪县。是日雨……自府城至此十余里间，江之两岸，市肆、舸舰坌集如云……又过茶亭、景安铺、继锦乡、俞氏贞节门，至西镇桥，桥高大。所过又有二大桥，至西坝厅。坝之两岸筑堤，以石断流为堰，使与外江不得相通，两旁设机械，以竹绚为缆，挽舟而过。至西玙乡之新堰，堰旧为剎子港颜公堰，后塞，港废，堰为田……置此坝，外捍江湖（应为潮字），挽济官船，谓之新堰，概与西坝同。至此，又挽舟而过，过新桥、开禧桥、姚平处士之墓，至慈溪县。棹入其中，至临清亭前少停舟。夜，又溯江而北，至鸡报，泊于岸待曙。而问其江，则乃姚江也。江边有驿，乃车厩驿也。

3. 余姚县

初二日，过余姚县。是日阴。早发船，溯西北而上。江山高大，郊野平铺，人烟稠密，景物万千。日夕，过五灵庙、驿前铺、姚江驿、江桥，至余姚县。江抱城而西，有联锦乡、曹墅桥，桥三虹门。又过登科门、张氏光明堂，夜三更到下新坝，坝又与前所见新堰同。又挽舟过坝，经一大桥，有大树数十株列立江中。将曙，到中坝，坝又与下新坝同。又挽舟逆上，江即上虞江也。

4. 上虞县

初三日，过上虞县。是日晴。过二大桥而上。江之南有官人乘轿而来，乃上虞知县自县来也。县距江岸二三里许。又过黄浦桥、华渡桥、蔡墓铺、大板桥、步青云门、新桥铺，至曹娥驿。驿北有坝，舍舟过坝，步至曹娥江，乱流而渡。越岸又有坝，坝与梁湖巡检司南北相对。又舍舟过坝，而步西二里至东关驿。复乘船，过文昌桥、东关铺、景灵桥、黄家堰铺、瓜山铺、陶家堰铺、茅洋铺。夜四更，至一名不知江岸留泊。

5. 绍兴府

初四日，到绍兴府。是日晴。撑鉴水而上，水自镜湖一派来，绕城中。日出时，到绍兴府。自城南溯鉴水而东而北，过昌安铺，棹入城。城有虹门，当水口，凡四重皆设铁扃。过有光相桥等五大桥，及经魁门、联桂门、祐圣观、会水则碑，可十余里许，有官府。翟勇引臣等下岸，其阛之繁，人物之盛，三倍于宁波府矣。总督备署都指挥佥事黄宗、巡视海道副使吴文元、布政司分守右参议陈潭，连坐于澂清堂北壁，兵甲、笞杖森列。于前置一桌，引臣至桌边，西向而立。问以臣之姓名、所住之乡、所筮仕之官、所漂风之故、所无登劫之情状，所赍器械之有无……又问曰："初以汝类为倭船劫掠，将加捕戮。汝若是朝鲜人，汝国历代沿革、都邑、山川、人物、俗尚、祀典、丧制、户口、兵制、田赋、冠裳之制，仔细写来，质之诸史，以考是非。"臣曰："沿革、都邑：则初檀君，与唐尧并立，国号朝鲜，都平壤，历世千有余年……祀典，则社稷、宗庙，释奠诸山川。刑制，从《大明律》。丧制，从朱子《家礼》。冠裳，遵华制。户口、兵制、田赋，我以儒臣未知其详。"……又问曰："汝国与我朝廷相距远近几何?"臣曰："传闻自我国都过鸭绿江，经辽东城抵皇都，三千九百有余里。"总兵官三使相即馈臣以茶果，仍书单字以赐……臣即做谢诗再拜。三使相亦起答礼致恭。又谓臣曰："看汝谢诗，此地方山川汝何如之详？必此地人所说。"臣曰："四顾无亲，语音不通，谁与话言，我尝阅中国地图，到此臆记耳。"……臣等退，复沿湖棹出城外，过迎恩桥，至蓬莱驿前留泊。夕，知府姓周及会稽、山阴两县官，皆优送粮馔。

6. 萧山西兴驿

初五日，至西兴驿。是日晴。总兵官等三使相并轿，晓到蓬莱驿，复引臣及从者拿行装至前，讨东搬西以检点之……点毕，谓臣曰："汝可先去杭州，镇守太监绣衣三司大人更问之，一一辨对，无有舛错!"又馈臣等以茶果。臣辞退总兵官，盖指指挥佥事而言也。绍兴府，即越王旧都，秦汉为会稽郡，居浙东下流。府治及会稽、山阴两县及绍兴卫之治、卧龙山，俱在城中。会稽山在城东十余里。其他若秦望等高山，重叠崒嵂，千岩万壑，竞秀争流于东西南三方。北滨大海，平衍无丘陵。兰亭在娄公阜上天章寺之前，即王羲之修禊处。贺家湖在城西南十余里，有贺知章千秋观旧基。剡溪在秦望山之南嵊县之地，距府百余里，即子猷访戴逵之溪也。江流有四条：一出台州之天台山，西至新昌县，又西至嵊县北，经会稽、上虞而入海，是为东小江；一出山阴，西北经萧山县，东复山阴，抵会稽而入海，是为西小江；一出上虞县，东经余姚县，又东过慈溪县，至定海而入海，是为余姚江，是臣所经之江；一出金华之东阳、浦江、义乌，合流至诸暨县，经山阴至萧山入浙江，是为诸暨江。其间泉源支派汇溺堤障，会属从入者，如脉络藤蔓之不绝。臣又溯鉴水而西，经韵田铺、严氏贞节门、高桥铺至梅津桥……又过融光桥至柯桥铺。其南有小山，山脊有古亭基，人以谓蔡邕见椽竹取为笛之柯亭之遗址也。又过院（应为阮）社桥、白塔铺、清江桥至钱清驿。江名乃一钱江也。夜过盐仓馆、白鹤铺、钱清铺、新林铺、萧山县地方，至西兴驿，天向曙矣。江名即西兴河也。

7. 过钱塘江

初六日，到杭州。是日阴。西兴驿之西北，平衍广阔，即钱塘江水，潮壮则为湖，潮退则为陆。杭州人每于八月十八日潮大至，触浪观潮之处地。臣等自驿前舍舟登岸，乘车而行可十余里至浙江，复乘船而渡。江流曲折傍山，又有反涛之势，故谓之浙江。浙一作淛。江阔可八九里，江长西南直抵福建路，东北通海。华信所筑捍潮之塘，自团鱼嘴至范村，约三十里，又至富阳县，共六十余里。石筑尚完固如新，故又谓江为钱塘江也。臣至其塘，复缘岸步行，则西望六和塔临江畔。行过延圣寺、浙江驿，至杭州城南门。

从以上崔溥所经浙东运河城市线路看，他重点记述的是运河水道、河流、航运设施；他似乎对绍兴城市有着较深的了解，也有着特别的感情，记述了较多的自然景观、风土人情、人文历史；对钱塘江潮水及海塘文中也有记载，并且认为浙江之取名与潮水“反涛”有关。

（二）关于明朝海禁记载

《漂海录》所载，弘治初年（约1488—1490）明朝政府海禁极为严格，官民海防意识也很强。崔溥等人漂至浙江台州府临海县牛头外洋，“见山上多有烽燧台列峙，喜复到中国地界”[①]，烽火台是当时沿海防寇报警之用。

他们弃船登陆后，即被误作倭人。当地居民一面包围盘问，一面驱赶递送官府。“则里中人，或带杖剑，或击铮鼓。”“群聚如云，叫号隳突”，“夹左右，拥前后而驱，次次递送”[②]。“里人皆挥梭杖乱击臣等”“道旁观者皆挥臂指颈，作斩头之状”“自登陆以来，道旁观者，皆挥笔支劲，作斩头之状，以示臣等”。[③] 可见浙东沿海居民对倭寇之仇恨。是日，又有海门卫千户许清即“闻倭犯界，专为捕获而来”，并对崔溥言：“此方人皆疑你

① ［朝鲜］崔溥著，葛振家点注：《漂海录——中国行记》，社会科学文献出版社1992年版，第53页。

② 同上书，第57页。

③ 同上书，第59页。

为劫贼，故不许留你，虽艰步不可不行。”疾驱崔溥等前往海门卫桃渚所审问。

第二日，近桃渚所城“七八里间，军卒带甲束戟，铳熥彭排，夹道填街。至其城，则城有重门，门有铁扃，城上列建警戍之楼”。因语言不通，又有人写崔溥掌上：“自古倭贼屡劫我边境，故国家设备倭指挥部、备倭把总管以备之。若获倭，则皆先斩后闻。”[①] 于此可见弘治初年（约 1488—1490），关禁条例依然很严格。又崔溥等途经“城临海岸”的宁海县健跳所，又见“有兵船，具戎器，循浦上下，示以水战之状”。“入城门，门皆重城，鼓角铳熥，声震海岳。”“所千户李昂躯干壮大，容仪丰美，具甲胄兵戎”[②]，“以百千兵甲环城拥阛”[③]。宁海县越溪巡检司，是崔氏一行通过的第一个巡检司。“城在山巅，军卒皆带甲列立海旁。”[④] 由此可见，明初太祖为加强海防沿海筑城、移置于要塞的卫所，至弘治初年仍设兵戍守。

《明史记事本末》卷五十五《沿海倭乱》载，自洪武十七年（1384）至正统四年（1439）的 50 多年间，仅浙东一地遭倭寇侵掠就达 7 次。尤其台州桃渚一带受害最甚。正统四年（1439）四月倭寇入浙东。“倭大嵩入桃渚，官庾民舍焚劫，驱掠少壮，发掘冢墓。束婴孩竿上，沃以沸汤，视其啼号，拍手笑乐。得孕妇卜度男女，刳视中否为胜负饮酒，积骸如陵。”据此，便可理解被疑为倭的崔氏等人，为什么进入浙东沿海后受到如此被官民敌视并严厉控制的待遇。对此《漂海录》均有详细生动记述。

（三）关于明代运河堤坝闸堰的设置及使用

《漂海录》对运河堤坝闸堰设置及如何操作也做了较详尽的记述：

---

① ［朝鲜］崔溥著，葛振家点注：《漂海录——中国行记》，社会科学文献出版社 1992 年版，第 62 页。

② 同上书，第 72 页。

③ 同上书，第 74 页。

④ 同上。

水泻则置堰坝以防之；水淤则置堤塘以捍之；水浅则置闸以贮之，水急则置洪以逆之；水会则置嘴以分之。坝之制：限二水内外两旁石筑作堰，堰之上植二石柱，柱上横木如门，横木凿一大孔，又植木柱当横木之孔，可以轮回之。柱间凿乱孔，又劈竹为绹，缠舟结于木柱，以短木争植乱孔以戾之。挽舟而上，上坝逆而难，下坝顺而易。闸之制：两岸筑石堤，中可容过一船。又以广板塞其流以贮水，板之多少随水浅深。又设木桥于堤上，以通人往来。又植二柱于木桥两旁，如坝之制。船至则撤其桥，以锁系之柱，勾上板通其流，然后扯舟以过，舟过复塞之。洪之制：两岸亦筑石堰，堰上治纤路，亦用竹缆以逆挽之。挽一船，人寀则百余人，牛则十余头。若坝、若闸、若洪，皆有官员聚人寀、牛只以待船至。堤塘与嘴皆石筑，亦或有木栅者。[①]

记载亦可谓详尽。

（四）江南沿运风情

崔溥在中国的行程中感觉到，大抵百里之间，尚且风殊俗异，况乎天下风俗不可以一概论之。他大概以扬子江分南北记载江南沿运风情[②]：

1. 城镇市容及物产

江以南，诸府城县卫之中，繁华壮丽，言不可悉。至若镇、若巡检司、若千户所、若寨、若驿、若铺、若里、若坝所在附近，或三、四里，或七、八里，或十余里多，或至二十余里间，闾阎扑地，市肆夹路，楼台相望，舳舻接缆，珠、玉、金、银宝贝之产，稻、粱、盐、铁、鱼、蟹之富，羔羊、鹅、鸭、鸡、豚、驴、牛之畜，松、篁、藤、

① ［朝鲜］崔溥著，葛振家点注：《漂海录——中国行记》，社会科学文献出版社1992年版，第192—193页。

② 同上书，第193—195页。

棕、龙眼、荔枝、桔、柚之物，甲于天下。古人以江南为佳丽地者以此。

2. 民居建筑

江南盖以瓦。铺以砖，阶砌皆用炼石，亦或有建石柱者，皆宏壮华丽。

3. 衣冠服饰

江南人皆穿宽大黑襦袴，做以绫、罗、绢、绡，匹缎者多，或戴羊毛帽、黑匹缎帽、马尾帽，或以巾帕裹头，或无角黑巾、有角黑巾、官人纱帽，丧者白布巾或粗布巾；或着靴，或着皮鞋、翁鞋、芒鞋，又有以巾子缠脚以代袜者。妇女所服皆左衽。首饰于宁波府以南，圆而长而大，其端中约华饰；以北圆而锐如牛角然，或戴观音冠饰，以金玉照耀人目，虽白发妪者皆垂耳环。

4. 性格风俗

江南和顺，兄弟、堂兄弟、再从兄弟有同居一屋。自吴江县以北，间有父子异居者，人皆非之。无男女老少皆踞绳床交椅以事其事。

5. 读书文化

江南人以读书为业，虽里闬童稚及津夫、水夫皆识文字。臣至其地写以问之，则凡山川古迹、土地沿革，皆晓解详告之。

6. 妇女从业

江南妇女皆不出门庭，或登朱楼卷珠帘以观望耳，无行路服役于外。

7. 葬制方法

江南人死，巨家大族或立庙、旌门者有之，常人略用棺，不埋委之水旁，如绍兴府城边白骨成堆。

三　冈千仞《观光纪游》

冈千仞（1833—1914），字天爵，号鹿门，日本仙台藩人，是著名汉学家。1844 年 6 月冈千仞来华游历三百余日，著《观光纪游》《观光续纪》《观光游草》之书。《观光纪游》近十万字，是近代日本所著汉文体中国游记中最有代表性的一部。冈千仞的这篇绍兴游记，记述绍兴的风土山水、名胜故迹甚多。诸如浙东运河、柯岩风光、鉴湖、寺庙、兰亭大观、禹陵故迹、绍兴水城、曹娥江水，他都有涉及并有他的一些评述。游记文章优美，大处落笔，又不少细腻描述，颇多史料价值。此收部分节录。①

（一）记运河古纤道

明治十七年（清光绪十年）（七月）十四日（廿二日），此间属山阴县。水程一路，远峦迤逦，烟水淡荡，昔人所谓“行山阴道上，终日应接不暇”者。经一湖水，架石桥，横截水心，铭曰：“自太平至宝带桥，凡二百八十一门”，不特美观，实为伟功。

（二）记柯岩名胜

自柯桥右折，抵柯山。上岸观七星岩。奇石兀立七八丈，巅刻眉目为佛头，背刻“云根”二字，字丈余。有寺曰石佛寺，佛殿负高埠，

① ［日］冈千仞：《观光纪游　观光续纪　观光游草》，张明杰整理，中华书局 2009 年版，第 41—56 页。

拾级而登，就岩石刻丈六佛像，涂以金粉。绕出堂背，巨岩屹立十丈，始知堂宇亦铲岩石而建也。蹊田间数百步，见飞岩突出半天。岩下有佛殿，设坛位，香火薰灼，而殿宇皆为飞岩所蔽。其下深潭湛碧，楹联曰“虽无雷电飞空去，恐有蛟龙入座来”，状得尤妙。右旁一亭，题曰：“鉴湖第一岩。”拾级攀岩顶，有亭，望江上烟帆往来，尤为佳瞩。按鉴湖是间总称，未知贺季真所请鉴湖为何地。

访邑医沈瘦生（孳梅），强留，约归时再访。此间日人所未至，村人群观，童儿或有泣走者。归舟午餐。

（三）记兰亭古迹

至绍兴，就城壁右折，山水愈幽，人家临流，鸡犬怡然。水极澄澈，纤鳞鲢喁，一一可数。行数里，两山隘束，至娄公埠，兰亭旧迹距此二十里。雇山轿，轿约二竹竿，中间垂二绳，一绳约小板受臀，一绳约小木受两跗，两夫舁而走，至为简易。得村曰“合兴”，有小流，架独木桥，匾门曰“古兰亭”。一池题“鹅池”二大字。一堂雕镂焕然，联额名人笔迹。其旁八角亭，建大碑二丈许，刻康熙帝临“兰亭”大字，背刻乾隆帝七律，石质玲珑如鉴。御碑皆用此石，大理石类。旁一舍，池水环流，安右军神位。三面皆山，竹树荟蔚，所谓“崇山峻岭，茂林修竹”者。而山水无足赏，园半废为桑田。

取来路归舟，已初鼓，点灯而饭。飞虫群集，盖雨兆。灭灯而寐。

（四）记绍兴大禹陵

十五日（廿三日），晨起，舟已泊在禹陵下。三面皆峻峰，所谓会稽山者。陵户掌门钥，投钱入观。有碑蝌蚪字，曰衡山崩时，获裂土中，禹碑是也。拾石级，中间碑刻康熙、乾隆历朝祭文。有御碑亭，刻乾隆帝五古长篇。庙粤匪乱后所新修，宏厦翚飞，葺以黄瓦。正面安塑像，大丈余，左右立像各五，大字题栋上，曰“天成地平”，曰“成功永赖”。楹联二，曰：“江淮河汉思明德，精一危微见道心”“绩奠九州垂万世，统承二帝首三王”。左庑安四嗣王、四辅、六卿神主，右庑安嗣王十一世、四岳、九牧神主。蝙蝠千百，巢栖梁桷，秽臭冲鼻。庙左一阜，有窆石亭，石质莹然，微含红色，挺出七八尺，诸名流细字题名，雕刻极精。碑刻阮文敏（元）记。出门右折，有两大碑，一刻“大禹陵”三大字，一刻“禹穴”二大字。禹穴在蜀，以禹陵当之，误矣。放翁诗已呼禹穴，其来也久。

过祝官小休，曰姒姓，世奉祭祀，爵八品。村有姒姓三十余家。天气顿变，黑云如墨，仓皇归舟。须臾雷鸣，大雨倾盆，上漏下湿，殆无所避。

（五）记陶堰古镇及曹娥江景色

午下天晴，遥望女墙，为绍兴南郭。过陶堰，访陶竹书（寿勋）。侄杏南[①]在日东使馆，与惕斋相知。款留酒饭。婢能解日语，曰前年从某官在东京。未牌解缆。湖水澄澈，岸上人家市街、桥梁树木，皆倒影水中。柳子厚“韬涵大虚，澹滟里间”二句，真能括尽此景。日暮泊蛏浦坝，坝堤尤大者，坝外浊流排空，为曹娥江，此间大江。

是夜月明，坝上回望绍兴城，极为佳瞩。

八月四日（十四日）。泊在春浦坝。淤泥龟裂，仅通涓流。驱牛挽舟，出曹娥江，长江无际。更逾蛏浦坝。平湖如镜，岸上人家竹树，倒影水中，湛然如镜，使人不厌频繁往复。

---

① 杏南，即陶大均（1858—1910），会稽陶堰人。先后供职于驻日本领事馆和东京使馆。

（六）记绍兴古城风情

一沟右折，入绍兴南门。城壁二重，呀然如行洞中。绍兴，勾践所都，人家四五万，一方都会。访陆有章，交仲声书，延入别室，酒饭。就楼上闲室而小睡。尾瓦烘日，毒热如蒸。陈翰斋（文瀚）来见，仲声友人，曰绍兴以酒著，酿户前推陈、赵、袁、杜四姓，继起者，徐、李、胡、田四姓。一姓所利，不下百万金。久经年岁者，称陈酒，尤为世所称。

夜乘月步市街，至大善寺。七层塔高耸云霄，传为宋代所建。市人见余异服，簇拥，有投瓜皮瓦石者，犹我邦三十年前，欧人始来江户时。

第七章　绍兴水城

绍兴建城已有2500余年，在世界上有如此悠久历史和深厚的人文底蕴的城市并且城址至今未变的并不多见。绍兴是著名的历史文化名城，最大的价值特色便是越国古都、山水风光和名人文化。绍兴城既作为水城，其城市的发展与水利必有密不可分的联系和相互依存关系。

第一节　越国都城

一　越国聚落北进与水利建设

卷转虫海侵在6000年前达到高峰，宁绍平原成为一片浅海，当时越部族的活动中心在会稽、四明山区。《吴越春秋》记载当时“人民山居”，“随陵陆而耕种，或逐禽鹿而给食”。《水经注》记载：越部族的中心原有二处，一是“埤中”，在诸暨北界店口至阮市一带；二是“山南有嶕岘，岘里有大城，越王无余之旧都也”。无余，相传为禹五世孙少康氏之庶子。此大城与六朝夏侯曾先《会稽地志》记载的古越城“越之中叶，在此为都。离宫别馆，遗基尚在。悉生豫章，多在门阶之侧，行伍相当，森耸可爱。风雨晦朔，犹闻钟磬之声。百姓至今多怀肃敬”①，应为同一处。位置约在若耶溪的支流同康溪的源头兰亭乡里黄现与平水镇同康，即《水经注》中“溪水上承嶕岘麻溪”之说。

越王勾践即位于公元前5世纪初，随着部族生产力水平的提高、人口增多，以及海岸线北移、北部平原开发面积的扩大，“勾践徙治山北，引属东海，内外越别封削焉”②。据清毛奇龄考证，其地在今平水镇附近的平阳。这里地处会稽山北，地势广阔平坦，群山环抱，既利生产种植，又易守难攻。越部族的生产活动中心，已从南部山区，进入了山北的一系列山麓冲积扇地段。“水行而山处，以船为车，以楫为马；往若飘风，去则难从”③，便形象地描述了当时越族居民的生活、生产环境。

越王勾践当时面对着的是“西则迫江，东则薄海，水属苍天，下不知所止。交错相过，波涛浚流，沈而复起，因复相还。浩浩之水，朝夕既有时，动作若惊骇，声音若雷霆。波涛援而起，船失不能救，未知命之所维”④ 的恶劣水环境。于是勾践又接受了大夫计倪“必先省赋敛，劝农桑；饥馑在问，或水或塘，因熟积以备四方”⑤ 的建议，以范蠡为主组织实施了一批水利工程。《越绝书》记载了越国的水利工程主要有吴塘、苦竹塘、富中大塘、练塘、故水道、石塘等。按地形又分为山麓水利、平原水利和沿海水利三部分，形成了与“山—原—海”台阶式地形相适应的越国水利。这些水利工程建设和效益发挥，为越国向平原发展建设新的都城奠定了重要的基础条件。

---

① （六朝）夏侯曾先：《会稽地志》，傅振照等辑注《会稽方志集成》，团结出版社1992年版，第99页。

② （汉）袁康、（汉）吴平辑录：《越绝书》卷8，浙江古籍出版社2013年版，第50页。

③ 同上书，第51页。

④ 同上书，第27页。

⑤ 同上书，第28页。

二　勾践大、小城

勾践在位时发生了吴越战争，越为吴所败，被迫接受了城下之盟，勾践夫妇为人质入吴，三年后被释归国。为复仇雪耻，勾践接受了越大夫范蠡提出的“今大王欲立国树都，并敌国之境，不处平易之都，据四达之地，将焉立霸主之业”① 的建议，决定在若耶溪下游西缘，以今卧龙山为中心之地建立都城。山会平原的地形是一个南北向的缓倾斜面，这种地势为海退后平原逐步由南往北开发提供了有利条件。并且这一地区的开发也是一个渐进的过程，在勾践之前这里的一些高燥之地已得到水土资源的开发和部分人口集聚。勾践于其七年至八年（公元前490—公元前489）建立小城，即“勾践小城，山阴城也，周二里二百二十三步”②。位置在今卧龙山东南麓。这里位于山会平原的中心地带，是一片有大小孤丘9处之多，东西约5里，南北约7里相对略高于平原的高燥之地。而山阴故水道环绕其外侧，阻隔了北部潮汐并拦阻了南部山区突发之洪水，并且成为水上航运的主干道，有了较充足的淡水资源；富中大塘又在其城东部，成为城市的主要粮食生产基地。正是这两处重要的水利工程，使绍兴城的形成有了命脉和基础保障，建城成为可能。

据考证：小城的西城墙，起于府山西尾，止于旱偏门，其长度110米左右；南城墙由旱偏门起至凤仪桥，长820米左右；东南角连接东城墙，今酒务桥起经作揖坊、宣化坊至府山东北端的宝珠桥相衔接，长度约1030米；③北城墙便为卧龙山体。小城“一圆三方”城墙周围总长约3华里，面积约72公顷。范蠡在构筑小城时，设“陆门四，水门一”。这是绍兴城市建设中的第一座水城门，位置在今绍兴城卧龙山以南的酒务桥附近，沟通了当时

① （汉）赵晔：《吴越春秋·勾践归国外传》，中华书局1985年版，第165页。
② （汉）袁康、（汉）吴平辑录：《越绝书》卷8，浙江古籍出版社2013年版，第51页。
③ 参见方杰主编《越国文化》，上海社会科学院出版社1998年版，第152页。

小城内外的河道。

之后，又建大城，“大城周二十里七十二步，不筑北面”①。当时的大小城已颇具气势和规模，当然城墙建筑应还较简陋，以土木为主。大城设“陆门三，水门三”。

三　主要建筑

（一）城内

越王台

位于绍兴卧龙山东南麓的小城内。“周六百二十步，柱长三丈五尺三寸，溜高丈六尺。宫有百户，高丈二尺五寸。”② 使之成为越国政治、军事中枢核心。宫台为皇家建筑所独有，是帝王大型活动或登临观赏之所，是一个颇具规模的王家园林。

龟山怪游台

位于今绍兴城南。《越绝书》卷八记：“龟山者，勾践起怪游台也，东南司马门，因以照龟。又仰望天气，观天怪也，高四十六丈五尺二寸，周五百三十二步。”③ 又记：“城既成，而怪山自生者，琅琊东武海中山也，一夕自来，故名怪山……范蠡曰‘天地卒号，以着其实’，名东武，起游台其上。东南为司马门，立增楼，冠其山巅，以为灵台。《水经注·浙江水》：怪山者，越起灵台于山上，又作三层楼，以望云物。”这是我国最早见于文献记载的天文、气象综合性观察台。

禹宗庙

《越绝书》卷八：“故禹宗庙，在小城南门外，大城内，禹稷在庙西，

---

① （汉）袁康、（汉）吴平辑录：《越绝书》卷8，浙江古籍出版社2013年版，第51页。
② 同上。
③ 同上书，第52页。

今南里。”在大城之内，其形制可参见1982年绍兴坡塘乡发掘春秋战国墓中的铜质房屋模型，或为2500年前越国庙堂建筑的真实形象，其中的歌伎和乐师的形态应与祭祀活动有关。

雷门

《嘉泰会稽志》：“五云门，古雷门也……《十道志》云：‘勾践所立，以雷能威于龙也。门下有鼓长丈八尺，声闻百里。’”

（二）城周

美人宫

《越绝书》卷八：“美人宫。周五百九十步，陆门二，水门一。”《吴越春秋·勾践阴谋外传》载：“乃使相者国中，得苎萝山鬻薪之女，曰西施、郑旦。饰以罗縠，教以容步，习于土城，临于都巷。三年学服，而献于吴。”西施姓施，名夷光，一作先施，又称西子，春秋末期越国句元（今诸暨市）苎萝村人，郑旦与西施同为苎萝山中美女。土城山在会稽县东六里。”孔晔《会稽记》：“勾践索美女以献吴王，得诸暨苎罗山卖薪女西施、郑旦。先教习于土城山。山边有石，云是西施浣沙石。”“土城山”，又称“西施山”，是西施习步的宫台遗址，位置在今绍兴城东五云门外，原绍兴钢铁厂处。1959年在山南开挖河道，见有大量越国青铜器，以及印纹陶、黑皮陶、原始青瓷等，西施山一带也是重要的越国遗址。唐李白有《子夜吴歌》描绘了西施在美人宫边所经若耶溪活动场景：

镜湖三百里，菡萏发荷花。
五月西施采，人看隘若耶。
回舟不待月，归去越王家。

阳春亭

《越绝书》卷八：“山阴古故陆道，出东郭，随直渎阳春亭。山阴故水道，出东郭，从郡阳春亭，去县五十里。”亭是最能代表中国建筑特征的一种建筑形式，目前所知最早的“亭”字是先秦时期的古陶文和古钵文。汉代以前的亭其功能大致有四种：城市中的亭、驿站的驿亭、行政治所的亭、边防报警的亭。这里记载的阳春亭在绍兴城东郭门外，连接着当时的故陆道和故水道，应是交通、迎送休闲之场所。

灵文园

《汉书·地理志》卷二十八上载：“越王勾践本国，有灵文园。”

灵汜桥

见本书第十章第二节后“附：灵汜桥寻考”，此处不赘。

四 城市水系

大小城范围设4座水门，表明了城中河道水系之发达。时城内水道有以下几条[①]：

由东山阴故水道进城东郭门至凤仪桥至水偏门（为水城中水门）；

从凤仪桥至仓桥的南北向环山河；

从南门至小江桥南北向的府河；

从酒务桥北向东过府河，再从清道桥经东街到五云门的东西向河道；

从大善桥南北接府河东至都泗门的东西向河道；

从西迎恩门向东至小江桥，至探花桥，再向南至长安桥，东至都泗门的东西向河道。

大城中的3座水门分别为东郭门、南门及都泗门。城北不筑门，无水门，但必有水道。而不开稽山门水门应是此为若耶溪水直冲之地，否则难以抵御山洪灾害。绍兴水城水系之大格局至此已大致形成。

另从勾践建美人宫乘舟游城市内外河道也可推测，越国时城周边水系

① 有些河道为后代取名。

之发达。

第二节　隋唐古城

鉴湖兴建、水环境变好、南迁人口增多及人的素质提高、各行各业的加快发展、经济总量的提升等因素，使山阴城市到东晋和南北朝时迅速突起，在唐代更出现了时代发展高峰。

一　水利效益

鉴湖兴建是会稽人民对山会平原自然环境的一次系统性改造，其结果是人、水、地关系的完美与和谐，从此以优越的环境滋养了绍兴，使其地繁荣富强，人才辈出，不断壮大，闻名海内外。

（一）鉴湖

（1）防洪、灌溉。鉴湖蓄水 2.68 亿立方米，由于鉴湖水面高于北部平原及绍兴城，为九千余顷土地的灌溉和城市生产生活提供了自流式的丰沛水资源。

（2）促使山会地区繁荣。农业生产迅速开发，手工业、交通运输业、酿酒业、养殖业等较快发展，由此带来了经济增长、城市繁荣、人口增多。

（3）生态环境得到全面改造。山会平原由于鉴湖兴建变得山水宜人。王羲之《兰亭集序》中的山麓交界地兰亭“有崇山峻岭，茂林修竹，又有清流激湍，映带左右”。在鉴湖之畔的感觉“从山阴道上，犹如镜中行也”。顾长康所见会稽：“千岩竞秀，万壑争流。草木蒙笼其上，若云兴霞蔚。”①

① （南北朝）刘义庆著，钱振民点校：《世说新语》，岳麓书社 2015 年版，第 26 页。

王献之笔下的山阴道上则是："山川自相映发，使人应接不暇。若秋冬之际，尤难为怀。"①

（二）运河

公元300年前后，绍兴水利史上又有大的建树。在晋会稽内史贺循（260—319）的主持下，开凿了著名的西兴运河。运河自郡城西郭经柯桥、钱清、萧山直到钱塘江边，起初称漕渠。因运河从萧山向北在固陵与钱塘江汇合，而固陵从晋代即称西兴，故名西兴运河。

西兴运河东至绍兴西郭门入城，再向东，过郡城东部的都赐堰进入鉴湖，既可溯鉴湖与稽北丘陵的港埠通航，也可沿鉴湖到达曹娥江边，沟通了钱塘江和曹娥江两条河流。就山会平原西部而言，此运河的开凿弥补了原鉴湖水利和航道之局限。随着经济社会的发展，西兴运河在这一带交通航运地位不断加强。

《新唐书·地理志》载："山阴县北五里有新河，西北十里有运道塘，皆元和十年（815）观察使孟简开。"又《嘉泰会稽志》卷十："新河在府城西北二里，唐元和十年观察使孟简所浚。"一说新河是相对老河而名，原来运河经绍兴城河道是由西郭门经光相桥、鲤鱼桥、水澄桥到小江桥沿河的，由于运河商旅增多，孟简又开一条由西郭直通大江桥与小江桥相连的"新河"，缩短航线，避免壅塞，促进沿岸商贸。"运道塘"应是孟简对西兴运河塘路的改造，将一些主要河岸的泥塘路改为石砌或铺石路段。

（三）海塘

唐代绍兴北部海塘进一步完善，标准提高，一个重要的标志便是将原鉴湖灌区的枢纽工程玉山斗门2孔斗门扩建为8孔闸门，使这一地区的蓄泄能力增强。使保护范围内生产、生活的水利条件和抗灾能力不断增强。

① （南北朝）刘义庆著，钱振民点校：《世说新语》，岳麓书社2015年版，第26页。

二　隋代扩城

（一）地位提升

山阴城市到东晋和南北朝时迅速发展，呈现了《晋书·诸葛恢传》中“今之会稽，昔之关中”欣欣向荣的局面。《宋书·顾恺之传》中山阴已号称是“民户三万，海内剧邑”。刘宋孝建元年（454）浙东的会稽、东阳、永泰、临海、新安五郡置东扬州，州治就设在会稽。山阴县城成为五郡之首府，刘宋大明三年（459），一度把扬州州治从建康迁到会稽。

会稽城从梁代初年起，又升格为东扬州。随着城市繁荣扩大，行政管理上就有了新的要求，《南齐书·沈宪传》中就记载了早在南北朝齐代时有人提出把山阴分成山、会两县的建议。到了不久后的陈代（557—558）山会分治终于成为现实，以绍兴城中心南北向的中心河为界，分西部为山阴县，东部为会稽县。

（二）建设规模

隋开皇年间（581—600），是绍兴自从越王勾践建城以来第一次有记载的大规模城市修建。首先是在卧龙山东南侧修建子城。沈立《越州图序》载：“唐杨素筑子城十里。”又《嘉泰会稽志》卷一记：“旧经云：子城周十里，东面高二丈二尺，厚四丈一尺，南面高二丈五尺，厚三丈九尺，西北二面皆因重山以为城，不为壕堑。”《嘉泰会稽志》不但紧接着记述了《越绝书》和《吴越春秋》中关于“小城”的记载，又记述：“城南近湖，去湖百余步，会稽治山阴以来此城即为郡城。案今子城陵门亦四，曰镇东军门，曰秦望门，曰常喜子城门，曰酒务桥门。水门亦一，即酒务桥北水门是也。其南秦望门，去湖亦仅百步，虽未必尽与古同，然其大略不相远矣。”这里不但基本肯定了越王勾践所建小城和所建子城位置基本相同，只是“子城”比“小城”更完善和坚固一些，还记述和印证了鉴湖建成后，使山阴城西南自常禧门向南至大城再向南数百米处，再东至后来的稽山门向北至东郭门，再北至都泗门均为鉴湖堤所环绕。

隋代在子城之外又建罗城，“罗城周围，旧管四十五里，今实计二十四里二百五十步，城门九”①。陈桥驿先生认为：“罗城的规模也比于越大城有了扩充。这一次扩建以后，绍兴城的总体轮廓基本上已经确定，其基址与今日环城公路已经大体吻合了。”②

三 唐代盛况

由于鉴湖和西兴运河的交通便利，使甬江和钱塘江通过浙东运河的交通运输业快速发展，绍兴城成为浙东航运和经济的中心枢纽城市，不但与国内各地加强了商贸交易，又在自开元二十六年（738）明州设置后，与日本、朝鲜及南洋等国家的商来客往更加频繁，并且其运输大多自明州沿浙东运河过绍兴再过钱塘江北上及往返。亦即：“故海商舶船，畏避沙潬，不由大江，惟泛余姚小江，易舟而浮运河。”③ 天宝七年（748）鉴真和尚第五次赴日，就是从绍兴出发沿此道东渡。浙东运河樯橹相接，船船如梭，商旅不息，因此也促进了浙东运河海上丝绸之路对外贸易发展。在隋炀帝时越州已以耀花绫品质优异著名，唐代越州丝绸更闻名全国。陆羽在《茶经》中评价当时全国瓷器，认为其中的盘和瓯以越州产品为第一。

当时越州城经济发达，人口众多，商贸繁荣，风景优美。时任越州刺史的元稹在长庆年代（821—824）作《以州宅夸于乐天》诗：

---

① （宋）孔延之：《会稽掇英总集》卷 20，浙江省地方志编纂委员会编著《宋元浙江方志集成》第 14 册，杭州出版社 2009 年版，第 6574 页。

② 陈桥驿：《历史时期绍兴城市的形成与发展》，《吴越文化论丛》，中华书局 1999 年版，第 378 页。

③ 《淳祐临安志》卷 10，浙江省地方志编纂委员会编著《宋元浙江方志集成》第 1 册，杭州出版社 2009 年版，第 158 页。

州城迥绕拂云堆，镜水稽山满眼来。

四面常时对屏障，一家终日在楼台。

星河似向檐前落，鼓角惊从地底回。

我是玉皇香案吏，谪居犹得住蓬莱。①

州宅越州成了他心目中蓬莱仙境。

而时任杭州刺史的白居易在《答微之夸越州州宅》诗中写道：

贺上人回得报书，大夸州宅似仙居。

厌看冯翊风沙久，喜见兰亭烟景初。

日出旌旗生气色，月明楼阁在空虚。

知君暗数江南郡，除却余杭尽不如。②

虽讴歌越州，但认为余杭在越州之上。然元稹又作《再酬复言和夸州宅》，诗中更坚定地认为："会稽天下本无俦，任取苏杭作辈流。"③

乾宁四年（897），吴越王钱镠定杭州为吴越国西府，越州为吴越国东府，为吴越国行都。并且钱镠先后于乾宁四年、天复元年（908）、后梁开平三年（909）数度驻节越州，在绍兴城市、水利建设上颇多建树。

城市水利情况，《嘉泰会稽志》卷一：

城门九，东曰都赐门（有都赐埭，门之名盖久矣），曰五云门，东南曰东郭门（有东郭埭），曰稽山门，正南曰殖利门（有南埭），西南曰西偏门（有陶家埭），曰常喜门，正西曰迎恩门，北曰三江门。凡城东南门有埭，皆以护湖水，使不入河，西门因漕渠属于江以达行在所，北门引众水入于海。

---

① （清）彭定求等校点：《全唐诗》卷417，中华书局1960年标点本，第4599页。

② 同上书，第4999页。

③ 《元稹集》，中华书局1982年版，第703页。

这里阐明了鉴湖、西兴运河与绍兴城水系的主要关系。

其一，鉴湖水位高于城中之水。“又以湖水较之，高于城中之水或三尺有六寸，或二尺有六寸。”据考证①，鉴湖水位高程为4.5—5米，城内当时水位高程在3.5米左右，绍兴城地面高程多为4.5—5米，为防鉴湖水侵入，在鉴湖与绍兴城西南面的城墙之间还留着“城南近湖，去湖百余步”的开阔防洪地。又在原水城门外设埭阻水，既防壅堤使高的湖水对城市产生威胁又兼顾适度引水和一般小船只过坝通航。李白《送王屋山人魏万还王屋》② 诗中“秀色不可名，清辉满江城。人游月边去，舟在空中行”所描述舟行鉴湖中所见的越州城和舟中之观景，正是鉴湖水位高于城池的感受结果。

其二，绍兴城主要靠引鉴湖水入城补充水量，由于绍兴地形东部略高于西部，故鉴湖以郡城东南从稽山门到禹陵全长6里的驿路作为分湖堤，根据地理位置分东西两湖，东湖水位一般较西湖高0.5—1米。鉴于此水位差及西湖之水又高于平原及城内河流水位的实际，为满足城内水源和航运需要，故将都泗门改建了都泗堰；东郭门改成东郭堰、东郭闸，以调节城内水位（主要是东北部），更换水体。城市南部水体补充的另一办法是通过堰引水和凿城引湖水的办法。吕祖谦《入越录》中记载有：“凿城引鉴湖为小溪，穿岩下，键以横闸，激浪怒鸣，过闸遂为曲水。”

其三，鉴湖、西兴运河航道通过绍兴城贯通东西。鉴湖建成后，以北平原的河道，特别是晋以后西兴运河的船舶，必须通过西郭门等，过州城，然后从都泗堰或东郭堰拖牵而过堰闸，才能进入东鉴湖。而从曹娥江过东鉴湖到西鉴湖或西兴运河，也必须通过都泗堰或东郭堰过州城才能到达。

其四，城北门为城市主要排涝通道。城市防洪及引入水体更换主要由

---

① 参见盛鸿郎、邱志荣《古鉴湖新证》，盛鸿郎主编《鉴湖与绍兴水利》，中国书店1991年版，第13—32页。

② （清）彭定求等校点：《全唐诗》卷175，中华书局1960年标点本，第1789页。

北门排泄。

当然，作为城市水系还有诸多的支河、池、潭、井作为补充。

第三节　宋代名城

一　北宋大府

北宋是鉴湖水利晚期，绍兴城市也彰显其繁华盛况，地位非同一般，北宋嘉祐五年到六年（1060—1061）任越州太守的刁约有《望海亭记》，中记有客曰：

> 东南之邦，佳山水，侈台榭，丽于城邑者多矣，如其岚巘千屏，烟波数带，漕帆商楫，往还于前，赪糊百雉，云屋万家，鸳刹虬檐，照映于下者，未见其比……①

写尽了水城繁荣气象。又把绍兴城以卧龙山为中心，比作盘踞在泽国之上的一条巨龙：

> 越冠浙江东，号都督府。府据卧龙山，为形胜处，山之南，亘东西鉴湖也；山之北，连属江与海也。周遭数里，盘屈于江湖之上，状卧龙也。龙之腹，府宅也；龙之口，府东门也；龙之尾，西园也；龙之脊，望海亭也。

---

①（宋）孔延之：《会稽掇英总集》卷19，浙江省地方志编纂委员会编著《宋元浙江方志集成》第14册，杭州出版社2009年版，第6566页。

北宋绍兴城蔚为壮观。著名词人毛维瞻（1011—1084）有《新修城记》记嘉祐六年春（1061）太守刁约修城的缘由及规模，认为：

越为浙东大府，户口之众寡，无虑十百万；金谷布币，岁入于县官帑庾数，又倍之。提封左右，襟江带湖，远扼闽岭之冲，故屯宿禁旅，以备非常。州之子城，颓垝邸里，无有限隔，非所以为国家式，遏海外之意也。①

言明了越州浙东大府之重要地位及山水形势，以及修子城之必要。又记：

其年冬十月新城成，高二十丈，面平广可联数辔。其趾，叠巨石为台以捍水。四周累瓴甋，承埤堄以障守者，挑挞览写，而廉势峻拔，坚异他壁。北因卧龙山，环而傅之，连延属于南。西抵于堙尾，凡长九千八百丈。其费工与材之数逾二百六十万。城之门有五，而常喜、西偏、西园三门既隘且弊，又新之以壮其启闭，仍鸠羡材，楼于西园门之上，资游观也。

这是北宋绍兴城市的一次大规模修缮，这次整治也为南宋绍兴城市的空前发展繁荣打下基础。新修后的子城是何等的坚固雄壮，气势不凡。既是城墙，又是景观台。

北宋日本僧人成寻（1011—1081）于1072年4月到1073年7月在中国巡礼求法，著有日记《参天台五台山记》，其中在五月七日（丙戌）沿运河过绍兴城所见迎恩门，都督殿、都泗门均为时大城市之建筑，同时也记载了运河入城过堰情况。

① （宋）孔延之：《会稽掇英总集》卷19，浙江省地方志编纂委员会编著《宋元浙江方志集成》第14册，杭州出版社2009年版，第6566页。

二　南宋陪都

南宋是绍兴城市发展史上规模和品位上的一次空前飞跃。

（一）航运地位

北宋南宋之交，虽是鉴湖的围垦期，但鉴湖创造和形成的效益得到了充分发挥。南宋初年，由于鉴湖围垦规模不断扩大，最后垦出湖田两千多顷，客观上使山会平原增加了四分之一的耕地面积，也产生了农业生产规模扩大的效益。

南宋都临安，浙东运河是其通向南、北、东的三条水运干道之一，绍兴、明州、台州成了临安的主要后方，也是通向海上丝绸之路的必经之路和物产之地，因之政府全面加强了对运河的管理、维修。河道畅达，地位、作用更显重要，浙东运河呈现了航运的黄金时代。南宋状元王十朋在《会稽风俗赋》中写鉴湖："有八百里之回环，灌九千顷之膏腴。"写浙东运河："堰限江河，津通漕输。航瓯舶闽，浮鄞达吴。浪桨风帆，千艘万舻。大武挽綍，五丁噪呼。榜人奏功，千里须臾。"[①] 描述了浙东运河通过堰坝连通水系的特色，沟通南北东西的卓越地位，以及舟船辐辏、纤夫鱼贯而入、航道畅达的景象。

（二）临时首都

由于金兵南下，宋室南迁，杭州成为全国政治、经济、文化中心，绍兴由于钱塘江之隔在军事防御上的重要地位，以及所处浙东地区繁荣的经济优势，必定成为南宋王朝重要的后方基地。绍兴两度成为南宋的临时首都。宋高宗赵构于建炎三年（1129）从杭州渡钱塘江来到越州，驻跸州廨，越州第一次成为南宋的临时首都。建炎四年（1130）初，南宋朝廷又以州

① （宋）王十朋著，梅溪集重刊委员会编：《王十朋全集》，上海古籍出版社1998年版，第852页。

治为行宫，越州第二次作为南宋的临时首都，为时达一年零八个月之久。综上等原因，便带来了绍兴城市空前的大发展。

建炎四年（1130）以后，宋高宗赵构改元为绍兴元年（1131）。宋朝廷于绍兴二年（1132）初开始迁往临安。之后，绍兴虽退居为府治，但朝廷仍规定临安以外的全国大邑40处，山阴名列其首。陆游在《嘉泰会稽志·序》中称："今天下巨镇，惟金陵与会稽耳。"王十朋在"天高气肃，秋色平分"之日登上卧龙山之蓬莱阁，把酒临风作《蓬莱阁赋》，记所见绍兴城之胜景："周览城阛，鳞鳞万户。龙吐成珠，龟伏东武。三峰鼎峙，列障屏布。草木芜葱，烟霏雾吐。栋宇峥嵘，舟车旁午。壮百雉之巍垣，镇六州而开府。"[①]《越州图经》记载，北宋大中祥符年间（1008—1016），城内之街坊，属于会稽县的有十二坊，总二十三坊。然《嘉泰会稽志》卷四载，到南宋嘉泰（1201—1204）年代，府城内厢坊迅速扩大，全城已有五厢九十六坊。不但是数量增加，城市品位、管理水平也显著提高。

（三）水系格局

鉴湖主体水域被围垦后，水位降低，原绍兴城东南城门外使湖水不入城之埭堰被废去，也就又形成了水偏门、植利门、东郭门、都泗门、昌安门、西郭门6座水门，平原水网与城内河道合为一体。新的水系格局决定了必须对城市基础设施进行重新调整，嘉定十四年到十七年（1221—1224）郡守汪纲等对罗城及水陆城门和城内路、渠、桥等基础设施进行大规模修建完善，绍兴城内已建成了"一河一街""一河两街""有河无街"的水城格局，并形成以南北向府河为主干，以东西向河道为支流，河、池、溇、港纵横交错的水系网络。还石砌城内主要衢路，使之"经画有条""坦夷如砥"。经过这次大规模的修建，绍兴城内的厢坊设置、街衢布局、河渠分

① （明）萧良幹等：万历《绍兴府志》卷3，《绍兴丛书·第一辑（地方志丛编）》第1册，中华书局2006年影印本，第550页。

布、规模范围等，基本已成定局。一个江南水乡府一级的特色水城已基本形成和成熟，至此到清末以至民国都没有大的变化。

第四节　明清水城

一　水利调整

南宋诸多社会发展和自然环境变迁，使鉴湖水体在短期内产生了重大改变，这一变化使山会平原优越的水环境和良好的水利条件产生了变化，水旱灾害频发。

由于平原河湖的深浅及耕地高低不一，农田灌溉、水产养殖、航运对水位都有不同要求，因未能统一管理，出现了较多的用水矛盾和纠纷，加重了山会平原的水旱灾害。明成化十二年（1476），绍兴知府戴琥，在实地考察和研究的基础上，创建了山会水则（水位尺），置于贯通山会平原河网的绍兴城内佑圣观河中。按《山会水则碑》观测“水则”，管理十多公里以外的玉山闸启闭，可以调节整个山会平原河网高、中、低田的灌溉和航运，这是山会平原河网得到系统管理的标志，也是绍兴水利史上的一个杰出创造，其中也反映了城内河道在山会水利中的地位。

明嘉靖十六年（1537），绍兴知府汤绍恩主持建成三江闸，又完善海塘体系，钱清江从此成为内河。至此，绍兴平原河网新的鉴湖水系调整基本完成，三江闸成为山会平原排涝、蓄淡的水利总枢纽。

二　水城完善

明清时代，绍兴在浙江省仍居第四大城市之位，行政上一直是府治，并且以历史悠久、富庶的典型江南水乡城市闻名海内外。明代文学家袁宏道有《初至绍兴》[1] 诗：

闻说山阴县，今来始一过。船方革履小，士比鲫鱼多。

聚集山如市，交光水似罗。家家开老酒，只少唱吴歌。

讴歌了绍兴水城、水乡、名士之乡的大好风光。

经过明清两代城河整治，绍兴城河体系更趋完善，“越郡城河，从鉴湖南入，直进江桥，分流别浍，号为七弦。固四达交通，发祥毓秀，为阖郡利益也”。此为清代绍兴知府俞卿在《禁造城河水阁碑》中对绍兴城河现状和地位之评述。据清光绪十八年（1893）《绍兴府城衢路图》记载：在全城7.4平方公里范围，有大小河道33条，总长约60公里。另有港、溇多处，大小湖池27处，总水面约占全城面积的20%。有桥229座，城中每0.03平方公里就有1座。“跨山会界，其纵者自江桥南至植利门，北至昌安水门；其横者自都泗至西郭门，中间支河甚多，皆通舟楫。”民谚云：“大善塔，塔顶尖，尖如笔，笔写五湖四海；小江桥，桥洞圆，圆如镜，镜照山会两县。”水城之景观特色，由此可见一斑。我国著名古代建筑史研究专家张驭寰在《中国城池史》中认为：“在城内形成一个水网，如苏州、绍兴城等等，那是规划比较整齐的。一条水为河街，一条水为水巷，南北东西相交，水网整齐。除这之外的一般城池的水网都比较简明扼要，并不像苏州、绍兴城那样全城成为水网，水系也不那样多。”[2]

绍兴水城各功能区划分、市民居住地集聚也与水道密切相关。

在卧龙山及县西桥一带，河道水域较宽广，是当时的府治、县治行政中心；城南飞来山周边，地势高燥，河道畅达，上承南门之活水，多世家

① （明）袁宏道著，钱伯城笺校：《袁宏道集笺校》，上海古籍出版社1981年版，第361页。

② 张驭寰：《中国城池史》，百花文艺出版社2003年版，第393页。

大户的台门院落；城北则河道密布，众水汇入，是处商肆繁华，为贸易之地；城东蕺山周边，街巷深重，水道弯曲，也就多锡箔等手工作坊。这种因河而产生的城市格局，也是绍兴城市的一大特色。康熙《会稽县志》的《府城图》中，其图标文中显示在“绍兴府”右侧便为“水利厅”之政府办事机构，也可见水利在绍兴之重要地位。

康熙二十八年（1689），康熙一行由北京永定门出发，经陆路南行至宿迁，然后乘舟沿运河南下，进入江南，又在杭州登岸，过钱塘江，再沿浙东运河到绍兴城，又祭禹。回京后，由宫廷王翚等著名画家绘制《康熙南巡图》，其中不但描绘了浙东运河山水风光，还重点描绘了绍兴水城“三山万户巷盘曲，百桥千街水纵横”的奇丽景观。康熙来越在杭州驻跸还写了诗：

> 越境湖山秀，文风天地成。南临控禹穴，西枕俯蓬瀛。
> 容与双峰近，徘徊数句盈。我心多爱戴，少慰始终情。

乾隆六下江南，亦留下了《乾隆南巡图》，其中有多幅绍兴水城的精彩画卷，这些都是绍兴城在全国地位和特色的反映。

三　环城河变迁

绍兴城最早的环城河位于勾践小城之东，即南北向凤仪桥至宝珠桥的环山河。大城建成后，西起府河鲍家桥，东至金刚庙前相连的投醪河，当时处大城南城墙外，应为大城建成后形成的环城河。东城墙之外为若耶溪（平水西江），形成大城东环城河。

东汉鉴湖建成，使山阴城西南常禧门向南至大城南再向南数百米处，再东至后来的稽山门向北至东郭门，再北至都泗门外均为鉴湖湖堤所环绕。隋代罗城建成后，在南面与西南面的湖水之间还留有“百余步”的留置地。

至南宋鉴湖堤废后，绍兴环城河规模基本确定：平水西江河道形成东环城河，南起稽山门，北至昌安门；鉴湖南门至西偏门的变窄河段形成南环城河；娄宫江自然河段形成西环城河；以北迎恩门至昌安门外又形成北环城河。明嘉靖二年（1523）知府南大吉修府城，同时浚治内外环城河，使北面环城河规模进一步扩大，排涝、航运能力增强。

《嘉泰会稽志》卷一："旧经有云：城不为壕。今城外故有壕，但不甚深广尔。皇祐中，有诏浚湟，太守王逵始治其事，旧经成于祥符，不及知也。"明万历《绍兴府志》载：宣和年间（1119—1125），越守刘韐修筑州城，于"瓮城外凿壕，去大城三十步，上施钓桥，凡为三壕：第一重阔二十步，深二丈，水深四尺至七尺；第二，第三重递减五尺，壕之内岸筑羊马城，去大城五步，高八尺，址阔五尺，上敛二尺"。又清西吴悔堂老人《越中杂识·城池》记："府城内外皆有壕，外壕广十丈、八丈、五丈不等，深一丈二尺、一丈或八尺、九尺不等；内壕俱广一丈八尺，深七尺。"壕即为护城河，属人工开挖。而这里所记的壕与今日所指之环城河是基本不重合的，故不能把环城河称为护城河。而在护城河之外又有环城河（多为自然河流），以资城市外围之行洪排涝、航运、景观等作用，并与城河水系互补使用，此亦为绍兴水城之一大特色。

宋代以前绍兴城墙主要是夯土打筑，也有部分采用山石垒砌。自元代起才改用砖筑城墙。[①] 明万历《绍兴府志》载，元至正十三年（1353）时浙江廉访佥事的笃满帖睦尔在主持修筑绍兴城墙时"始甃以石，开堑绕之"。直至近代绍兴古城墙仍是雄壮完整之形象，高 7—8 米，宽为 6—10 米，周长 1.36 万米。绍兴古城墙主要在 1938 年，被当时的驻绍国民军以抗战为由拆除。至 20 世纪 50 年代，在原城墙旧址建成沿环城河的环城公路，遗址大部分还在。

① 参见张显辉《绍兴古城墙建拆始末》，《绍兴通讯》2006 年第 5 期。

第五节　城河水利碑与实践

据《越州图经》记载，南宋嘉泰年间（1201—1204），府城内厢坊迅速扩大，全城已有五厢九十六坊。水系发达，河港遍布，商肆繁华，人口增多，不足8平方公里的绍兴城，带来了城市拥挤和城河管理与排污的新难题。而到明清两代，河道淤塞、侵占、污染问题更为突出。因此，城市水系的综合治理，便成为当时绍兴知府必须亲自负责抓好的重大民生环境工程。今天所能看到的明清绍兴3块著名水利碑文就是城市治水历史的重要印记。

一　《浚河记》（明王阳明撰）

王阳明（1472—1529）名守仁，字伯安，因筑室会稽山下的阳明洞自号阳明子，世称阳明先生，明代著名哲学家、思想家、教育家。王阳明的《浚河记》碑主要记载了绍兴知府南大吉治理城河的过程以及倡导、守护正义的议论。

南大吉（1487—1541），字元善，号瑞泉，明陕西渭南人，明正德六年（1511）进士，嘉靖二年（1523）以部郎出守绍兴府。

碑文开篇就记载了当时绍兴城河令人忧虑的状况："越人以舟楫为舆马，滨河而廛者，皆巨室也。日规月筑，水道淤隘，蓄泄既亡，旱潦频仍。商旅日争于途，至有斗而死者矣。"[1] 可见，这城河已久为沿河民居所渐进

[1] （明）王守仁撰，吴光、钱明、董平编校：《王阳明全集》，上海古籍出版社2015年版，第746页。

侵占，杂乱凸显，淤积且狭小，填河的又都是一些权势大户，一般的民众敢怒而不敢言，官府也不敢过问。日侵月占，河道的蓄泄功能丧失，便出现了持续不断的洪涝灾害；绍兴自古以舟楫为主要交通工具，如城河淤隘，航道堵塞，船行难通；水质污染，城市的环境和市民生活质量变坏。

“善治越者以浚河为急。”① 于是嘉靖三年（1524），南大吉组织对绍兴主要河道进行全面疏浚和整修，并首先对淤塞严重的城河加以浚拓，“南子乃决阻障，复旧防，去豪商之壅，削势家之侵”②，一举将府河拓宽六尺许。

“失利之徒，胥怨交谤，从而谣之曰：‘南守瞿瞿，实破我庐；瞿瞿南守，使我奔走。’人曰：‘吾守其厉民欤？何其谤者之多也？’”③ 南大吉在治理河道过程中与沿河势利之徒、奸猾小人有了直接冲突。由是恶意诽谤之声四起。

为明辨是非，启导民众支持南大吉“顺其公而拂其私，所顺者大而所拂者小”④，保护河道水环境，王阳明以事实充分肯定南大吉城河整治后的效益：“既而舟楫通利，行旅欢呼络绎。是秋大旱，江河龟坼，越之人收获输载如常。明年大水，民居免于垫溺，远近称忭。”⑤

治水事业，功德无量，绍兴人民对南大吉的治河之举交口赞誉：

> 又从而歌之曰：“相彼舟人矣，昔揭以曳矣，今歌以楫矣。旱之熇也，微南侯兮，吾其燋矣。霪其弥月矣，微南侯兮，吾其鱼鳖矣。我输我获矣，我游我息矣，长渠之活矣，维南侯之流泽矣。”

---

① （清）吕化龙修，（清）董钦德纂：康熙《会稽县志》卷3，《绍兴丛书·第一辑（地方志丛编）》第7册，中华书局2006年影印本，第302页。

② （明）王守仁撰，吴光、钱明、董平编校：《王阳明全集》，上海古籍出版社2015年版，第746页。

③ 同上。

④ （清）吕化龙修，（清）董钦德纂：康熙《会稽县志》卷3，《绍兴丛书·第一辑（地方志丛编）》第7册，中华书局2006年影印本，第298页。

⑤ （明）王守仁撰，吴光、钱明、董平编校：《王阳明全集》，上海古籍出版社2015年版，第746页。

最后是道明了为官之要和核心价值所在：“人曰：‘信哉！阳明子之言：未闻以佚道使民，而或有怨之者也。’纪其事于石，以诏来者。”

王阳明的《浚河记》简明扼要，立意高远，把深刻的道理，以通俗的语言表明，弘扬正义，鞭挞丑恶，针砭时弊，是对后来绍兴从政者的激励、对民众的教育，也开创了绍兴城市河道水环境综合治理的先例。

二 《禁造城河水阁碑》（清俞卿撰）

俞卿，生卒年不详，字恕庵，号元公，云南陆良人，清康熙二十年（1681）举人。五十一年（1712）八月由兵部侍郎出知绍兴府。

到任后，俞卿见绍兴城河因一些居民常投污秽物于其中，堆积、污染并淤塞河道，以致“一月不雨，则骤涸，船载货物，用力百倍，入夏尤艰苦”。是年冬俞卿组织民众对城河进行疏浚。当时俞卿初到绍兴，对如何清淤缺少经验，挖掘之土随意堆弃两岸，到第二年汛期河水高涨，两岸堆土又重新滑落河中，出现了边浚边淤的状况，收效甚微。俞卿通过实地查考，总结失利原因，又布置新的疏浚办法，规定挖河必须深 3 尺，宽则极于两岸，河道开挖始于各小门，逐段推进，以 1 里为程，在起止处各筑土坝阻水，完工验收后开坝进水。为清除淤泥，用船将淤泥运到城外的深渊处，也有的由沿河居民挑倒到一些空旷低洼之地。挖河的费用，挑挖由官府出俸银，运土的船，则借于乡间，每都须出船若干艘，并须配有船夫一人，这样做，不逾月就完成了疏浚。

又有城河沿岸居民因贪图便利，常有架水阁、木桥于河上，以致河道闭塞，影响水上交通。俞卿亲自调查沿河设障情况，召集城中父老曰：

尔越文明旧盛，胜国二百七十年，取巍科登公辅者踵相接，至于今少衰矣。实兹河之淤塞，故河在五行居其二，水与土相生者也，水土生生之义亏，地气塞而文明晦，是不可不急以浚。架阁者几何家速毁尔阁，毁之实所以成之也。尔民其敬听毋梗！①

导之以义，晓之以理，恩威并举，于是政令一出，沿河桥阁不数日尽被拆除，虽大户之家莫敢后焉。

为使保护城河形成制度，俞卿又于康熙五十四年（1715）立《禁造城河水阁碑》，分别位于城中府仪门和江桥张神祠，碑中首先言明立碑目的、绍兴城河地位，以及污染阻塞河道的危害：

为永禁官河造阁，复水利以培地脉事。照得越郡城河，从鉴湖南入，直进江桥，分流别浍，号为七弦。固四达交通，发祥毓秀，为阖郡利益也。自居民不遵古道，始于跨河布跳，继而因跳构阁。一人作俑，比户效尤，致令通津暗塞，水涨则上碍船篷，水浅则下壅污泥，损伤风脉，阻滞商民，积弊相沿，莫此为甚。

设障侵占河道、污染水域不仅是水利问题，更是败坏民风和影响区域综合实力发展的问题。

接着记述了俞卿本次治河的经过、效果和立碑的意义：

本府莅任，即捐俸疏河，及确访水阁情弊，更逐处亲勘，随经出示晓喻，限期拆卸。不数日而障开天见，复还古制，远近同声称快，即造阁人户亦无不输诚悦服。兹据通郡绅矜耆老、船户人等各具呈词，公吁立碑垂久，事关地方利弊，合行永禁。为此仰郡属居民知悉。

俞卿为治水呕心沥血，工程实施中注意细节技术和听取民众意见，成

① （清）李亨特修，（清）平恕等纂：乾隆《绍兴府志》卷14，《绍兴丛书·第一辑（地方志丛编）》第5册，中华书局2006年影印本，第359页。

效明显，还多次捐俸禄于其中，得到绍兴人民的肯定和拥护。

更难能可贵的是俞卿在认识上高人一筹，对于治水意义有精辟的理解："当念河道犹人身血脉，淤滞成病，疏通则健，水利既复，从此文运光昌，财源丰裕，实一邦之福，非特官斯土者之厚幸也。"

治理水环境不但要统一集中治理，还要有长效制度管理，依法严厉处置侵占河道、污染环境的行为："倘日后仍有自私图便，占河架阁等弊，许邻佑总甲指名报官，以凭按律究治；若扶同容隐，察出并罪。各宜永遵，毋得玩视。"

此碑为古代绍兴著名的水利规章之一，对后世治水产生了积极影响。

三 《禁造城河水阁示》(清李亨特撰)

李亨特，奉天正蓝旗人，乾隆五十五年（1790年）出任绍兴知府。"尝微行城乡，体察疾苦，凡有关于民瘼者，罔不为除剔整顿之。"[①] 上任不久，即把水利放在重要地位，整治河堰陂塘，建树颇多。又见到由于管理上的放任废弛，在河道阻塞和污染上又出现严重问题。

为整治府河，李亨特对绍兴城内河道进行全面考察，确定了整治方案，于是立《禁造城河水阁示》[②] 碑告示"为申明禁令，立限拆毁私占官河水阁事"。其主要理由如下。

一是城河地位重要。"绍郡城河自南门受水，直进江桥，分流别浍，四达交通，仍流泻于昌安门，山、会二县于此分界。"

二是问题和危害。"商贾辐辏，市民恶其地狭，架水阁于河上，舟行几不见日月，或时倾污秽溅人，往来者苦之。"又"架水阁致使通衢黑暗，污秽淋漓，水皆臭恶，泥污壅积。甚有妇女踞坐阁上，或当阁曝晒亵衣秽物，

① （清）悔堂老人：《越中杂识》，浙江人民出版社1983年版，第58页。

② （清）李亨特修，（清）平恕等纂：乾隆《绍兴府志》卷14，《绍兴丛书·第一辑（地方志丛编）》第5册，中华书局2006年影印本，第359页。

舟行其下，恬不知耻。且两岸相接，设遇祝融不戒，必致延灾，尤为大害。更查设有平矮石条、木桥，以图行走自便，不顾下碍舟楫，亦于河道不便”。

更严重的是环境影响人文：“兹河为郡城血脉，淤塞不通，故闾阎凋瘵，文明晦而科甲衰。”

三是前人有治理规范。“康熙五十四年，俞前守下令尽撤之，并镌石碑二，一立府仪门，一立江桥张神祠，日后仍有占河架阁等弊，许邻佑总甲报官，按律究治，扶同容隐，一体科罪，以昭永禁。”

发现从郡城张神祠至南门止，共设有水阁74座，石条4座，木桥8座：

> 本应即行拿究，姑先申明禁令，立限拆毁，为此示仰该市居民等知悉，立将所架水阁、石条、木桥各自拆毁，限二十日内拆竣，以凭委员查勘。倘敢抗违，除委员带匠押拆外，仍将本人严拿，按强占律治罪，断不稍宽。各宜凛遵毋违。

限令在20日内自行完成清障，倘有敢于违抗者，除官府派员随带工匠押拆外，还将违禁令人严拿，按侵占罪论处。

清障后，李亨特又组织对城河进行疏浚，于是河水为之一清，舟楫往来顺达，水城更显盛世景象。此外，李亨特还组织对城河的水则、桥、巷口、坊口、寺、庙口、轩亭口等35处的水深进行探测，为后来者治河留下了依据。同时，李亨特还着力整治城内街面路口，使城中街道畅通无阻，恢复了“天下绍兴路”① 的美景。

从以上三块水利碑文的内容和实施发展过程中，至少可得到以下几点启示和认识可供借鉴。

其一，随着社会发展、人口增多，环境的变化会影响以往的城市功

① （清）悔堂老人：《越中杂识》，浙江人民出版社1983年版，第58页。

能正常运行和维护，个人损公利私的不良行为也会导致环境的恶化；在城市河道水环境方面，尤其是清障、清污、清淤便会成为需要解决的突出问题，如管理不善会引发诸多矛盾，直接影响城市生存环境、人文形象。

其二，城市水环境保护、治理是综合性的，城河水活、水畅、水清是为首要目标。在治水和河道水域保护中必须采取强有力的综合举措，方为行之有效。在这种背景下以行政首长为总负责，水利、环保、城建等部门各负其责，齐抓共管是为至关重要。

其三，城市河道保护、治理具有动态性、持续性、重复性，在日常管理中，既要集中整治与日常管护相结合，更要制定操作性强的制度与法规，告示民众，统一认识，严格执行。

第六节　历史街区

以“三山万户巷盘曲，百桥千街水纵横”闻名的绍兴老城，历经历史风雨，进入20世纪末提出了一个如何妥善有效保护的问题。历史街区的提出，并进行保护、修缮、开发是绍兴城市建设的创举。按照“重点保护、合理保留、局部改造、普遍改善”和“修旧如旧、风貌协调”的原则，通过河道整治、古桥修复、民居改造、清除违章、道路改建、管线埋设等措施，规范和形成了一批主题鲜明、深藏历史文化内容、符合传统特点、兼顾旅游开发的历史街区。

一　仓桥直街历史街区

该街区位于市区卧龙山东南麓。街区中心线的环山河，北起胜利西路，南至鲁迅西路，全长1.5公里，自北而南，依次有仓桥、宝珠桥、府桥、石门桥、酒务桥、西观桥、凰仪桥7座古桥。总面积6.4万平方米，由河道、民居、道路三部分组成。河道两侧，以水乡传统民居为主，为绍兴城内典型的“一河无街”格局。民居大多建于清末民初，其中有各式台门43个，集中反映了本地区的建筑特色和历史风貌。

2003年9月，绍兴仓桥直街历史街区被联合国教科文组织亚太地区委员会评选为2003年“文化遗产保护优秀奖”。

二　西小路历史街区

该街区位于绍兴市卧龙山北麓，北至环城北路，南临胜利路，东至营桥河沿、铁甲营，西靠北海花园，总面积约19.78万平方米。西小河是街区的核心，南起鲤鱼桥接环山河，北至北海桥与上大路河汇合，全长700米，往南正对卧龙山巅的飞翼楼。河街并行的典型水乡格局是西小路街区的主要风貌，街区内保存的众多古迹，印记了绍兴这座历史文化名城发展中的历史文脉。

历史街区内分布着众多古迹：位于新河弄的明嘉靖年间礼部尚书吕本府第，是江南少见的大型住宅建筑群，为全国重点文物保护单位。位于胜利路鲤鱼桥旁的古藏书楼，建于清光绪二十八年（1902），为中国最早的公共图书馆。位于胜利路的大通学堂，为贡院旧址，曾是陶成章、徐锡麟、秋瑾等革命先烈培养反清志士的军校。还有王衙池明代民居、王阳明故居等遗址。

西小路历史街区内的“一河一街、街河并行”格局，是绍兴水乡风貌的集中体现。

三　勾践小城历史街区

该街区位于绍兴城区卧龙山（府山）南麓，东北面以环山河为界，西至府山西路，南至水偏门，是绍兴历史上最早的都城。街区内有越王台、文种墓、唐宋摩崖石刻、飞翼楼、革命烈士墓、风雨亭、孙清简祠、范文澜故居等市级文物保护单位九处，有春山试寓、凌霄阁、龙湫泉、“清白泉记”碑、火神庙、凰仪桥、大木桥等文物。另有众多古遗址和一些有价值的传统民居与特色构件。

四　鲁迅故里历史街区

该街区以鲁迅故居为核心，东起中兴南路，西至解放路，南至鲁迅路河向南50米，北至观音弄和西咸欢河。在街区内有咸欢河、鲁迅路河、府河3条河道流经该区，河上多古桥；街区中保存了清末民初绍兴传统台门民居，有朱家台门、陈家台门、余家花园、寿家台门等；有小康之家的郎家台门、高家台门、宗家台门、王家台门等，也有连片的平民古住宅。街区内有全国重点文保单位鲁迅故居、鲁迅祖居、百草园和三味书屋，以及鲁迅笔下描写的咸亨酒店、恒济当铺、长庆寺、土谷祠、都昌坊口等真实场景。咸欢河沿依旧保持“一河一路”的格局，水埠、石桥、临河民居保存较为完整；众多台门依然保存完好。鲁迅故里历史街区体现了鲜明的主题特色，鲁迅及其文学作品成为鲁迅故里历史街区文化内涵的核心部分。

五　八字桥历史街区

该街区位于绍兴古城东北部，北临胜利路，南至纺车桥，西临中兴路，东靠环城路，面积约31.94万平方米。

八字桥历史街区是绍兴古城街河布局的典范，街区内有稽山河和都泗河两条河道，成丁字形。其中稽山河为城东部主干河道，全长2300米。都泗河为浙东古运河沟通城内外之通航水路，全长600米。八字桥水街为“一河两街”，八字桥与河道两旁恬淡素雅的民居十分协调。广宁桥一带则为“一街一河”（“前街后河”）和“有河无街”。有着众多的文物保护单位及有价值的传统民居。在八字桥附近有东双桥、广宁桥两座古桥与其相互映照，堪称水城一景。

位于都泗门的龙华寺，始建于南朝宋元嘉二十四年（447），江总名篇《修心赋》描述了龙华寺环境和寺中清幽生活："左江右湖，面山背壑，东西连跨，南北纡萦；聊与苦节名僧同销日用，晓修经戒，夕览图书，寝处风云，凭栖水月。"今存大殿，坐北朝南，三开间，硬山顶，屋脊已残，系清代建筑。马家台门、曹家台门、赵家台门、姚家台门等也各具特色。

六　书圣故里历史街区

该街区位于古城东北部，由环城北路、中兴路、萧山街和局弄围合而成。蕺山河和萧山河从街区东部和南部环绕而过。街区内有戒珠坊、斜桥坊和笔飞坊三个历史街坊。以与书圣王羲之相关的戒珠寺、题扇桥、笔飞弄而得名。街区内山水相依，其自然环境得天独厚，文化特色体现多元化。

位于西街的戒珠寺，曾是书圣王羲之的故宅，亦称右军别业。王羲之舍宅为寺后，遂成为寺院，唐代定名为戒珠寺，为越中历史悠久的古刹，寺址历千余年而未变。

蕺山是整个书圣故里历史街区的景观重点所在。据传山中生长一种带有腥味的蕺草，当年越王勾践因尝吴王之秽后，采食蕺草而治愈口臭，故名蕺山，海拔30余米，是古代绍兴城的八山之一。又因山麓有王羲之故宅，又名"王家山"。

为保护历史街区风貌，恢复蕺山景观，2003年修建蕺山景观，按蕺山原貌重新修复了具有晋代风格五层砖砌的王家塔（文笔塔），重建了状元亭，以及因明代著名文学家刘宗周（1578—1645）在此讲学而得名的蕺山书院。

第七节　水利与城市发展启示

一　天人合一产物

水利为绍兴这座城市带来的优势和影响主要在以下几方面。

1. 行洪排涝的畅达

城内降雨通过四通八达的河道水网及水城门迅速排出，使城内无水灾。

2. 充足的水资源保障

古代绍兴城内一直有20%以上的水面，水体丰富，更有南部山区优质的水资源通过水城门调节补充。鉴水长流，城内生活、生产用水得以保证。

3. 航运便利

以舟楫为主要交通工具的绍兴水乡，在城内一样得到体现。浙东古运河东西向横贯城内，纵横交叉的河道中皆通舟楫，其利无穷。

4. 形成城市特色景观

“越中之园无非佳山水”[①]，绍兴城内河、溇、池、湾遍布，街道、民居多依河而建，千姿百态的众多桥梁更形成水城无尽的风情；护城河、环城河之环绕，使绍兴城如浮在河湖中的巨舟。明张岱在《修大善塔碑》中认为：“越郡似舟航，两道桅杆，前见石帆连棹；禹陵如几案，二条玉烛，远看炉峊生烟。背负卧龙，带水襟山，而头生文笔；肘回采蕺，鞭雷掣电，而爪得戒珠。”

---

① （明）祁彪佳撰，中华书局上海编辑所编辑：《祁彪佳集》，中华书局1960年版，第171页。

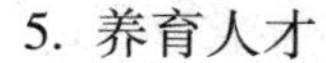

5. 养育人才

清知府俞卿不但认为城河为发祥毓秀，合郡利益之依，还指出："尔越文明旧盛，胜国二百七十年，取巍科登公辅者踵相接，至于今少衰矣。实兹河之淤塞……是不可不急以浚。"① 是清澈的鉴湖水、物产丰富的优越水环境，培育了绍兴人的优质优生、聪明和智慧。

6. 水文化的培育

水文化是人类与水有关的治理、改造、认识、人文等活动创造的物质与精神文化现象的结晶。由于绍兴所处泽国水城，以大禹治水为源头的水文化也就源远流长，深厚高雅，成为城市之魂和特色。

7. 水土资源拓展

城市是一个地区政治、经济、文化的中心，绍兴水乡是绍兴水城的基础，保障优越的周边环境。

绍兴水乡疆域拓展有赖于一代又一代绍兴人开展水利建设，由南往北不断发展。

二　水利制约因素

（一）城市拓展的限制

为什么绍兴城市历经近2500年规模还未有大的改变？除了政治、经济、文化、区域位置等方面的原因，其中水资源也应是主要制约因素之一。绍兴水土资源的限制性是一方面；又以饮用水为例，古代绍兴平原之饮用水大多为河网，亦以井水补充；绍兴城内则多用井水也兼用河道水，如果城市规模扩大、人口增多，饮用水必会受到污染和限制；此外，绍兴城市周边的东平水江，南南池江、坡塘江，西娄宫江等自然水系被封围成环城河，

① （清）李亨特修，（清）平恕等纂：乾隆《绍兴府志》卷14，《绍兴丛书·第一辑（地方志丛编）》第5册，中华书局2006年影印本，第359页。

在古代如要将这些水系纳入城内，也有诸多防洪排涝、交通建设上的不利限制。

（二）与水争地

绍兴古城内河道集中在 20 世纪被损坏、被填埋、被污染的主要原因是什么？除了前期有战争、自然毁坏、经济发展、人们的保护意识不够等方面的原因，从深层次和宏观看，其根本原因是人、地、水之矛盾冲突而导致的结果。人满为患，土地狭少，河道水面必然遭殃。当然还有河道航运功能减退、陆路交通提升等原因。这种现象越到 20 世纪中后叶便更为明显。

三　城市发展的大趋势

（一）行政区域北迁

2009 年绍兴市行政中心搬迁至镜湖新区办公意义非凡。笔者以为绍兴城市和府治的中心位于卧龙山脚下已近 2500 年，现在绍兴城市扩展的新时期已到来，顺应时势，实行行政中心提前搬迁，这在绍兴城市发展上具有十分关键的战略意义，今后的绍兴发展史上会高度评价这件事。

（二）现代水城特色

地域扩展后的绍兴城市发展的最大特色和资源是什么？笔者以为是水。一个山间溪水潺潺、平原河网密布、滨江海阔天空、山—原—海兼有、碧水长流、林木葱葱的城市才是绍兴有别于周边城市，有国际竞争力的特色城市。

绍兴城市的发展，还应十分重视环境和文化品位，不仅要加快量的扩张，更要注重质的提高，城市规模、人口数量、发展速度都要做可持续性、千秋大业之谋划。

四　东方威尼斯之说

关于将绍兴比作东方威尼斯的说法不无流行，两城水景之美是为事实，但就一个城市的历史、地域和个性而论仍应慎重称谓。

（一）由来

由于我国古代城市不以水城特称，古代绍兴城市也就不以水城著称。倒是清代随着外国传教士来中国后，开始研究绍兴水城并将其比作东方威尼斯。17 世纪中叶两次来华并在浙江杭州、绍兴、金华、兰溪、宁波传教的意大利传教士卫匡国，在向欧洲介绍中国历史文化时于顺治十一年（1654）在欧洲出版了《鞑靼战纪》，书中不仅详细记载清军南下攻占整个浙江的过程，还介绍了杭州、绍兴等城市风貌，书中称绍兴“是中国最美丽的城市”：

> 它的规模没有别的城市大，但比所有的城市都清洁漂亮，它四面环水，人们可以乘船绕城游览，欣赏它的美丽。它有宽阔良好的街道，两边铺着方形的白石，中间是可以航行的河道，河道的两壁砌着白色石头。他们还用这种白色的方石头建成漂亮的石桥、牌楼和房屋。据我观察，中国其他地方没有这样的方石头建筑，一句话，中国别的地方都不如这儿整齐。①

描述的主要是绍兴水城之美，四面环水，以船为车，白玉石堤，小桥流水，环境整洁幽雅。

（二）比较

威尼斯在世界上以水城著称，把其与绍兴相比，其实是外国人把绍

① ［意］卫匡国：《鞑靼战纪》，杜文凯编《清代西人见闻录》，戴寅译，中国人民大学出版社 1985 年版，第 36 页。

兴定位为世界级水城。当然这些传教士观察的深度还是不够的，如果以绍兴之历史、水系、文化、景观与威尼斯相比，恐怕威尼斯要步绍兴后尘。

茅以升从古代桥梁的数量对比汉堡和威尼斯，说了绍兴水城的地位：

> 我国古代传统的石桥，千姿百态，几尽见于此乡。
>
> 近人谓西德汉堡市有桥2125座，远过于威尼斯。而我绍兴古城，桥多又倍于汉堡，称之为东方桥乡，迨非虚誉。[①]

（三）陈桥驿的观点

关于把绍兴比作东方威尼斯，陈桥驿在20世纪80年代初也说过“绍兴是中国的威尼斯”之类的话，但他在2003年10月18日绍兴举办的水城市长论坛上有专文予以纠正说明[②]：

> 西方文献中比较威尼斯和中国城市的唯一资料，竟恰恰就是绍兴。这就是我后来在文章中引及18世纪末叶法国传教士格罗赛（Grosler）的描述：“它（指绍兴城）位于广阔而肥沃的平原中，四面被水所包围，使人感觉到宛如在威尼斯一样。”这段话收在《纳盖尔导游百科全书——中国卷》的第1090页。

又指出：

> 第一，绍兴建城于公元前五世纪，比威尼斯足足早了十个世纪。第二，莎翁的《威尼斯商人》确是篇脍炙人口的名著，这篇十六世纪

① 茅以升：《绍兴石桥·序》，陈从周、潘洪萱编《绍兴石桥》，上海科技出版社1986年版，第4页。

② 陈桥驿：《“中国威尼斯”水城随感之一》，邱志荣《上善之水：绍兴水文化》，上海学林出版社2012年版，第271—274页。

的作品，让威尼斯增光彩。而绍兴，从先秦以至近代，传世名著，锦绣文章，真是车载斗量！

绍兴是东方水城、桥乡。

第八章　三江水利

我国的江河交汇之处，往往有众多的三江口，之于具体的河流一般历来有不同的说法。绍兴山会平原滨海亦有“三江”之记载，然“三江口”历经了远古、近代到了现代，肯定此“口”已非彼“口”了。绍兴三江是动态变化着的，其历史过程决定了山会平原沧海桑田的演变。而三江水利是自春秋以来，绍兴人民按照大禹治水天人合一的思想，惨淡经营，锲而不舍，不断调适改造自然，移山填海，持续发展，书写了一部伟大的绍兴自然和社会发展史。

第一节　三江记载与研究

按照现代科学方法和研究成果，从沧海桑田的历史地理变迁中，厘清“三江口”的来龙去脉，也就有着重要价值和意义。

一　文献记载中长江下游之三江

历史文献中关于长江中下游三江的主要记载如下。

《尚书·禹贡》：“淮海惟扬州……三江既入，震泽底定。”

《周礼·夏官司马·职方氏》:“东南曰扬州，其山镇曰会稽，其泽薮曰具区，其川三江，其浸曰五湖。”

《国语·越语》载伍子胥说:“三江环之，民无所移。”

《史记·夏本纪》:“三江既入，震泽致定。”[①]

对上述记载中“三江”的具体认定，到了汉代以后论争纷起，有多种解释。诚如萧穆所说:“前人之论地理，言人人殊、不能划一者，莫过于《禹贡》之三江。”[②]“三江”的考证，历代延续不断，对清人的研究成果，主要可归纳为以下几种观点[③]。

第一，班固《汉书·地理志》北、中、南三江说者，认为“三江五湖”的古代三江是北江、中江和南江。这里所谓北江指的是今长江，中江指的是今胥溪和荆溪，南江指的是古松江。

第二，东汉郑玄则以岷江、汉水、彭蠡诸水为三江。“左合汉为北江，会彭蠡为南江，岷江居其中，则为中江”[④]，这里汉指汉水，彭蠡即指古鄱阳湖，岷江则包括长江干流。

第三，三国韦昭以浙江、浦阳江、松江为三江，见赵一清《答禹贡三江震泽问》[⑤]。

第四，以中江、北江、九江为三江，此说详见李绂《三江考》[⑥]、黎庶

---

① 张守节《正义》:“泽在苏州西南四十五里。三江者，在苏州东南三十里，名三江口。一江西南上七十里至太湖，名曰松江，古笠泽江；一江东南上七十里至白蚬湖，名曰上江，亦曰东江；一江东北下三百余里入海，名曰下江，亦曰娄江。于其分处号曰三江口。”

② 《敬孚类稿》卷1，谭其骧主编《清人文集地理类汇编》第4册，浙江人民出版社1987年版，第52—54页。

③ 参见陈桥驿主编《中国运河开发史》，中华书局2008年版，第316页。

④ (清)顾炎武著，黄汝成集释，栾保群、吕宗力校点:《日知录集释》，上海古籍出版社2014年版，第27页。

⑤ 《东潜文稿》，谭其骧主编《清人文集地理类汇编》第4册，浙江人民出版社1987年版，第86页。

⑥ 《穆堂初稿》卷19，谭其骧主编《清人文集地理类汇编》第4册，浙江人民出版社1987年版，第7页。

昌《禹贡三江九江辨》[1] 等文。

第五，以松江、芜湖江（永阳江）、毗陵江（孟渎河）为三江，见杨椿《三江论》[2]。

此外，郦道元《水经注·沔水》："松江自湖东北流经七十里，江水岐分，谓之三江口。"又"《吴越春秋》称范蠡去越，乘舟出三江之口，入五湖之中者也。此亦别为三江、五湖，虽名称相乱，不与《职方》同。庾仲初《扬都赋》注曰：今太湖东注为松江，下七十里有水口，分流东北入海为娄江，东南入海为东江，与松江而三江也"。又"郭景纯曰：三江者，岷江、松江、浙江也"。以上郦道元关于"三江"所指又有多种说法。

在清代学者研究的基础上，现代学者大多认为"三江"应为众多水道的总称，而非确指。[3]

综上，三江诸说，除韦昭所指的"浙江、浦阳江、松江"与萧绍平原以北的三江有涉外，其余多指长江下游地区河流。

二　文献记载中山会平原北部三江

主要有以下内容。

《越绝书》

这是一部成书于先秦，经东汉人增删整理而成的书。此书卷十四有"越王勾践即得平吴，春祭三江，秋祭五湖"。此时勾践在吴地，所指的三江或与韦昭所指相同。

王充《论衡》

《书虚篇》卷四有载："浙江、山阴江、上虞江皆有涛。"这里的"山阴

① 《拙尊园丛稿》卷4，谭其骧主编《清人文集地理类汇编》第4册，浙江人民出版社1987年版，第89—92页。

② 《孟邻堂文钞》卷10，谭其骧主编《清人文集地理类汇编》第4册，浙江人民出版社1987年版，第4页。

③ 参见华林甫《中国地名学源流》，湖南人民出版社1999年版，第403—404页。

江”应是“西小江”。而“上虞江”则应是“曹娥江”，但未指明已形成三江口。

谢灵运《山居赋》

是书被称为我国最早韵文式的地方志，记述的多是会稽山地和四明山地一带的自然环境及始宁墅的景物。“其居也，左湖右江，往渚还汀。面山背阜，东阻西倾，抱含吸吐，款跨纡萦。绵联邪亘，侧直齐平。”这里的“右江”应是曹娥江。又记：“远北则长江永归，巨海延纳。昆涨缅旷，岛屿绸沓。山纵横以布护，水回沉而萦浥。信荒极之绵眇，究风波之睽合。”此记应是当时称为后海的环境。

《嘉泰会稽志》

卷十《水》：“海，在县北二十里。海水北流入嘉兴府海盐县……《西汉·地理志》：南江从会稽吴县南入海；中江从丹阳芜湖县西，东至会稽阳羡，东入海；北江从会稽毗陵县北，东入海。盖汉会稽地广，绵亘数千里，凡三江皆繇此以达于海也。《水经》云：江水奇分，谓之三江口。又东至会稽，东入于海。又云：浙江水出三天子都，北过余杭，东入于海。三江之说不同，至江流入于海，则古今论者不能易也。”此记载中的三江之说亦较宽泛，指长江下游地区的多条河流，流归于海。

万历《绍兴府志》

卷七载：“钱江潮……盖潬中高而两头渐低，高处适当钱塘之冲，其东稍低处，乃当钱清、曹娥二江所入之口。钱清江口潬最低，潮头甚小；曹娥江口潬稍高于钱清，故潮头差大。”又：“天顺元年，知府彭谊建白马山闸，以遏三江口之潮，闸东尽涨为田，自是江水不通于海矣。”于此已确定三江口为钱塘、钱清、曹娥三江。

又引：“《初学记》：凡江带郡县名者，则会稽江、山阴江、上虞江是也。”《初学记》为唐时作品，“山阴江”“上虞江”应为“钱清江”“曹娥江”，而“会稽江”的问题比较复杂，似应理解为“若耶溪”及下游汇流入海之河为宜。关于会稽江的存在也可以从绍兴城北的“北海港”记载中得到佐证[①]：

《明史·地理五》

“绍兴府、山阴”中有记：

> 北滨海，有三江口。三江者，一曰浙江；一曰钱清江，即浦阳江下流，其上源自浦江县流入，至县西钱清镇，曰钱清江；一曰曹娥江，即剡溪下流，其上源自嵊县流入，东折而北，经府东曹娥庙，为曹娥江，又西折而北，会钱清江、浙江而入海。

《明史》的这段明确的三江阐述是国家地理的记载，必定在当时经权威部门和人士认定。

清毛奇龄（1623—1716）《西河集》

此书卷一百十九《三江考》载：

> 惟浦阳入海，则郦道元《水经注》南国颇略，遂讹为入江，不知浦阳者发源于乌伤而东经诸暨，又东经山阴，然后返永兴之东而北入于海。其在入海之上流即今之钱清江也。其接钱清之下流，即今之三江口也。故明世绍兴知府戴君、汤君导郡水利，使上遏浦阳之入山阴者，而使之注江，下浚浦阳之入海者而使之注海。其在钱清相接之口，名三江口；其在海口之城，名三江城；置卫名三江卫；建闸于其上，以司启闭，名三江闸；其尚名三江则自古相仍，几微不断，饩羊名存，夫亦可以为据矣。

以上毛奇龄在对浦阳江的源头、流经、人工改道、入海口做考证的同时，尤对三江口及相关取名做了分析，认为此三江口也是自古就得名，但

① 参见邱志荣、陈鹏儿《浙东运河史·上卷》，中国文史出版社2014年版，第447页。

对钱清江之外的其余两江尚未论述。

程鸣九《闸务全书》

上卷中的《三江纪略》称："三江海口，去山阴县东北三十余里，以其有曹娥江、钱清江、浙江之水会归于此，故名焉。"此文纂辑于清康熙戊寅年（1698），关于"三江海口"已有明确的定位。此说一直延续，如1938年《塘闸汇记》中的《吴庆莪字采之陡亹闸考证》[①] 便有："按三江故道，本为南江（即浙江）与浦阳、曹娥两江。"

嘉庆《山阴县志》

卷二十八收录清全祖望《答山阴令舒树田水道书》中有记"三江"：

> 大江以南，三江之望不一，有《禹贡》之三江，郭氏以钱塘当其一；有《春秋外传》之三江，韦氏以钱塘及浦阳当其二；其越中之三江，则以钱塘及曹娥及钱清列之为三。《春秋外传》之三江已不可当《禹贡》之三江矣，而况廑廑越中者乎？是不辨而明者也。

历史文献中的图示：

宋王十朋《会稽三赋》，《南宋绍兴府境域图》中曹娥江、浦阳江以北即以"大海"标注；

明万历十五年（1587）《绍兴府志》刻本，《明绍兴府八县总图》曹娥江、浦阳江以北标注为"北至大海"；

清光绪二十年（1894）《浙江全省舆图并水陆道里记》，《绍兴府二十里方图》中曹娥江以北亦以"海"注记。

---

① 王世裕编：《塘闸汇记》，冯建荣主编《绍兴水利文献丛集》，广陵书社2014年版，第275页。

三　现代三江研究

（一）陈桥驿先生的观点

20世纪60年代陈桥驿的《古代鉴湖兴废与山会平原农田水利》[①] 认为古代“东小江（曹娥江）掠过会稽东境，西小江（浦阳江）流贯山阴西境和北境，两江均在北部的三江口附近注入后海（杭州湾）”。又指出：“目前，稽北丘陵诸水均北流经出杭州湾，构成独立的所谓三江水系。但三江水系乃是晚近四百年中一系列水利工程的产物。”于此，陈桥驿先生确认当时的三江水系中的三条江为曹娥江、浦阳江和稽北丘陵诸水。

到2013年，陈桥驿先生更明确指出[②]：

> “三江”，当然是三条河流，即曹娥江（西汇咀）、钱清江和若耶溪（后称直落江）。
>
> 三江口的“三江”，原来只是“二江”，即曹娥江（西汇咀）和若耶溪。但我在拙作《论历史时期浦阳江下游的河道变迁》[③] 一文中曾经提及，由于浦阳江下游碛堰的开凿与浦阳江改道之事，陈吉余先生曾把这种改道称为“浦阳江人工袭夺”。改道的结果是浦阳江和钱清江的关系从此中断，钱清江从此也注入三江口。

陈桥驿先生这里所指的若耶溪又名越溪、刘宠溪、五云溪、浣沙溪、平水江。发源于原绍兴县平水镇上嵋岙村龙头岗，流经岔路口、平水、铸铺岙、望仙桥后注入若耶溪水，经龙舌嘴，北至市区稽山门。长26.55公

---

① 陈桥驿：《古代鉴湖兴废与山会平原农田水利》，《地理学报》1962年第3期。

② （清）程鸣九纂辑：《闸务全书》，冯建荣主编《绍兴水利文献丛集》，广陵书社2014年版，第2页。

③ 陈桥驿：《论历史时期浦阳江下游的河道变迁》，《历史地理》创刊号，上海人民出版社1981年版。

里，集雨面积152.42平方公里，多年平均来水量7804万立方米，是绍兴平原南部山区最大的河流，为“三十六源”之首。若耶溪支流至龙舌嘴分为东西两江，东江过绍兴大禹陵东侧进入平原河网，西江沿绍兴城环城东河进入绍兴平原，流注泗汇头、外官塘至三江口入后海（不同时期也有不同的变化）。

外官塘河又称直落江，为若耶溪下游河道，通过北部平原，出三江口。东汉鉴湖兴建后若耶溪水纳入鉴湖之中，通过闸与直落江连通。鉴湖初创时又在今斗门镇拦江建玉山斗门以泄洪，直落江成为重要排涝河道。唐开元十年，会稽海塘形成，鉴湖北流注入曹娥江之诸多河流从此汇入直落江，成为山会平原南北向主河道。明代在玉山以北2.5公里处建成三江闸后，此河得到进一步治理，沿河多置塘路石桥。今直落江河道宽广顺直，从城区昌安门向北经城东、梅山、袍谷与西小江汇合后经三江闸进入新三江闸总干河，全长14.2公里。

若耶溪从源头到会稽山麓为山溪性河流，出会稽山麓到绍兴城为河流近口段，“直落江”为河口段，出“三江闸”（鉴湖时期为玉山斗门）为外海滨段。若耶溪是山会平原一条发源于会稽山脉、历史上始终存在、最后汇流入海的独立主河流。

（二）《绍兴三江新考》的研究

《绍兴三江新考》，通过对历史文献记载研究和现代科学考证的充分论证，做出如下结论①。

1. 文献记载之评述

历史文献记载中三江诸说，除韦昭的“浙江、浦阳江、松江”的说法与萧绍平原以北的三江有涉外，其余多指长江下游地区河流。

① 参见邱志荣《绍兴三江新考》，邱志荣主编《中国鉴湖·第二辑》，中国文史出版社2015年版，第16—50页。

绍兴地方文献关于三江诸说，宋以前记载有的说法为吴越之三江，也有特指浙江、浦阳江（西小江）、东小江（曹娥江）；宋明对绍兴北部三江口比较一致的习惯说法即为浙江、西小江、曹娥江汇聚之口。

陈桥驿先生从历史地理的角度分析则认为三江口应定为西小江、曹娥江、若耶溪（直落江）。

2. 河口之演变分析

海侵时期的河口。假轮虫海退始于距今约2.5万年以前，海岸线在600公里之外，此时期的河口当远不能与之后的三江口相提并论。

卷转虫海侵高峰时（距今约7000—6000年）宁绍平原成为一片浅海，钱塘江、浦阳江、曹娥江、若耶溪河口均在山麓线直接入海，此时尚未有西小江。

海退后，约到距今4000年，钱塘江的喇叭状雏形边高形成。之后，南岸泥沙加积形成西小江，汇部分浦阳江水及会稽山西部之水在山阴北部出后海；若耶溪则通过直落江入海；曹娥江河口也逐步形成并出后海，其时山会平原的后海还不能与钱塘江河口等同，所称后海或要到4—5世纪后才能逐渐定位河口湾（杭州湾），此时期的三江口准确的说法应是西小江、若耶溪（直落江）、曹娥江。

唐宋萧绍海塘建设使西小江和直落江的江道走势更确定；明代之前西小江是浦阳江的一个出海口，不同时期的海岸线变化和海塘建设决定其来水量有较大变化，明代浦阳江改道与西小江关系隔绝，三江闸建成又使西小江成为内河；钱塘江上游来的流域径流和东海涌上的潮流成为河口变迁的主要动力，河口的变化决定于两大势力的消长。钱塘江从南大亹改走北大亹后对萧绍海塘压力减轻，南沙形成为之后的围涂创造了条件；20世纪60年代以后，河口则被人们全面整治利用改造。今曹娥江出口的走势是人工围涂奠定的。

玉山斗门之内只拦截了若耶溪（直落江），之外为西小江和曹娥江；三江闸（包括新三江闸）则把若耶溪（直落江）和西小江一起拦截在内，之外为曹娥江和钱塘江；曹娥江大闸形成了内曹娥江和外钱塘江。

3. 三江是发展变化的

绍兴“三江”及河口在历史时期是一个动态变化发展的过程，按照宋代以后传统习惯的说法为钱塘江、西小江、曹娥江；其实不同的历史时期存在着若耶溪（直落江）、西小江、曹娥江、钱塘江；就绍兴山会平原来说，更精准的科学说法应是若耶溪（直落江）、西小江、曹娥江；按先后顺序是若耶溪（直落江）与西小江交汇，再与曹娥江交汇，再一起汇入钱塘江河口（杭州湾）。

当然，中国古时常以“三”表示多数，如从这个角度看，长江流域的“三江”，宁波的“三江”，浦阳江出口处的“三江”，绍兴的“三江”，举不胜举，也是可以理解的。

绍兴三江口的历史变迁也表明，古代绍兴水环境沧海桑田的变迁与发展，既有着自然的因素，也离不开人们的治水活动。诚如郦道元所说“水德含和，变通在我”[①]，绍兴是传说中大禹治水的必经之地，一代代的绍兴人民承继大禹精神，才形成了今天“天人合一”的水利新格局。

第二节　三亹历史变迁

钱塘江河口段的江流主槽，历史上有过三条流路，史称“三亹变迁”。三亹即南大亹、中小亹、北大亹。“三亹变迁”对绍兴三江口、萧绍海塘、萧绍平原的环境变迁、地域拓展产生了重大影响。

---

① （北魏）郦道元著，陈桥驿校释：《水经注校释》，杭州大学出版社1999年版，第225页。

一　钱塘江

钱塘江是浙江省最大的河流，也是我国东南沿海一条独特的河流，以雄伟壮观的涌潮著称于世。钱塘江的历史可以追溯到距今6000万年前，地质构造运动导致了钱塘江诞生和远古时期的变迁，今天所见的上、中游河道格局就是当时形成的。钱塘江，古名浙江，最早见于《山海经》，亦名渐江，三国时始有“钱唐江”之名，《钱唐记》曰：“防海大塘在县东一里许，郡议曹华信家议立此塘，以防海水。始开募有能致一斛土者，即与钱一千。旬月之间来者云集，塘未成而不复取，于是载土石者，皆弃而去，塘以之成。故改名钱塘焉。”[①] 当时或仅指流经钱唐（塘）县境的河段，近代才做全江统称。其下游钱塘县（今杭州）附近河段，又有罗刹江、之江、曲江等名称。

钱塘江有南、北两源，均发源于安徽省休宁县，在原建德县梅城汇合后，流经杭州市，东流出杭州湾入东海。总长668公里，平均坡降1.8‰；流域面积5.5558万平方公里，其中在浙江省境内4.808万平方公里。

钱塘江干流的上游为南、北两源，中游为富春江，下游为钱塘江。富春江在闻家堰小砾山右纳浦阳江后称钱塘江，至河口长207公里，区间流域面积1.724平方公里。钱塘江在小砾山以下东北流折为西北流，经闻家堰又折向东北流，经杭州以后东流，至绍兴新三江闸外有曹娥江汇入，再东流“在北岸上海市南汇县芦潮港闸与南岸浙江省宁波市镇海区外游山的连线注入东海”[②]。钱塘江河段上承山洪，下纳强潮，洪潮作用剧烈，江道多变无常。

---

① （北魏）郦道元著，陈桥驿校释：《水经注校释》，杭州大学出版社1999年版，第695页。
② 戴泽蘅主编：《钱塘江志》，方志出版社1998年版，第67页。

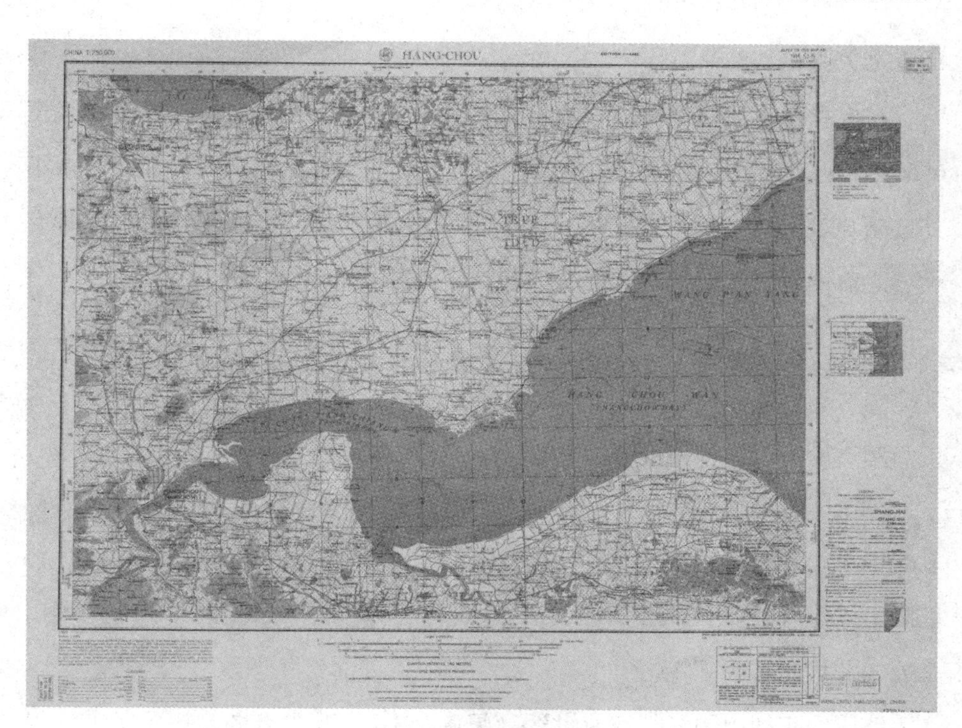

1950 年杭州湾卫星地图

二　三亹演变

在钱塘江河口段，历史上有过三条流路，史称“三亹变迁”。导致的原因是杭州湾口拓宽，进潮量加大，外海潮流直逼澉浦，受海盐南部诸山阻拦和导流，折南向南岸曹娥江口，再反射向北岸，直指海宁，造成海宁潮流动力增强；加以径流丰枯剧变，顶冲位置不同引起的变化等原因，以致冲击性河流有自然演变为弯曲的趋势等。

清雍正十一年（1733），内大臣海望等备陈江海情形修筑事宜疏云：“省城东南龛、赭两山之间，名曰南大亹；禅机、河庄两山之间，名曰中小亹；河庄之北，宁邑海塘之南，名曰北大亹，此三亹形势横江截海，实为浙省之关阑也。”①

自春秋至宋代钱塘江入口主要是由山会平原北部的龛山与赭山之间宽6.5公里的南大亹（鳖子门）出入，历史上这一带称后海；山会平原的东小江（曹娥江）、西小江（钱清江）、直落江均汇入此，史称三江口。此时南大亹之海潮有晋萧武帝时人苏彦《西陵观涛》诗为证：

洪涛奔逸势，骇浪驾丘山。訇隐振宇宙，濈磕津云连。②

是为潮浪涛天，惊心动魄。

到南宋时南大亹出口曾一度到海宁（今盐官），随即南返。“明末清初改走中小门，至康熙五十九年（1720），江道又由中小门全部移至北大门。乾隆十二年（1747）人工开通中小门，安流12年后至二十四年（1759），又改走北大门迄今。”③

清康熙年间山阴程鹤翥所辑著《闸务全书》，其中有图文记录了三江闸建成后之外三江地理形势变迁与发展。

其一，《塘闸内外新旧图说》，记载了闸口自兴建到康熙年间发生的变化，还以简图绘制。

其二，是《三江纪略》，不但记曹娥江、钱清江、浙江三江之位置，还记载了三江口之坍涨无常，造成的三亹变迁形势，尤其对康熙庚戌年（1670）、辛酉年（1681）、戊寅年（1698）的海塘及滩涂形势记录较详。

1929年《浙江省水利局年刊》载有《绍萧水利今昔情形述略》，对三亹变迁又做如下描述：

古时钱塘江入海之道有三：一曰南大亹，又称鳖子门，在龛山、

① 浙江省地方志编纂委员会编：《浙江通志》卷66，中华书局2001年版，第1647页。
② 萧涤非等：《汉魏晋南北朝隋诗鉴赏词典》，山西人民出版社1989年版，第536页。
③ 戴泽蘅主编：《钱塘江志》，方志出版社1998年版，第66页。

赭山之间；一曰中小亹，在赭山与河庄山之间；一曰北大亹，在河庄山与海宁县城之间。钱江怒潮，势如排山奔马，名闻中外，而尤以鳖子门一路为最猛，历考志乘，北海塘屡出大险，良有以也！近如清康熙五十二年（西历一七一四年）八月风雨大作，海波矗立数十丈；沿海一线土塘，顷刻尽崩，漂没禾稼室宇，不可胜计，翌年，太守俞卿筹资改筑石塘四十余里，始告安澜。乃天佑绍萧，至清雍正元年（西历一七三四年），江流变迁，而鳖子门竟涨塞矣。至乾隆二十三年（西历一七五九年），中小亹又淤为平陆，而成纵横各三十余里之南沙塘。外有此护沙沿塘，数十万户，可以高枕而卧，此又一变也。

三　曹娥江河口

（一）古代河口

研究表明，钱塘江三亹变迁对古代曹娥江河口影响甚大。

曹娥江古名舜江，以传说汉代女子曹娥为救父溺于该江而得名。曹娥江干流长182公里，流域面积5931平方公里，发源于大盘山脉磐安县城塘坪长坞，流经新昌、嵊州、上虞3境，在绍兴新三江闸东北注入钱塘江，总落差597米，平均坡降3.3‰。

曹娥江在嵊州、上虞交界处东沙埠以上为山溪性河流，源短流急，洪水容易暴涨暴落。章镇以下为感潮河段，上浦闸建后，潮水一般至于闸下，上虞曹娥以下至三江口属平原河段，河宽在1公里以上，因受潮汐影响，河床多变。右岸有百沥海塘，左岸有萧绍海塘。

钱塘江河口南侧的岸线在卷转虫海进最盛时，大致在今萧山—绍兴—余姚—奉化一带的浙东山麓；距今6000年岸线在今慈溪童家岙北—余姚历南—上虞百官—绍兴下方桥—萧山瓜沥—龛山和萧山一线。[①] 在春秋越国时越王勾践所说的“浩浩之水，朝夕既有时，动作若惊骇，声音若雷霆，波涛援而起”[②]，就是指这里的情景。公元 4 世纪，岸线已外涨到今慈溪浒山—余姚低塘和临山—绍兴的孙端—斗门和新甸—萧山的龛山和西兴一线。当时的曹娥江河口岸线西岸在今大和山—西扆山—马鞍山—马山—孙端—称山一线；东岸在今百官—小越—夏盖山一线。河口远宽大于今，之外就是浩瀚的后海。

对曹娥江河口当时的汹涌潮水，古代文人的作品中也多有描述，李白有“涛卷海门石”，刘禹锡有“须臾却入海门去”等句。明代王守仁有《玉山斗门》诗记载时玉山斗门外三江口汹涌澎湃的海潮：

胼胝深感昔人劳，百尺洪梁压巨鳌。
潮应三江天堑逼，山分两岸海门高。
溅空飞雪和天白，激石冲雷动地号。
圣代不忧陵谷变，坤维千古护江皋。[③]

明以后三亹变迁使钱江潮水对北岸的冲击增大，南岸淤涨，形成南沙，山会海塘受潮汐影响相对减轻。明崇祯十五年（1642）祁彪佳：“舟至龟山，因沙涨数十里，望海止一线耳。”时南大亹已成为很小的通道。之后，曹娥江河口不断变窄，清康熙、乾隆年间，萧绍海塘西北段塘外渐淤成大面积涂地。咸丰年间（1851—1861）已超过 4 万亩。清末民初，滩涂向杭州湾延伸了 10 多公里。[④]

---

① 参见韩曾萃、戴泽蘅、李光炳等《钱塘江河口治理开发》，中国水利水电出版社 2003 年版，第 26 页。

② （汉）袁康、（汉）吴平辑录：《越绝书》，浙江古籍出版社 2013 年版，第 212 页。

③ （清）吕化龙修，（清）董钦德纂：康熙《会稽县志》卷 12，《绍兴丛书·第一辑（地方志丛编）》第 7 册，中华书局 2006 年影印本，第 394 页。

④ 参见葛关良主编《绍兴县水利志》，中华书局 2012 年版，第 240 页。

同时，钱塘江南岸滩涂的不断扩大，也带来曹娥江出口江道抬高和延伸流变长，三江闸外淤积严重，难以处置，引起排洪涝不畅的问题。

（二）现代曹娥江河口

根据现代钱塘江尖山河湾治理规划，曹娥江出口江道走向为出东北方向，并一直按此开展整治。在整治过程中，出口江道主槽分别于1988年至1989年春，以及1995年冬至1996年春，两次出北，致使马山、三江闸下低潮位高于平原河网内河水位而形成严重内涝威胁。后幸曹娥江出现1000—2000立方米/秒的洪水，导致出口江道主槽向东北方向串通，萧绍平原内涝才得以解除。此后，绍兴、上虞通过治江围涂加快了治理曹娥江出口江道步伐。1995年后，绍兴围垦九七丘，向外抛筑了东顺坝使出口江道又向外延伸2.0公里，出口江道基本上推进到尖山河湾南岸治导线。①

现代研究资料也表明②：曹娥江河口的泥沙主要来自海域，上游河道来沙较少。曹娥江河口海域来沙属细粉沙，具有易冲易淤的特点。据实测，一般具有小潮期含沙量低，大潮期和洪水期含沙量高，涨潮含沙量大于落潮含沙量等特点。据已有的水文测验资料，小潮时垂线平均含沙量小于1公斤/立方米，大潮时约为3公斤/立方米，最大可达20公斤/立方米。当水流受潮汐控制时，因潮波的不对称性，涨潮流速大于落潮流速，涨潮含沙量及输沙量远大于落潮，涨、落潮输沙量比值一般为3—4倍，江道以淤积为主；反之，当上游下泄径流较大时，落潮流速增大，河口段江道发生冲刷。因此，年内河床冲淤特性表现为洪冲潮淤。

今曹娥江大闸已位于曹娥江河口与钱塘江交汇处，距绍兴城北东约30公里。曹娥江已成为内河。

---

① 参见浙江省河口海岸研究所主编《萧绍平原治涝规划报告送审稿》，1998年12月。

② 参见浙江省水电勘察设计院陈舟主编《曹娥江船闸可行性研究专题报告》，2004年3月。

四　潮水论述与记载

（一）王充论伍子胥兴潮

王充（27—约97）字仲任，上虞人。王充关于潮水的认识在子胥兴潮说中有集中阐述。王充所处时代，广泛流传着伍子胥被吴王夫差杀后“煮之于镬”之后投之于江，于是伍子胥怨恨之气冲天“驱水为涛，以溺杀人”之事。王充在《论衡·书虚篇》中认为，今时“会稽、丹徒大江、钱唐浙江，皆立子胥之庙”，是为了“慰其恨心，止其猛涛也”。对这流传数百年的民间传说和潮起潮落、汹涌浩荡的钱江大潮，王充在文中细分缕析，首先认为：“夫言吴王杀子胥，投之于江，实也；言其恨恚驱水为涛者，虚也。”不存在伍子胥被杀投之于江会产生怨恨驱水的情况，他列举屈原、申徒狄、子路、彭越类似伍子胥之死的情况，而不为怒涛进行反证，指出何独伍子胥可以为涛？又进而比较，伍子胥之身躯不知投于何江也？有丹徒大江，有钱塘浙江，有吴通陵江，却只“浙江、山阴江、上虞江皆有涛”。难道是将其躯体，散置在这三江之中吗？时过境迁“吴为会稽，立置太守”，伍子胥之神又为何怨苦不息，为涛不止？进而伍子胥“怨恚吴王，发怒越江，违失道理，无神之验也”，逻辑上都说不通。又从人的生死之变上论述：“生任筋力，死用精魂。子胥之生，不能从生人营卫其身，自令身死，筋力消绝，精魂飞散，安能为涛?”如子胥之类，数百千人，乘船渡江，不能越水，而子胥成为虀菹，为何能成有害？以上王充通过细心思索、对比论证、逻辑分析、常理推测、生与死的能量、道义要求等证明了子胥为涛之不可能，否定了这一传说之虚妄。

既然否定了子胥为潮之不存在，那么潮水是如何形成的，做何解释呢？王充认为：“夫地之有百川也，犹人之有血脉也。血脉流行，泛扬动静，自有节度。百川亦然，其朝夕往来。犹人之呼吸，气出入也。天地之性，上古有之。”潮汐这种自然现象是自古就有的，与天地共生。“其发海中之时，漾驰而已；入三江之中，殆小浅狭，水激沸起，故腾为涛。”“涛之起也，随月盛衰，大小满损不齐同。”这是中国历史上最早从天文、地理两个方面对涌潮现象所做的科学解释。

总之，子胥兴潮只是一种神话传说而已。王充的精到观察、严密推理、合理解说，揭示了其实质。其论证反驳，可谓入木三分，锐不可当。

（二）燕肃潮碑

燕肃，字穆之，益都（今山东潍坊）人。大中祥符九年（1016）出任广东提点刑狱，又于天禧五年（1021）出知越州，次年移知明州，仕途所涉均系南海与东海的沿海区域，尤其是在知越期间，亲手实测了举世闻名的钱塘江到曹娥江之涌潮，故有是碑。又从文中所述自大中祥符九年（1016）观察潮位“十年用心”可知，该文应撰于天圣三年（1025）或稍后。另绘有《海潮图》，惜已佚亡。

此文先录自宋姚宽（1105—1162）的《西溪丛语》，他记述：“旧于会稽得一石碑，论海潮依附阴阳时刻，极有理。不知其谁氏，复恐遗失，故载之。”[①] 之后《嘉泰会稽志》卷一九又记载了此碑文并写明为燕肃撰。

该文为燕肃在十年海潮观测基础上，论述了潮时、潮位、潮波、潮流与日、月运行之间的内在联系，及钱塘江涌潮的形成原因，是继东汉王充《论衡·书虚篇》之后的我国古代又一篇著名经典潮论。

（三）范寅论三江口潮汐变迁

范寅（1827—1897）晚清绍兴学者，著有《越谚》一书，主要是记录当时越地（绍兴）方言的作品。书中还对越地风俗、伦理、气象、农业、地理、聚落发展都有涉及。

① 咸淳《临安志》卷31，浙江省地方志编纂委员会编著《宋元浙江方志集成》第2册，杭州出版社2009年版，第680页。

很有价值和意义的是其中附论中有《论涨沙》《论潮汐》《论古今山海变易》三篇，对绍兴的历史沿革，三江口的淤涨、潮汐、滩涂，越地山川变迁，以及沿海一带的产业经济都有较详尽记述。范寅很重视实地调查，亲临第一线观察记录、综合分析。如《论涨沙》文中记沙涂变化就是他当时实地观察的第一手资料：

越之有涨沙，沧海将变桑田也。其初艘船，继而露于水面，可卤、可芦、可茅、可棉，至于可瓜豆，即转黄壤为黑坟，堪埒塘为桑田矣。其在前者，吾详考而为《古今山海》一论。其目睹者，咸丰元年辛亥二月初吉，送胞兄赴皖，至西兴石塘上话别，但见洋洋水阔十里者，钱塘江也。以石塘为渡头，兄跨脚上船，一帆径去。明年夏，兄归应乡试。秋初，予赴皖，亦渡钱塘江。由石塘上船，隔水沙二里许矣。月涨年高，予亦数数往还江上。三十年间，已由芦茅棉而稔瓜豆。其涨沙之地，上接闻堰，下至海宁对岸。昔年十里江面，今惟中流一泾矣。此越城西壤涨沙焉。

他还能从自然环境、历史发展、社会调查、经济发展上综合研究越地的变迁和发展思路：

今海有涨沙，是天赐之田亩也。宜择高淡者，开垦归民；低咸者，刮淋归灶。其或卤地多于盐引，即低咸者，亦令民蓄淡种棉艺谷。棉谷丰，则衣食足；衣食足，则上赢国课，下靖民心。

此文在当时浙东，其研究方法和成果可谓时代之嚆矢。

尤为难能可贵的是他善于推理判断，提出前瞻性的论断。如在《论古今山海变易》中提出“自勾践二千三百余年，山则继长增高，海则涨沙成田”的观点之后，由此推定：“不出百年，三江应宿闸又将北徙而他建矣。”绍兴新三江闸建于 1981 年，历史发展证明他的论断之正确。当然他的有些论断，如对越国勾践以来山脉增高的论述，还是有着明显的偏差和时代的局限。

第三节　山会海塘

钱塘江河口两岸古海塘，分别位于太湖平原的南缘和宁绍平原的北侧，塘线总长317公里，除去山体实长280公里。钱塘江古海塘规模宏壮、分布合理、构筑精实、工程巨大，在我国工程建筑史上写下了光辉篇章，与长城、运河同被誉为我国古代三项伟大工程建设。

钱塘江河口两岸海塘是卫护太湖平原南部和萧绍平原不受洪潮侵害的屏障，所以历代主政者均高度重视。及至清代，更认为“海塘一事乃浙省第一要政”①（雍正七年十一月十六日程元章折末朱批）。

山会海塘因地属山阴、会稽而得名，分别由萧绍海塘和百沥海塘组成。

一　萧绍海塘

《吴越春秋·勾践伐吴外传》中有这样一个神话传说：越国大夫文种被害后，葬于种山（今绍兴城内的卧龙山）上。一年后，伍子胥掀怒潮挟其而去，以后钱江潮来时，潮前是伍子胥，潮后则是文种。这一故事虽是神话，但古代山会平原以北后海海潮可经平原诸河直达会稽山北麓却是事实。“滔天浊浪排空来，翻江倒海山为摧”②，这种自然条件下，古代越族人民要想在山会平原上生存，就必须兴筑海塘，隔断潮汐，开发平原，所谓“启

① 浙江省钱塘江管理局编，周潮生主编：《清代御批奏折选编》（钱塘江海塘卷），华宝斋印刷2008年版，第1页。

② 郑翰献主编：《钱塘江文献集成》第2册，杭州出版社2014年版，第340页。

闭有闸，捍御有塘"，于是，经代代绍兴人民的经营规划、辛勤劳作，也就有了历史悠久的萧绍海塘。

萧绍海塘

萧绍海塘西起萧山临浦麻溪东侧山脚，经绍兴县至上虞县蒿坝清水闸西麓，全长117公里。自西向东分别由史称西江塘（麻溪—西兴）、北海塘（西兴—瓜沥）、后海塘（瓜沥—宋家溇）、东江塘（宋家溇—曹娥）及蒿坝塘组成。海塘保护范围为时萧山县、山阴、会稽、上虞县境内的海塘以南，西界浦阳江，东濒曹娥江，南倚会稽山北麓的萧绍平原地区。

萧绍海塘的始筑年代有说是"莫原所始"。《闸务全书》则记为"汉唐以来"。《越绝书》卷八记："石塘者，越所害军船也，塘广六十五步，长三百五十三步，去县四十里。"最初大概是为军事服务的港口堤塘，同时还建有防坞和杭坞，距城都是40里，即今萧山境内的杭坞山一带，依山面海而建，石塘应是当时后海沿岸零星海塘的其中一段。这些塘的建设不仅是越对吴交战的需要，也是早期钱塘江走南大门潮流颇大的证明。

东汉鉴湖的建成，同时在沿海建玉山斗门，附近必然也会有连片海塘、涵闸，否则斗门不能发挥控制作用，但当时的海塘以土塘为主，标准较低。

《嘉泰会稽志》卷十载："界塘在县西四十七里，唐垂拱二年（686）始筑，为堤五十里，阔九尺与萧山县分界，故曰界塘。"界塘位于山阴与萧山两县交界的后海沿岸。

《新唐书·地理志》："会稽……东北四十里有防海塘，自上虞江抵山阴百余里以蓄水溉田，开元十年（722）令李俊之增修，大历十年（775），观察使皇甫温，大和六年（832），令李左次又增修之。"防海塘大部分位于会稽县的北部沿海地区，建成后，使山会平原东部内河与后海及曹娥江隔绝。与此同时又建成山阴海塘，山会平原后海沿岸的海塘除西小江外，已基本形成。

宋代，萧绍海塘修筑技术提高，已将部分土塘改为石塘，但结构还比较简单，难御较大潮汐冲击。又"斗门海沙易淤，江流泛涨，时有横决之患"①。

"海塘者，越之巨患也。"海塘建成后不断遭受风暴潮汐的冲击，宋宁宗嘉定四年（1211）"八月，山阴县海败堤，漂民田数十里，斥地十万亩"②，宋宁宗嘉定六年（1213）的一次风潮，山阴海塘"溃决五千余丈，田庐漂没转徙者二万余户，斥卤渐坏者七万余亩"③。时任绍兴知府赵彦倓，召民工万余人，主持大规模海塘修复工程，自汤湾至王家浦全长6160丈的堤塘全部修复一新，其中有1/3用石料砌筑，此为绍兴历史上时间最早、规模最大的石砌塘工程。

明嘉靖十六年（1537）三江闸建成后，又建有长400余丈、广40丈的

---

① （清）王念祖编纂：《麻溪改坝为桥始末记》，冯建荣主编《绍兴水利文献丛集》，广陵书社2014年版，第683页。

② （元）脱脱等：《宋史》卷61，中华书局2000年标点本，第904页。

③ 任桂全总纂：《绍兴市志·大事记》，浙江人民出版社1996年版，第43页。

三江闸东、西两侧海塘，萧绍海塘才全部连成一片，沿海塘挡潮、排涝水闸基本配套齐全，塘线此后无大变迁。

清代海塘建设得到进一步加强，康熙五十五年至五十六年（1716—1717），绍兴知府俞卿主持，修筑自九墩至宋家溇海塘，耗资4万两，投劳十余万工，“长堤四十里，俱累累叠以巨石，牝牡相衔”[①]。清代海塘建筑技术也不断提高，根据海塘所处的位置险要程度分别将土塘、柴塘、篰石塘改建为各种类型的重力式石塘，主要有鱼鳞石塘、丁由石塘（条块石塘）、丁石塘、块石塘、石板塘等，现存的重力式石塘基本是清代建成或改建的，险要地段还筑有备塘，以防主塘一旦发生漫溃，备用而减少淹没损失。塘前有坦水护塘，塘后还有塘河与护塘地，以便堆料、运料、取土、抢险，成为一整套布局合理而又有实效的防御体系。萧绍海塘上不但有著名的三江闸，还有山西、姚家埠、刷沙、宜桥、楝树、西湖等闸，以资控制排涝和蓄水。

清代萧绍海塘建设标准虽有提高，仍有海塘决口之记载。清段光清撰的《镜湖自撰年谱》[②]中记有同治四年（1865）的一次海塘决口大水情景：

> 五月大水，绍兴、山阴地界塘多决口。绍兴、山阴七县，山阴、会稽、萧山在塘中；塘乃明朝万历年间所修，汤太守实主其事，民间立庙祀之，至今不替。大约从前亦有塘，皆不及此塘之完备也，故百姓报之亦厚也。
>
> 自塘决口，三县之民皆在水中央矣。余尝过其地，幸民居多有楼屋，人家皆居楼；其无楼者，或用小船，或用木盆，聚居野外坟地，以坟大抵略高也。雨止，日出，则皆晒湿物于坟头。呱呱之童，白发

① （清）徐元梅、朱文翰等纂修：嘉庆《山阴县志》卷20《俞公塘记事略》，《绍兴丛书·第一辑（地方志丛编）》第8册，中华书局2006年影印本，第829页。

② （清）段光清：《镜湖自撰年谱》，中华书局2009年版，第208—209页。

之叟，皆缩居于小船小盆之中，其苦万状，不可悉数。余自宁波来过其地，凡有桥处，船皆不能行走，必寻无桥有水处而行。

此记亦可见海塘防御潮水之重要，及决口带来的水灾之苦。

近代“西学东渐”，新技术、新材料、新机具逐步推广，应用于萧绍海塘和水闸的建设之中。

中华人民共和国成立后，沿塘各地针对其薄弱环节，采取相应对策对海塘予以加固、改造；还建成了新三江闸、马山闸，从而提高了海塘抗洪御潮和内涝排泄能力。物转星移，沧海变为良田，随着海涂围垦的发展，萧绍海塘许多已成为内塘，但仍是塘外海涂围垦和保护萧绍平原的坚强后盾。1998 年 12 月，萧绍海塘绍兴段，被浙江省人民政府列为省重点文保单位。

二　百沥海塘

百沥海塘位于今上虞境内，南起百官龙山头，向北至曹娥江中利村，转向西北至三联吕家埠，又转向北至沥海镇后倪村，转东至夏盖山西麓止。由前江塘（百官龙山头至张家埠）、会稽县后海塘（张家塘至蒋邵村东）、上虞后海塘（蒋邵村东至夏盖山）三段组成，全长 39. 73 公里，保护上虞 26. 73 万人口和 15. 94 万亩农田安全。

百沥海塘自宋代以后，塘线基本不变。元代，百沥海塘在砌筑技术上有很高的地位，据记载：至正七年（1347）大潮，会稽、上虞一带海塘被冲毁后，当时由一名小吏王永主持筑塘 1944 丈。王永在海塘结构布置方面采用了一些新的方法，首先，每一丈海塘地基内打桩 32 根，“列为四行，参差排定，深入土内”。每根桩都用直径一尺、长八尺的松木做成。然后用五尺长、二尺半宽的 4 块条石平放在桩基上，上面再逐层铺放同样尺寸的条石，铺放时采用了纵横交叉叠砌的方法，“犬牙相衔，使不动摇”。一般铺砌6层，基础不平的地方可砌至9层，因而塘高超过一丈。此外，后面附以土塘“令潮不得渗入”[①]。在塘工技术上进行了创新和实践。对此，《中国水利史稿》有记载。[②]

历明、清两代，海塘又经多次修筑，石塘规模渐次扩大。至1924年，在潭村、塘湾两处修建混凝土塘1554.5米。1949年，百沥海塘高仅2—3米，塘体多处存有险情隐患。

1950年起，采用国家投资、农民投工办法，分别对百沥海塘进行抢险补缺，统一加固外围堤岸建设工程。其中赵家村东至中利三叉塘，迎水面灌砌块石两级直立塘，百官立交桥至余塘下建成标准塘1.72公里，自中利三叉塘至吕家埠一段之外，建有王公沙塘；花宫到前倪一段建有保江塘，百沥海塘从此逐渐转为二线塘。1969年起，百沥海塘外由六九丘涂地围成，自后倪至夏盖山段，外围有各丘堤塘建成，百沥海塘处于二、三线备塘。

三　海潮奇观

长数百里，犹若巨龙的萧绍海塘是水乡绍兴的壮丽奇观。“声飞两浙天捶鼓，浪压三江雪满城”，形成了钱江两岸潮水气势澎湃的独特景观。三江潮是钱江涌潮的一部分，虽不及杭州湾之潮有翻江倒海、吞天盖日之气势，但有变化无穷、跌宕起伏、寓奔腾千里与奇秀气象于一体的景象。每至农历七月间，尤以八月十八，海塘上常是人头耸动，静观以待，随着一声“潮来了”，但见水天相连之处，有一条纤纤的白波飘曳而来，近则喧啸声声，如千军万马奔腾而过，无数雪花翻滚起伏，而或冲入弯曲堤岸之处，溅起飞瀑数丈。更有英俊少年、粗壮汉子组成一班“弄潮儿”，形成抢潮头鱼的惊心动魄场景。

---

① （清）顾炎武撰，黄坤校点：《天下郡国利病书》，上海古籍出版社2012年版，第2499页。

② 参见水利水电科学研究院编《中国水利史稿》下册，水利电力出版社1989年版，第206页。

绍兴古代多有观潮名篇，又以张岱《白洋潮》为著名。

张岱（1597—1689）一名维城，字宗子，号石公、陶庵、蝶庵，六休居士，山阴人。张岱是记述人物掌故、世俗风情的高手，观人察物，另具只眼。他写《白洋潮》一文，记载了绍兴萧绍海塘西北滨海处白洋山一带观潮之所见，写得非常逼真，气势宏伟，读后如人亲临其景，惊心动魄。

故事，三江看潮，实无潮看。午后喧传曰："今年暗涨潮。"岁岁如之。戊寅八月，吊朱恒岳少师，至白洋，陈章侯、祁世培同席。

海塘上呼看潮，余遄往，章侯、世培踵至。立塘上，见潮头一线，从海宁而来，直奔塘上。稍近，则隐隐露白，如驱千百群小鹅，擘翼惊飞。渐近喷沫，冰花蹴起，如百万雪狮蔽江而下，怒雷鞭之，万首镞镞，无敢后先。再近，则飓风逼之，势欲拍岸而上。看者辟易，走避塘下。潮到塘，尽力一礴，水击射，溅起数丈，著面皆湿。旋卷而右，龟山一挡，轰怒非常，炮碎龙湫，半空雪舞。看之惊眩，坐半日，颜始定。

先辈言：浙江大潮头自龛、赭两山漱激而起。白洋在两山外，潮头更大，何耶？

张岱另有《白洋看潮》诗：

白洋看潮

潮来自海宁，水起刚一抹。摇曳数里长，但见天地阔。阴阒闻龙腥，群狮蒙雪走。鞭策迅雷中，万首敢先后？钱镠劲弩围，山奔海亦立。疾如划电驱，怒若暴雨急。铁杵捣冰山，杵落碎成屑。骤然光怪在，沐日复浴月。劫火烧昆仑，银河水倾决。观其冲激威，寰宇当覆灭。用力扑海塘，势力难抵止。寒栗不自持，海塘薄于纸。一扑即回头，龟山挡其辙。共工触不周，崩轰天柱折。世上无女娲，谁补东南缺？潮后吼赤泥，应是玄黄血。从此上小舋，赭龛噗两颊。江神驾白螭，横扫峨眉雪。[①]

第四节　三江闸

一　建闸前水利形势

（一）水旱灾害严重

南宋鉴湖堙废，会稽山三十六源之水直接注入北部平原，原鉴湖和海塘、玉山斗门两级控水成为全部由沿海地带海塘控制。平原河网的蓄泄失调，导致水旱灾害频发。而南宋以来，浦阳江下游多次借道钱清江，出三江口入海，进一步加剧了平原的旱、涝、洪、潮灾害。

为了减轻鉴湖堙废和浦阳江借道带来的频发水旱灾害，自宋、明以来，山会人民在兴修水利上付出了巨大的努力，如修筑北部海塘，抵御海潮内侵；整治平原河网，增加调蓄能力；修建扁拖诸闸，宣泄内涝；开碛堰，筑麻溪坝，使浦阳江复归故道等，有效地缓解了平原地区的旱、涝灾害，但仍不足以解决旱涝频仍、咸潮内入的根本问题。当时的水利形势，正如清程鹤翥《闸务全书》，罗京等《序》中所称："于越千岩环郡，北滨大海，古泽国也。方春霖秋涨时，陂谷奔溢，民苦为壑；暴泄之，十日不雨复苦涸；且潮汐横入，厥壤潟卤。患此三者，以故岁比不登。"

（二）运河航运不利

浙东运河通过钱清江的航运状况也堪忧：

---

① （明）张岱著，夏咸淳校点：《张岱诗文集》，上海古籍出版社 1991 年版，第 37 页。

钱清故运河，江水挟海潮横厉其中，不得不设坝，每淫雨积日，山洪骤涨，大为内地患。今越人但知钱清不治田禾，在山、会、萧三县皆受其殃，而不知舟楫之厄于洪涛，行旅俱不敢出其间，周益公《思陵录》可考也。①

（三）钱塘江北移的有利时机

明代钱塘江江道北移，相对减缓了钱塘江洪水和涌潮对三江口的冲击，山会海塘塘线外滩涂开始淤涨，为创建滨海三江闸创造了有利条件。

二　建设过程②

（一）主体工程

嘉靖十四年（1535），“郡守汤公由德安莅此土”，“一旦，公登望海亭，见波涛浩渺，水光接天，目击心悲，慨然有排决之志”。次年，“遍观地形，以浮山为要津，卜闸于此，白其事于巡抚周公暨藩臬长贰，佥‘允议’”。此为起始选定的闸址，在“浮山”边。然“公乃祭告海神，筑基浮山之西，至再至三，终无所益”。看来是发现浮山之西是不适宜建作闸址。于是：“公又虑之曰：‘事如是可望其成乎？’”

又相地形于浮山南三江之城西北，见东西有交牙状，度其下必有石骨。令工掘地数尺余，果见石如甬道，横亘数十丈。公始快然曰：“基可定于斯，事可望其成矣。”“即于丙申秋七月，复卜吉，祀神经始。”最后选定了玉山闸北、马鞍山东麓的钱塘江、曹娥江、钱清江汇合处的古三江口作为闸址，在彩凤山与龙背山之间倚峡建闸。以上记载也可说明汤绍恩选定建

① （清）平衡辑：《闸务全书续刻》，冯建荣主编《绍兴水利文献丛集》，广陵书社2014年版，第79页。

② 除特别标注，主要引用清程鹤翥辑著《闸务全书·郡守汤公新建塘闸实迹》。

闸址之地，原非河道，是两山之间的一块平地之下山石相连。这也是大闸较快建成的重要原因之一，同时也为之后建“新塘”实行河道改道带来了难度。

是年7月开始备料筑坝，到次年3月闸成竣工，历时不足9个月，而闸体实际施工仅“六易朔而告成”，共费银5000余两。大闸左右岸全长103.15米，28孔，净孔宽62.74米。孔名系应天上星宿，故又称应宿闸。取石之地在就近的石宕“又命石工伐石于大山、洋山”。

三江闸

此外，在闸上游三江城外和绍兴府城内各立一石制水则，自上而下刻有“金、木、水、火、土”五字，以作启闭标准。全闸结构合理，建造精密，设施完备，具有整体性和较好的稳定性。

（二）新塘工程

三江闸建成后又在闸之西边建“新塘”，“长二百余丈，阔二十余丈”。这其实是一个河道改道工程，也就是说，新塘处是原河道出海口，由于三江闸建在新的山脚处，建成后必须对原老河道实行封堵，使水归三江闸。《闸务全书·郡守汤公新建塘闸实迹》记载了建新塘的工程过程和艰难。又记载，此新塘“其工之不易为与费之不可限，尤甚于闸。五易朔而告成，水不

复循故道而归于闸矣”。至此才出现了“嗣后河海划分为二”的新格局。

三　工程效益

（一）阻断钱清江潮汐

三江闸的首要功效，是切断了潮汐河流钱清江的入海口，“潮汐为闸所遏不得上”[①]，最终消除了数千年来海潮沿江上溯给山会平原带来的潮洪咸渍灾祸。闸成后，又筑配套海塘400余丈，与绵亘200余里的山会海塘连成一线，筑成了山会、萧绍平原御潮拒咸的滨海屏障。钱清江从此成为山会平原的一条内河，所处钱清江西北之萧绍平原诸河也随之成为内河。从而形成了以运河为主干、以直落江为主要排水河道、以三江闸为排蓄枢纽的萧绍平原内河水系。

（二）提高排涝能力

三江闸建成，山会、萧绍平原河湖网成为内河。据测算，山会海塘内的平原面积（黄海10米以下）约为965平方公里。其中，河湖网水面约有142平方公里，占14.7%；平均水深2.44米，正常蓄水量有3.46亿立方米。[②] 河湖网既是南部山水下泄的滞洪区，又是旱季平原抗旱的主要水源，为山会萧绍平原的社会经济、生产生活提供了水资源保障。

三江闸将钱清江流域纳入控制范围，成为山会、萧绍平原整体的排涝枢纽。闸全开时，正常泄流量达280立方米/秒，能使萧绍地区3日降水110毫米暴雨排泄入海，也就彻底改变了汛期排洪涝不及时决海塘泄洪的被

---

① （明）萧良幹等：万历《绍兴府志》卷17，《绍兴丛书·第一辑（地方志丛编）》第1册，中华书局2006年影印本，第828页。

② 参见沈寿刚《试议绍兴三江闸与新三江闸》，《鉴湖与绍兴水利》，中国书店1991年版，第196—210页。

动局面，使“水无复却行之患，民无决塘、筑塘之苦”[①]。

（三）控制蓄泄

三江闸改善了萧绍平原河湖网的蓄水状况。由于大闸主扼运河水系出海的咽喉，可以主动控制蓄泄，因而在一般情况下，均可闭闸蓄水，或开少数闸门放水，保持内河3.85米（黄海）的正常稳定水位，以提高平原河湖的蓄水量，满足灌溉、航运、水产和酿造的需要，“旱有蓄，潦有泄，启闭有则，则山、会、萧之田去污莱而成膏壤”[②]。

（四）增加了土地资源

建闸前，钱清江之北、山阴海塘之南，今下方桥、安昌一带的塘内之田，因受钱清江潮汐祸害，垦种不易，有的甚至弃之为荒。闸成后，钱清江成为内河，荒地始可全面开垦，“塘闸内得良田一万三千余亩，外增沙田沙地百顷”[③]。为绍兴发展增添了宝贵的土地资源，在地域上也实现了一次新的扩展。

（五）改善航运

三江闸建成，消除了鉴湖时期湖内外及平原河流与潮汐河流之间的水位差。浙东运河西起西兴东至曹娥段，从此“路无支径，地势平衍，无拖堰之劳，无候潮之苦”[④]，有效改善了航行条件。当时的内河水位，据近代对三江闸前水则碑所刻各字的高度测量[⑤]，其黄海高程为：“金”字脚4.5米，“木”字脚4.34米，“水”字脚4.22米，“火”字脚4.09米，“土”字脚3.95米，按照《萧公修闸事宜条例》“水至金字脚各洞尽开，至木字脚

---

① （清）程鸣九纂辑：《闸务全书》，冯建荣主编《绍兴水利文献丛集》，广陵书社2014年版，第27页。

② 同上书，第36页。

③ 同上书，第26页。

④ （明）黄宗羲：《南雷文定》，中华书局1985年版，第19页。

⑤ 参见葛关良主编《绍兴县水利志》，中华书局2012年版，第205页。

开十六洞，至水字脚开八洞”的启闭规定，金字脚、木字脚作为排涝水位不计，则内河高水位为4.22米，中水位为4.09米。如按今绍兴平原河网正常水位3.9米，警戒水位4.30米，高水位4.0米，中水位3.7米，低水位3.4米，就航道水位深度而言，似当时略优于现代。

四　历史地位

“三江闸代表了我国传统水利工程建筑科技和管理的最高水平。”① 三江闸是中国现存规模最大的砌石结构多孔水闸，是绍兴水利史上的一座丰碑，历470余年屹立于今。

（一）选址正确

闸位于玉山斗门以北约3公里的泄水要道上，地处彩凤山与龙背山两山对峙的峡口，不仅闸基是天然岩基非常稳固，而且濒临后海，泄水极为顺畅。

“浮山潜脉，隐限钱清。入海之口，引为闸基。上砌巨石，牝牡相衔。弥缝苴罅，惟铁惟锡。挽近西土工程，共夸精绝。以此方之殊无逊色，而远在数百年前有兹伟画，尤足钦矣！”②

（二）领先世界的水工技术

1. 基础处理

在天然岩基上清理出仓面后，置石灌铁铺石板，施工方法“其底措石，凿榫于活石上，相与维系”，再“灌以生铁”，然后“铺以阔厚石板”，底板高程不一，多数在黄海1.92米左右。

新塘施工的首要困难是在潮浪汹涌的入海口修筑，尤以封堵龙口更为

① 2013年12月1日中国大运河水利遗产与利用战略论坛全体代表：《加强绍兴三江闸保护倡议书》，邱志荣、李云鹏主编《运河论丛》，中国文史出版社2014年版，第379页。

② 王世裕编：《塘闸汇记》，冯建荣主编《绍兴水利文献丛集》，广陵书社2014年版，第255页。

凶险，屡筑屡溃，后采用“箘口盛瓷屑及釜犁等铁，破筏沉之”“以石灰不计其数投之……复以大船载石块溺水，并下埽填筑，筑起而溃者，亦难数计”[①] 等办法终获成功。

2. 叠石方法

闸墩、闸墙全部采用大条石砌筑，条石每块多在1000斤以上，一般砌8—9层，多在10层以上，石与石“牝牡相衔，胶以灰秫”。“叠石为坊，渐高渐难。或曰砌石一层，封土一层，石愈高，则土愈高阔，后所欲加之石，从土堆拖曳而上，则容足有地，而推挽可施，梁亦易上，公从之，信然。即昔人碑不见龟，龟不见碑之意。”其垒石增高的办法也很先进和有序。

3. 闸门设置

闸墩顶层履以长方体石台帽，上架长条石，铺成闸（桥）面；墩则刻有内外闸槽，放置双层闸门，闸底设内处石槛，以承闸板（各洞总有木闸板1113块）。计有大墩5座、小墩22座，每隔5洞置一大墩，唯闸西端尽处只3洞，因“填二洞之故”。由于天然岩基高低不等，孔高也不一致，深者1. 54米，浅者3. 4米，孔宽也略有差异，在2. 16—2. 42米之间。

墩侧凿有内外闸槽各一道，每洞放置木闸门两道，既利启闭和更换闸板，又可在闸门中间筑土以止枯水期漏水。闸墩顶履以长方形石台帽，上承石梁以成路面，“闸上七梁，阔三丈，长五十丈”，以增强闸的整体性和稳定性，也利于闸上交通。

4. 建筑美学

中国是世界上研究天文学最早的国家之一。周代天象观测，已发现了28宿的若干星系。至春秋战国时代二十八宿体系已经完备，二十八宿就是把天球黄赤道带附近的恒星分为28组，其名称：角、亢、氐、房、心、尾、

---

① （清）程鸣九纂辑：《闸务全书》，冯建荣主编《绍兴水利文献丛集》，广陵书社2014年版，第26页。

箕、斗、牛、女、虚、危、室、壁、奎、娄、胃、昴、毕、觜、参、井、鬼、柳、星、张、翼、轸，每一宿取一颗星作为度量标志。这样就建立起一个便于描述某一天象发生位置的较准确的参考系统。

三江闸28孔，孔名对应天上星宿，故名应宿闸。《闸务全书·郡守汤公新建塘闸实迹》载："公初意欲建三十六洞，因太长，止建三十洞，潮浪犹能微撼。又填二洞，以应经宿，于是屹然不动矣。"汤绍恩当时建大闸时，面对的海潮人力难以控制和征服，必须依靠意念中天的力量与之抗衡。因此各闸孔名取自二十八星宿名，与天象密切结合，这不仅是汤绍恩等人祈求上天佑护，而且建成大闸，更给人以一种深邃与力量，天、地、水、人、神合一之感。

从水文化主题看，这是一种超凡脱俗的杰出创造；从总体布局看，严整美观、主次分明、轴线贯通、层次井然、整体性强，是水利工程建筑上美学精品的巧妙构思。

（三）管理科学

1. 资金

三江闸从兴建到日后的管理都有一整套严格的管理制度。建闸资金，除"请动公帑""各捐俸捐资外，于三邑田亩，每亩科四厘许，计得资六千余两。物料始具，其役夫起于编氓"[①]。

大闸建成后，汤绍恩又担心日后闸有倒塌崩坏之患，预备了一定的钱币藏于府中专用修闸之费。

2. 启闭管理

闸之启闭，按三江城侧之"金、木、水、火、土"水则所示，"闭闸先下内板，开闸先起外板"。28孔均配以闸夫和规则启闭。如"角、轸二洞名

① （清）程鸣九纂辑：《闸务全书》，冯建荣主编《绍兴水利文献丛集》，广陵书社2014年版，第24页。

常平，里人呼减水洞，十一闸夫所共也”。“除此二洞外，每夫派管二洞，深浅相配。”“如开十一洞，每夫一洞，倍之则一人二洞，如开多开少不一，自有公议。”“水小先开浅洞，大则先开深洞。倘闸内外俱有沙涨，又宜于小水微流处，先开几洞，借势疏通之。”“洞虽分管，启闭未尝不通融相助。”①

3. 维修管理

三江闸建成至中华人民共和国成立前共经六次较大规模的修缮，主持者分别为明万历十二年（1584）知府萧良幹、崇祯六年（1633）余煌、清康熙二十一年（1682）闽督姚启圣、乾隆六十年（1795）尚书茹棻、道光十三年（1833）郡守周仲墀、1932年浙江省水利局等。

以上各次维修管理成效明显，技术不断提升。尤其是绍兴知府萧良幹主持第一次对三江闸大修，在工程完成后集三江闸运行47年之经验，制定三江闸第一个较完备的管理制度《萧公修闸事宜条例》。不但对三江闸实行了系统全面的管理，而且具有可操作性。

4. 禁止鱼簖捕鱼

《闸务全书续刻》第一卷记录了咸丰元年（1851），政府水利专管机构知南塘厅的三江闸《预开水则示》，主要内容为根据山邑职员赵晓霞等呈“三江闸外新沙涌涨，内河浅狭，宣泄较迟……濠湖鱼簖最为阻水要道，并求谕禁”的建议，告示民众：“其濠湖鱼簖永禁再筑，如敢抗违，定即提究。”对乡民设置捕鱼设施阻水提出了禁止措施。

又记载了同年出示的《永禁私筑濠湖大簖示》指出：“濠湖鱼簖地处大闸上游，最为阻水要害，上年蒙恩督拆，水流较畅，只恐日后故智复萌，渔利私筑……嗣后濠湖地方毋许私筑箔簖，阻塞水道，致碍田禾，倘敢不

① （清）程鸣九纂辑：《闸务全书》，冯建荣主编《绍兴水利文献丛集》，广陵书社2014年版，第25页。

遵，一经访闻，或被告发，定即押拆严办，该地总如有得规徇阴，一并重究，决不宽贷。”对近三江闸的主排河道，濠湖段的设箔置簖造成阻水设障状况严厉禁止，要求予以坚决拆除。

综上，三江闸发挥效益近450年，显示了杰出的水利功能效益和卓越的管理水平。岁月沧桑，随着水利形势的变化发展，1981年，绍兴人民又在三江闸北5里处，建成了流量为528立方米/秒的大型水闸新三江闸，汤绍恩所建三江闸遂完成其光辉的历史使命，成为浙江省重点保护文物。作为我国古代著名的水利工程，三江闸已在水利史上留下了光辉的一页。

五　汤绍恩事迹

汤绍恩（1499—?），字汝承，号笃斋，四川安岳县陶海村人。[①] 嘉靖五年（1526）进士，十四年（1535）由户部郎中迁德安知府，寻移绍兴知府，累官至山东右布政使。“为人宽厚长者，其政务持大体，不事苛细，与人不欺，人亦不忍欺。朴俭性成，内服疏布，外服皆其先参政所遗，始终清白，然亦未尝以廉自炫，度量宏雅。”[②] 他在越为守六年，缓刑罚，恤贫弱，济灾荒，兴水利，功绩卓著，深受绍兴人民爱戴。

据《总督陶公塘闸碑记》：“西蜀笃斋汤公绍恩，由德安更守兹土，下询民隐，实惟水患。公甚悯之曰：为民父母，当捍灾御患，布其利以利之也，吾民昏垫，不知为之所，乃安食于其土可乎?”[③] 为官所重与责任非常明确。

开始建闸时，因巨大的工程投入和劳力需要，以致引发怨声四起。汤

① 参见邱志荣、魏义君《四川汤绍恩故居寻访记》，邱志荣主编《中国鉴湖·第一辑》，中国文史出版社2014年版，第150—163页。

② （明）萧良幹等：万历《绍兴府志》卷38，《绍兴丛书·第一辑（地方志丛编）》第1册，中华书局2006年影印本，第1153页。

③ （清）程鸣九纂辑：《闸务全书》，冯建荣主编《绍兴水利文献丛集》，广陵书社2014年版，第27页。

绍恩认定目标，对民众说：现在虽有人怨我，但建闸成功后，水患灾害减轻，人民富裕，老百姓必定会肯定此举。任劳任怨，见识非凡。此可谓：“水防用尽几年心，只为民生陷溺深。二十八门倾复起，几多怨谤一身任。”①

为解决工程经费之困难，汤绍恩赴省衙要求拨款，不足，不但捐自己当年俸禄的三分之二，还发动三县人士解囊捐助。对店肆作坊积极出资者，则亲书匾额以赠之。“乍闻树叶声，疑风雨骤至，即呕血”②，其奉献精神感天地动人心。

三江闸建成后的次年，汤绍恩又指挥百姓在三江闸附近建造“新塘”，新塘筑于近海，是三江闸的老河道改道工程。由于基础处理困难，又直接临水，潮汐冲刷频仍，施工十分困难。汤绍恩又命人将大石块置于海底，筑起拦海大堤，以为大功即可告成，不料堤筑起很快溃决，再筑又溃，难以数计，损失惨重。历尽艰辛而前功尽弃。为此，汤绍恩昼夜不眠，食不甘味。他写了一篇给海神的文章，置于怀中，赤身躺在新筑的大堤上，口中念着：“如再溃，某惟以身殉东流矣。”③ 话音刚落，精诚感神，便有几百条豚鱼，涌出海面。霎时，海面上风平浪静。再筑大堤，竟不再溃决，新塘终于建成了，长200余丈，阔20余丈。

汤绍恩离绍后有《赠友人》题诗一首：

云崖一老衲，静里悟前生。寄迹在尘世，绾符来蠡城。济人无他术，惟惠又清因。惟切同民志，非关后世名。何时素愿慰，归听晓钟声。

---

① （清）李亨特修，（清）平恕等纂：乾隆《绍兴府志》卷14，《绍兴丛书·第一辑（地方志丛编）》第5册，中华书局2006年影印本，第368页。

② （清）程鸣九纂辑：《闸务全书》，冯建荣主编《绍兴水利文献丛集》，广陵书社2014年版，第26页。

③ 同上。

诗写的境界很高，写他对人生的感悟、在绍的从政体会，核心是如要得民心，唯有德惠与清白；为官首要是要为民造福，不求身后之名。真可谓诗言志，文如其人。

为感念其建闸治水的功绩，从明代万历年起在绍兴府城开元寺和三江闸旁分别建有“汤公祠”，每年春秋祭祀。清康熙四十一年（1702）汤绍恩被敕赐“灵洛”封号，雍正三年（1725）又敕封为“宁江伯”。今祠已不存，但城内府山北坡尚存有汤绍恩手书的“动静乐寿”摩崖题刻。

六　《闸务全书》

《闸务全书》成书于清康熙年间，分上、下两卷，5 万余字，附图 2 幅。卷首有姚启圣、李元绅等序。除康熙抄本外，有康熙蠡城漱玉斋和咸丰介眉堂两种刊本，现已稀见，成为珍本。其书主要搜集建闸以来各种图、碑记、文记和成规等，也有一部分系编辑者之著述，故称辑著。辑著者，程鹤翥，字鸣九，明末诸生，世居三江，屡试不第而潜心著述，康熙二十一年（1682）为三江闸第三次大修司事，得以收录大量历史档案，又据实记录了修闸的第一手资料，遂成此书。

《闸务全书》的主要特色和价值是，作为一部工程专志其内容具有系统性和完整性。

其一，简明扼要的建设背景阐述。形象地描绘了三江闸建造后塘外海塘形势之变迁，即《塘闸内外新旧图说》。又《三江纪略》等，较简明扼要地分析了三江之水利形势，钱塘江出口三亹变迁，为现存史料北大亹钱塘江主流所通过的第一次记载。

其二，重点记述了建设维修的过程和技术。上卷中记明嘉靖十五年至十六年（1536—1537）汤绍恩建闸实绩，及明万历十二年（1584）萧良幹、崇祯六年（1633）余煌、清康熙二十一年（1682）姚启圣所主持的三次大修详情。其中程氏所著《郡守汤公新建塘闸实迹》，为现存三江闸施工技术史料中最早又最详备的记载。

所记三江闸的工程技术主要有闸基处理、底板高程控制、闸体的砌筑和开闭技术、水则调度要求等。

其三，严格实用的管理制度记录。下卷主要内容有三江闸的管理制度和论述，如萧良幹《大闸事宜》（管理条例）和余煌《修闸成规》（修理条例）及有关著述，并对两条例做了解释和补充。不少系程氏自撰。还录有程氏的调查录《诸闸附记》，记有玉山、扁拖等闸34处，为难得的珍稀资料，后为嘉庆《山阴县志》等引用。

其四，丰富的人文内涵。《闸务全书》对汤绍恩的为官功德和建闸业绩，以及绍兴人民对其的崇敬有全面生动的记载。其中汤祠对联，是崇高而珍贵的水利艺术作品："凿山振河海，千年遗泽在三江，缵禹之绪；炼石补星辰，两月新功当万历，于汤有光。"此系明代著名诗人徐渭为绍兴汤公祠撰写的题联，前联记汤绍恩建闸功德，后联记萧良幹修闸的巨大效益。此联意义已超越其中人物和事物本身，成为绍兴水利缵禹之绪、弘扬光大主题的象征。

其五，具有前瞻性的总结论述。在下卷"新开江路说"中，分析当时三江闸水利形势甚详，提出要符合自然之道治理江道滩路；又有"越郡治水总论"，关于水与绍兴之关系多有妙论，并简要记述历代水利。

在《闸务全书》也可得到启示：作者如不亲历实地认真调查，记述内容难以有如此之全；不深入思考研究也就不会有现存内容的厚重和认识高度。时人评曰：

> 程子鸣九，家世三江，躬在闸所，非得之于目见，即得之于耳闻，因而述所见证所闻，条分缕析，辑成一集，名曰《闸务全书》，不特汤萧诸公之功德赖以不朽，即诸公相度之苦心经营之方略，其于夫匠、工程、物料、价值，一一详于简端，使后有膺修闸之举者，展卷了然，

不烦更费心计。则是集也，洵为修闸之章程，较之仅传治水功德而方略不传者，似反过之。其有功于诸公固多，造福于三邑亦非浅。①

《闸务全书》成书后100余年的道光年间，又有《闸务全书续刻》（四卷）问世。辑书者平衡，生平事迹不详。其记述了乾隆六十年（1795）茹菜、道光十三年（1833）周仲墀主持的三江闸第四、第五次大修的全过程，对《闸务全书》做了部分补充，如《三江闸水利图说》，部分新增规则和禁碑规范等；第二卷有“泄水”“筑坎”“分修”“器具”“夫匠”；第三卷为工程管理内容，如何进行闸夫分管，闸洞板数及启闭、禁渔等；第四卷为工程技术，如勘基、水车、修理等。《闸务全书续刻》与原《闸务全书》不可互缺、各具特色，组成一部出色的三江闸工程专志，总称《三江闸务全书》。

《闸务全书》鲁元炅《序》中称：

昔神禹治水八年，使无《禹贡》一篇，则治水之道不详。若汤公与诸公之建修诸务，使无全书一录，则节水之计罔据。岂非皆天地间不可少之人，以补世界之缺陷者哉？昔人有曰：“莫为之前，虽美不彰；莫为之后，虽盛不传。”是书也，梓而行之，列之府志，板藏汤祠，仁人之言，其利溥哉！

认为记述水利业绩、编写水利史志是和建设不可互缺之事，同是世间伟业。《三江闸务全书》这样一部记述世间伟业的大著其意义和作用也就不言而喻。

---

① （清）程鸣九纂辑：《闸务全书》，冯建荣主编《绍兴水利文献丛集》，广陵书社2014年版，第13页。

第九章　河湖整治

南宋鉴湖堙废，水体北移；浦阳江改道，出钱清江，此为山会平原水环境的重大改变，区域内水旱灾害因之骤增。宋末明初也是山会水利的重要调整时期，绍兴地方政府面临的主要水利任务一方面是开碛堰、堵麻溪，引浦阳江水归钱塘江，阻断浦阳江和西小江的关系。另一方面则是开展对平原河网的整治，其主要内容：工程措施为疏浚河道、整修水闸、加固海塘；管理对策则是提升对平原河网系统调度的能力和水平，以及协调与浦阳江上游诸暨的关系。而明成化年间绍兴知府戴琥又是这一时代的集大成者，其在山会水利中的理论和实践最终为之后三江闸的建设奠定了基石。

第一节　浦阳江改道

一　浦阳江水环境演变

浦阳江发源于浦江县西部岭脚，河长150公里，流域面积3452平方公里。东南流经花桥折东流经安头，再东流经浦江县城至黄宅折东北流至白马桥入安华，在诸暨安华镇右纳大陈江，续东北流至盛家，右纳开化江，北流经诸暨，至下游1.5公里处的茅渚埠分为东西两江。主流西江西北流至石家（祝桥），左汇五泄溪，折北流经姚公埠，经江西湖上蔡至湄池与东江合流。东江自茅渚埠分流后至上沙滩汇高湖斗门江，北流至大顾家，右纳枫桥江，经三江口至湄池，与西江汇合。东、西江汇合后，北流经萧山尖山镇，左汇凰桐江，经临浦镇，出碛堰山，西北流至义桥，左纳永兴河，至闻堰小砾山，从右岸汇入钱塘江。

浦阳江为钱塘江的一级支流。历史上，浦阳江下游出钱塘江之口问题比较复杂，早期曾在湘湖之地散漫流入钱塘江。到唐宋时期萧绍地区海塘建设逐渐完成，下泄受阻，浦阳江也曾经改道由临浦、麻溪经绍兴钱清，至三江入海。又由于鉴湖堙废，会稽山之水直接进入北部平原，因此造成山会平原排洪压力骤然增大，水患剧增。明代萧绍水利的重点便是对浦阳江下游进行人工调整，主要水利工程则是开碛堰和堵塞麻溪坝。这一调整是这一地区新的水利平衡，并且由政府为主导带有行政命令强制实施的。

二　改道过程

（一）唐代以前

唐以前浦阳江下游属自然状态，浦阳江以北出临浦注入钱塘江为主。这里《汉书·地理志》："余暨、萧山，潘水所出，东入海。"阚骃《十三州志》"浙江自临平湖南通浦阳江"，均已说得很清楚。当时临浦、渔浦水面宽阔，水深不测。一遇浦阳江山水盛发，洪水的出口以临浦、渔浦为主，其余主要呈散漫状态，亦不应排除有部分来水东北出流入西小江。由于当时河口排洪能力大，滞洪区宽广，均未带来这一地区的自然灾害，没有产生人与洪水之间区域性的较大矛盾。

（二）唐宋时期

唐以后出现了浦阳江下游排水不畅的问题。

一是湖泊淤积、围垦堙废。渔浦在盛唐时尚是一个大湖，而到北宋仁宗时期却出现了“市肆凋疏随浦尽”[①] 的状况；湘湖到北宋中期已成为一片低洼的耕地，到北宋末期，才又恢复成湖；而临浦的围垦堙废到北宋中期，亦已基本完成。这些湖泊的堙废无疑大大减弱了浦阳江下游的排洪、滞洪能力。

二是海塘修筑闭合使浦阳江北出受阻。唐末西兴塘、西江塘、北海塘先后兴建完成，与山会海塘连成一片，使原来遍布河口可顺流直下的浦阳江水已不复故道，排水能力远不如以往。

三是鉴湖堙废加重浦阳江排水压力。南宋鉴湖堙废，原湖西部的滞蓄之水，直接进入平原而到西小江，内涝时西小江的排洪压力骤然加大。

浦阳江河口排水大部进入西小江是一个较长的过程，湖泊堙废的过程是渐进的，海塘也有一个从泥塘到石塘标准提高的进程。在尚为泥塘时，每临大汛期间，多人工决塘放水，山阴、萧山、诸暨三县排水矛盾并非突出，但之后随着水利条件的进一步改变，人口、农田的增多，淹没损失的增加，矛盾便日益增加。

碛堰是浦阳江改道的主要工程之一，位于义桥与临浦交界的新江碛堰山峡口。碛堰山史称戚堰山、七贤山，名碛堰山当与碛堰有关。碛堰山主峰海拔160米，鞍部峡口不足20米。《唐律疏议》释“激水为湍，积石为碛”，碛为浅水中的沙石，堰是“壅水为之堰”。既是碛，又是堰，说明是用石块筑成的既挡水又可过水的低坝。现有资料首记碛堰的《嘉泰会稽志》卷四：“碛堰在县南三十里。”这说明在碛堰山山岙建筑的堰坝在南宋之前就已存在，其作用主要有：蓄水、排洪、航运等。陆游有诗《渔浦绝句》：“桐庐处处是新诗，渔浦江山天下稀。安得移家常住此，随潮入县伴潮

① （宋）孔延之：《会稽掇英总集》卷5，浙江省地方志编纂委员会编著《宋元浙江方志集成》第14册，杭州出版社2009年版，第6403页。

归。”[1] 说明他是取道渔浦到临浦再到山阴的，但是否走碛堰只是可能，不确定。

至明代初期，浦阳江来水西出口之路条件更差，在临浦以下，不仅走西小江，有相当部分是通过萧山中部河网进入西兴运河到西小江入三江口的。

（三）改道完成在明代

碛堰虽早于南宋时期便已存在，但当时肯定不作为浦阳江的主要出口，到了明代中叶碛堰已到了非开不可的地步，并作为当时当地政府迫切需要实施的重要水利基础工程来对待。至明代中叶实施完成人工改道，浦阳江经临浦过碛堰山，全部北流至渔浦到钱塘江。

三　改道诸说

浦阳江下游河口地区古代河湖形势比较复杂，文献记载不一，学术上争论颇多，关于明代浦阳江改道的时间主要有四说。

1. 宣德（1426—1435）说

崇祯初刘宗周《天乐水利图议》记：“宣德中有太守某者，相西江上游，开碛堰口，径达之钱塘大江，仍筑坝临浦以断内趋之故道。自此内地水势始杀。”[2]

2. 天顺（1457—1464）说

万历《萧山县志》卷二载：“三十里曰碛堰。《水利书》云：碛堰决不可开。”又“天顺间，知府彭谊建议开通碛堰，于西江则筑临浦、麻溪二坝以截之”。

---

① 《陆游集》卷13，中华书局1976年版，第365页。

② （清）王念祖编纂：《麻溪改坝为桥始末记》，冯建荣主编《绍兴水利文献丛集》，广陵书社2014年版，第677页。

3. 成化（1465—1487）说

见黄九皋《上巡按御史傅凤翔书》记：“成化间浮梁戴公琥来守绍兴……相度临浦之北，渔浦之南，各有小港小舟可通，其中惟有碛堰小山为限，因凿通碛堰之山，引概浦阳（浦阳江）而北，使自渔浦而入大江（钱塘江）。”①

4. 弘治（1488—1505）说

为任三宅《麻溪坝议》载：“弘治间郡守戴公琥询民疾苦，博采舆论……因凿通碛堰，令浦阳江水直趋碛堰北流，以与富春江合，并归钱塘入海，不复东折而趋麻溪。”②

据今考证，多以刘宗周先生之宣德说为重，陶存焕先生认为，浦阳江主流应在“宣德十年（1435）之前不久改道碛堰而汇入钱塘江，又筑临浦坝（又称为大江堤）以阻水之再入故道后，萧绍平原水利形势顿时改观”③。

综上，浦阳江改道时间之长、问题之复杂、涉及知府人数之多，说明了一个边际河流重大的水利工程建设与水资源调整完善会有数次反复，需要政府的决策、决断与行政强制，也要多代人的不懈努力。

浦阳江改道，至三江闸建成，西小江成为内河。山会平原因此减少了洪涝灾害，也减少了宝贵的水资源。

今西小江上游为进化溪（古称麻溪，在萧山境内），源于螽斯岭，经晏公桥进入江桥镇上板，经杨汛桥，在钱清镇附近穿越浙东运河，折东北经南钱清、新甸、管墅、华舍、嘉会、下方桥、狭猺湖，于荷湖江与直落江汇合，经三江闸，入新三江闸总干河注入曹娥江。长91.6公里，绍兴境内共

① （明）萧良幹等：万历《绍兴府志》卷17，《绍兴丛书·第一辑（地方志丛编）》第1册，中华书局2006年影印本，第824页。

② （清）王念祖编纂：《麻溪改坝为桥始末记》，冯建荣主编《绍兴水利文献丛集》，广陵书社2014年版，第697页。

③ 陶存焕：《浦阳江改道碛堰年代辨》，盛鸿郎主编《鉴湖与绍兴水利》，中国书店1991年版，第176—178页。

长58公里。

四　麻溪坝开堵

浦阳江下游改道在开碛堰山后，“自此内地水势始杀，独临浦以上有猫山嘴一带江塘未筑，江流反得挟海潮而进，合之麻溪，横入内地，为患叵测。故后人复筑麻溪一坝以障之。相传设有厉禁曰：‘碛堰永不可塞，麻溪永不可开。’凡以谋内地万全如是。或曰：‘麻溪即指临浦而言，至今临浦坝称麻溪大坝，而麻溪为小坝云。’”① 麻溪坝修筑完成后，使浦阳江水不再由麻溪侵入和泛滥，坝内之水流向西小江，农田不受内涝而成沃土；坝外则归于浦阳江，使该地自麻溪坝“一溪之水不得不改从猫山以合外江矣。当春夏雨集之日，山洪骤发，外江潮汐复与之会，有进无退，相持十余日，天乡之民尽为鱼鳖，安望此三万七千亩尚有农事乎？况又有旱干以虐之，坐是十年九荒”。

麻溪坝的存废问题在历史上引起长期的激烈争议。这是因为，一方面，麻溪坝是继临浦坝以后阻截浦阳江改道的一项关键工程，地处要道，竣工后，“山、会、萧三县江水无涓滴侵入”，从而消除了浦阳江洪水对山会平原带来的无穷灾患，于是三县遂视麻溪坝为保障。另一方面，麻溪坝将山阴的天乐四都截出坝外，麻溪水失故道，山洪骤发，加以外江潮汐顶托，造成天乐四都3.7万亩良田巨大的水旱灾害。

“至嘉靖中，始建猫山闸，以司启闭。万历中，土人复自猫山嘴至郑家山嘴筑大塘，永捍江流，不使内犯，而内水仍不可以时泄，其祸未解也。”麻溪筑坝是浦阳江明代改道带来的局部性水利后患，既造了天乐乡农田之大害，政府又未做损失补偿。

---

① （清）王念祖编纂：《麻溪改坝为桥始末记》，冯建荣主编《绍兴水利文献丛集》，广陵书社2014年版，第677页。

在天乐乡的水利调整中明代绍兴著名学者刘宗周起到了重要作用。刘宗周（1578—1645）本名宪章，字宗周。后因人误以字为名，遂易名宗周，另字起东，明绍兴山阴人。刘宗周不但为人正直不阿，思想学术造诣很深，为一代儒学名臣，也是明代最后一个纯粹的儒学派系——蕺山学派的初创始者，就绍兴水利而言，刘宗周也是一位有深入研究的学者和工程建设业绩的实践者。

崇祯十六年（1643），刘宗周在被革职在乡期间，既重著述讲学，又十分关注天乐乡民之苦，着意研究解决这里的水利问题。刘宗周关于天乐乡水患的治理和解决思路集中体现在《天乐水利图议》之中。该文开门见山写天乐荒乡之苦，记有诗曰："天付吾乡乐，虚名实可羞。荒田无出产，野岸不通舟。旱潦年年有，科差叠叠愁。世情多恋土，空白几人头。"指出天乐之所以成为荒乡，不仅是天时地利，也是人事之没有处置好之祸害。

接着从介绍山会平原水利形势与历史入笔写自宣德中某太守开碛堰山，筑麻溪坝后之水患无穷，指出："夫此一乡者为三县故而受灾，则亦付之无可奈何者也。"紧接着对前人之做法提出了批评："睹其一未睹其二也。"在此基础上提出治理对策："上策莫如移坝，中策莫如改坝，下策莫如塞坝霪。"对三江闸建后，应如何适应新的水利形势变化，重新更优化处置天乐乡的水利问题提出了自己独特的看法。之后文章又对三策之利弊做了全面提纲挈领的分析，从全局分析论述局部，据理力争，具有很强的说服力。

刘宗周的上策实施遭到萧山任三宅等人以"开坝之害，不可胜言""沿江诸乡水害，孰与御之"① 等为由竭力阻止。后太史余煌等提议："向者先生建三策，今不能行其上而姑用其中乎？请先开茅山，潦则泄，旱则灌，使三邑之民晓然知茅山之为利而不愿麻溪之有坝，然后渐开麻溪以兴永利，

① （清）王念祖编纂：《麻溪改坝为桥始末记》，冯建荣主编《绍兴水利文献丛集》，广陵书社2014年版，第697页。

不亦可乎？”亦不失为因地制宜之良策。“于是令曰旧制水门二，今加辟其一，皆以寻为度，高视旧增四分之一，而以石甃其上半，内外皆设霪门，中施板干，务在雄壮坚牢，可垂永久。”① 又将麻溪坝霪洞改广，并重筑郑家大塘。“高三丈，广倍之。”此次修筑完成使浦阳江水又被拦在茅山闸外，然麻溪水之出路仍未得以疏通归流。直到出现“道、咸之际，大水频年，坝以外一片汪洋，几为鱼鳖，坝以内平畴寸水，乐业如恒”的局面。

宣统三年（1911）八月，天乐乡自治会乃以废坝之议陈请省会咨议局，请求派员查勘，多次勘查，争议颇为激烈。1913年3月天乐乡四十八村联合会3次呈清官厅废坝，官厅批令“静候办理”。于是“三月春涨已了，夏水又生，田庐既淹，塘圩将决，巨灾已成，忍无可忍，万众一致集愤于坝，不一日而48村男女老幼荷锸异索，拆坝而废之”②。最后政府顺从民意，合乎水利形势变化，决定改坝为桥，“桥工开始于民国二年十二月，竣工于民国三年七月，由官厅派员验收”③。一场历时400多年的因浦阳江改道引起的水利公案就此结束。

五　刘光复实施圩长制

明代浦阳江改道也扰乱了浦阳江水系，洪涝灾害增多，水事矛盾增多，知县刘光复以绍兴府水利发展大计为重，致力于浦阳江治水，并卓有成效。尤其是其开创的圩长制沿用至今。

（一）明代诸暨浦阳江水利形势

《嘉泰会稽志》卷十：“浦阳江在县（萧山县）东，源出婺州浦江，北流一百二十里入诸暨县。溪又东北流，由峡山直入临浦湾，以至海。俗名

① （清）王念祖编纂：《麻溪改坝为桥始末记》，冯建荣主编《绍兴水利文献丛集》，广陵书社2014年版，第680页。

② 同上书，第663页。

③ 同上书，第664页。

小江，一名钱清江。”

诸暨市位于浙江省中部偏北，浦阳江中游，是“七山一水二分田”的低山丘陵地区。古代浦阳江诸暨段河道纵横曲窄、源短流急，曾有著名的“七十二湖”分布沿江两岸。这些湖泊，当时主要作为蓄水之地，有滞洪涝减灾害的作用。之后，泥沙淤入，湖泊浅显。至隋唐时，沿江开始兴圩造田。宋明两代，人多地少，沿湖竞相围湖争地，到万历年代早中期诸暨的水利形势。

一是蓄水滞洪能力变小。其时围垦湖畈达117个，导致湖面减少，水失其所，蓄泄能力减弱由此而引发洪旱涝灾频仍，洪涝尤重于干旱。

二是下游排水不畅。明代初期的浦阳江改道，扰乱了浦阳江的出口水道，水不能流畅，造成灾害增多：“先是阖邑之水，北流东折入麻溪，经钱清达三江以入海，水性趋下，泻之尚易。自筑麻溪，开碛堰，导浦阳江水入浙江，而邑始通海。每当夏秋淫霖，山洪斗发，上游之水，建瓴直下，钱唐江又合徽衢金严杭五府之水，海潮挟之以入，碛堰逆流倒行，而与浣江作难。其互相阻格，则停潴不行，两相搏激，则横溢四出，溃堤埂，淹田禾，坏庐舍，北乡湖田尽受其害。”①

三是水利管理难度增大。与水争地，湖畈增多，清障困难；堤防保护范围加大，堤线延长，保护标准要求提高；防汛统一调度困难，官民责任不明，水事矛盾增加。

总之，自然环境、人为因素造成诸暨水利矛盾加重，洪、涝、旱灾增多，管理困难。所谓“暨处万山之中，四承上流之水，山田苦旱，湖田苦潦。旱不必酷，潦不必霪。《志》载：五夜月明来告旱，一声雷动便行舟”②。

刘光复，字贞一，号见初，江南青阳人。明万历二十六年（1598）冬

① 何文光主编：《诸暨县水利志》，西安地图出版社1991年版，第332页。

②（明）刘光复：《经野规略》，冯建荣主编《绍兴水利文献丛集》，广陵书社2014年版，第499页。

任诸暨知县，二十九年（1601）复任，三十三年（1605）第三次连任，先后历时8年。

刘光复到任诸暨后，深入实地考察，对诸暨浦阳江的水患有了较全面认识："上流澎湃而来者不知几千百派，中之容受处仅一衣带，下之归泄处若咽喉然，骤雨终朝，百里为壑，十年而得无灾害者亦不二三。暨民盖无岁不愁潦矣。"[①] 第二年诸暨又适遇暴雨成灾，四处倒埂，湖畈多淹，湖民"居无庐，野无餐，立之乎沟壑四方耳，每见埂倒，老幼悲号彻昼夜"。刘光复深感："则暨之所重，与思所以重暨民者，可知先务矣！"[②] 因此"意欲竭三冬之精神，图百年之长计。第有大益必有小损，而便于众或不便于独"[③]。决意把治水当作为政第一要务。

（二）刘光复圩长制的主要内容

刘光复的治水方略具有前瞻性、系统性和开创性。[④]

刘光复组织全面踏勘诸暨七十二湖，对沿江的地势、水势、埂情、民情做了深入调查，因地制宜提出了"怀、捍、摒"系统治水措施。[⑤] 绘制了《浣水源流图》《丈埂救埂图》，按照地形，因势利导。还采用多种治理及调洪办法，使洪水危害得到减轻。又全面开展清障，并制定严格管理制度。

刘光复更重要的创新之举是实施圩长制（即河长制）管理，主要内容在《疏通水利条陈》之中。

实施目的：刘光复在治水实践中认识到"本县湖田既广，淹没时有，民亦习为故常。怠人事，徼天幸""埂不固而易败者，往往坐此。卑县于白塔、朱公、高湖等处，虽稍示规条，而各湖犹未画一，事无专责，终属推

① （明）刘光复：《经野规略》，冯建荣主编《绍兴水利文献丛集》，广陵书社2014年版，第502页。

② 同上。

③ 同上书，第506页。

④ 同上书，第502—513页。

⑤ "怀"即蓄水，"捍"为筑堤防，"摒"是畅其流。

误”。责任不明确到人，管理措施便落实不下去。因此，治理诸暨的水患，从实际出发，除了要采取工程措施，更需要落实人的责任。于是创造性地采用落实责任制，均编圩长、夫、甲，以开展有效的工程建设和管理。所谓“均编圩长夫甲，分信地以便修筑捍救”。

选取范围：“田几十亩编夫一名，一夫该埂若干丈，几夫立一甲长，几甲立一圩长。大湖加总圩长几名，小湖或止圩长一二名，听彼自便。”

选取标准：“必择住湖、田多、忠实者为长，夫甲以次审编。其田多、住远者，圩长夫甲照次挨当，恐管救不及，令自报能干佃户代力。”

公示监督：“每湖刻石紧要处所，备载埂尺夫甲之数，自某处至某处，某人修筑督救。本县仍类刻一册，印给各湖。夫随田转，埂以夫定，则分数昭如指掌。官便稽查，民绝规避。暇则合力通筑，急则悉心救护。官又亲行湖土，别勤惰，明功罪，用示劝惩，人心自尔鼓舞不怠。”

官吏责任：为形成官民圩长体系，刘光复对县一级的官吏都明确分工负责：“窃欲尽将概县湖田三分之，县上一带委典史，县下东江委县丞，西江委主簿，立为永规，令各专其事，农隙督筑，水至督救。印官春秋时巡视其功次，分别申报上司。”

此外还在《善后事宜》中进一步明确了圩长的管理细则。

关于圩长选定和具体管理办法，主要有：

> 圩长必择殷实能干、为众所推服者充之。抚绥优恤，以作勤劳，禁革奸弊，以杜侵渔，庶可鼓众集事。各湖圩长夫甲，有催集之烦，奔走之苦，量其田亩多寡，稍免夫役，亦不为过。若免外作弊，隐匿假名科派者，合加严究。圩长各退顶役，须在八月大潮之后，对众明审的确。不宜听信单词，中其规避包揽之计。圩长交替时，须取湖中诸事甘结明白，不致前后推挨。若遇病故，其子弟贫弱者，又宜审众急易，毋使误事……圩长大略三年一换。

至于圩长工作职责注意事项又主要有：

湖中有事，故委勘差督，类多虚应，须亲行踏勘，相地势，察舆情，权轻重，而酌其宜。毋为甘言所乘，毋为浮议所夺，方能底绩。临湖须轻舆寡从，自备赀粮，预度该餐之所。先使一人备饭给食。从役庶无留行告困，断不可扰费闾里……湖民多怠玩，须明功罪，信赏罚，方克济事。慎毋以私意行喜怒。至役人弄法索诈，又当时时察治……查工必先计本。湖之田若干，该工若干，每工可挑土若干，或量田中泥方，或相埂上土迹。奖有功，惩虚冒，庶无欺掩。

在《善后事宜》中还规定了圩长在具体堤埂、湖畈的培护、抢修、清障、丈量、协调等办法。最后还提倡和谐治水的风尚：

暨俗尚气，多雄长不相下。有争论湖中事情者，固须分别可否，以帖服人心。尤宜掩瑕宽过，毋重伤民和。盖协同攸济，角力罔功，此又联人心、厚风俗而集事机之微权也。

刘光复的圩长制及《疏通水利条陈》也得到了上级政府的肯定和支持：

浙江等处承宣布政使司分守宁绍台道按察司副使兼左参议叶批：湖田事宜，规画堤防，备极周悉，真地方百世之利。求民瘼如该县者有几哉。该府既经复议，仰令着实遵行。刻石通衢，用垂永久。

（三）成效与影响

万历三十一年（1603），刘光复统一制发了防护水利牌，明确各圩长姓名和管理要求，钉于各湖埂段。牌文规定湖民圩长在防洪时要备足抢险器材，遇有洪水，昼夜巡逻，如有怠惰而致冲塌者，要呈究坐罪。这样，各湖筑埂、抢险，都有专人负责和制度规定。他还改变了原来按户负担的办法，实行按田授埂，使田多者不占便宜，业主与佃户均摊埂工。同时严禁锄削埂脚，不许在埂脚下开挖私塘，种植蔬菜、桑柏、果木等。

圩长制在诸暨各湖畈区得到全面实施，以白塔湖为例，明万历年间设立的圩长管理制度，36 亩夫田为 1 名，210 名为 1 总，立大小圩长分管埂务。全湖共 5 总，5 总中有 1 总圩长，相当于现在的水利会主任，全湖有关水利决策，由 5 总大小圩长商议定案。培修采取"分埂受夫，照夫出费，夫随田转，埂以夫定，培埂时对埂取泥，不给其值。5 总内备载埂尺夫甲之数，自某处至某处，某人修筑督理"。这一编夫定埂制度沿传 300 余载，并逐步修正完善。

刘光复严格执行圩长制，奖惩分明。据《经野规略》载："己亥岁仲夏，予亲踏勘，犹登舟穿湖，游抵大峧缺，令舟人度之，莫测其底，不胜愕然，曰：此一方殆哉！拘旧圩长督责勉励，明示功罪状，始大惧获戾，矻矻赴工，数日亦报可。"旧圩长伏罪，数日后，缺漏堵成。"又数日，水骤至，接壤马塘埂倒，而白塔得无虞。湖民大喜，连年有秋。"①

刘光复治水，实行圩长责任制，洪涝旱灾明显减少，成绩卓著，带来仓实人和。后人撰文说："池阳刘大夫，国器无双，治暨不三年，庭可张罗，卧犬生牦。"② 他还把《疏通水利条陈》（11 条）、《善后事宜》（34 款）、各埂《丈量分段管修清册》、各埂闸《示禁》及重要水利工程纪实等汇集编成《经野规略》一书，以供后人借鉴。其被称作："《规略》者，先朝见初刘公治暨之政谱也。"③

清代至近代，诸暨防汛组织领导基本沿袭明制，湖畈仍采取分段插牌之成规，由圩长经理之。各埂段圩长自行组织岁修与筹集器材，洪涝发生

① （明）刘光复：《经野规略》，冯建荣主编《绍兴水利文献丛集》，广陵书社 2014 年版，第 537 页。

② 同上书，第 501 页。

③ 同上书，第 499 页。

时圩长率田户巡视防救。1945年以后，各乡镇、湖畈，按防洪区域，陆续成立水利公会（后改称水利协会）。防护方式亦逐步改为“全埂为公，救则出全湖之民以救之。筑则派全湖之钱以筑之”，是为刘光复圩长制的传承和进一步完善。如1948年东泌湖首任水利会，为了管好大埂，将全湖分为“仁、义、礼、智、信”五蓬，每蓬设圩长10人，分段维修管理。从此，东泌湖的洪水威胁得到缓解，由此带来的好处，这里的湖民至今广为流传赞扬。[①] 时至今日，水利会仍是诸暨水利建设和管理的主要基层组织，充满了生机活力，为人们交口赞誉。

原白塔湖斗门刘公殿有联曰：“排淮筑圩万古浪花并夏禹，筑坝浚江千秋庙貌是刘公。”[②] 是诸暨人民对刘光复承禹精神、治理水患成就的极高评价。诸暨各地，曾建有63处刘公祠。[③]

第二节　戴琥治理

戴琥，字廷节，明江西浮梁县人，成化九年（1473）任绍兴知府。他在绍兴水利的建树可概括为：承上启下，开拓创新。

一　山会水则

鉴湖水利工程堙废后，在山会平原农田水利上产生了河湖水位的控制和涵闸的管理问题。因鉴湖堙废，原来湖中的蓄水，已广布于整个山会平原，而平原各地出现了河湖水位的深浅及耕地、微地貌各不相同的情况。农田灌溉、水产养殖、航运对河湖水位也有不同的要求。由于不能统一管

① 参见何文光主编《诸暨县水利志》，西安地图出版社1994年版，第251页。
② 同上书，第307页。
③ 同上书，第279页。

理，各乡村便按自己的需要控制所属的涵闸，保护自身的利益，结果出现了诸多的矛盾和纠纷，加重了山会平原的水旱灾害。对此，戴琥在经过深入实地考察和研究的基础上，于成化十二年（1476），创建了一座山会水则（水位尺），置于河道贯通于山会平原诸河湖的绍兴府城内佑圣观前河中，观内立有一块可供观测使用的《山会水则碑》，全文如下：

> 种高田，水宜至中则；种中高田，水宜至中则下五寸；种低田，水宜至下则，稍上五寸亦无妨，低田秧已旺。及常时，及菜麦未收时，宜在中则下五寸，决不可令过中则也。收稻时，宜在下则上五寸，再下恐妨舟楫矣。水在中则上，各闸俱用开；至中则下五寸，只开玉山斗门、扁拖、龛山闸；至下则上五寸，各闸俱用闭，正、二、三、四、五、八、九、十月不用土筑，余月及久旱用土筑。及水旱非常时月，又当临时按视以为开闭，不在此例也。
>
> 成化十二年十二月朔旦立

戴琥《山会水则碑》

按《山会水则碑》观测“水则”，管理十多公里以外的玉山斗门的启闭，可以调节整个山会平原河网高、中、低田的灌溉和航运，这是山会平原河湖网系统整治和有效管理的标志，也是绍兴水利史上的一个杰出创造。这座水则一直使用了60年，直到汤绍恩主持建成三江闸。

二　《戴琥水利碑》

明成化十八年（1482），戴琥在将离任绍兴前夕，根据他在绍兴的十年治水经验，写了著名的《戴琥水利碑》，并立碑于府署，以供后来治水者沿用或参考。碑面分图、文上下两部分。上半部高84.2厘米，为绍兴府境全图，绘刻府属8县的山川河湖、城池、堰闸的位置等内容。下半部81.9厘米，为碑文。此图所标上北下南，右东左西，极易辨认，在明代绍兴水利地形图示中是最详尽、逼真、全面的一幅，并且至今仍保存完好。

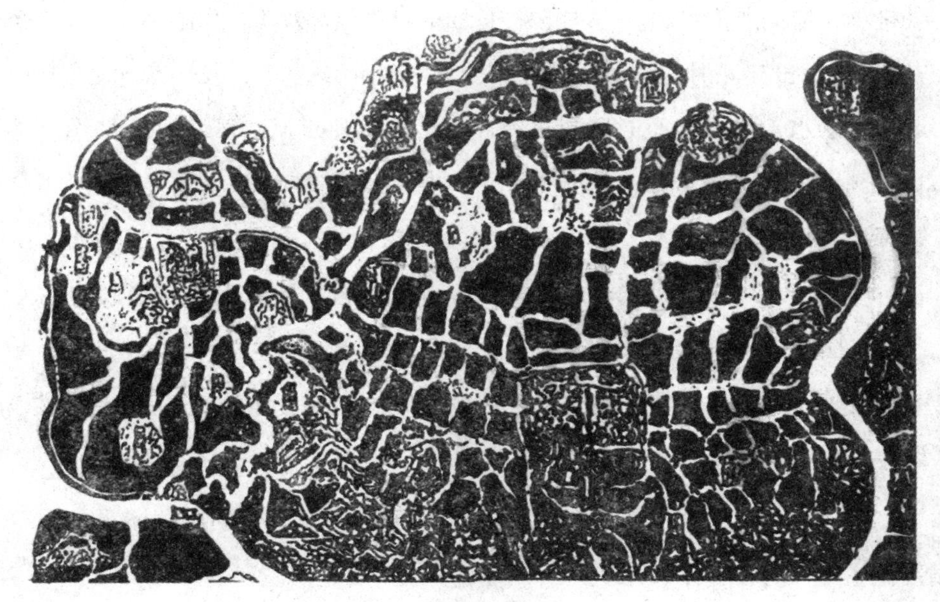

《戴琥水利碑》

碑文开门见山记述了绍兴之地理水系大势，“绍兴居浙东南，下流属分八县，流经四条”，即：东小江、西小江、余姚江、诸暨江。越地多水，河道四通八达，河网密布，“其间泉源支派汇潴，堤障会属丛入，如脉络藤蔓之不绝者，又不可不考”。

紧接着又对上述4条江的流经路线、沿途水利工程、主要湖泊等进行了详细的记述。然后集中对各河现状特征进行了精辟论述。

东小江，“田多高阜，水道深径无所容，力灌溉之功”，东小江即曹娥江，源短流急，古代受制于社会经济和科学技术条件限制，较少蓄水工程，沿岸农田灌溉困难，故“嵊治以上可以为碑，以下则资之诸塘”。

西小江，“自鉴湖废，海塘成，故道湮，水如盂注”。鉴湖上游三十六源之水集雨面积为419.6平方公里，总集雨面积约为610平方公里，有着巨大的蓄水功能，正常蓄水量2.69亿立方米。但堙废后一旦山水盛发，全部倾注于北部平原。由于北部海塘建成，西小江原入海故道被围堵，洪水无处排洪，造成严重水患。而“惟一玉山斗门莫能尽泄”。“山、会、萧始受其害。”又虽建柘林、新灶、扁佗、夹篷、新河、龛山、长山等水闸排洪，遇较大洪水，仍不能及时排泄。因此，必须再建水闸，既防洪又挡潮，并且“须于有石山脚，如山阴顾埭、白洋、会稽枯枝、新坝等处增置数闸，则善矣”。

诸暨江，是感潮河段，大侣湖以上应该重蓄水；以下应防诸湖遭潮水侵入，应加强水闸建设和堤防加固。

余姚江，港口应加强疏浚，确保潮水畅通，湖水蓄泄有度，加固灌排设施，则可减少水患。

关于碛堰的开堵，戴琥又认为：“诸暨江萧山旧有碛堰，并从西小江入海，堰废始析而二，好事者不察时务，不审水性，每以修堰为言。”但这些人不明白，筑堰之时未有海塘，水还能从山阴诸河排入海中，此堰筑后尚不足以造成水患，现在海塘修筑后再存碛堰，则“诸暨将成巨浸，而山会萧十余年舟行于陆，人将何以为生”？山会水利历史变迁，全局与局部所言详备。又针对有人提出疏浚西小江说，戴琥认为，故水道已变，疏浚工程巨大又不切实际，即使疏浚也难以扼潮水，同时也难以防御潮水带来的淤泥涨塞。据上，戴琥斩钉截铁下达了作为一个当地最高地方官员的水利历史性结论“堰决不可成，小江决难复通矣”，必须确保碛堰畅通排水。

对萧山湘湖水利，碑中也做论述，须防止侵湖为田，水利设施要不断加强维修和管理，否则后患无穷，“大抵湖塘民赖以为利，侵盗之禁不可少弛。弛则民受其害，复禁又生怨”。湘湖能保持至今，戴琥也有重要功绩。

对水利这一关乎国计民生的大事，最后碑文中指出：“后之君子庶几视为家事，随时葺理，不避嫌，不恤谤，不令大败，以佐吾民，则幸甚。”这既是对后任者的期望，也是戴琥守越十载，实践和继承大禹治水精神以民为本思想的真实写照。

《戴琥水利碑》图文并茂，既记载了绍兴水利形势，又探索提出了治水方略。更难能可贵的是他不拘泥于历史传统，而是切合实际，与时俱进，提出了切合实际的治水思路，可谓明代绍兴水利史上的“水经”和“治典”。其成就不但反映了戴琥守越治水的艰辛实践和不懈探索，以及真知灼见，同时也必定包含了与他同时的一批共事者和民众的共同努力。

三　影响

戴琥所处的时代正是宋代水利从鉴湖堙废到明代河湖整治的调整时期，而戴琥作为一个有作为的地方长官，面对前代水利遗留之现状，肩负起历史的重任，勇于开拓绍兴水利整治的新格局，无论是实践还是理论上都卓有成效，并为后来者治水奠定了基础，产生了深远影响。

明代曾任礼部右侍郎的丘濬（1420—1495）著有《戴公重修水利记》，对戴琥在绍兴的治水业绩“所以异于前人”，有中肯和高度的评述：

侯以名御史来知郡事，下车之初，问民疾苦，知其所患莫急于水利之修，乃躬临其地而遍阅之，以求其利之所在，与夫害之所必至，备得其实，乃择日庀徒于其要害处，建石以为闸凡六。在山阴之境者五：曰新灶，曰柘林，为洞者四，以泄江南之水；曰夹篷，曰匾陀，为洞者三，以泄江北之水；曰新河，为洞者二，以泄麻溪五湖之水。在萧山之境者一，曰龛山，为洞者二，以泄湘湖之水。夫如是，则小江虽淤积，堰虽废，而诸水悉有所往，终不能为民之害也。其所建置，疏塞启闭，咸有法则，断断乎必有利而无害，必可经久而不坏。诸费一出于官，而民无与焉。於乎，若戴侯者，所谓良二千石者，非耶？

又以为戴琥的德政必将传承及弘扬光大：

夫绍兴古名郡，吏治之载于史册者，代有其人，而尤以兴水利为良，今其遗迹，或存或湮，而百世之下，蒙其利而仰其德者，恒如一日。戴侯继前人后而兴此役，虽不拘于其已往之陈迹，而其利民之心，则固昔人之心也。后之继侯者，人人存侯之心，行侯之政，次第推广之，则其利之在民者，庸有既耶！于是乎书以为记，盖美前政之良，所以启后之继者于无穷焉。

戴琥之后绍兴平原河网的治水思路及基本格局与其一脉相承。再开碛堰，使历经多变的浦阳江下游基本走钱塘江水道。所提出的于滨海山石之间兴建排涝挡潮水闸的思路，启后来者之实践。66 年后的明绍兴知府汤绍恩，完成了这一壮举，在玉山斗门以北约 6 里许的彩风山与龙背山之间建造当时总钥山会平原河网、举世闻名的三江闸，闸成后西小江成为一条内河，形成了鉴湖堙废后平原河网调整的新格局：以三江闸为排涝、蓄水、御潮总枢纽的绍兴平原河网水系。

戴琥的治水实践和思路也是绍兴治水历史上的巨大财富，永载史册。

今《山会水则碑》和《戴琥水利碑》均存于绍兴大禹陵内，成为珍稀的历史文物。[①]

第三节　综合治理

一　上灶溪治理

若耶溪源于会稽山的稽南丘陵，主流平均坡降8‰，集流时间3—4小时，属山溪性河流，呈现源短流急、洪水暴涨暴落的特点。据资料表明，近代最大的一次洪水发生于1943年，洪峰流量800立方米/秒。历史上若耶溪灾害频仍，暴雨即成洪涝，无雨即成旱灾，是易洪易旱之地，又由于若耶溪下游为绍兴城市，如防洪不当将直接威胁绍兴城区。《嘉泰会稽志》卷九有记载："（若耶）山发洪水，树石漂拔"。可见历史上水灾之多。

上灶溪是若耶溪的主要支流。据载，"万峰之瀑交注于上灶之川，既泻而为石堰，又泻而环禹穴，其滨则皆稼穑之地"[②]。至明嘉靖初年上灶溪因沙塞岸圮，致使"舟楫莫通而行人悉劳，枯槔无功而农人载病"。

嘉靖二年（1523）南大吉以部郎出知绍兴府。其间，兴利除弊，广浚河道，成效显著。为治理上灶溪，解救民患，南大吉前往实地察看现场，并十分感叹地说："越川病涸矣，吾何惜此区区不一拯救耶?"并于嘉靖四年（1525）主持上灶溪的修浚工程，还在溪上修筑石桥，订立日常修理规

① 参见朱元桂《戴琥及其〈绍兴府境全图记〉》，盛鸿郎主编《鉴湖与绍兴水利》，中国书店1991年版，第218—222页。

② （清）吕化龙修，（清）董钦德纂：康熙《会稽县志》卷3，《绍兴丛书·第一辑（地方志丛编）》第7册，中华书局2006年影印本，第298页。

章，并刻石立碑引为戒例。与此同时，南大吉又对境内主要的渠、溪、堰、浦逐一加以疏浚，共计长达200余里。又石帆山下有独桥已十分陈旧危险，尚未修复，有平民薛怀请求自愿捐款载石修桥，南大吉对其说，你能修复桥梁，整治河道，是你积阴德的做法，于是在南大吉的支持下，薛怀高兴地召石匠修复了桥梁。

在整治河道中南大吉提出了："天下未有不顺人情而能成事者，亦未有不暂拂人情而能立事者，顾在顺其公而拂其私，所顺者大而所拂者小也。"此说对后来在绍政府官员为民举事者是有益的启示。在越地有民歌记述了南大吉治理上灶溪事以及对其颂扬：

川溶溶兮灶之间，起孔湖兮带石帆。阳明坼兮洞旁启，若耶通兮白莲寒。仙风回兮樵舟急，酒瓮峙兮玉浆干。逝水滔滔兮喟者希，地虚秀兮人不来。岸有芷兮畹有毫，怀佳人兮在高台。彼欧冶兮进剑术，事吴主兮杂霸材。眇生予兮寄一宅，俯宇宙兮多感慨。劫灰飞兮变海桑，禹凿穷兮津河荒。津无梁兮河无航，驾言行兮思之无方。矧无登兮粒食缺，不有拯兮苍生曷将。南侯南兮慈波扬，垂千载兮怀不可忘。[①]

二　湖泊整治

（一）湘湖

湘湖在萧山城西约1公里处。万历《绍兴府志》卷七载：

湘湖，在县西二里。本民田，低洼受浸。宋神宗时，居民吴姓者

---

① （清）吕化龙修，（清）董钦德纂：康熙《会稽县志》卷3，《绍兴丛书·第一辑（地方志丛编）》第7册，中华书局2006年影印本，第298页。

奏乞为湖，而政和二年，杨龟山先生来知县事，遂成之。四面距山，缺处筑堤障水。水利所及者九乡，以贩鱼为生业者不可胜计。生莼丝最美。

北宋政和二年（1112），由萧山县令杨时主持，在古代湘湖留下的低洼之地，筑堤蓄水成湖。湖周82里半，湖面3.72万亩，沿湖堤开18处穴口，灌溉9乡农田14.7万亩。湖建后，废湖垦田与禁垦保湖之争不断，淤涨垦种之事也常有发生，虽政府重视、管护及时，历宋、元、明、清800余年，面积仍减4600余亩。正常蓄水量为183.8万立方米，灌溉农田0.58万余亩，放水穴减至7处。1966年湖面尚存3040亩。

湘湖还是西兴运河的水源调节补充工程，1935年《萧山县志》中的《萧山县县境全图》，萧山城西的湘湖以北出口连通西兴运河，以南通过义桥镇连接浦阳江。直至1987年出版的《萧山县志》中的《萧山县水利图》湘湖也是以北通过下湘湖闸连接西兴运河，以南更是与多条河流连接沟通浦阳江和西小江等河道。

（二）芝塘湖

芝塘湖又称茭塘湖、菱塘湖、芝湖，地处绍兴县江桥东南，东有大寺坞山，南近安钱山，西望黄大尖，北临庙坞山。上承夏历江，下通西小江。《嘉泰会稽志》卷十载："茭塘湖在县（山阴）西五十五里新安乡，以塘湖多茭葑，故名。"万历《绍兴府志》卷七载："茭塘湖在府城五十里，多茭葑焉。后产水芝，更名芝塘湖。"

宋末明初，浦阳江因碛堰堵塞借道钱清江入海，使钱清江、夏履江洪、潮及涝、旱加剧，芝塘湖一带出现："山洪暴发，则平地水高数尺；累月乏雨，则河床爆裂飞灰。"明洪武二十七年（1394）简放钦差何启明奉工部露字一百三十号勘令建茭塘湖，湖面积3260.2亩，主要工程为塘、郑家闸、舍浦闸、涨吴渡闸及和穆程闸等。[①]

之后，当地十分重视芝塘湖的维修和管理。其用水管理制度自明洪武二十八年（1395）画图造册成文，申解户、工二部，悬为定例，一直沿用到中华人民共和国成立初。嘉庆年间（1796—1820）以后，芝塘湖始被侵占围田。光绪二十年（1894）监生洪介堂等请县勒石永禁围湖，1973年江桥公社围芝塘湖造田，湖面减至40.3万平方米，容积109.05万立方米。现除湖堤和界塘尚存，诸闸均已改桥。

（三）狭猕湖

嘉庆《山阴县志》卷四："狭猕湖在县北一十里，周回约十余里，俗呼黄额湖，潦则盈，旱则涸。"位于距绍兴城北约8公里。河道面积234.68万平方米，容积635.04万立方米，是目前绍兴平原最大的湖泊。

狭猕湖避塘为浙江省文物保护单位。位于今越城区东浦镇湖口村狭猕湖上。始建于明崇祯十五年（1642），清代重修。据嘉庆《山阴县志》卷二十载："狭猕湖塘湖，周回四十里……明天启中有石工覆舟遇救，得免，遂为僧，发愿誓筑石塘，十余年不成，抑郁以死。会稽张贤臣闻而悯之，于崇祯十五年建塘六里。"避塘全长3500米，宽约2米，高约5米。塘路弯曲，其中有天济、普济、德济、平济、中济5座石桥及路亭连成一体。避塘建成后形成了俗称的外湖内河。内湖河面宽20米左右，如遇大风外湖船只进入内湖便无风浪冲击之患。避塘以本地的青石大条石从湖底叠垒而成，坚实稳固，又面铺大青石板，浑然形成一体。造型大气宏壮，厚重朴质。宛如一条玉龙起伏跃腾，可谓越中奇观。常水位下避塘距水面仅1米，行人行走于上，极具亲水之感。

① 参见王世裕编《塘闸汇记》，冯建荣主编《绍兴水利文献丛集》，广陵书社2014年版，第276页。

（四）夏盖湖

夏盖湖，位于原上虞县北部，夏盖山以南，北枕大海，“有山如盖，故曰盖山。或云大禹曾登此山，故又曰夏盖山。湖因山得名”①。

据记载，虞北地区在东汉时已有白马、上妃两湖，以蓄水灌田。白马湖在夏盖湖之南，建于东汉时，周围共45里8步，湖三面皆壁临大山，三十六涧水均汇于此。建湖之初，边塘多次崩坏，村民以白马祭之，湖始成，因此得名。上妃湖在白马湖之西，亦创建于东汉，周围长35里。

唐代后期，因当地人口增多，田多湖狭，水利失调，长庆年间（821—824）由永丰、上虞、宁远、新兴、孝义五乡之民“割已田”建成夏盖湖。又据传此湖由唐朝诗人、越州刺史元稹动员兴建。

夏盖湖在上虞西北40里，北距海仅里许。以夏盖山为界，堤分东西两段，东堤为“二千五百七十余丈”，西堤“四千五百八十三丈”。“周一百五里。”“凡堤防之制，趾广二丈五尺，上广一丈，高如上广之数。每塘一丈间栽榆柳一株。”湖塘上共设沟门36所，湖东、西各置18所，分别通过湖旁沟渠流入灌区。东堤上还建有两座石闸。

上妃湖地势高于夏盖湖，来水由穰草堰进入夏盖湖；白马湖地势比夏盖湖略低，于是筑孔堰接山涧之水进白马湖，再经石堰入夏盖湖、因而形成了由喉（上妃、白马）注腹（夏盖湖）、由腹散支的灌排系统，被称作“上虞之有夏盖、白马、上妃三湖，如人有脏腑”。

夏盖湖“周围一百五里，以为旱涝之防，旱则导湖水以灌田，涝则决田以入江，所以赖其利者博矣。凡水利所被由二都至十都，镇都沾溉既足，余流分荫会稽县延德乡、余姚州兰风乡之茹谦三保”。为当地13余万亩农田提供了较充足的灌溉用水，使这片曾旱涝频仍的盐碱之地得到了较好改

① 《上虞五乡水利本末》，冯建荣主编《绍兴水利文献丛集》下卷，广陵书社2014年版，第822页。

善。其灌区面积虽只有全县的2/5，而粮食产量占全县大半，赋税占全县一半。此外“兼有菱、芡、渠、鱼、虾之利，俗称日产黄金方寸”。

夏盖湖在管理上也有一套严格的办法：“谨叠堰分埭以时蓄泄，限量晷刻，以节多寡，序次前后，以均远近。”

宋代，由于战事纷乱，人口较多迁入当地，夏盖湖开始被围垦成田。首次提出废湖为田在熙宁六年（1073）。有较大影响的一次废湖在政和年间(1111—1117)，越州太守王仲嶷，为了取幸朝廷，多交湖田租税，以供皇室享用，竟公然不顾黎民生业，滥用权势对夏盖湖、鉴湖等进行围垦，对夏盖湖的最后废毁产生了极坏的作用。民间有古谣云：“坏我陂，王仲嶷，夺我食，使我饥。天高高，无所知……”记载了当时夏盖湖毁坏后，自然灾害增多的状况，也表达了当地人民对王仲嶷的深恶痛绝和对昏聩朝廷的抨击。

建炎二年（1128），上虞县令陈休锡经过调查，毅然决定恢复夏盖湖，虽当时绍兴知府翟汝文曾几次以未得到朝廷正式命令为由进行阻挠，但陈休锡义无反顾，复湖终于成功。是年越地大旱，诸暨、新昌、嵊县遭灾严重，赤地数百里，唯上虞、余姚因有夏盖湖蓄水灌溉，大获丰收。“其冬，新、嵊之民籴于上虞、余姚者，属路不绝。”时人评之：“向使陈令行之不果，则邑民救死不暇，况他境乎?”[1] 亦可见兴修水利之效益。

自宋至元、明、清各朝，夏盖湖的废湖、复湖争斗达十余次之多，湖面不断狭窄，至清代雍正六年（1728）后，才彻底废毁，水利布局也逐步进行了调整。现仅存小越湖、东泊、西泊、破岗泊等残余小湖泊。

虞邑西乡，碱土为霜；雨泽愆期，禾稼致伤；古人忧远，筑湖以防；谢陂渔浦，源深流长；夏盖在后，开于李唐；民割己田，包输其

① （明）徐光启：《农政全书》，中华书局1956年标点本，第303页。

粮；启闭周密，积水汪洋；灌我田亩，定限立疆；维兹有秋，禾黍登场；含饴鼓腹，咸乐平康；愿言此歌，彻彼上苍。

此为《上虞五乡水利本末》所载《五乡歌谣》中的《兴湖歌》，其中描述并赞美了夏盖湖水利的兴建和历史功绩，也可见夏盖湖在上虞民众心目中的地位。

三 清水闸引水

清水闸又称蒿坝清水闸。位于会稽县东60里，龙会山与蒿尖夹水处的原古鉴湖蒿口斗门附近，为明三江闸建后所设。

随着南宋鉴湖堙废，蒿口斗门排水冲淤功能减少，之外曹娥江河床不断抬高，遇较大洪潮便发生洪水倒灌内地平原的灾害，因之在明嘉靖以前蒿口斗门已废而为堰。“明嘉靖间汤侯既成应宿闸，而复建清水闸，始决堰为桥，而堰外东南两路之水，均西出三江大闸矣。”[①] 以控制水位进出，清水闸建成，蒿堰废而成坝，故称蒿坝。清水闸则成与蒿坝配套的引排水闸，故称蒿坝清水闸。

清水闸建成，与三江闸形成“东首北尾”互相呼应的水利形势，不但可以济山会平原“水旱之事”，而且开创引曹娥江水入山会平原之先例，后由于蒿坝当地乡民唯恐曹娥江洪潮破闸而进入，竟在建闸后不久，将清水闸堵塞，以致外水既不入，内水亦无出，闸外港道迅速淤塞，“清水闸以外之水始而流塞源断”[②]。

乾隆二十九年（1764），曹娥江至蒿坝一带涨地尽坍，又筑曹娥江塘（属东江塘），塘的西南端点与蒿壁山麓连接。蒿塘建成后，清水闸废弃。

---

① 王世裕编：《塘闸汇记》，冯建荣主编《绍兴水利文献丛集》，广陵书社2014年版，第270页。

② 同上。

同治中，三江闸外淤涨，严重阻碍排水，又有“开蒿闸以刷三江淤沙之议”[1]。光绪年间，蒿塘决口，会稽绅士钟念祖等审形势，出家资，在故清水闸偏右的凤山之麓，建成每孔净宽2.25米的三孔新闸。在闸内“开水道百九十余丈而外迎剡江”，在闸外“开水道四百余丈以引来源”，使“内河水常有余，而应宿闸不致久闭得长流，以为出口刷沙之用”。工程始于光绪二十五年（1899）八月，迄于二十七年（1901）十二月。[2] 随着曹娥江江道东移，此闸引水受外低内高地理条件限制，遂于1927年废弃。

四　徐渭著《水利考》

徐渭（1521—1593），山阴人，字文长，别号天池生，晚年号青藤道人，明代著名的文学家、艺术家、书法家。

徐渭才气横溢，性格豪放不羁，刚直不阿。徐渭一生困苦多难，袁宏道称：“古今文人牢骚困苦，未有若先生者也。”但“百世而下，自有定论”[3]。徐渭的画，奔放淋漓，重写意神似，追求的是个性解放，被尊为青藤画派的始祖；其诗，“如嗔如笑，如水鸣峡，如种出土，如寡妇之夜哭，羁人之寒起”，又“有王者气”；其文，“韩曾之流亚也”；其书，如万马奔腾，苍劲中姿媚跃出；剧作，“高华爽俊，秾丽奇伟”，嬉笑怒骂，皆成文章。表现了他愤世嫉俗的叛逆精神，在我国文化史上，其作品绽放出异彩。

徐渭憎爱分明，对贪官污吏、地痞恶霸疾恶如仇，如所题的《螃蟹》诗：“稻熟江村蟹正肥，双螯如戟挺青泥。若教纸上翻身看，应见团团董卓脐。”给以辛辣的讽刺和极端的蔑视。而对那些为民造福、为绍兴水利建功立业的地方官却由衷崇敬：“凿山振河海，千年遗泽在三江，缵禹之绪；炼

---

① 王世裕编：《塘闸汇记》，冯建荣主编《绍兴水利文献丛集》，广陵书社2014年版，第187页。

② 同上书，第250页。

③ （明）徐渭：《四声猿》，上海古籍出版社1984年版，第186页。

石补星辰，两月新功当万历，于汤有光。”[1] 徐渭为汤太守祠题写的这副对联，是对明代杰出水利功臣汤绍恩和萧良幹治水功绩的极高赞赏。徐渭酷爱越中山水，在鉴湖之畔，他写下了诸多歌咏之作，是一幅幅绮丽的鉴湖风光图。

在徐渭的生平中，未有他直接从事水利建设的记载经历，然他对绍兴水利的历史和现状，尤其是对南宋鉴湖堙废、明代浦阳江后的水利形势与发展进行过深入的研究，写下了颇有见地和卓识的名篇《水利考》。

《水利考》收入《青藤书屋文集》卷十八，为徐渭所编纂万历《会稽县志》卷八中的一篇。

文章首先回顾了绍兴的水利历史，对东汉鉴湖的水利效益和马臻的功绩予以充分肯定。接着作者对当时绍兴的水利形势（尤其是会稽县）做了提纲挈领的阐述，由此归纳出山会两县的农田灌溉“沿山者受浸于泉源，而其滨海者取给于支流，既获其租，又免其患，两利而兼收者，实赖后海塘以为之蓄泄也”。进而指出：“前乎汉而无海塘，则镜湖不可不筑；后乎宋而无镜湖，则海塘不可不修。”“宋时虽有复湖之议，而今则有不必然者矣。”鉴湖堙废后，曾有不少社会名流对于复湖与废湖争议不休，徐渭却不拘泥于历史，不模拟前人之说，他注重现实，从水利发展变化的趋势，肯定了鉴湖废后的山会海塘实际上已逐渐取代了此前鉴湖的重要地位，以使人们对治水有一个清醒的认识。其见解确实非常人能及。

南宋以来，浦阳江借道钱清江，以致山会平原蓄泄十分困难，造成了这里无休止的水旱灾害。对此，徐渭在文中做了详尽的记述：

盖浦阳、暨阳诸湖之水俱入暨阳江，西北折而入浙江，其势回环，不能直锐，遂逾渔浦流注钱清江，北出白马等闸以入于海。迄今闸久

① 《徐渭集》卷7，中华书局1983年版，第1152页。

淤塞，水道不通，一有泛滥，则不东注，而以会稽为壑，虽有玉山斗门，不足以泄横流之势，每于蒿口、曹娥、贺盘、黄草沥、直落施等处开掘塘缺，虽得少舒一时之急，而即欲修补以备潴蓄，则又难为工矣，是以恒有旱干之虞。

成为后来者引用这一史实的权威资料。

对如何治理山会地区的水旱灾害，则首先提出了综合治理的办法："浚诸河渠而使之深，则可储蓄而不患于旱"；"增修堰闸而使之多，则可散泄水势而不患于潦"；"修筑海塘而使之完且高，则可捍御风潮而不患于泛溢"。

绍兴有"山—原—海"的台阶式地形，针对地貌不同又提出具体的治理方法：东南部的小舜江治理"泉可蓄"，"各因其势而利导之，则其田皆可获"。平原"不患其不蓄，而患其所以泄之者有弗时也"。山乡之田，"其地高，其土砂砾，其水涌，不患其不泄而患其所以蓄之者有弗豫也"。又东南山乡苍洋湖，"为众山之壑，淫雨浃旬，洪水泛溢，所渭内涨也，内涨不泄，遂成积患，故涨于内者求所以泄之而已"。海滨之乡，"兴风时作巨涛啮汰，所谓外涨也。外涨不防，遂成坍江，故涨于外者求所以防之而已"。

由上可见，《水利考》不仅对山会水利有历史和现实的客观记述和分析，还提出了切合实际、行之有效，既有全局又有具体的治理办法，应是经认真研究思考过的治水经典。而绝不同于"志水利者不究其源而徒泥其迹，于利害所在漫不加省"之流。非潜心研习过水利之人，出类拔萃之辈，何以有此至论。

从徐渭的这篇《水利考》分析，其时三江闸应还未建，徐渭出生在1521年，汤绍恩来绍兴任太守为明嘉靖十四年（1535），那么徐渭写此文时还不到18岁。徐渭的《水利考》对汤绍恩来绍后，精准地分析水利形势、下决心建设三江闸应该是不无启示。

徐渭之《水利考》也表明绍兴历史上的诸多文人学士重视水利、研究水利的优良传承。这种传承对绍兴水文化的形成和发展会起到十分积极的作用。

第十章　有形之水

水，除了本体，就物质层面而言，还可产生诸多的延伸形态。绍兴的酒和桥，是水的品质和艺术的形态演绎，而园林之美是稽山镜水风光淋漓尽致的展示。

第一节　水与酒

酿酒需好技法，又需有鉴湖水，易地酒味便逊；酒之百态，多与水相关，酿酒之作坊，又与水相连。

一　易地不为良

据对河姆渡遗址出土的大量遗存考证，当时的先民之酒已开始由自然酿成变为人工酿造。遗址中发现的酒器盉[1]，表明当时已有了酒并有了饮用的方式和习惯。到越王勾践时技术已趋成熟，饮酒已成为社会生活的重要

① 参见沈作霖《古今酒具纵谈》，李永鑫主编《酒文化研究文集》，中华书局 2001 年版，第 133 页。

内容。勾践在“十年生聚，十年教训”中，又以酒作为奖励生育政策，规定“生丈夫，二壶酒，一犬；生女子，二壶酒，一豚”①。此外，越国出师伐吴以酒“箪醪劳师”，胜利后“置酒文台，群臣为乐”②。

到汉代，酿酒的原料已由稻米扩大到杂粮，绍兴所产的米酒，则属于上尊之品。晋代上虞人嵇含在其所著的《南方草木状》中说：“南人有女数岁，即大酿酒，既漉，候冬陂池水竭时，置酒罂中，密固其上，瘗陂中，至春潴水满，亦不复发矣。女将嫁，乃发陂取酒，以供贺客，谓之女酒，其味绝美。”此酒应是“女儿红”酒的前身。至南朝时“山阴甜酒”已很出名。南朝梁元帝萧绎（508—554）在他所著的《金楼子》中记他少年读书时，有“银瓯一枚，贮山阴甜酒”之语，颜之推在《颜氏家训》中说，萧绎11岁在会稽读书时，“银瓯贮山阴甜酒，时复进之”。

鉴湖建成后为绍兴酿酒业提供了更优质的水源，使绍兴黄酒品质提高，名声大振，鉴湖有着良好的自然环境和水文条件。其上游源于会稽山麓，那里植被良好，污染不多，水质清洌；在平原地区湖中流水进出很顺畅，更兼有斗门、闸、堰、阴沟适时启闭，使总集雨面积约为610平方公里、年产径流量4.6亿立方米左右的来水得到调蓄，故湖水更换频繁的次数之多，为一般湖泊所不及。

据20世纪80年代初环保等部门的地质调查，在萧甬铁路以南至会稽山麓之间原鉴湖湖区的广阔平原中，分布着广泛的泥煤层，上层泥煤埋藏在1.5—3.0米地表浅层，层厚10—30厘米，层位稳定，连续性好。下层泥煤埋藏在4—6米深处，层厚5—20厘米，层位不稳定，分布范围小。鉴湖湖水平均深度2.77米，即几乎所有上层泥煤都分布在水深范围内，接触极其广泛。这些泥煤对鉴湖浅层地下水有渗滤净化作用，对水体中的污染物也

① （春秋）左丘明、（西汉）刘向著，李维琦标点：《国语·战国策》，岳麓书社1988年版，第182页。

② （汉）赵晔：《吴越春秋》，中华书局1985年版，第222页。

有吸附作用，同时影响水体的生态，对保持鉴湖生态平衡、保护改善水质具有十分重要的作用。[1]

以上条件使鉴湖水具有水色低（色度10）、透明度高（平均透明度为0.86米）、溶解氧高（平均为8.75毫克/升）、耗氧量少（平均BOD_5为2.53毫克/升）等优点，宜于酿酒。清梁章钜在《浪迹续谈》中称："盖山阴、会稽之间，水最宜酒，易地则不能为良，故他府皆有绍兴人如法制酿，而水既不同，味即远逊。"

二　流水连酒家

说绍兴是水乡，是言其水域众多。据统计鉴湖时期山会平原水面率占平原总面积40%以上。南宋时期鉴湖虽已堙废，但绍兴平原仍有万亩以上湖泊10个。[2] 至于平原中的河、湖、港、溇、汇、湾更是遍布各地，可以说凡水乡村落之处，便有河湖相连，便有舟楫可通。同样也可以说，这里凡有河水连通之村落，绍兴人便有酿酒之习俗。据1932年出版的《中国实业志》介绍，当时绍兴共有几千家酒坊，真可谓："聚集山如市，交光水似罗。家家开老酒，只少唱吴歌。"

（一）越中最佳东浦酒

东浦是典型的水乡集镇，素有"醉乡""酒国"之称，酿酒历史悠久。据《东浦镇志》载：东浦酿酒史已有近2000年，境内梅里尖附近出土的饮酒器足以证明。[3] 元朝绍兴路总管泰不华曾在东浦的薛渎村举行乡饮酒礼。明代绍兴知府汤绍恩建三江闸，集民间资力，每捐200两纹银者，官府颁发"茂义"匾额一块予以表彰。当时东浦有较多酿坊获此匾额。乾隆年间的山

① 参见绍兴地区环保所《鉴湖底质泥煤层分布特征调查及其对水质影响的试验研究》，1983年。

② 参见陈桥驿《论历史时期宁绍平原湖泊演变》，《地理研究》1984年第3期。

③ 参见陈云德等主编《东浦镇志》，1998年。

阴进士吴寿昌在《乡物十咏》中，其中一咏为：

> 郡号黄封擅，流行盛域中。地迁方不验，市倍榷逾充。润得无灰妙，清关制曲工。醉乡宁在远？占住浦西东。①

对东浦酒的品牌、制作技术影响和运销给予很高评价。据统计，清咸丰（1851—1861）时，东浦的酿酒业到达全盛时期，仅东浦镇的赏祊村就有酿坊100多家，比较大的有28家。咸丰二年（1852），东浦成立了“酒仙会”。在赏祊戒定寺开辟酒仙殿，俗称酒仙庙，并确定每年农历八月初六至初八日3天迎神赛会村村演戏，家家办酒，迎请宾客，热闹非凡。亦所谓：“东浦十里闻酒香。”咸丰七年（1857）八月东浦立一块《酒仙神诞演庆碑记》于酒仙神殿内，是为绍兴黄酒史上的珍稀名碑。据载乾隆在游历江南时品尝了东浦所酿之酒后，曾留下“越酒甲天下”的御题匾额和“东浦酒最佳”的赞语。②

1915年，东浦“云集信记”酒坊和马山“谦豫萃”酒坊、“方柏鹿”酒坊的绍兴酒参加了在美国旧金山举办的“巴拿马太平洋万国博览会”，其间分别荣获金牌奖和银牌奖。

到20世纪30年代，东浦酿酒作坊多达400多家，总产量约3万缸，占全绍兴的1/4左右。绍兴民谚亦有“绍兴老酒出东浦”③ 之说。

（二）山西村边腊酒浑

宋代陆游曾作过一首脍炙人口的《游山西村》诗：

> 莫笑农家腊酒浑，丰年留客足鸡豚。

---

① （清）徐元梅、朱文翰等纂修：嘉庆《山阴县志》卷28，《绍兴丛书·第一辑（地方志丛编）》第8册，中华书局2006年影印本，第969页。

② 参见李文龙主编《绍兴物产·黄酒》，文化艺术出版社2000年版，第168页。

③ 钱茂竹主编：《绍兴酒文化》，中国大百科全书出版社上海分社1990年版，第168页。

山重水复疑无路，柳暗花明又一村。

箫鼓追随春社近，衣冠简朴古风存。

从今若许闲乘月，拄杖无时夜叩门。[①]

诗人笔下的山西村便是陆游故里三山，三山即行宫山、韩家山、石堰山，位于当时鉴湖乡石堰塘湾村（现归属东浦镇），由西向东呈“品”字形鼎立鉴湖之北岸，是鉴湖湖光山色绝胜地之一。山西村即壶觞村。关于壶觞之名来历，相传明代刘基来此醉酒，竟将皇帝所赐酒壶掉入水中，故名壶觞，地名便与酒有关。古鉴湖堰之一壶觞堰亦在此地。

鉴湖之畔、三山之边的山西村，清代几乎家家酿酒，当时较著名的有“茂盛”“永盛”“公成”“严裕昌”等酿坊。产品经销杭州、上海、青岛等地。

（三）醉仙畅饮云集酒

阮社是浙东运河边一颗灿烂的明珠，水乡、酒乡、桥乡兼而有之。《浙江省绍兴县地名志》记：阮社，位于绍兴县西北部。东靠柯桥镇，南邻州山，西连湖塘，北与管墅、南钱清公社接壤。阮社村原名竹村，相传晋时“竹林七贤”之一的阮籍曾在村居住，故改名阮社。古代阮社人十分崇仰阮籍，把阮籍当作神仙来看待。阮社今尚存“籍咸桥”以纪念二阮。

阮社最有名的酒厂为创建于1743年的云集酒厂（后改名为东风酒厂），创始人周佳木取名云集，意在这里名师云集、酒仙云集。到清末民国初，绍兴酒坊中以“云集”最为著名。在全国形成销售网络，遍及上海、广州、天津等地。在北京多处设立酒局和酒栈。为促进销售，在每百坛的坊单上放有彩票，获奖者，可持彩票领奖。

云集酒远销和闻名海外，1915年云集酒作为绍兴酒的代表参加在美国

① 《陆游集》卷1，中华书局1976年版，第29页。

旧金山为庆祝巴拿马运河通航而举办的“巴拿马太平洋万国博览会”，获得国际金质奖，云集酒为绍兴酒获得了第一枚国际金奖。

1956 年，经国务院总理周恩来批示拨款，于阮社云集酒厂兴建绍酒陈储中央仓库。[①]“绍兴酒整理、总结与提高”项目，经周恩来总理和陈毅副总理同意，列入国家十二年科技发展规划。1956 年共投资 70 多万元，批准征用土地 70 多亩，在阮社东江扩建厂房，兴建中央仓库、道路等工程，并不断向东部和南部扩展，与江头黄酒车间连接，云集酒扩大到 300 多亩厂基的规模，建造双跨大型发酵车间 3 幢，每幢 1123 平方米。1957 年国家又拨专款扩建，建造大型发酵车间 3 幢和中央仓库 5 幢（每幢面积 1800 平方米），是年生产黄酒 7280. 88 吨，白酒 1039. 38 吨。1956 年中央拨款 24 万元，1957 年中央及地方拨款 81 万元，两年共储存名酒 3150 吨。[②]

（四）东关深藏女儿红

东关镇位于今上虞曹娥江西部，距上虞城中心 6. 11 公里，1954 年前属绍兴县辖区，因地处绍兴城之东而得名。东关镇所在水域白塔洋属古代鉴湖东鉴湖范围，这里水面宽广，水质清澈，浙东运河东西穿境而过，镇南的前濠湖、镇北的后濠湖拥镇而显水乡古镇特色。当代国学大师马一浮、著名科学家竺可桢都是东关人。

绍兴酒按酒坊所在地区的不同，分“西路酒”和“东路酒”。当时位于绍兴西部山阴县的东浦、阮社、湖塘各地所产之酒，称“西路酒”；而位于绍兴城东部的斗门、马山、孙端、皋埠、陶堰、东关各地所产之酒，称为“东路酒”。绍兴人有所谓：“要吃鲜鱼鲜虾小库、皇甫庄，要吃老酒直落、后礼江。”东关酒厂是绍兴东路酒的代表，其前身是东关金复兴酒坊。1967

① 参见傅振照主编《绍兴县志》第 18 编《历史名产》，中华书局 1999 年版，第 1001 页。

② 参见绍兴市档案馆《地方国营绍兴鉴湖长春酒厂 1959 年 3 月 10 日为绍兴酒储存问题的报告》。

年改为地方国营上虞酒厂，是绍兴市四个大酒厂之一。

上虞东关酒厂以生产“越红酒”“女儿红”等产品畅销海内外。女儿红不但酒名甚大，还以古朴典雅、著名的青瓷为包装，受到海内外好评和欢迎。

这里流传着一个关于女儿红酒的故事，说是从前有个裁缝师傅求子心切，后发现妻子怀孕了，他很高兴回家酿了几坛酒，准备得子时喝庆贺酒。不料，生下来是个女儿，他气恼不过，便把酒深埋后院桂花树下。后女儿长大出落得亭亭玉立，聪明贤惠，还学得一手绣花好手艺。于是裁缝店生意兴隆，远近闻名。裁缝心中欢喜，决定把女儿嫁给他最得意的徒弟。成亲喜宴之日，裁缝想起还有酒埋于树底，起土开坛不但晶莹澄澈酒香满屋，还深得宾客好评。问其酿酒之技法后，乡人多有效仿，并且生儿子也酿酒、埋酒称“状元红”；生女儿酿酒、埋酒称“女儿红”。无论是“状元红”还是“女儿红”，同绍兴酒、鉴湖水、喜庆之宴联在一起，更富有深厚积淀的地域文化。

（五）鉴湖一曲万源酒

以酿酒好水著名的鉴湖三曲位于绍兴西部，主要水域在原西鉴湖之区。第一曲为湖塘古城一带；第二曲为型塘、阮社一带；第三曲为杏卖桥、漓渚江口一带。古人评说，这三曲一带是鉴湖上游之水和湖水的交汇处，其水清纯鲜洁、软硬适中，最宜酿酒。其中当年闻名中外的叶万源酒坊便坐落在鉴湖一曲之畔。据《中国实业志》评述，当时绍兴酒论历史之久、影响之大，以叶万源为最。

叶万源何时创建已无可考证，但至明中叶已有相当规模和影响，因坊主富有，人称“叶十万”。汤绍恩当年主持滨海大闸三江闸，叶万源捐资建造第一洞闸，表明了坊主对公益事业的热心相助。叶万源酒至清代已畅销海外，大多由水路经浙东运河运至宁波，然后销往广东、福建及南洋诸岛。叶万源酒声誉俱佳，在宁波酒贾每次开盘定价都要叶万源的“馥生”“恒丰”两家酒栈先开价，其他酒坊再以每坛低于该价的3角至5角出售。[1]

三　水乡饮酒

酒是带有浓重感性色彩的饮用品，最大的特点是表现为一种醉态，进入或愉悦或狂喜或惊骇的忘我之境，产生超然物外之自由。不同的人、不同的环境、不同的素养、不同的心境也就会表现出不同的感受。而水乡饮酒特定的环境也就产生了特有的感受。

（一）悲壮之饮

勾践五年（公元前492），勾践败于吴，俯首称臣，群臣相送，致酒曰："君臣生离，感动上皇。众夫哀悲，莫不感伤。臣请荐脯，行酒二觞。""去彼吴庭，来归越国。觞酒既升，请称万岁。"[2] 勾践欲战胜吴国，称霸中原，然在交战中却大败于吴，被迫称臣，入质于吴国，可想而知他当时的心情是极端的痛苦，生离死别之际，群臣饮酒相送，以壮胆气，以寄希望，表达忠诚，充满着悲壮的气氛。

投醪河是绍兴"府西二百步"一条著名的历史名河，也是绍兴城中重要的景观河道之一。据《吕氏春秋·顺民》记载："有酒流之江，与民同之。"越王勾践出师伐吴时，父老向他献酒，他把酒倒在河的上游，与将士们一起逐流共饮，豪气冲天；以壮士气，勇气百倍，历史上称为"箪醪劳师"，也就产生了著名的投醪河。

秋瑾是辛亥革命时期著名的革命活动家、女诗人，鉴湖女侠。被孙中山先生誉为"巾帼英雄"。秋瑾好饮绍兴酒，酒为其增添英雄豪气，并在稽山镜水之间留下悲壮一曲。据陶沛霖《秋瑾烈士》记，秋瑾常雇一叶扁舟，备酒一斤，虾一碗，在去东浦水路上，饮酒赋诗，借以排愁涤恨，叙发壮

---

① 参见钱茂竹主编《绍兴酒文化》，中国大百科全书出版社上海分社1990年版，第173页。
② （汉）赵晔：《吴越春秋》，中华书局1985年版，第137—138页。

志。她的《对酒》[1] 诗壮怀激烈，是千古绝唱：

不惜千金买宝刀，貂裘换酒也堪豪。

一腔热血勤珍重，洒去犹能化碧涛。

秋瑾饮酒为鉴湖增添了悲凉之气和酒文化内容，也提高了鉴湖和绍兴黄酒的知名度。

（二）风雅之饮

兰亭因曲水流觞、王羲之书写《兰亭集序》而成名。王羲之与时名士贤人共 42 人在山阴兰亭作修禊之事，并曲水流觞，饮酒或赋诗，畅叙幽情。所取得的主要成果有以下几方面。一是产生了 37 首即席赋诗的《兰亭集》。二是王羲之醉酒后，叙写了与天地万物融为一体的《兰亭集序》，并产生了被誉为“遒媚劲健，绝代所无”的《兰亭集序》书法作品。秦观（1049—1100）在《书兰亭叙后》中认为：“酒酣赋诗制序，用蚕茧纸鼠须笔书，凡二十八行，三百二十四字，字有重者，皆口（御名）别体，而‘之’字最多，至二十许字，他日更书数十本，终无及者。”[2] 三是诞生了兰亭胜迹，兰亭从此成为我国的书法圣地，其影响和活动经久不衰。钱茂竹认为：“《兰亭集》是我国古代第一本酒诗集。不但记了酒事，更抒发出品饮之趣，酒会之乐。它是流觞的结晶，是古代绍兴酒酣饮后的杰作；是咏宴集的盛大，更是咏当时绍兴酒的酒风与酒格……《兰亭集》是研究酒史，欣赏酒美的诗集。”至于《兰亭集序》“漾溢着酒香之气，流动着美酒之醇，它写出宴集之乐，流觞之趣，又是在酣饮后所写，思接千载，精骛八极，援笔立就，文不加点，堪为才子之文。这乃是绍兴乃至中国酒文化中的一朵奇

① 秋瑾著，郭长海、郭君兮辑注：《秋瑾全集笺注》，吉林文史出版社 2003 年版，第 224 页。
② 周義敢、程自信、周雷编注：《秦观集编年校注》，人民文学出版社 2001 年版，第 552 页。

葩”[1]。正是由于当时“群贤毕至，少长咸集”，在“崇山峻岭，茂林修竹”之中，“一觞一咏”，“畅叙幽情”，自然、人的灵性在绍兴酒的浓厚香郁中得到了升华，才产生了举世无双的诗、散文、书法艺术作品，才出现了书法圣地兰亭。

“阮氏酤酒”，酒是魏晋风度的核心。魏晋名士把饮酒与得“道”相联系，认为醉酒可以使人超脱生死和荣辱，净化人的精神，物我两忘。即酒可以使“形神相亲”“远离自己”“引人着胜地”，此外酒醉也是政治斗争中隐身避祸的方法。相传竹林七贤之阮籍、阮咸在古运河畔阮社嗜酒如命，文章风流，传为美谈。

王子猷雪夜访戴安道，是夜大雪，王子猷醒来，饮酒赋诗，想起好友戴安道，一时兴起，“即便夜乘小船就之”[2]，去剡访戴，到了门前却返回。其原因为：“吾本乘兴而行，兴尽而返，何必见戴。”看来是酒后兴致起来，酒醒后便决定返回。此亦为之后鉴湖至曹娥江上游增添了水文化、酒文化和名士文化的一段佳话。

（三）伤情之饮

绍兴因伤情而饮酒得名的莫过于沈园之事。最早记载沈园的宋陈鹄在《耆旧续闻》卷十中说：

> 余弱冠客会稽，游许氏园，见壁间有陆放翁题词云……（《钗头凤》词）。笔势飘逸，书于沈氏园，辛未三月题。放翁先室内琴瑟甚和，然不当母夫人意，因出之。夫妇之情，实不忍离。后适南班士名某，家有园馆之胜。务观一日至园中，去妇闻之，遣遗黄封酒果馔，通殷情。公感其情，为赋此词。其妇见而和之，有“世情薄，人情恶”

① 钱茂竹：《试论兰亭曲水流觞的历史影响》，李永鑫主编《酒文化文集》，中华书局2005年版，第166—167页。

② （南北朝）刘义庆著，钱振民点校：《世说新语》，岳麓书社2015年版，第167页。

之句，惜不得其全阕。未几，怏怏而卒。闻者为之怆然。此园后更许氏。淳熙间，其壁犹存，好事者以竹木来护之。今不复有矣。

“红酥手，黄縢酒，满城春色宫墙柳。”从陆游的《钗头凤》词中我们可以看出当年陆游和唐婉相爱之日，夫妻情深，并常以“黄縢酒”作为游乐、赋诗之饮，夫妇是何等其乐融融。而当恩爱夫妇被迫离异后在沈园邂逅，送去他俩旧时所喜好的“黄封酒”及果馔，陆游自然是触景生情，面对沈园胜景，杯中旧情不由得油然萌生，“借酒消愁愁更愁”，并一发而不可收，叙写了惊天地、泣鬼神的悲情之词。如果无酒之力，或许是到不了此等境界。

（四）狂放之饮

达到了饮酒中的一种最高状态，也就如德国著名哲学家尼采（1844—1900）在《悲剧的诞生》中所说“主观逐渐化入浑然忘我之境”，达到了一种“最高痛苦”“对人生的最高肯定的状态”。

贺知章是唐越州永兴人（今萧山，历史上属会稽）。晚年由京归乡，居会稽鉴湖，自号四明狂客，他与张旭、包融、张若虚称“吴中四士”，都是嗜酒如命之人。唐天宝三年（744），贺知章告老还乡，李白作《送贺宾客归越》诗：“镜湖流水漾清波，狂客归舟逸兴多。山阴道士如相见，应写黄庭换白鹅。”[1] 后贺知章去世，李白又在《重忆一首》诗中深切怀念贺知章：“欲向江东去，定将谁举杯？稽山无贺老，却棹酒船回。”[2]

陆游亦被称作酒仙，他在鉴湖之畔豪饮狂放写下众多的饮酒叙情诗，既是趣话，亦为鉴湖增添风光，并为后人欣赏鉴湖提供借鉴。据邹志方先生统计：“陆游一生创作酒诗，至少在二百篇以上，至于写到酒的诗作，则不胜枚举。这些诗有的写于室内，有的作于湖上，有的是小酌，有时是醉

① （清）彭定求等校点：《全唐诗》，中华书局1960年标点本，第1799页。
② 同上书，第1860页。

饮，有时是会饮；在醺然之中，或表现得悠闲，或表现得清狂。”① 如《湖上小阁》②：

葡萄初紫柿初红，小阁凭阑万里风。

莫怪年来增酒量，此中能著太虚空。

此为在湖边小阁中饮酒的美好感受。

至于“船头一束书，船后一壶酒”酒醉暮归是陆游之常态。

（五）悠闲之饮

如贺知章、陆游等水乡名士豪放狂饮，并创作出时代一流杰出艺术作品者，终为少数。饮酒是讲究方式的，所谓：“法饮宜舒，放饮宜雅，病饮宜小，愁饮宜醉，春饮宜庭，夏饮宜郊，秋饮宜舟，冬饮宜室，夜饮宜月。”水乡大多饮酒者常在舟中、岸边饮酒，以陶冶心情、修心养身、畅叙幽情、吟诗作画。

请看宋高宗赵构《和渔父词并序》③（选两首）描写在稽山鉴水之中饮酒赋诗的情趣。

扁舟小缆荻花风，四合青山暝霭中。明细火，倚孤松。但愿尊中酒不空。

侬家活计岂能名，万顷波心月影清。倾绿酒，糁莼羹。保任衣中一物灵。

钱清江中，古运河边，稽山脚下，月夜鉴湖，鱼蟹满仓，炊烟四起，

① 邹志方：《镜湖之畔两酒仙》，李永鑫主编《酒文化研究文集》，中华书局 2001 年版，第 146 页。

② 《陆游集》卷 23，中华书局 1976 年版，第 652 页。

③ （清）徐元梅、朱文翰等纂修：嘉庆《山阴县志》卷 28，《绍兴丛书·第一辑（地方志丛编）》第 8 册，中华书局 2006 年影印本，第 979 页。

沙鸥相伴，美酒不尽，莼菜美羹，此乐何极。纵然是一代帝王，也在稽山镜水中醉。

（六）咸亨之饮

绍兴水城饮酒必然要提到位于“千桥百街水纵横”闹市区之中的咸亨酒店。自鲁迅先生小说《孔乙己》问世，咸亨酒店便盛名于世。此酒店为清光绪年间，1894 年前后，鲁迅的族叔周仲翔在绍兴城内都昌坊口开设。酒店不大，布设简单，菜肴以绍兴传统为主，然“咸亨”二字是唐高宗李治所用过的年号，又合凡事通达顺利之意。1981 年鲁迅诞生 100 周年前夕，咸亨酒店老店新开。酒店位于都昌坊口以西，与鲁迅故居、纪念馆在同一条街上，店虽不大，三间店面，内设一进走马酒楼，然其风格依然是当年格局，传统老建筑。孔乙己的铜像站立在门外地道之中，一手拿茴香豆，一手端酒碗，和蔼可亲，仍是一副迂儒形象。店中之酒都是绍兴黄酒上品，元红、加饭、善酿、香雪、太雕一应俱有。门外有现炸的臭豆腐，盘中有茴香豆、霉千张、霉毛豆、醉鱼干、醉鸡、酱鸭等众多香飘满街的绍兴“过酒配”。有客自远方来，不亦乐乎。白日，四方顾客纷至沓来；夜晚，酒楼灯光映照，高朋满座。到此不求富贵满屋，只求美酒满樽；风情以一睹为快，醉意为此时欢乐。作家李淮一副名联“店小名气大，老酒醉人多”，使人读后备感舒畅，杯中之酒以连干为快。再读周大风先生的《咸亨歌》，你便醉了还说不醉：

> 咸亨老店名胜久，太白遗风今依旧。条凳方桌曲尽柜，土碗爨筒热老酒。善酿甜，加饭厚，花雕开坛香满楼。豆腐干，茴香豆，盐渍花生蛮可口。爨筒一提喉咙痒，浅斟慢饮暖心头。七世修来同桌饮，南宾北客都成友。酒到咸亨方知妙，老酒一壶乐悠悠。[1]

① 钱茂竹主编：《绍兴酒文化》，中国大百科全书出版社上海分社 1990 年版，第 145 页。

第二节　水与桥

河湖众多，由桥通路，史前应已有架木之桥；至汉唐闸桥已见，宋绍兴城中已记有石桥 99 座，至此，水乡石桥无处不在；而桥数量之多，便成水乡风景，成为绍兴专门营建技术；万古名桥出绍兴，桥亦为水乡之艺术文化精品。

一　东方桥乡

由于河网密布，水陆交通便需要大量的桥。无水不成桥，无桥不显水，无桥不成市，无桥不成路。绍兴的水与桥紧密结合，造型丰富多彩，显千姿百态。绍兴是水乡泽国，也是著名桥乡。《嘉泰会稽志》卷十一记绍兴城内有正式记载的桥就有 99 座。据陈从周先生 20 世纪 80 年代初调查绍兴平原河网至少有桥近 5000 座。

二　古越名桥

（一）玉带束清波——纤道桥

嘉庆《山阴县志》卷二十载："官塘在县西四十里，自西郭门起至萧山县共百里，旧名新堤，即运道塘。唐元和十年，观察使孟简所筑，明弘治中知县李良重修，甃以石。后有僧湛然修之，国朝康熙年间邑庠生余国瑞倡修，首捐资产，远近乐输万余金，数年工竣。"古纤道全长约五十里。所谓"白玉长堤路，乌篷小画船"即指这里的风光。

古纤道又以柯桥以西至阮社板桥 7.5 公里的塘路建筑最为奇特。纤道可分单面临水及双面临水两部分，单面的塘路依河平铺砌石，双面临水多筑于河面宽广之处，以北河道宽广，系主航道，称“外官塘”；以南河道相对较窄，称“里官塘”，旧时为风急浪大时小船避风之地；在阮社太平桥以西一线，又多以呈梁式平桥型的纤道桥形式设置，河中每隔约2.5米置一桥墩，上架3块大小大致相同的大石梁，桥面宽一般1.5米。因桥洞多少，几处纤道桥在当地分别被称为“十八洞头”“一百洞头”“一千洞头”。《纤道桥碑记》载：“自太平桥至板桥止，所有塘路以及玉、宝带桥，计二百八十一洞，光绪九年八月，乡绅士章文镇、章彩彰重修。匠人毛文珍、周大宝修。”

纤道桥犹如一条玉带蜿蜒连贯于运河之上，最长的一段纤道桥，全长386.2米，由115孔石梁桥构成。其中有2孔稍高成平桥式，以通一般船只，其余均接近水面约1米，其桥孔数量之多、之长为国内仅存。1988年1月13日被定为全国文物保护单位。

（二）水乡展画图——太平桥

太平桥位于绍兴柯桥阮社的西兴运河上，桥建于明天启二年（1622），全国重点文物保护单位。这里运河水阔、纤道蜿蜒。运河以北，水网密布。太平桥多被认为是绍兴水乡桥与风景结合的典范，为人们所推崇。

太平桥景观主要由以下几部分组成：桥体，系南北跨向拱梁组合石桥，主桥为单孔半圆形石拱桥，高6.6米，拱高5.3米，跨径10米，引桥为8孔石梁桥，依南向北逐渐降落，连接以北河岸。桥亭，原在南岸桥西侧，为一古朴小石亭。小广场及庙，桥北岸有数百平方米大的广场，并有一低平小庙及古樟树。古代在西兴运河之上太平桥高、长都居首位。主桥孔端庄秀美，形制精巧。古代水运繁忙，有舟船穿梭其间，由于桥顶高耸，一般帆船可直接穿桥而过。桥洞有纤道路穿行，纤夫鱼贯而入。而一般小船亦可从引桥出入，井然有序。太平桥的主桥孔圆，引桥方；主桥高，引桥低平，形成了方圆画图，以及高低错落之美。太平桥、运河水网、附近的田野、村庄构成了一幅水乡泼墨画。桥在河上有一种凌波缥缈、清奇和谐之美。

太平桥桥饰雕刻精美，寓意深刻。桥上望柱顶上的4只石狮，形态各异，活泼可爱，彰显威武神态。主桥斜坡八根望柱雕刻着精美的“暗八仙”“八音”“佛八吉祥”“琴棋书画”图案。拱桥栏板的“万字流水”“万象如意”“马到成功”等图案，整齐美观，表示连绵久长、万事如意、吉祥欢乐之意。此外如人物浮雕、如意兰草抱鼓、万寿伴菊都或传神，或栩栩如生。其是一幅以道佛文化为主，综合多样传统文化的精美艺术作品。

（三）交光水似罗——融光桥

融光桥建于明代，位于原绍兴县柯桥街道老街中心，横跨浙东古运河，西侧有柯水南来北去。民居集聚，街市喧闹，水运繁忙，舟船不息。古为帆船漂越、撑杆林立，商贸云集、人来客往之地。

融光桥为南北跨向单孔半圆形石拱桥，桥面长3.5米，净宽3.55米。桥南置21级石台阶，长9.40米；桥北置27级石台阶，长11.1米。桥高6.4米，拱高6.15米，桥跨径10.1米。券顶嵌深雕盘龙图案龙门石3块，有吸水兽头长系石，桥栏实体素面。

融光桥造型优美，古朴大气，为柯桥古镇增添无限灵气。西侧柯水南北两端分别有柯桥、永丰桥之组合，形成方圆之景。融光桥砌石厚重，其下之官塘路均为巨大石块，压顶弧线优美，为一般塘路上少见。有纤道路可从南面桥洞底穿越而过，可谓纤夫古道。桥栏之上有百年古藤生长，翠团拥簇，蔓挂而下，宛若画帘。从融光桥西侧桥洞东望，水面宽阔，稍远有著名的柯亭、融光寺。融光寺，又称灵秘院、灵秘寺。初创于南宋，时寺宇宏敞，御经楼尤为壮丽，为登临之胜地。晨曦起时，从融光桥东望，但见红光万里，云霞五色，柯亭与融光寺金光四射，无限风光，均映入融光桥洞之中。

（四）千古悠扬中郎笛——柯桥

《嘉泰会稽志》卷十一记："柯桥在县西北二十五里。《文选》伏滔《长笛赋序》云：蔡邕避难江南，宿柯亭之馆，取屋椽为笛。注，柯亭在会稽郡，宋褚淡之为会稽太守，孙法亮等攻没郡县，淡之破之于柯亭，贼遂走永兴。柯亭即此地也。汉《地志》：上虞县仇亭，柯水东入海。然俗传柯水即此。"蔡邕（132—192），字伯喈，陈留（今河南省开封市陈留镇）人，东汉文学家、书法家、音乐家。《世说新语·轻诋第二十六》第20条引伏滔《长笛赋序》曰："余同僚桓子野有故长笛，传之耆老，云蔡邕伯喈之所制也。初，邕避难江南，宿于柯亭之馆，以竹为椽。邕仰眄之，曰：'良竹也。'取以为笛，音声独绝，历代传之至于今。"伏滔（约317—396），字玄度，平昌安丘人，可见关于蔡邕椽笛事传之甚早。又嘉庆《山阴县志》卷七："柯亭，在山阴县西南四十里，《郡国志》云，千秋亭，一名柯亭，一名高迁亭。汉末蔡邕避难会稽，宿于柯亭，仰观椽竹，知有奇响，因取为笛……乾隆十六年翠华临幸有御制题柯亭诗。"明刘基《横碧楼记》："会稽山阴之柯桥，即古之柯亭也。"①

综上记载分析，柯桥是因柯亭而得名。现代有人常把融光桥误为柯桥，其实柯桥应为融光桥南侧西边之桥，惜今已改作现代材料制作之桥梁。柯水发源于会稽山南麓的型塘江，经柯岩后流经柯桥，过浙东运河经永丰桥后称管墅直江又北流去。

古柯桥虽不甚高大，但甚精巧，与融光桥、永丰桥连成三桥相连的水乡奇观，更有蔡邕椽笛之文史佳话，得名甚早，流传甚广，其地也聚灵气，繁华富庶。

---

① 《刘基集》卷3，浙江古籍出版社1999年版，第109页。

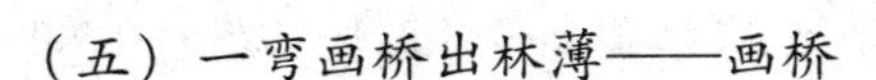

（五）一弯画桥出林薄——画桥

画桥位于今越城区东浦镇鉴湖村。为15孔石梁桥，分别为5大孔和10小孔，大孔跨径5.7米，全长62.7米。桥架于古鉴湖南塘之上，下为南北向排涝河道，古鉴湖时此应为闸桥。

这里地处古鉴湖西鉴湖中心地段，桥以南水面宽广，稽山苍翠可见；以北有著名三山盘桓，农田连片，屋舍点缀。画桥宜水中望，陆游《思故山》诗中的“一弯画桥出林薄，两岸红蓼连菰蒲”[①]，是陆游在鉴湖中所见画桥景色。陆游常出入鉴湖，深爱此桥景色，又有诗曰：“何由唤得王摩诘，为画湖桥一片愁。”[②]

（六）龙矫青甸湖——泗龙桥

泗龙桥又名廿眼桥，位于越城区东浦镇。此桥一侧有联，表明该桥已有近千年历史。1934年，有里人王氏和东浦陈忠义，酒坊主陈阿龙为首集资重建。

桥系南北向拱梁组合石桥，由3孔石桥孔和20孔石梁桥组成，全长96.4米，宽3米，3孔拱净跨分别为5.4米、6.1米、5.4米。卧于绍兴名湖青甸湖之上。烟波缥缈之中宛如一条巨龙伏波，气势不凡。站在桥以西望之，会稽山、绍兴古城、青甸湖水均为泗龙桥之背景，而泗龙桥常有欲腾跃水波之态。

（七）万古名桥出越州——八字桥

八字桥位于绍兴城区八字桥直街，为全国重点文物保护单位。始建于宋嘉泰年间（1201—1204），宝祐四年（1256）重建。系梁式石桥，筑于三河汇合处，兼跨三河，又与三条街路相通。主桥东西走向，横跨稽山河，

---

① 《陆游集》卷11，中华书局1976年版，第298页。
② 《陆游集》卷48，中华书局1976年版，第1193页。

桥面长5.50米，宽3.10米，桥高5.75米，孔高4.15米，跨径4.80米。桥东端南落坡长14.6米，北西向落坡长19.5米；桥西端南、西向落坡，分别长15.8米、22.7米，相对成八字。两南落坡下各设有桥洞，一桥成三桥。八字桥桥形独特，古朴大气，建筑稳固，雕刻精美，是我国现存最古老的城市桥梁，在桥梁史上有重要地位。

八字桥形制庄重，主桥洞方整厚实，如一水城门。八字斜坡，宏壮大气，充满古意。边坡两个小桥洞，大小不一，自成趣味，形成错落之美，亦被称作最早的立交桥。

八字桥沿河民宅集中，粉墙黛瓦，鳞次栉比，南北百米之遥有东双桥、广宁桥与其互为烘云托月。河水映照古桥、人家、古树，平静如画，轻舟过桥，则见别有洞天，光景奇绝。

（八）万叠远青一望收——广宁桥

广宁桥位于城东，八字桥北数十米，始建于南宋高宗以前，至明万历二年（1574）重修，为浙江省文物保护单位。《嘉泰会稽志》卷十一记："广宁桥在长桥东，漕河至此颇广，民居鲜少，独士人数家在焉。"说明此桥位于绍兴城内运河主干道上，水面宽阔，南宋时多士大夫居住两岸。

桥系南北跨向单孔七折边形石拱桥，全长60米，宽5米。24根桥柱雕以荷花，精美厚实，柱板花纹，幽雅大气。桥洞顶拱上有"鲤鱼跳龙门"等6幅石刻，生动活泼，栩栩如生，给人以吉祥兴隆、不断高升之意。

广宁桥东面可见流水平缓，西来东去，悠悠不息；西面有卧龙山若隐若现，大善塔高出城头；南面可见会稽山山峦叠翠，气象万千；北面则蕺山王家塔高耸，昌安门流水北去，舟船不息。《嘉泰会稽志》卷十一记朱袭封（亢宗）追怀风度作诗曰："河梁风月故时秋，不见先生曳杖游。万叠远青愁对起，一川涨绿泪争流。"

（九）镜照山会两县——小江桥

小江桥位于绍兴城北江桥头，跨萧山街河。《嘉泰会稽志》卷十一中有记“在城东北”。《越中杂识》上卷《桥梁》载：“江桥、小江桥，在府城内西北，为城中东西水道要冲。”

桥为单孔半圆形石拱桥，全长 23 米，净跨 5.8 米，桥面净宽 3.1 米，拱圆为条石分节并列砌筑，每列 6—7 块。望柱粗壮，栏板与靠背石凳相连，供人憩息赏景。

小江桥东西分别为萧山街河、上大路河，是浙东运河从迎恩门通过绍兴城往都泗门的水上要道。其西侧又为古代府河北端，可谓城中水道之枢纽所在。舟船四通八达，水城景观尽收眼底。民谚云：“大善塔，塔顶尖，尖如笔，笔写五湖四海；小江桥，桥洞圆，圆如镜，镜照山会两县。”

（十）右军墨宝济老姥——题扇桥

《嘉泰会稽志》卷十一记：“题扇桥在蕺山下，王右军为老姥题六角竹扇，人竞买之。”《晋书·王羲之传》：“又尝在蕺山见一老姥，持六角竹扇卖之。羲之书其扇，各为五字。姥初有愠色。因谓姥曰：‘但言是王右军书，以求百钱邪。’姥如其言，人竞买之。他日，姥又持扇来，羲之笑而不答。”依此所记，历史上绍兴人们经代代相传，编成一个优美动人的故事：某日，王羲之路过石桥回家，见一老姥拿着扇子叫卖，或许是制作粗糙，这些六角竹扇无人要买，老姥愁容满面，使人怜悯。王羲之见状顿生同情之心，问老姥此扇多少钱一把，老姥答十文一把。王羲之即向桥旁人借来笔墨，倚桥在扇上题字，老姥不解其意，王羲之道：“你再去卖扇，要二百文一把，就说此扇有王右军所题字。”老姥将信将疑，惴惴不安。此时桥上桥下挤满人群，王羲之一走，人们争相购买，不一会儿所有扇子一销而空。此故事记载，一是对王羲之仗义济贫的赞扬；二是对其超凡精美书法的传颂，王羲之题扇之桥日后也就被称为“题扇桥”。

桥系东西跨向单孔半圆形石拱桥。桥面长 3.8 米，桥面净宽 4.3 米，桥造型优美，装饰庄重大气，桥上有龙门石刻，桥面、栏板与拱券几乎是同一圆心的圆弧，为绍兴石拱桥中少见，桥西有碑，上刻“晋王右军题扇处”。现桥为清道光八年（1828）重修。

王羲之题扇桥还演绎出一系列故事。据说老姥见王羲之题扇卖得如此抢手，第二天又拿着一批扇请羲之为题字，王羲之知此救助不能一而再，设法躲进了附近的一条小弄堂，直待老姥走人。后来人们便把此弄称为“躲婆弄”。弄在戒珠寺蕺山街西侧，距题扇桥约百米。

又传，王羲之轻易不肯将书法予人，体现了他对艺术的珍视。然邻人老妪养有一大群白鹅，一不送人二不售卖。偏偏王羲之有爱鹅之癖，见老妪之鹅赞赏不已，便常去老妪家观赏鹅之美姿。日子一久，老妪提出愿以白鹅换王羲之几字，王羲之乘兴应允。但不久羲之见一富商从老妪处拿了他所换“鹅”字出来，王羲之顿觉上当，气得他提起那支狐笔狠狠地掷于桌上，岂料用力深厚，笔从桌上弹起，破窗越户，飞越弄堂，在北端的一座桥上的石头上落了下来，此石后人便称“笔架石”，这座桥便名“笔架桥”，那笔穿越之弄便称“笔飞弄”，1500多年后，被毛泽东誉为“学界泰斗，人世楷模”的蔡元培先生便诞生于此，或许是王羲之那传神之笔赋予少年蔡元培文气和灵气。

（十一）伤心桥下照惊鸿——春波桥

《越中杂识》上卷《桥梁》记：“春波桥，俗名罗汉桥，在禹迹寺前。昔陆放翁娶唐氏，伉俪相得，弗获于姑，遂出之。后春日出游，相遇于禹迹寺南之沈氏园，放翁怅然，题词于壁，迨唐卒，放翁过此赋诗，有‘伤心桥下春波绿，曾见惊鸿照影来’之句，后人因以名桥。”春波桥又称罗汉桥，因禹迹寺内有罗汉像五百尊，故名。此桥原为单孔石拱桥，拱圈为纵联分节砌置，桥面坡度甚小，采用两根石梁做桥栏，造型精致而富有灵气。春波桥与春波弄相接，弄因桥而取名。陆游沈园和春波桥的诗主要有《沈园》七绝二首：

城上斜阳画角哀，沈园非复旧池台。
伤心桥下春波绿，曾是惊鸿照影来。

其二：

梦断香消四十年，沈园柳老不吹绵。
此身行作稽山土，犹吊遗踪一泫然。

直到陆游去世前一年，他还在《春游》四首中其中一首写：

沈家园里花如锦，半是当年识放翁。
也信美人终作土，不堪幽梦太匆匆。

沈园与春波桥已是诗人陆游一生感慨所系。沈园、春波桥也因陆游之诗和爱情故事得名。水、桥、园、爱情故事名闻古今。

（十二）钱镠大义擒叛逆——昌安桥

《嘉泰会稽志》卷十一："昌安桥在城东北，《吴越备史》：乾宁三年钱镠攻昌安门，桥因门而名。"钱镠（852—932）字具美，临安人，五代时吴越国王。钱镠出身贫寒，曾以贩盐、卖米为业。《越中杂识》上卷《帝王》记："唐乾符中，浙中王郢作乱，镇将董昌募兵讨贼，表镠偏将，击郢破之。又出奇兵，破黄巢于临安。"后又协助董昌讨平越州观察史刘汉之乱，钱镠也被朝廷任命为杭州刺史。唐昭宗乾宁二年（895）二月，因董昌在越州反叛，朝廷下诏钱镠为浙江招讨使，讨伐董昌，钱镠认识到董昌对他有知遇和提拔之恩，但平定暴乱又是为国家之大业。他采取了有礼、有节的办法，不急速进攻，在绍兴迎恩门附近屯兵而对董昌劝说，"昌登城与语，镠下马再拜，指陈祸福。昌感悟，以钱犒军，自请待罪，镠乃返"①。但未

① （清）悔堂老人：《越中杂识》，浙江人民出版社1983年版，第40页。

多时，昌又拒不投降，镠派兵与昌在越州北郊等展开激战，终于于次年五月在越城北门生擒董昌。在押赴董昌往杭州途中，董昌在西小江投水自杀。“唐拜（钱镠）镇海、镇东节度使，赐铁券，恕九死。镇海，即杭州；镇东，乃越州也。镠至越州，受命而还，治钱塘，以越州为东府，于是镠全有吴越矣。梁太祖即位，封镠为吴越王。”[①] 后人为纪念钱镠平叛之功德，在其平定董昌之地分别名为昌安和安昌，意为平定董昌得安宁，并在城北门建昌安桥。昌安桥为五边形单孔石拱桥，全长 18 米，拱圈为多格式纵联分界砌置。在建桥技术上可谓独树一帜。

与钱镠进驻越州有关的还有拜王桥。《嘉泰会稽志》卷十一：“拜王桥在狮子街，旧传以为吴越武肃王平董昌，郡人拜谒于此桥，故以为名。”此由于当时越州人民苦于刘宏汉和董昌之乱，战事不息，给民间带来无尽的灾难，钱镠平乱，越民交口赞誉，钱镠率兵进城时，郡人箪食壶浆，夹道欢迎，之后越人便将当年迎谒之桥名为拜王桥。现存拜王桥为清康熙二十八年（1689）知府李铎重修，更名丰乐桥。桥系南北跨向单孔五折边形石拱桥。桥全长 26. 30 米。

附：灵汜桥寻考[②]

灵汜桥应是绍兴历史上最古老和又有史实文化底蕴的第一座古桥，并且灵汜，乃越国神秘水道，通吴国震泽；又处越国最早园林“灵文园”之中。对灵汜桥的考证，主要是因为古代文献对此桥有记载，但已无法确认

① （清）悔堂老人：《越中杂识》，浙江人民出版社 1983 年版，第 41 页。
② 邱志荣：《灵汜桥寻考》，《浙江水利水电学院学报》2017 年第 1 期。

具体位置；在绍兴乃至中国桥梁史上，其地位尚无展示。

经考证，确定今绍兴五云门外“小凌桥”位置应为古灵汜桥遗址。

一　关于灵汜桥的记载

《水经注·浙江水》载：“城东郭外有灵汜，下水甚深，旧传下有地道，通于震泽。”《嘉泰会稽志》卷十一：“灵汜桥在县东二里，石桥二，相去各十步。《舆地志》云：‘山阴城东有桥，名灵汜。’《吴越春秋》：‘勾践领功于灵汜。’《汉书》：‘山阴有灵文园。’此园之桥也，自前代已有之。”灵汜桥是越王勾践接受封赠之地，故历来文人学士、迁客骚人至此多有伤感之作。据记载当时越国被吴国战败，后勾践入吴为奴3年，吴王夫差赦免勾践回越，仅封他百里之地：东至离越国都城60里的炭渎，西至都城以西约40里的周宗，南到会稽山，北到后海（杭州湾），东西窄长的狭小之地，即《吴越春秋》卷八“东至炭渎，西止周宗，南造于山，北薄于海”。由此看来灵汜桥既是越王勾践受封之地，也是他之后“十年生聚，十年教训”的发祥之地。

《嘉泰会稽志》卷十一又记：“《尚书故实》：辨才灵汜桥严迁家赴斋，萧翼遂取《兰亭》，俗呼为灵桥。”萧翼以计谋从辨才处巧取《兰亭集序》的故事也与此桥有关。

唐代李绅有《灵汜桥》诗：

灵汜桥边多感伤，分明湖派绕回塘。
岸花前后闻幽鸟，湖月高低怨绿杨。
能促岁阴惟白发，巧乘风马是春光。
何须化鹤归华表，却数凋零念越乡。[①]

① （清）彭定求等校点：《全唐诗》，中华书局1960年标点本，第5480页。

或许古人到了鉴湖边的灵汜桥会面对这里的人文历史、自然风光，油然而产生伤感的情怀。

此外唐代元稹《寄乐天》中也有诗句："莫嗟虚老海壖西，天下风光数会稽。灵汜桥前百里镜，石帆山崦五云溪。"[①] 这则是对灵汜桥山水风光的赞美。

万历《绍兴府志·桥》，沿承了《嘉泰会稽志》关于灵汜桥的记载。乾隆《绍兴府志》、康熙《会稽县志》又延续了此记载。

二　灵汜桥位置确定的条件及相关的问题

（一）确定灵汜桥位置必须满足以下条件

1. 在绍兴城东约1公里的鉴湖堤上

据《嘉泰会稽志》卷十一"灵汜桥"条记，不入"府城"目中，而入"会稽县"目中，因此桥不在城内，在绍兴城东约1公里的山阴故水道上[②]；据以上李绅的"分明湖派绕回塘"诗句，桥应在"回塘"即古鉴湖北堤，亦为原山阴故水道堤；又元稹"灵汜桥前百里镜，石帆山崦五云溪"，诗中证明元稹描述的是南面的鉴湖和会稽山。唐代此桥存在，并且李绅和元稹分别亲临桥上写过诗。桥为东西向。

2. 水上交通要道和迎送之地

灵汜桥为若耶溪、鉴湖、故水道及北向水上交通要道，东西南北四通八达。

越王勾践接受封赠之地，历来文人学士多到于此，辨才严迁家赴斋所经，都说明此地为城东之迎送之地。

3. 桥是紧贴的2座

两桥东、西相距"各十步"。

---

① （清）彭定求等校点：《全唐诗》，中华书局1960年标点本，第4601页。

② 之后鉴湖建成为东鉴湖堤，又为浙东运河的塘路。

（二）关于绍兴古桥木制和石砌的演变

1. 灵汜桥的建筑材料

灵汜桥既然在越国时已存在，那么当时是用什么建筑材料制作？笔者认为应为木制。这不仅是考古至今未发现当时有石制桥梁，更是看到当时的木制建筑水平已很高超，而石砌建筑比较简陋。

（1）印山越国王陵。

位于原绍兴县兰亭镇里木栅印山之巅。文物部门确认是一座越国国王陵墓[①]，墓主人为越王云常。该墓墓室160平方米左右，加工规整，所用枋木极为巨大，底木长6.7米，侧墙斜撑木5.9米。枋木截面宽、厚在0.5—0.8米之间，加工极为平整，棱角方整。在斜撑木外侧有人工挖成的牛鼻形穿孔，系抬运和安装时穿绳之用。墓室中间还有一巨大独木棺等，可见印山大墓木制构建之精细，填筑之考究。墓中没有发现把砌石用以建筑材料。

（2）香山越国大墓。

香山大墓位于越城区若耶溪下游东侧香山东南麓，这是一座带宽大长墓道的长方形竖穴坑木椁（室）墓。墓室全部为木制，长47.6米，宽4.8—5.25米。文物部门确定香山大墓年代为战国早中期。就水利价值而论，笔者认为至少在以下几方面[②]：

其一，基础处理牢固。其二，排水系统设置先进合理。其三，防腐技术水平高。

（3）以禹陵土墩石室为代表的石制墓。[③]

禹陵土墩石室位于越城区禹陵大二房村北的美女山，主要分布在梅岭

---

① 参见宣传中主编《绍兴文物遗产》，中华书局2012年版，第200—201页。

② 参见邱志荣《上善之水：绍兴水文化》，学林出版社2012年版，第50—53页。

③ 参见宣传中主编《绍兴文物遗产》，中华书局2012年版，第56页。

至美女山的南坡与山巅方圆 3 公里范围。该地有墓葬 40 余座，均为带石室的土墩墓，年代为春秋战国时期。主要以大小不等的自然块石垒砌而成。说明当时的建筑石制技术，还未能达到有效处理和使用人工加工石材用于建筑的水平。

以上印山大墓、香山大墓的木制基础处理、排水技术、防腐处置，必然会在当时被广泛应用到水工技术之中，诸多的水工基础、闸、桥、排水关键结构部位，都会以上述工艺技术施工处理而充分发挥效益。

这种以木结构为主的技术，也是河姆渡建筑技术的传承与发展，后来的东汉修筑鉴湖能建各类形制的斗门、闸、桥、堰等水门 69 所，当应与此技术的推广和应用关联密切。

2. 石制桥梁应在宋代成熟和推广

（1）绍兴几处石宕的开采年代。

绍兴自古就有以天然石材建筑水利工程的历史，《越绝书》卷八中就有“石塘”之记载，但当时的“石塘”是以沿海一些孤丘山麓的天然岩基和部分块石垒筑的。到了隋唐时期绍兴的城防、塘路、水闸开始取山石建筑，既坚固又美观。古代绍兴最大的采石场一是位于绍兴城东约 5 公里的东湖，二是位于绍兴城西约 12 公里的柯岩，三是位于绍兴城西北约 15 公里的羊山。但当时的采石主要用途还是建筑基础和铺路等。以羊山为例，有记载在隋开皇时，杨素封越国公，采羊山之石以筑罗城。隋代在子城之外又建罗城，“罗城周围，旧管四十五里，今实计二十四里二百五十步，城门九”①。

（2）关于运河石塘的起始年代。

《新唐书・地理志》：山阴县“北五里有新河，西北十里有运道塘，皆

① （宋）孔延之：《会稽掇英总集》卷 20，浙江省地方志编纂委员会编著《宋元浙江方志集成》第 14 册，杭州出版社 2009 年版，第 6574 页。

元和十年（815）观察使孟简开”。运道塘是西兴运河南岸塘、路合一的河岸工程，部分主要路段应已从泥塘改建为石塘路。说明以人工凿成的条石已较多用于水利航运工程，但工艺还是较简单。大规模、技术含量较高的建筑还未开始。

《嘉泰会稽志》卷十载：“新河在府城西北二里，唐元和十年观察使孟简所浚。”此“新河”应是相对老河而名，原来运河经府城河道是由西郭经光相桥、鲤鱼桥、水澄桥到小江桥河沿的，由于运河商旅增多，此河通航受到限制，孟简便又开一条由城西西郭直通城北大江桥与小江桥相连的“新河”，缩短航线，避免壅塞，促进沿运商贸。笔者认为这条绍兴城北的运河，当时建设标准必定高于普通运河，应是以石砌为主。

（3）关于玉山斗门由木制改为石制的年代。

玉山斗门位于距绍兴城北15公里的斗门镇东侧金鸡、玉蟾两峰的峡口水道之上，三江闸建成以前，玉山斗门为山会平原灌溉的枢纽工程，发挥效益达800多年。

玉山斗门又称朱储斗门，为鉴湖初创三大斗门之一。宋嘉祐四年（1059），沈绅《山阴县朱储石斗门记》首记玉山斗门：“乃知汉太守马臻初筑塘而大兴民利也，自而沿湖斗门众矣。今广陵、曹娥皆是故道，而朱储特为宏大。”

唐贞元初（788年前后），浙东观察使皇甫政改建玉山斗门，把二孔斗门扩建成八孔闸门，名玉山闸或玉山斗门闸，以适应流域范围扩大而增加的排水负荷。

宋沈绅有《山阴县朱储石斗门记》记载了玉山斗门在北宋嘉祐三年（1058）由木制改为石制的过程：

嘉祐三年五月，赞善大夫李侯茂先既至山阴，尽得湖之所宜。与其尉试校书郎翁君仲通，始以石治朱储斗门八间，覆以行阁，中为之亭……

昔之为者，木久磨啮，启闭甚艰，众既不能力，当政者复失其原，每岁调民筑遏以苟利，骚然烦费无纪，而水旱未尝不为之戚……

这次整修将原玉山斗门的木结构改成了石结构，其遗存已迁到今绍兴运河园。如此重要的绍兴鉴湖的水利枢纽工程在北宋之前采用木制，亦可见之前石制还未能解决工艺和技术的关键。

对以上山会地区桥梁建筑材料的历史分析，旨在说明灵汜桥初建时必定是木制，之后会重建多次，但位置由于水道的存在不会改变。

（三）关于“山阴古故陆道”“山阴故水道”和勾践大、小城

《越绝书》卷八载：“山阴古故陆道，出东郭，随直渎阳春亭。山阴故水道，出东郭，从郡阳春亭，去县五十里。”这条记载中的故水道，西起今绍兴城东郭门，东至原上虞市东关镇西的炼塘村，全长约 25 公里，以北毗邻故陆道，南则为富中大塘，故水道作用除为航运，还起着挡潮和为以南生产基地蓄水排涝等重要作用。由于故水道横亘于平原南北向的自然河流之中，其人工沟通有一个过程，其连成时间必然早于越王勾践至平原建城时。勾践到平原建城时只不过将故水道疏挖整治，形成整体，并使其更充分发挥航运、水利等综合作用。同时由于绍兴平原西部的开发和连通钱塘江以及与中原各地交往的需要，在山会平原西部必然也会有一条东西向与故水道相连的人工运河。因之在越王勾践时期已形成了一条东起东小江口（后称曹娥江），过炼塘，西至绍兴城东郭门，经绍兴城沿今柯岩、湖塘一带至西小江再至固陵的古越人工水道。它贯通了山会平原东西地区，并与东、西两小江相通，连接吴国及海上航道，又与平原南北向诸河连通。可谓我国最早的人工运河之一。

问题是为何《越绝书》记故陆道为“出东郭，随直渎阳春亭”，而故水道为“出东郭，从郡阳春亭”？对此或应从勾践小城和大城的建设来分析

研究。

勾践于其七年至八年（公元前490—前公元489）接受了大夫范蠡提出的“今大王欲立国树都，并敌国之境，不处平易之都，据四达之地，将焉立霸主之业”之说[①]，建立小城，即“勾践小城，山阴城也，周二里二百二十三步”[②]，位置在今卧龙山东南麓。这里位于山会平原的中心地带，是一片有大小孤丘9处之多、东西约5里、南北约7里相对略高于平原的高燥之地。而山阴故水道环绕其外侧，阻隔了北部潮汐并拦挡了南部山区突发之洪水，并且成为水上航运的主干道和有了较充足的淡水资源；富中大塘又在其城东部，成为城市的主要粮食生产基地。正是这两处重要的水利工程，使绍兴城的形成有了命脉和基础保障，建城成为可能。小城“一圆三方”城墙周围总长约3华里，面积约72公顷。范蠡在构筑小城时，设“陆门四，水门一”。这是绍兴城市建设中的第一座水城门，位置在今绍兴城卧龙山以南的酒务桥附近，沟通了当时小城内外的河道。之后，又建大城，“大城周二十里七十二步，不筑北面”[③]。城内还在卧龙山东南麓建越王台，为越国政治、军事中枢；飞翼楼，位于卧龙山顶，为军事观察所及天象观察台；龟山怪游台，位于城南飞来山之上，是我国最早见于文献记载的天文、气象综合性观察台；此外，还有“雷门”（五云门）建筑记载。当时的大小城已颇具气势和规模，当然城墙建筑应还较简陋，以土木为主。大城设“陆门三，水门三”。大小城范围设四个水门，表明了城中河道水系之发达。绍兴水城水系之大格局至此已大致形成。

东郭门是水城门无疑，《越绝书》中记无论是故水道或故陆道都是出东郭门的。

关于五云门，《嘉泰会稽志》：“五云门，古雷门也……《十道志》云：

---

① 参见（汉）赵晔《吴越春秋·勾践归国外传》，中华书局1985年版，第165页。

② （汉）袁康、（汉）吴平辑录：《越绝书》卷8，浙江古籍出版社2013年版，第51页。

③ 同上。

‘勾践所立，以雷能威于龙也。门下有鼓长丈八尺，声闻百里。’”当时五云门水道是不存在的，但这既是一陆道，与东郭门必然相通。看来这条故陆道是出东郭门北沿着“直渎”到五云门，再沿与故水道毗邻的故陆道东行。“直渎”是沿着山阴大城东门外的一条人工运河，在五云门外东连故水道。

（四）关于“阳春亭”“美人宫”“灵文园”

（1）阳春亭。《越绝书》中记载了“阳春亭”的大致位置：其一，此亭在大城东近处；其二，地处水陆交通要道边；其三，为古越迎送之地。虽今遗址不存，然今五云门外有“伞花亭”遗存，正处合理的位置。又亭东侧还竖“绍兴外运”的大门牌，到20世纪末这里还是绍兴城东的外运基地。

（2）美人宫。《越绝书》卷八：“美人宫。周五百九十步，陆门二，水门一。”孔晔《会稽记》：“勾践索美女以献吴王，得诸暨苎罗山卖薪女西施、郑旦。先教习于土城山。山边有石，云是西施浣沙石。”“土城山”又称“西施山”是西施习步的宫台遗址，位置在今绍兴城东五云门外，原绍兴钢铁厂处。

（3）灵文园。灵文园《汉书·地理志》卷二十八载：“越王勾践本国，有灵文园。”《嘉泰会稽志》明确记载“灵汜桥”为“此园之桥也，自前代已有之”。位置已很明确。

通过对以上绍兴城东附近越国时的东郭门、五云门、故水道、故陆道、灵文园、灵汜桥、美人宫等遗址考证，可以认为这里是勾践时越国的一个重要的水陆交通枢纽、迎送之地、后花园。再向东则是以富中大塘等为中心的生产基地。

三　灵汜桥两个可能位置的分析

从西距绍兴城几近1公里的桥梁及水道地形分析，推测今五云门米行街油车头的梅龙桥及小凌桥位置最有可能成为灵汜桥遗址。

（一）梅龙桥

1. 梅龙桥的确定

梅龙桥在绍兴城东今五云门外运河北岸东西向纤道上。这里是绍兴城经东都泗门，经五云门，再东经浙东运河五云门米行街河道，与出东郭门的山阴故水道为交合处。桥南为平水江下游古鉴湖边；出桥往北经沈家庄河道可通迪荡湖、菖蒲溇直江、外官塘直至三江闸，是为水上交通要道。可以想象，古代这里处东鉴湖之畔，水绕城廊，湖光山色十分动人心境。

梅龙桥源于何时？康熙《会稽县志》卷十二载：

> 梅龙堰，在鸾桥东一里许。因禹庙梅梁故名。南自刻石诸山逶迤东北，出入千岩万壑中而流者曰平水溪，北会西湖、孔湖、铸浦、寒溪、上灶溪诸水，经若耶溪樵风泾而分为双溪，西会禹池，通鸭塞港，抵城隍而入于官河，遂由梅龙堰而北注。

梅龙堰即梅龙桥无疑。

2. 梅龙桥与灵汜桥

（1）水道分析。所在既是故水道也是南北向的河道，处于水上交通要道。这“鸾桥”在绍兴城东门外，又到梅龙堰为 1 里余，与记载中的灵汜桥距离几近相同。

（2）桥堰并存。如果说在鉴湖兴建之前的山阴故水道上有灵汜桥，到鉴湖兴建时，桥下必定有闸或堰，以控制水位及通航。并且到南宋鉴湖堙废后闸、堰也不会全部废弃，还有一定的控制上下游水位作用。今西鉴湖清水闸所存之堰就是证明。

（3）梅龙堰记载于何时，鉴湖时有此堰否？南宋徐次铎《复鉴湖议》是记载古鉴湖斗门、闸、堰最详细的一篇，文中所记在“会稽者”：“为堰者凡十有五所，在城内者有二：一曰都泗堰，二曰东郭堰。在官塘者十有三：一曰石堰，二曰大埭堰……”“石堰”在今东湖，为石堰桥。其间无有梅龙堰。

（4）关于梅龙桥得名。梅龙堰之得名缘由，康熙《会稽县志》卷十二有很关键的记载：“因禹庙梅梁故名。”如何理解此记载，可再上溯看《嘉泰会稽志》卷六的记载：

> 禹庙。在县东南一十二里。《越绝书》云：少康立祠于禹陵所。梁时修庙，唯欠一梁，俄风雨大至，湖中得一木，取以为梁，即梅梁也。夜或大雷雨，梁辄失去。比复归，水草被其上。人以为神，縻以大铁绳，然犹时一失之。

关于其中的“梅梁”是几度得而复失，近乎神奇。对事实的分析判断应该是在梁代（502—557）修庙时，这“梅梁”是有被大风雨所冲走的过程。冲到何处？其下游主水道必然是禹陵江之下的梅龙桥堰，“梅梁”于此被搁住，此事影响太大，于是有了“梅梁堰”之名。

笔者认为梅龙堰桥是后起之名。

（5）桥形及位置。20 世纪 80 年代陈从周、潘洪萱《绍兴石桥》[①] 一书中所展示珍贵的“五云门外梅龙桥”照片，与《嘉泰会稽志》记“灵汜桥在县东二里，石桥二，相去各十步”，距离基本相同，如把桥两孔作为“石桥二”，亦相近。

今梅龙桥已改建成一座平梁桥，仍是 2 孔。这估计是为《绍兴石桥》拍摄之后的事了。

综上，可否判断今梅龙桥位置是为古灵汜桥遗址，其改名应在清代的一次桥梁新建，一是由于大禹陵梅梁的影响，二是当时人们对“灵汜”题名的忧伤情感的不认可，及心理希望吉祥因素所致？

---

① 陈从周、潘洪萱：《绍兴石桥》，上海科学技术出版社 1986 年版，第 135 页。

存疑：

（1）缺少直接认定改名依据。

（2）近西约300米的“大、小凌桥”发现，否定梅龙桥认定为灵汜桥的因素增多。

（3）难以自圆其说。

（二）小凌桥

据2016年12月3日下午现场和张均德考证五云米行后街段，确定有小凌桥遗址，在距梅龙桥约西300米位置。又据此地年长居民介绍，这里稍西紧邻原还有大凌桥遗址，在米行后街102号。在当时绍兴钢铁厂未建时这里有河道直通北部。

《嘉泰会稽志》记载的小凌桥、大凌桥在同一位置，即“会稽县”目中：“大凌桥在县东七里”，“小凌桥在县东七里”。如果不记这方位，这大、小凌桥倒是可以印证“灵汜桥在县东二里，石桥二，相去各十步”之记载。

还要说明的是，南宋徐次铎《复鉴湖议》中载：“为闸者凡四所：一曰都泗门闸，二曰东郭闸，三曰三桥闸，四曰小凌桥闸。”可见鉴湖兴盛时小凌桥既为桥也为闸。又：“两县湖及湖下之水启闭，又有石碑以则之，一在五云门外小凌桥之东，今春夏水则深一尺有七寸，秋冬水则深一尺有两寸，会稽主之。”看来小凌桥之水利地位很重要，也是对《嘉泰会稽志》“县东七里”的修正。

问题和存疑：

一是《嘉泰会稽志》既出现了灵汜桥条，又出现了大、小凌桥条记载，一般来说同一部《嘉泰会稽志》不应有错记。

二是所记的里程在城七里，在距“梅龙桥”偏东。

再进一步的资料佐证和分析，认为《嘉泰会稽志》记“小凌桥”的距离有误。

其一，徐次铎《复鉴湖议》中所记“小凌桥闸”位置应在五云门近处。

其二，一个有力的证据是清光绪二十年（1894）《浙江全省舆图并水陆道里记》中的《会稽县图》中所示“小凌桥”位置在“钓桥”以东，“梅龙桥”之西，距五云门约1里。

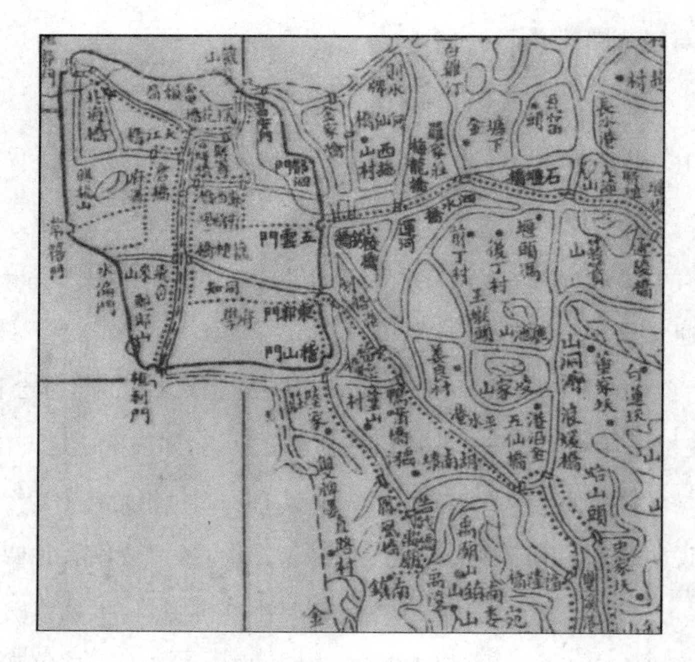

清代绍兴城东地形图

看来是《嘉泰会稽志》记“七里”有误。或在宋代灵汜桥已改名为“小凌桥”，志书中一直到清代的记载只是沿承而已。

四　结语

1. 今小凌桥遗址应是灵汜桥位置

基本确定灵汜桥遗址在小凌桥位置，基本特征已接近文献记载和现场调查分析中的灵汜桥。

2. 灵汜桥有过多次修建过程

桥梁建设的材料和其他建筑、水利工程有着相似的发展水平。灵汜桥初建时建筑材料必定是以木制为主，至于改为全部人工砌石石桥最早应在北宋，此可从绍兴平原北部著名的玉山斗门北宋改建石制得到证实。即使成为石桥之后也有多次修复或重建。

3. 灵文园是越国重要活动基地

古越勾践大、小城之东，以灵文园为中心之地当时是勾践时越国的一个重要水陆交通枢纽、迎送之地、后花园。不但灵汜桥在其中，梅龙桥也是重要桥梁建筑及水道。

4. 进一步研究的方向意义

桥梁本是水利、交通的产物，多学科研究绍兴古桥，必定是其学术研究突破、提升品位和走向世界的方向和途径。

第三节　水与园林

绍兴水环境的改变是绍兴风景园林发展的重要基础条件，水是绍兴风景园林的主体内容和血脉，演绎出无尽的风光和特色，园林因水而魅力无穷，水因园林而源远流长。山水文化则是绍兴园林之魂。绍兴造园风格以朴素为主，大多是对自然山水的巧妙利用，山水园林是绍兴园林的主体，所谓："越中之园无非佳山水。"[①]

---

① （明）祁彪佳撰，中华书局上海编辑所编辑：《祁彪佳集》，中华书局1960年版，第171页。

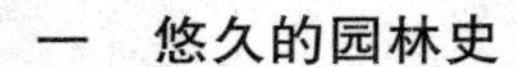

一　悠久的园林史

古代著名思想家墨子说过："食必常饱，然后求美；衣必常暖，然后求丽。"① 考古发现聪明灵秀的河姆渡人创造了优美的艺术文化，其中独特的审美观形成了古朴大气的原始艺术。从河姆渡发现的双鸟朝阳纹象牙雕刻蝶形器和陶器艺术，以及形式多样、做工高超美观的木构榫卯、"干栏"式建筑可以认为当时的艺术是古越园林之源。河姆渡人在艺术造型上大量采用对称原理，使其产生整齐、稳重和沉静的艺术效果，也会对之后这一地区的园林构思和审美观念产生重要影响。

在中国园林发展史上，绍兴园林具有卓越而独特的地位。越王勾践时期的园林，颇具王家园林气势。东汉鉴湖兴建，从根本上改变了这里的水环境，宏观而论也使山会平原形成了一个山水大盆景。六朝时期会稽山水园林成为时代造园的高峰，地灵人杰，人杰亦地灵。王羲之的《兰亭集序》、谢安的东山再起、谢灵运的《山居赋》、山水派诗的开创等，只有当时时代的自然、社会环境才能出现，也是其时造园环境业已成熟的证明。

唐宋时期绍兴园林多文化内涵，城市园林加快发展，出现了以卧龙山州宅为代表的园林精品："唐诗之路"为园林增添光彩；柯岩、吼山、绕门山等"残山剩水"亦已显现。

明清时期绍兴园林又形成水乡、桥乡、名士之乡的特色，并传承后世。徐渭的青藤书屋、祁彪佳的寓园均为世所称道；王阳明的学术思想又在宛委山阳明洞天园景中得到升华和光大。近代绍兴园林亦多精品，如上亭公园实为辛亥革命民主思想的传播之地。

当代绍兴园林传承历史文脉，展示水乡风采。水之保护、利用为建园所重。城市园林化，园林大众化，深入家居已是趋势。

---

① （清）毕沅校注：《墨子》，上海古籍出版社2014年版，第331页。

二　水中寄意

唐贺知章年迈辞官回家，不求荣华富贵、功名利禄，只求“周宫湖数顷”，“诏赐镜湖剡川一曲”。其寄意山水之间，终老鉴湖之畔心已定，此高尚境界，终获后世人们的高度赞誉。

宋蒋堂在绍兴龙山西麓建“曲水流觞”之景点，亦非兰亭之简单再造。西园原属王家园林，后为朝廷所修，多有诗人墨客集聚此地。“曲水之上，激湍亭，惠风阁，规模若都下王公家，山顶崇峻庵，其胁骋怀亭。”[①] 其意当为追慕王羲之兰亭风流，感天地之变化，叹人生之短暂，悟自然之道。是绍兴上流社会对自然和社会和谐的追求、盛世的向往。宋王十朋有《曲水阁》[②]（太守蒋堂所建，今号飞盖堂）诗：

王谢兰亭久寂寥，茂林修竹自萧骚。
蒋侯近代风流守，曲水流觞意亦高。

徐渭青藤书屋之天池，方不盈丈，不涸不溢，池中有横石梁柱，上刻“砥柱中流”，又檐柱上刻联：“一池金玉如如化，满眼青黄色色真。”一小天池，是徐渭之志向所寄。人为万物之灵，欲为天地之“砥柱中流”；池中金玉化尽，唯天地之正气，浩然长存。居室名“青藤书屋”，而其灵魂为“天池”。

再看明张岱在《陶庵梦忆 · 庞公池》一文中是如何月夜乐水的：“自余读书山艇子，辄留小舟于池中，月夜，夜夜出，缘城至北海坂，往返可五里，盘旋其中。”接着描写船上铺设凉席，卧舟中看月，有家童在船头唱着曲子，作者便有了醉梦相杂的感觉，随着声音渐远，月亦渐淡，安然睡去，

① 徐儒宗：《婺学之宗——吕祖谦传》，浙江人民出版社 2005 年版，第 165 页。

② （宋）王十朋著，梅溪集重刊委员会编：《王十朋全集》卷 13，上海古籍出版社 1998 年版，第 206 页。

等到那歌声断了，忽然醒来，含含糊糊地说唱得好，又鼾齁而睡。家童亦呵欠欲睡，互相靠着。等船回岸，竹篙叮叮的声音把人唤起，回家便睡。“此时胸中浩浩落落，并无芥蒂”，一觉睡到大天亮，“不晓世间何物谓之忧愁”。龙山边的庞公池，池不甚大，河不甚长，水远未及苏轼《前赤壁赋》之浩荡，然与“江上之清风，山间之明月”，有异曲同工之妙。已经不是简单的对水的欣赏而是与自然的对话与沟通，将自身融入山水之中。

三　经典园景

（一）沈氏园

沈氏园建在绍兴城内，处千桥百街之中，人口密集，屋舍连片，然沈园独辟一处成园，亦善水之利用。

由“沈氏园图”可见，沈园之北，为绍兴城内水偏门至东郭门的东西向主河道，有著名的“春波桥”横跨河上。沈园之中南北向有内河，与以上城河相通。沈园内河由堤路相隔，将河分成两半，东河盘曲向南，直至飞阁溇湾处，又有石洞东与葫芦池相通。飞阁溇湾底处又有一河北去形成西河（或与再南河道相通），盘绕之中又向西去再向南在一片土阜中形成沼湾。可见沈园之水其实是与城外河道相连一体的，园中之河道与池大部分是人工开挖而成的，因此形成沿河池有较多土阜堆积。

园中水之造型十分生动，葫芦池形象逼真，寓意吉祥如意；池中多植荷花，形成四季不同景观。内河其实是一龙身造型，龙头在西边桃林之中，盘伏园中。河边之堤，设置也十分生动，堤随河势，曲折多变，多植柳树，形成柳暗花明景观。飞阁池上之路，呈“卐”之状，为佛教中“吉祥海云相”。

综上，其形、其意、其排蓄，均可谓城内园林用水之经典作品。沈氏园用水之妙，亦为陆游与唐婉的爱情故事增添迷人的色彩。

（二）砎园

张岱《砎园》称："砎园能用水，而卒得水力焉。"① 认为砎园建园，水利用得好，因此而建园获得成功。整个砎园为水所盘踞，而水之处置，看上去又若无水，这确为高明之举。

其中寿花堂，以堤为界，有小眉山、天问台、竹径等景，曲而长，"则水之"；内宅，隔以霞爽轩、酣漱、长廊、小曲桥、东篱等景观，感觉深邃，"则水之"；临池，有鲈香亭、梅花禅，静而远，"则水之"；缘城，又护以贞六居，无漏庵，有菜园，有邻居小户，至此，"则水之用尽"。最后水之意色，"指归乎庞公池之水"。而庞公池之水与景又尽为砎园所用："目不他瞩，肠不他回，口不他诺，龙山夔蜿，三折就之，而水不之顾。"此为用水之经典。

（三）鸟门山

绍兴素有开山凿石用于建筑的传统沿袭，日积月累，又创建了著名的以人工凿山开宕，采用石材而形成的风景园林，"谁云鬼刻神镂，竟是残山剩水"②。可谓天下奇观。

鸟门山位于绍兴城东约6公里古运河畔。相传公元前210年，秦始皇东巡至大越，曾在此歇马喂草，故名箬篑山，又称绕门山。其是一座青石岩山，石质颇优，始开如白玉，日久变青。鸟门山距绍兴城不远，交通便利，记载及实物考证发现，绍兴古城墙建设、古运河砌石，以及此周边大部分民居用石，都以此山石为材料。鸟门山虽成名在清光绪年间（1875—1908），但这里的奇岩、怪洞、石壁、石宕形成年代应是十分久远。

鸟门山采石，绝非杂乱无章，而是依山势起伏变化，万仞千削，百壁如挂，或高耸，或低仰；或似仙，或似兽；横看成剑，侧又成柱，千姿百

① （明）张岱：《陶庵梦忆·西湖梦寻》，上海古籍出版社2009年版，第3页。
② 同上书，第107页。

态，其妙无穷。岩壁之下，又为石宕，湖水环绕，刚柔相济，幽深莫测，形成山水盛景。

（四）柯岩

柯岩在绍兴城西约12公里鉴湖之畔。据载，自三国以来，便有石工在此采石不止，因山取名。或形成孤岩突兀，或成为深潭通泉，最胜处为“炉柱晴烟”。此景即是云骨，是隋唐以来采石刻凿而成，高30米，底围仅4米，最薄处不足1米。顶有古柏矫健，已逾千年。相传宋代书法家米芾来此，见此奇景，“癫狂”数日才依依不舍离去。云骨之西又有开凿于隋代，竣工于初唐的大佛，高20.8米，为浙江四大名佛之一。石宕边上有蚕花洞、七星岩等景观。

（五）羊山

羊山在绍兴城西北约15公里处。据载，隋开皇年间（581—600），杨素封越国公，采羊山之石以筑罗城。采石后，留下数峰耸立的孤岩于石宕中，其主峰如宝剑一把，剑峰如削，似有雄风万丈，题曰“剑魂”。

羊山另一著名景点便是石佛寺。传说为凿刻寺中石佛，曾用了30年。佛成之日，空中有鹫鸟飞翔，时人认为此为吉祥之物，便依岩建成“灵鹫禅院”，以容石佛。到隋大业年间（605—618）赐额石佛寺。寺院内多岩壁石刻，书法古朴苍老，气势不凡。其中南宋一代抗金名将韩世忠所题“飞跃”两字既似钢铁筋骨，又所向披靡，有大将风采。

史籍记载，唐乾宁间（894—897），节度使董昌僭位，钱镠举兵讨伐，便屯兵羊山一带，后人为纪念钱镠平乱，尊其为城隍菩萨，建“武肃王殿”供奉。石佛寺外围，古石垒垒，各具神态。水宕大小不一，环山依石，形成羊山石佛、寺庙、摩崖和山水风景相结合的越中著名园林。

（六）吼山

吼山在绍兴城东13公里皋埠境内。越王勾践时，这里曾是一个畜养基地。《越绝书》卷八载："犬山者，勾践罢吴，畜犬猎南山白鹿，欲得献吴，神不可得，故曰犬山，其高为犬亭，去县二十五里。"古代这里是一处人工采石基地，经过采石形成景观。

山西之石宕，残岩千姿百态，宕水深不可测。石宕东北隅，有山称曹山，有石梁长20余米，横跃石宕之上，形成洞门，又宛如一只石象长鼻吸水，惟妙惟肖，自然天成。游船可贯穿其中，成别有洞天胜景。

放生池，池水清澈蔚蓝，池边残宕石壁多历代名家题刻。吼山多洞，其中以烟萝洞最著名。进入洞中，如入城堡。采石所存岩壁有一尊越王勾践石像。岩壁直冲云霄，藤蔓草丛之间，有飞泉直下，人称"龙涎水"。又有"一洞天"景观，由一块与岩壁相连的巨石向天外伸展。剩水宕，三面陡壁，形似风帆，直挂天际。

吼山更以石菁著称于世。自山脚至山顶，象鼻石、神犬石、蛤蟆石、飞来石、僧帽石，千姿百态，各显鬼斧神工，其中以云石、棋盘石为最。云石，高22米，似一倒置靴子，又似天然灵芝。棋盘石高耸云天，上覆巨石数块，传说古代常有神仙于此弈棋，登临两石之间，或有云雾飘游，难辨云石。

（七）后村清景

由于绍兴城规模不大，绍兴的士大夫多有选择在城外建台门、兴庄宅，亦农、亦商、亦官。这些庄、宅、台门在规模上虽远非南北朝时可比，然往往以宗族为核心形成村落群体，并构建村落园林。

后村清景位于原绍兴县管墅乡后马村。据嘉庆八年（1803）刊刻的后马《周氏家谱》记载，周氏家族有200多年前的《后村图》，此图形象地记述了在水乡田园之中的周氏古村落的状况。水乡平原之中，周氏古村庄所处广袤的河湖田野之中，自成系统。该村落中心外围基本为河道环绕，河道上多青石小桥。西南多为大户居住有"秋官第""大夫第""太史第"

“进士第”“谏议第”等；东北面多为一般村居；东南多为庙、祠、庵。明代周氏家族多名士贤才，有明正德十六年（1521）进士、后官至刑部陕西司部的周文，明代学者与教育家周洪图，明嘉靖时国子监祭酒周文烛，等等。众多有识之士又家境富足，便在这块秀丽如画的水乡平原村落创造性地勾画、营造出如诗如画的田园风光美景。

清乾隆时期学者兼诗人周氏家族中的周长发，以优美的诗文勾勒出《后村清景》八景诗。

（1）板桥书屋。记述其村西潭左的草堂书屋，额题“卧月”，为读书之地，每至秋夜，潭月交映，与鉴湖画桥处风光相类。有诗记曰：

一水当门碧，通津驾小桥。茅堂人独老，黎杖路非遥。
霜后堆枫叶，春前卧柳条。潭心多月色，白发惯招邀。

（2）驷潭紫藤。此潭侧为宋高宗南渡曾驻驾之地，中有古藤，蟠虬蓊郁，春时花开，若张罗幕地。有诗记曰：

潭清一镜水，蓦郁百年藤。接叶丹蕤密，交柯紫气蒸。
茜浪蟠树树，绛幄障层层。能兆簪花客，春秋信可证。

（3）金沙红叶。在潭东北，是处农田为水所环绕，田埂上多植乌桕，每至深秋树叶呈金色，乘舟载樽吟眺，愈觉艳绝。有诗记曰：

白苹园断浦，红蓼点园沙。秋对千林树，晴翻一片霞。
隔涯闻短笛，残照急归鸦。颜比枫人老，何妨乌帽斜。

（4）闲亭松籁。为“信天堂”后一古松，高可十丈，盘郁苍翠，坐卧松根，意趣无尽。有诗记曰：

镜欺双鬓短，树老一茅亭。黛色参天碧，龙鳞逼汉青。

风饕涛欲涌，月净夜能听。手把鸦锄去，还忍劚茯苓。

（5）趣园墨池。园内有“种月轩”“小兰亭”“养真楼”，而“墨池”居其中，方广丈许，水色碧净，不尽作涤砚之沚笔，亦可“恍作濠濮间想”。有诗记曰：

空忆云林画，徒留内史池。墨痕浮叆叇，秋藻破涟漪。
泻合松涛响，波摇竹影欹。濯缨吾有愿，舍此又何之？

（6）西园水榭。园约五亩，傍湖筑水榭，湖中多种荷花。边植古藤翠竹，颇有古意。有诗记曰：

烟扉开屋北，墟里近村西。莲叶田田翠，荷香柄柄齐。
纳凉还岸帻，趁雨看扶犁。倘遂初衣愿，仙源路未迷。

（7）花梗渔唱。在“小太史湖”边，为一处田园水乡风光，渔歌唱和图。有诗记曰：

何处轻讴起？芦中有夜渔。秋汀鱼网集，凉月橹声徐。
苹叶风欹渡，菱花雪满渠。烟霞如可遂，蓑笠未全虚。

（8）瓜田僧磬。田虽不多，种瓜田，亦不忘家国兴废之事。“霜清月白，清磬出林薄，往来者皆生道心。”有诗曰：

扮榆寻旧社，钟磬出中田。清夜原寥泬，癯僧亦静便。
无尘侵古佛，有响落晴川。他日联支许，同参一指禅。

浓郁的田园风光，秀丽的水乡画卷，不尽的诗情画意，人与自然和谐相处，其乐融融，这正是水乡绍兴水乡村落园居独特景观的典范。

四　当代著名水利景观

20世纪末绍兴市及各县（市、区）相继开展的河道综合整治，全面加强了水文化建设，经历了由传承、创新、提高、完善的不同阶段，其间也创建了诸多水文化和工程建设完美结合的精品园林水景观工程。

（一）环城河

环城河是绍兴城市的母亲河，伴随着绍兴水城的发展流淌了2500多年，孕育了城市文明，见证着绍兴的历史。1999年，绍兴市抓住机遇，坚持高起点规划、高水平设计、高质量建设，体现城市防洪、城建配套、环保、文化、旅游五大功能，对环城河实施综合治理。环城河共有八个景点。

稽山园，位于城区东南角，面积6.8万平方米。原为稽山村，又东有历史老桥稽山桥。园内有各具特色桥约18座，体现桥乡景观。“南浦小集”“迎岚阁”“浣花草堂”“农家乐”等园重水复，各具水乡特色掩映于绿树丛中，环境幽雅。“迎岚阁”气势雄伟，为登临之胜，共三层，高近30米。登“迎岚阁”南可眺望南部稽山镜水风光，北则可赏绍兴城市景观，为绍兴城南登临之胜。

鉴水苑，东邻稽山园，占地3.38万平方米。内有大型音乐喷泉、下沉式休闲广场、悦茗茶楼等，富有现代化水城公园之休闲环境和风貌。鉴水苑与稽山园通过“又一村”大门相连，形成10万余平方米的景区，这里景色秀美，文化厚重，文体娱乐设施较多，园景多变，环境爽朗，富有生机，是市民休闲、娱乐、锻炼的好去处，四季人气颇旺。

治水广场，位于古城区西南角，占地3.1万平方米。由纪念广场、治水纪念馆、碧水小筑等组成。广场有大禹、马臻、汤绍恩等治水先贤塑像及治水碑记，鉴湖水利图、西墟斗门遗址、若耶溪镇水龟等展示。叙写和展示了一幅古今绍兴水利史的长卷。

西园，1000多年前五代吴越国时始建，《嘉泰会稽志》卷十："王公池，在西园，皇祐五年知越州王逵始置，齐祖之撰记云：方钱氏仗钺，为后庭棹讴凫雁之乐，邦人不与其观。"宋王十朋有《西园》诗："西园风物冠东州，飞盖纷纷烂漫游。惟有红莲幕中客，倚栏才得片时留。"后颓废，现在原址上依据宋代园林布局重建而成，占地2.69万平方米。以王公池为中心，主要有望湖楼、飞盖堂、漾月堂、龙山诗巢及春荣、夏荫、秋芳、冬瑞四亭等景点。与东卧龙山相连，形成了一幅自然与人相结合的越中山水画图。

百花苑，位于环城西河西侧，占地1.4万平方米。为一完整小型滨河公园，以植物造景为主，布置有兰、桂、桃、柳等百余种花木。百花桥造型优美，连接百花苑和西园两大景点。

河清园，位于昌安桥西北侧，占地2.4万平方米。内有嬉水池、可憩堂，闹中取静，是一处以生态园林为特色的水景观。

都泗门，在绍兴城东原址上重建而成。都赐门历史上早有记载：梁天监十三年（514），衡阳王萧元简离会稽太守任，与何胤告别。胤"送至都赐埭，去郡三里"[①]。后绍兴城屡经扩修，城东水门曰都泗门，都泗即都赐，系晋时王音修。门有堰，即都泗堰，在绍兴城进出浙东运河口，南控鉴湖水，使不致倾泻。都泗门是古代绍兴水城沟通运河及外江的水上主通道之一，是绍兴水城重要景观和遗址。

迎恩门，在城西原址上重建而成。"迎恩门，唐昭宗乾宁二年（895）董昌僭窃，钱镠率兵至越之迎恩门，望楼再拜而谕之。盖此门自唐有之。"[②]这是所见迎恩门最早的记载，为旧时绍兴西北主要水陆城门。西兴运河由此入城，可谓城市门户。原有箭楼，其下，传是勾践卧薪处。据《越中杂识》下卷《古迹》载："楼去城仅百余步，上供越王像，下即通衢，颜曰：

① （唐）李延寿：《南史》卷30，中华书局1975年标点本，第792页。

② （宋）施宿等：《嘉泰会稽志》卷18，《绍兴丛书·第一辑（地方志丛编）》第1册，中华书局2006年影印本，第345页。

‘古卧薪楼。’”清乾隆十四年（1749）毁于火灾。新建迎恩门由城楼、生聚阁、送贤堂、吊桥等组成。

2003 年，环城河工程被水利部定为国家级水利风景区。

（二）运河园

2002—2003 年绍兴市对浙东运河进行了全面水环境整治。其中一期工程建成东起绍兴西郭立交桥西至越城区与原绍兴县交界段的“运河园”，长 4.5 公里，面积约 25 万平方米，总投资 6000 余万元。共建 6 个景点。

（1）运河纪事——记载历史文化。为古运河历史变迁的集中展示。牌坊入口设置了当代著名水利专家、学者的图文碑刻。主要内容为 5 块浮雕和 2 块图文纪事碑，有浓重的运河文化氛围。贺循塑像，气势雄伟，耸立在“庆池”石船基座之上，显示了这位治水功臣和“当世儒宗”的气质风范。又以老石材原汁原味地做了老避塘和老纤道，以及迁移农村中废弃的古华表、古石池等，衬托了越文化的悠久和凝重。

（2）沿河风情——集聚水乡风物。是运河沿岸风俗民情的精华。清代牌坊群、老石台门、明代绍兴三江闸缔造者太守汤绍恩手书的“南渡世家”横额，可谓越中之宝。“古越照壁”有“双龙戏珠”巨大古石基座，上书越王勾践宝剑的鸟篆文“越”字，古朴大气。“老祠堂”有祠堂碑、义田碑、进士旗杆石、祠联等遗存。古“钟灵毓秀”、光绪皇帝“乐善好施”石刻横额，及范仲淹后裔祠堂石柱刻石遗存数十支，汉大儒孔安国所撰的《报本堂》碑记等，尤为珍稀。酒文化展台，“知章醉骑”塑像，将酒乡、名人、水乡有机、生动地展示出来。“法云寺陆太傅丹井遗存”是陆游世祖陆轸所创炼丹古井，还有石狮等，是千年文物。“玉山斗门遗存”系绍兴目前发现的最古老、最大的水利工程遗存。

（3）古桥遗存——展示桥乡精品。此景点主要是集中展示绍兴水乡的石桥风貌。分三部分，一是整桥移建，就是把绍兴农村中废弃的石桥集中迁建于园中，共11座。二是组合古桥，用废弃古石桥的构件，以传统石作工艺拼装组合，共12座。三是众多部件展示，如乌龙桥、凤林桥等，展示古桥代表性残存石构数十件。绍兴历来桥边多古亭，楹联注目，且书法精湛，寓意深刻，此类已经废弃或将废弃传统的老石亭等乡间风情建筑，通过移建并适当处理，一一展示。

（4）浪桨风帆——再现千艘万舻。此景点主要展示古越水运繁盛的景象。由风帆组船、蓬莱水驿、长风亭、水天一色阁等组成。王城西桥，以千古名寺得名，以传统工艺建造，是宁绍平原第一高拱石桥。桥头广场置清代“双龙戏珠”照壁和“钟灵毓秀”刻石，配有“继志亭”古桥亭，古朴雄浑，精美绝伦。此段运河河道水面宽阔，水流纵横，得园林与野趣二胜。

（5）唐诗始路——笑看挥手千里。唐代有众多著名诗人慕浙东之名沿古运河而来游越，形成“唐诗之路”。景点设“挥手石”，刻李白乘舟运河有感而发“挥手杭越间”诗句。又以五块巨石，刻“浙东古运河”五大字，与李白诗相照应。此外，又有多块巨大山卵石依景点园路边以造景的方式自然摆放，上刻唐代来绍诗人的著名诗篇。

（6）缘木古渡——难忘前师之鉴。《越中杂识》卷上《寺观·大树庵》载：“宋南渡时，金人追高宗急，至此无以济。岸有松、杨两株，忽自拔其根俯于水，两木相向为覆舟状。帝缘木而渡，及岸，顾其木，仍昂首自植。”[①] 景点主要布置碑亭、鉴桥、连廊、古树等。“水吟石廊”，全长450米，由数百支古旧石柱建成，柱间刻有古代名家不同风格的书法对联43副，内容以山水为主。廊下多植传统花木如紫藤、桃花、小竹。每至春季，紫藤花、桃花竞相开放，形成紫藤长廊景观。入秋树木摇落，乌桕绽红，更

---

① （清）悔堂老人：《越中杂识》，浙江人民出版社1983年版，第37页。

有“秋冬之际，尤难为怀”[①] 之感受。

2006 年年底，“运河园”工程被中国风景园林学会评为优秀园林古建工程金奖；2007 年 8 月，“运河园”工程又被水利部定为国家级水利风景区。

（三）龙横江

绍兴市区龙横江工程位于绍兴城河西缘鹿湖庄边，是市区西片河网主要的东西向沟通河道和环城河的主入口区。工程由河道工程和环境工程鹿湖园、永和园、环翠园组成。东起环城西河百花苑西侧，西至大叶池，河道长 880 米；河北筑青石滨水长堤，南建景石生态河岸，园景相连。绿化景区面积 3 万余平方米。工程按“以人为本，自然和谐”的理念设计，以“帝王文化、鹿文化、生态文化”为主题建设。于 2004 年 8 月开工，2006 年 4 月建成开园，总投资 4300 万元。

鹿湖园，景区面积 2.2 万平方米。园以形似奔鹿的鹿湖为中心设计布局。湖岸多以天然卵石干砌成生态河岸，多长岸草，多居水族，是绍兴城区河道少有的自然亲水景观。湖中小岛建有偶鹿亭，亭边立巨石刻《诗经·鹿鸣篇》中句，又有单孔和多孔平梁折桥与岛外曲折相连，曲径通幽，具有“凹深凸浅，皱佛阴阳”的美学效果。

湖之西为主入口处。由园门、古樟、无疆石、砖雕壁和康乾驻跸浮雕碑组成。府第式园门，庄重气派。两侧围墙镶嵌大型砖雕《越人驯鹿》和《勾践围鹿》，展示越族悠远灿烂的鹿文化。无疆石重达 30 吨，形若神龟，名无疆，寓意其寿无疆、前途无量、事业无限。边植松、兰、竹、梅，更见其神韵风采。康乾驻跸碑宽高 11.6 米 ×4.39 米，书卷式，采用汉白玉雕刻，画面由康熙、乾隆等 140 余位人物组成，配以稽山镜水、禹陵、兰亭、府山、迎恩门等古迹，再现了二帝南巡绍兴驻跸鹿湖庄气势恢宏的历史场

① （南北朝）刘义庆著，钱振民点校：《世说新语》，岳麓书社 2015 年版，第 26 页。

景。碑阴刻乾隆撰写的《阅海塘记》全文，该文系乾隆五下浙江、四巡古越海塘留下的唯一著述，具有较高的学术价值。

湖之东为东入口处。与环城河百花苑连接，有柳暗花明又一园之感受。由仪门、景墙、集贤廊和鹿鸣楼组成。又有文化景墙二块，一刻徐渭手书的《初进白鹿表》文，一刻著名历史地理学家陈桥驿教授撰书的《鹿湖园记》，名人书文，交相辉映。景墙上缠古藤，背靠修竹与古樟，更显古朴与厚重。集贤廊滨水而筑，长102米，可见龙横江水西去，环城河流北往，水城风光颇浓。廊柱刻有31副古代绍兴和国内名家的手书楹联，与初进《白鹿表》等珠联璧合，以展示精美的书法艺术珍品。

湖之南为中心区。由清晏楼、侧廊、鱼乐亭和鉴秀亭、乐舫、苹野轩组成。清晏楼底层厅堂布置8幅大型精美木雕，画面取材于与绍兴关联的8位帝王典故，分别为《禹会会稽》《秦皇巡越》《梁帝品酒》《高宗南渡》《理宗浴河》《度宗勤学》《康熙祭禹》和《乾隆阅塘》。楼东南廊壁为历代帝王来绍诗选碑刻，刻梁元帝、宋高宗、宋理宗、宋度宗、康熙、乾隆咏吟绍兴人文山水诗8首，集中展示了来绍帝王遗踪和风采。

湖之北为码头区。由御码头、宸游龙横牌坊、敬诚亭、龙横桥和鹿湖桥组成。御码头用古石板、条石按传统工艺砌筑，古朴大气。敬诚亭为单层六角石亭，高7米，亭柱刻宋理宗手书楹联。宸游龙横石牌坊宽高11.95米×10.95米，重达160吨，全部采用榫卯结构制作，双层八檐，四柱通天，造型庄重威严，是帝王纪念牌坊之精品。坊梁、栏板、雀替、抱鼓双面雕刻龙、凤、鹿、鹤、飞马、麒麟、兰花、波浪图案，象征吉祥和谐，生机勃发。

永和园，东接鹿湖园，西连快阁，南临永和天地，北滨龙横江。因地处原著名的绍兴沈永和酒厂原址而名，景区面积8500平方米。园以越地风格的古建筑永和楼为中心，配以“永远和气”刻石、经典酒雕，以水轩、曲廊、折桥、廊桥等。水波荡漾，垂柳轻拂，古樟参天，酒坛相叠，酒旗飘扬，酒楼相连，酒气送香。对岸曲桥绿带映衬呼应，远处龙山楼阁隐映水中，整体呈现了江南水乡淡雅清静的风光神韵。

环翠园，龙横江往西过霞西大桥，向北折为云栖大桥，而此二桥交会的南岸有一块面积不足三亩的小园，名为环翠园，环翠园因园对面古代有环翠溇自然村而得名。

处于云栖寺近处的环翠园便以淡雅的佛教文化为主进行布置，给附近民众提供一个修身养性的场所，了解和感悟佛教文化的空间。

2008 年 9 月，鹿湖园工程被中国风景园林学会评为优秀园林古建工程金奖。

（四）曹娥江大闸

曹娥江大闸位于曹娥江河口与钱塘江交汇处。该工程是国家批准实施的重大水利项目，是中国在河口建设的规模最大的水闸工程，也是浙东引水的枢纽工程。工程效益以防洪（潮）、治涝为主，兼顾水资源开发利用、水环境保护和航运等综合利用功能。主体工程于 2005 年 12 月 30 日开工，2009 年 6 月 28 日竣工，2011 年 5 月通过竣工验收并正式投入运行，工程总投资 12.38 亿元。

大闸既是一个优质的现代化水利工程，也是一处精美的水利园林景观，还是一座内涵丰富的水文化博物馆。其水文化建设以“天人合一”的思想为核心，在传承老三江闸文化为主的同时又具有开创性。主要景点与文化展示区如下。[①]

（1）女娲遗石。位于大闸入口处。女娲补天是天人之间的一种互动，建造大闸则是绍兴人民希望与曹娥江相处得更加和谐，从而营造出崭新的水利环境的一种美好愿望。五色石正面镌刻的“五色补天石，天人和谐碑”十个大字，正是这一愿望的形象概括。

---

① 大闸景区、文化内容主要参考朱元桂编《娥江大闸十二景》，2010 年 1 月编。

（2）治水者组合雕塑群像。兴建曹娥江大闸，既是对治水传统的继承，也是水利事业的时代创新。雕塑以决策者、科技工作者和工程实施者的典型形象，组成一幅动静结合、张弛有度的现场画面，艺术地记录了当代治水者风采。

（3）硕碑崇亭。即“安澜镇流”碑亭，坐北朝南，位于曹娥江大闸西端。全碑通高 9.2 米，重 104 吨。碑正面镌刻“安澜镇流”四个金色大字，其上有“顺天应宿”四字篆额。

（4）雄闸应宿。明嘉靖十五年（1536），汤绍恩主持建造的三江闸以天上二十八星宿名分别命名 28 闸孔，所以三江闸又称应宿闸。新建的曹娥江大闸也设 28 孔，这象征着当代绍兴人对历史上治水传统的继承，也是地方文化特色在新时期的发扬光大。

（5）娥江飞虹。在曹娥江大闸上游 1 公里处，连接上虞和绍兴的闸前大桥横跨曹娥江，全长 2400 米，桥面宽 45 米。远观犹如一道凌空的飞虹，横架两岸，横亘天际；又如一帘轻盈飘逸的素练，翩然飞舞。

（6）高台听涛。位于曹娥江大闸之上。高台就在大闸上的观景长廊，南北宽 10.2 米，东西长 715 米，高 4.5 米。长廊左右两侧及穹顶均使用玻璃装饰而成，视野极阔。游人入内，凭窗眺望，曹娥江风光尽收眼底。

（7）岁月记忆。浮雕朝东镶嵌在曹娥江畔。高 3 米，宽 8 米，以雕塑艺术的形式，为人们再现了 20 世纪 60—70 年代绍兴、上虞两县劳动群众肩抬手提，车推人挑，用精卫填‘精神围海造田的壮丽场面。

（8）名人说水。精心搜求数百块亿万年来与水亲缘、受水洗礼的珍奇异石，将古今中外著名思想家、政治家、文学家有关“水”的精辟之言，因句择石，并由大书法家丹书其上，再延技艺精湛之刻字高手依势奏刀，顺理刻字，从而形成了独特的“名人说水”共计 117 块形态各异的石景观。

大闸先后荣获浙江省“钱江杯”优质工程和中国建设工程鲁班奖称号。这是绍兴市历史上首个获得鲁班奖的水利工程。评审意见为：曹娥江大闸工程设计合理、先进，开创性地将最新的工程技术与传统的治水文化以及秀丽的生态环境景观有机结合，无论是工程实体质量与工程感官效果，还是工程对环境的改善以及与人文和生态环境的协调等方面均达到国内领先水平，对全国的水利工程建设具有明显的示范和带动作用，是水利工程的精品之作，部分技术达到国际先进水平。充分展示了文化的魅力和影响力。

2010 年曹娥江大闸被评为国家水利风景区。

第十一章　无形之水

《中庸》第十章记："子路问强。子曰：'南方之强与？北方之强与？抑而强与？宽柔以教，不报无道，南方之强也，君子居之。衽金革，死而不厌，北方之强也，而强者居之。故君子和而不流，强哉矫！中立而不倚，强哉矫！国有道，不变塞焉，强哉矫！国无道，至死不变，强哉矫。'"《中庸》这段话，是孔子对南、北方人强的评价。一方水土必然会对一方民族性格形成重大影响，并且这种主体性格的形成是日积月累的，经过长期的磨炼。孔子当时所说的南方人，不一定指越国，但之后发展，绍兴人越来越具有孔子所说的南方人性格和气节。这其中水对人的精神认识、启示，性格铸就和风俗形成的影响起到了很重要的作用。所谓"地之然也"。

第一节　对水的认识

一　计倪论水与社会发展

南朝宋裴骃《史记·货殖列传集解》引《范子》曰："计然者，葵丘濮上人，姓辛氏，字文子，其先晋国亡公子也。尝南游于越，范蠡师事之。"

又引徐广曰："计然者，范蠡之师也，名研，故谚曰'研、桑心算'。"又《汉书·古今人表》："计然列在第四。"《史记·货殖列传》载："昔者越王勾践困于会稽之上，乃用范蠡、计然……范蠡既雪会稽之耻，乃喟然而叹曰：'计然之策七，越用其五而得意。既已施于国，吾欲用之家。'"由此亦可见计倪是春秋战国时期杰出的思想家、经济学家。

古代越国最先提出和阐述水利与人们生产活动关系的便是越大夫计倪，《越绝书》卷四记载，计倪对越王勾践说，要开发山会平原、发展经济，水利是首备的必要条件，"或水或塘，因熟积以备四方"。他又认为："故汤之时，比七年旱而民不饥；禹之时，比九年水而民不流。其主能通习源流，以任贤使能，则转毂乎千里外，货可来也；不习，则百里之内，不可致也。"以通源习流、治理水患比喻任用贤人和使用能者，辩证思考，有备无患的商贸活动结合起来，同时也蕴含着以水喻事、治理天下的思想。

二　王充究天人之际

王充（27—约97）字仲任，上虞人，出身"细族孤门"[1]，东汉著名唯物主义哲学家。一生历光武、明帝、章帝、和帝四朝。范晔《后汉书·王充传》简明扼要地概括了他的经历、性格和主要成就。

王充的家乡在上虞曹娥江畔的章镇。这里雨量充沛，四季分明，青山环抱，盆地连绵起伏；古代会稽、上虞、嵊县在镇西南相交，交通便利；曹娥江至此江面开阔，水清流畅，青山映照，蜿蜒北去，是一块地灵人杰的风水宝地。这里人文历史极为悠久和丰厚，相传舜诞生于曹娥江边，大禹治水毕功于了溪。王充的先人源出燕赵又世代从武，性格上具有孤鲠刚烈、逞勇好强、宁折不弯的遗传基因。王充母亲是位越女，具备天资聪慧、务实进取、吃苦耐劳、精明厚道的气质。王充出生于这块土地，从小就受

① （汉）王充著，陈蒲清点校：《论衡》，岳麓书社2006年版，第67—68页。

到这里的山水和风土文化的化育。

王充从小就表现出沉思好学的品性，“独不肯”随波逐流。他喜欢独处，经常细心地观察体验大千世界、社会万象的种种景观：节气变化、花开花落、电闪雷鸣、日月之行，还有那曹娥江的江潮起伏变化。显示了天才的思想性格底蕴。

在王充的年代，曹娥江河口应在今曹娥、百官一带。谢灵运（385—433）在王充去世后的300多年以后写的《山居赋》中写当地的水环境：远北为大海，水波浩渺；近则为清流激湍，河湖密布，是名副其实的泽国水乡。认识故乡的水环境是王充探求宇宙之谜、究天人之际、辨析万物真谛的重要方面。

（一）对水旱天灾的认识

在《论衡·感虚篇》中，王充对“汤遭七年旱，以身祷于桑林，自责以六过，天乃雨”的说法，认为：“言汤以身祷于桑林自责，若言剪发丽手，自以为牲，用祈福于帝者，实也；言雨至，为汤自责以身祷之故，殆虚言也。”进而认为：“孔子素祷，身犹疾病，汤亦素祷，岁犹大旱，然则天地之有水旱，犹人之疾病也。疾病不可以自责除，水旱不可以祷谢去，明矣。汤之致旱，以过乎？是不可与天地同德也。今不以过致旱乎？自责祷谢，亦无益也。”最后的结论是：“夫旱，火变也；湛，水异也。尧遭洪水，可谓湛矣。尧不自责，以身祷祈，必舜、禹治之，知水变必须治也。除湛不以祷祈，除旱亦宜如之。由此言之，汤之祷祈，不能得雨。或时旱久，时当得雨；汤以旱久，亦适自责，世人见雨之下，随汤自责而至，则谓汤以祷祈得雨矣。”[①] 王充的观点是，人之得病，天之水旱，都是正常的自然现象，要靠祷谢而改变人的病变和感应自然界的水旱变化，都是不可能的虚假之说。治水旱灾害既要顺应自然，又要靠如舜、禹的精业和方略

① （汉）王充著，陈蒲清点校：《论衡》，岳麓书社2006年版，第379页。

专心治水。

（二）关于山崩壅河现象的解说

《论衡·感虚篇》中王充又对所谓“梁山崩、壅河，三日不流，晋君忧之。晋伯宗以辇者之言，令景公素缟而哭之，河水为之流通”之说，以为是不实虚言之词。王充认为：

> 夫山崩壅河，犹人之有痈肿，血脉不通也。治痈肿者，可复以素服哭泣之声治乎？尧之时，洪水滔天，怀山襄陵。帝尧吁嗟，博求贤者。水变甚于河壅，尧忧深于景公，不闻以素缟哭泣之声，能厌胜之。尧无贤人若辇者之术乎？将洪水变大，不可以声服除也？如素缟而哭，悔过自责也，尧、禹之治水，以力役，不自责。梁山，尧时山也；所壅之河，尧时河也。山崩河壅，天雨水踊，二者之变，无以殊也。尧、禹治洪水以力役，辇者治壅河用自责，变同而治异，人钧而应殊，殆非贤圣变复之实也。

真实的原因是：“凡变复之道，所以能相感动者，以物类也。有寒则复之以温，温复解之以寒。”“山初崩，土积聚，水未盛。三日之后，水盛土散，稍坏沮矣。坏沮水流，竟注东去。”对这一因降雨引起的地质灾害山崩，引起堰塞湖，又堰塞湖自溃的现象，以合理的推论予以解析，对所谓的祷谢自责，求天感应的说法，以尧、禹治理洪水之例对此，予以批判。

（三）对舜、禹治水等活动的解说

(1) 对舜、禹巡狩的考证。王充在《论衡·书虚篇》中对古书上的“舜葬于苍梧，禹葬于会稽者，巡狩年老，道死边土”的说法，认为“夫言舜、禹，实也；言其巡狩，虚也”，因为“舜之与尧俱帝者也，共五千里之境，同四海之内。二帝之道，相因不殊”。“禹王如舜，事无所改，巡狩所至，以复如舜。”因之“舜至苍梧，禹到会稽，非其实也，实舜、禹之时，鸿水未治，尧传于舜，舜受为帝，与禹分部，行治鸿水。尧崩之后，舜老，亦以传于禹。舜南治水，死于苍梧。禹东治水，死于会稽。贤圣家天下，故因葬焉”。王充的观点舜、禹不是巡狩分别死于苍梧和会稽，而是因治水而死于边土。

（2）对于会稽之名的起源论证。王充在《论衡·书虚篇》中对吴君高的“会稽本山名。夏禹巡狩，会计于此山，因以名郡，故曰会稽”说法予以否定，他认为：“夫言因山名郡，可也；言禹巡狩，会计于此山，虚也。巡狩本不至会稽，安得会计于此山?”“诚会稽为会计，禹到南方，何所会计？如禹始东死于会稽，舜亦巡狩至于苍梧，安所会稽?”他还论证，百王出巡辄要“会计”，那么四方之山都称“会计”了，“独为会稽立欤?”他还指出：“巡狩考正法度，禹时吴为裸国，断发文身，考之无用，会计如何?”会稽之名或是后人附会上去。在当时儒学思想已经一统天下（但他并不完全背离儒学），迷信而牵强附会的说法深入人心之时，王充可谓独立思考，独具一格，常显示天才之思辨。

（四）象耕鸟田考

对古书记载的所谓“舜葬于苍梧，象为之耕。禹葬会稽，鸟为之田。盖以圣德所致，天使鸟兽报祐之也”之说，王充在《论衡·书虚篇》中认为这是不符合实际的。他指出：“夫舜、禹之德，不能过尧。尧葬于冀州，或言葬于崇山。冀州鸟兽不耕，而鸟兽独为舜、禹耕，何天恩之偏驳也。”将尧和舜、禹一比较可见其不符合实际。实际情形是，苍梧是多象之地，会稽则是众鸟所居之地。《禹贡》曰：“彭蠡既潴者，阳鸟攸居。”“天地之情，鸟兽之行也。象自蹈土，鸟自食草，土蹶草尽，若耕田状，壤靡泥易，人随种之，世俗则谓为舜、禹田。”揭示了这一传说所包含的特有自然、人文、地域之缘由，是客观存在的事物。

子胥兴潮说。（见第八章）

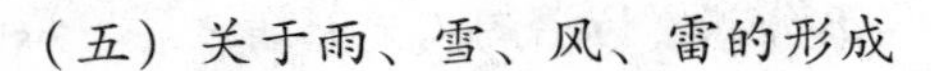

（五）关于雨、雪、风、雷的形成

（1）雨雪。王充在《论衡·感虚篇》中认为："夫云雨出于丘山，降散则为雨矣。人见其从上而坠，则谓之天雨水也。夏日则雨水，冬日天寒，则雨凝而为雪，皆由云气发于丘山。"在《论衡·说日篇》又说："雨之出山，或谓云载而行，云散水坠，名为雨矣。夫云则雨，雨则云矣。初出为云，云繁为雨。"

（2）风。王充在《论衡·感虚篇》中认为："夫风者，气也。"认为风是大气流动产生的结果。

（3）雷。王充在《论衡·雷虚篇》中对所谓"盛夏之时，雷电迅疾，击折树木，坏败室屋，时犯杀人""谓之阴过，饮食人以不洁净，天怒击而杀之"的说法，以大量社会和自然现象予以抨击和否定，王充认为：

> 实说雷者，太阳之激气也。何以明之？正月阳动，故正月始雷。五月阳盛，故五月雷迅。秋冬阳衰，故秋冬雷潜。盛夏之时，太阳用事，阴气乘之。阴阳分事，则相校轸。校轸则激射，激射为毒，中人辄死，中木木折，中屋屋坏。人在木下屋间，偶中而死矣。何以验之？试以一斗水，灌冶铸之火，气激㩁裂，若雷之音矣。或近之，必灼人体。天地为炉，大矣；阳气为火，猛矣；云雨为水，多矣。分争激射，安得不迅？中伤人身，安得不死？

"雷者，火也，以人中雷而死，即询其身，中头则须发烧焦，中身则皮肤灼焚，临其尸上，上闻火气。"这种观察事理的仔细，逻辑推理的严密，系统思考的周全，非常人能及。

王充通过静心观察、深入研究、合理推测，做出的关于风、潮、雨、雪、雷等的精辟解说，在当时可谓十分先进和科学，在哲学思想史上具有振聋发聩的力量和作用，在绍兴水文化的发展上也极大丰富了其内涵，对人们正确地认识人与自然、人与水环境有重要的启迪作用，也使人们从务实上下功夫，依靠人力治理水患。王充死后近40年，马臻在绍兴平原兴建了长江以南最古老的大型蓄水工程鉴湖。

三　虞翻说山水与人

虞翻（164—233）字仲翔，会稽余姚人。"《吴书》曰：翻少好学，有高气。"[①] 本是会稽太守王朗部下功曹，后投奔孙策，自此仕于东吴，为东汉著名《周易》学家。六朝虞预《会稽典录·朱育》[②] 中记载了当时会稽太守王朗与会稽名士虞翻关于自然环境与人、民俗之间关系的问答：

> （王朗）问功曹虞翻曰："闻玉出昆山，珠生南海，远方异域，各生珍宝。且曾闻士人叹美贵邦，旧多英俊，徒以远于京畿，含香未越耳。功曹雅好博古，宁识其人邪？"翻对曰："夫会稽上应牵牛之宿，下当少阳之位，东渐巨海，西通五湖，南畅无垠，北渚浙江，南山攸居，实为州镇，昔禹会群臣，因以命之。山有金木鸟兽之殷，水有鱼盐珠蚌之饶，海岳精液，善生俊异，是以忠臣系踵，孝子连间，下及贤女，靡不育焉。"王府君笑曰："地势然矣……"

虞翻的这段话说明：一是会稽星象好，在上应牵牛之星宿，属北方玄武七宿系统；在下则为《周易》说的"四象"中的"少阳"之位。玄武系统在"四象"中属于"老阴"，老阴与少阳恰好相应。天地相应，是为第一吉。二是地理环境优越：东临大海，西通五湖，南往无际，北达浙江，可谓四通八达。三是物产丰富，山水之利，所出无穷。

虞翻已经把会稽之天地人和、山川灵秀、环境优越、其地富饶和"善生

---

① （晋）陈寿：《三国志（下）》卷57，中华书局2011年标点本，第1099页。

② 同上书，第1105页。

俊异”、朴实的民风结合起来认识。天地之化育，才造就了这里的地灵人杰。

四　陆游论大禹治水

古人赞颂大禹之功绩，多为颂扬其功德和精神。而陆游的《禹庙赋》[①]却没有停留于此。

> 世传禹治水，得玄女之符。予从乡人以暮春祭禹庙，徘徊于庭。思禹之功，而叹世之妄，稽首作赋，其辞曰：
>
> 呜呼！在昔鸿水之为害也，浮乾端，浸坤轴，裂水石，卷草木，方洋徐行，弥漫平陆，浩浩荡荡，奔放洄洑。生者寄丘阜，死者葬鱼腹。蛇龙骄横，鬼神夜哭。其来也组练百万，铁壁千仞，日月无色，山岳俱震。大堤坚防，攻龁立尽。方舟利楫，辟易莫进，势极而折，千里一瞬。莽乎苍苍，继以饥馑。
>
> 于是舜谋于庭，尧咨于朝，窘羲和，忧皋陶，伯夷莫施于典礼，后夔何假乎箫韶。
>
> 禹于是时，惶然孤臣。耳目手足，亦均乎人。张天维于已绝，极救命于将湮，九土以奠，百谷以陈，阡陌鳞鳞，原隰畇畇，仰事俯育，熙熙终身。凡人之类，至于今不泯者，禹之勤也。孟子曰：“禹之行水也，行其所无事也。”天以水之横流，浩莫之止。而听其自行，则冒没之害，不可治已，于传有之。禹手胼而足胝，官卑而食菲，娶涂山而遂去肾，不暇视其呱泣之子，则其勤劳亦至矣。
>
> 然则孟子谓之行其所无事，何也？曰：世以己治水，而禹以水治水也。以己治水者，己与水交战，决东而西溢，堤南而北圮，治于此而彼败，纷万绪之俱起，则沟浍可以杀人，涛澜作于平地，此鲧之所

① 《陆游集·放翁逸稿卷上》，中华书局1976年版，第2493页。

以殛死也。

以水治水者，内不见己，外不见水，惟理之视。避其怒，导其驶，引之为江、为河、为济、为淮，汇之为潭、为渊、为沼、为沚，盖蓄于性之所安，而行乎势之不得已。方其怀山襄陵，驾空滔天，而吾以见其有安行地中之理矣。

虽然，岂惟水哉，禹之服三苗，盖有得乎此矣。使禹有胜苗之心，则苗亦悖然有不服之意，流血漂杵，方自此始。其能格之干羽之间，谈笑之际耶？夫人之喜怒忧乐，始生而具。治水而不忧，伐苗而不怒，此禹之所以为禹也，禹不可得而见之矣。惟澹然忘我，超然为物者，其殆庶乎？

面对着滔天洪水，屡治不效，禹的治理方法按孟子说是："行其所无事也。"原因是掌握了治水的规律："内不见己，外不见水，惟理之视。"因之治水获得成功。"而吾以见其有安行地中之理矣。""此禹之所以为禹也，禹不可得而见之矣。"告诫人们祭禹不应只求表面，更应掌握自然治水规律，不要太重眼前利益，少妄作，"澹然忘我，超然为物"，保护好自然，有效地治理水患。

陆游于此文中对治水当然是一种比较理想的说法，但陆游有一种穿透时空的思维，能够分辨和思考自然与人的真谛。他超越常人的见识，既是对历史治水经验之总结，也是对鉴湖被堙废造成的水患灾害的忧患思索，以及对治水规律，水、人、地关系的探索，同时也是对人们的忠告，和对以利为重的侵占湖田的豪族之鞭挞，及对当政者的批评和启示。

五　王阳明观水之悟

绍兴城王衙弄内有碧霞池，亦称王衙池。为明哲学家、思想家、兵部尚书王守仁府第之池。王守仁有《碧霞池夜坐》诗：

一雨秋凉入夜新，池边孤月倍精神。潜鱼水底传心诀，栖鸟枝头说道真。莫谓天机非嗜欲，须知万物是吾身。无端礼乐纷纷议，谁与青天扫宿尘？[①]

雨过秋夜，孤月增辉，水平如镜，心若止水。此所谓："圣人之静也，非曰静也善，故静也。万物无足以铙心者，故静也。水静则明烛须眉，平中准，大匠取法焉。水静犹明，而况精神。圣人之心静乎！天地之鉴也，万物之镜也。夫虚静恬淡寂漠无为者，天地之本，而道德之至，故帝王圣人休焉。"[②] 王守仁在一方碧霞池边感悟"心学"，思绪万千，颇有所得，深明"万物是吾身"之理，又为自己的学说尚未为尘世所接受而心忧。

六 季本论浚河

季本，字明德，号鼓山，明绍兴会稽人。少时师从王文辕，以经学闻名诸生中。正德四年（1509），师事王阳明，习良知之学。正德十二年（1517）进士，曾迁长沙知府。后还乡家居二十年，以著书讲学为乐，徐渭曾拜于门下。[③] 季本在绍期间积极倡导和支持政府治理河道，还在《浚学河记》中指出：

越水国也，故其俗以舟楫为车马，行李之往来，货财之引致，皆有赖焉。然犹利之细者也，自鉴湖既废，高下皆田，下流虽有诸闸之防，第可因水势以时蓄泄耳。其上苟无沟渠河荡以潴之，则岁旱无所取水，防亦何益乎？故善治越者当以浚河为急。[④]

---

① （明）王守仁撰，吴光、钱明、董平编校：《王阳明全集》卷20，上海古籍出版社2015年版，第649页。

② 孙通海译注：《庄子》，中华书局2007年版，第211页。

③ 参见傅振照主编《绍兴县志》，中华书局1999年版，第2028页。

④ （清）吕化龙修，（清）董钦德纂：康熙《会稽县志》卷3，《绍兴丛书·第一辑（地方志丛编）》第7册，中华书局2006年影印本，第302页。

季本于此不但精到评述了鉴湖废后山会平原的地势和水利之关系，并提出了当时治水的关键，以及浚河与治越的关系，是为绍兴治水之名言。

七　姚汉源论绍兴水文化

姚汉源（1913—2009）曾任中国水利学会水利史研究会会长，他不但对中国水利史、中国大运河有精深的研究，著述颇丰，并且对绍兴水利史，对浙东运河尤为有详尽的研究。他在《鉴湖与绍兴水利·序》中精辟论述了绍兴水文化内涵、意义和影响力。

> 另一方面的水利，为近人常说之水足以美化环境。其意义为水对人的精神启发。古语谓“仁者乐山”，见山之峙而兴内蕴宝藏，外育动植之情；“仁者寿”是历久不磨。“智者乐水”，见渊渟川流而兴照澈内外，无所不润之感；“智者乐”，是变化动静无不沛及之悦怡。行山阴道上，应接不暇，非特指文人墨客的一觞一咏，独乐其乐。实山示人以雄浑壮丽，水感人以清幽秀美。波涛弘阔而惊其动天地。山川孕育，地灵而人亦杰。汉有王充，吴有虞翻，两晋南北朝人物荟萃，文采风流照耀千古，或挺生斯土，或流寓仕宦，及唐有贺监，宋有放翁。谓不由于自然环境酝酿化育不可。德、智、体、美四育并列，均与所处环境有关。自然条件，水最重要。《管子·水地》极重水，谓水为地之血气，万物本原，治世的枢纽在于水。所论是非，谈水利者不可不深思。
>
> 推而广之，宋明新儒学之兴，宋有浙东杨（简）袁（燮）舒（璘）沈（焕）四先生为陆象山（九渊）之高弟；明有王阳明（守仁）良知之学，一振颓靡之风，刘蕺山（宗周）为理学后劲。晚明清初学术争鸣，仅次于先秦，不溯源于阳明之说不可。浙东明末抗清之惨烈，

要不使先进文化堕于落后。所谓天下兴亡，匹夫有责者在此。清代章实斋（学诚）盛称浙东学术，以经世之志不愿列于吴皖朴学之林，尊黄犁洲（宗羲）全谢山（祖望）等。其影响及于晚清，革命贤哲先后辈出，亦皆不欲文化之落后于先进。其事迹宣传纪念，彰彰在人耳目，来游者随处可见。凡此种种要非偶然，所谓人杰地灵，地灵人亦杰。治水者尤不能忘情奠定物质基础，兴发精神感召之水。[①]

山水对人的启示与感化，会稽之地灵人杰，都离不开这里的自然环境，其中水最重要，精神感召之水足以使人深思不忘。

八　陈桥驿论人、水、地关系

现代学者对水利在历史上对绍兴发展所起重要作用论述越来越精深，研究不断深入。陈桥驿（1923—2015）名副其实地可称为现代研究绍兴水利史的领头人。许多绍兴人是在读了他的《绍兴史话》和《古代鉴湖兴废与山会平原农田水利》后，加深了对绍兴的了解，由此为绍兴水利的过去而感到自豪，更感到绍兴水乡能发展到今天，有如此杰出的地位和成就是来之不易的，深感今天保护水环境之责任重大。陈桥驿在《论历史时期宁绍平原的湖泊的演变》[②] 文中，阐明了绍兴水的主要载体湖泊在历史上演变中人、地、水的变化规律：

在整个历史时期中，本地区的人—地—水关系大致经历了三个变化阶段：1. 汉代以前，是水多于田，田多于人；2. 汉唐之间，人、地、水平衡；3. 唐代之后，是人多于田，田多于水。总的趋势是人长湖消。就人类对水地关系的影响而言，在第一阶段，人类基本处于被动；在

---

① 姚汉源：《鉴湖与绍兴水利·序》，盛鸿郎主编《鉴湖与绍兴水利》，中国书店1991年版，第1—2页。

② 陈桥驿：《吴越文化论丛》，中华书局1999年版，第335—336页。

第二个阶段，人类转为主动；在第三阶段，人类又回到被动状态。这三个阶段恰好和我国封建社会兴起—鼎盛—衰落的发展过程相对应，说明在人—地—水关系中，起决定作用的不仅是人口数量，还有人类的社会状况。宋代以后，面临封建社会后期人口必然迅速增长这一历史发展的普遍规律。如何在地狭人稠的客观形势下调整水地关系，已经不是封建制度所能解决的课题了。

提出这一规律为今人和后人把握人—地—水之间的平衡关系，做到人与自然和谐相处，实现可持续发展战略，提供了史实资料和理论依据。并且揭示了社会制度对于调节人、地、水关系有着重要的作用。

九　周魁一论鉴湖废毁

周魁一（1938—　）是中国水利学会水利史研究会原会长，中国水利水电科学研究院教授、博士生导师。他多次来绍兴考察水利史，对稽山鉴水充满厚爱，对鉴湖有着尤为精深的研究。1990 年 4 月中国水利学会水利史研究会、浙江省水利厅和绍兴市人民政府联合发起，在绍兴举行“纪念鉴湖建成 1850 周年暨绍兴平原古代水利研讨会”，他发表重要论文《古鉴湖的兴废及其历史教训》。通过系统全面的研究论述，作者认为，人类克服不利的生存环境所做的种种努力是积极的必要的，但同时也应审慎地保护和顺应自然，深刻理解和正确运用自然规律，以谋求与自然的和谐，并在和谐中求得共同的发展。2002 年 2 月周魁一先生在为笔者《鉴水流长》所写的序中对鉴湖废毁进行了评述：

绍兴鉴湖是本区最大最著名的古代水利工程，它是在南部山麓地区，围以堤防而形成的一座防洪、灌溉、航运、供水的人工控制的湖泊，开创于公元 140 年，是会稽太守马臻亲率百姓胼手胝足的劳动成果。其工程技术水平在当时居于全国领先水平。在它存在的一千多年里使绍兴地区的洪水、干旱、咸潮、滞涝等灾害显著减少，也造就了良好的城市环境和交通便利。鉴湖的成就为历代学者所讴歌。沈约(441—513)说，“会土带海傍湖，良畴亦数十万顷，膏腴上地，亩值一金。户、杜之间不能比也”，认为绍兴地区的经济繁荣超过了当时富庶的关中地区。

北宋政和年间，越州太守王仲嶷为了讨好宋徽宗，公然以政府的名义大肆围垦鉴湖，所得湖田租税上交皇帝私库，供皇室享用。地方豪强继之掠夺，甚至破堤泄水，致使鉴湖逐渐干涸。如今只保留了一片水面和鉴湖的盛名而已。鉴湖围垦的得失如何比较，让我们看一组数字。据近人研究，围垦后的一百多年较之围垦前的一百多年，本区水旱灾害分别增加4倍和11倍，所失远大于所得。宋高宗对此检讨说：“往年宰臣尝欲尽干鉴湖去，岁可得十万斛米。朕谓，若遇岁旱，无湖水引灌，即所损未必不过之。”地方各界人士也几乎众口一词地谴责废湖围田的恶果。可见鉴湖的围垦是统治者追求眼前利益的一种短视行为，是违背自然规律并遭到自然报复的一个例证。陆游在庆元元年(1195)的《镜湖》诗中就明确说：“镜湖溢已久，造祸初非天……民愚不能知，仕者苟目前。”他在《甲申雨》诗中又说：“甲申畏雨古亦然，湖之未废常丰年。小人哪知古来事？不怨豪家唯怨天。”指出鉴湖围垦是私利驱使下的短视行为，而并非自然变异的结果。直到鉴湖废毁的五百年后，在明代嘉靖年间先后修建了三江闸和改道西小江，绍兴平原的水旱灾害才得以缓解。

有人说，如果鉴湖不废而为土地，今天的绍兴人将何以居，何以发展？离开时代背景来讨论问题是没有意义的。宋代人对当时围垦鉴湖做出的结论是“不合以湖为田也”。那么如果鉴湖保留至今，我们自然会相应减少土地资源。但除却依然保持昔日的防洪灌溉等功能之外，鉴湖还将成为绍兴城市空气清新剂和气温调节器，因此更适合于人类居住；鉴湖将美化环境，成为城市的美容师；鉴湖水面还将生发丰富的水产和成为令人迷醉的旅游胜地，并由此带来丰厚的经济回报；从长远来看，还有保护资源、生态环境，成为社会可持续发展的基本条件。对今天来说，两相比较孰重孰轻、孰优孰劣尚需论证，而对后代子孙来说，当物质生活得到满足之后，未必不更渴望得到“带海傍（鉴）湖”的绍兴。

在古代，人们主要依靠自身的体能去和自然搏斗以求生存。近代以来，人类改造自然的能力迅速提高，科学的光芒和技术的威力使许多人不自觉地滋生出技术至上思想而睥睨千古。以为依靠科学技术人类无所不能，而把天与地都看作人类利用之外物，把人与自然对立起来，导致功利主义的泛滥，走进以牺牲生态环境为代价，单纯追求经济增长的误区，并引发出一系列生态和环境危机。事实说明，我们应该充分尊重社会与自然的历史，从时空两方面进一步扩展自己的视野，正确把握我们的社会行为，以营造今人与子孙后代持续繁荣和发展的基础条件。①

从鉴湖堙废的历史教训中，揭示了发人深省的人与自然的相互关系。

第二节　水与风俗

一　传统民俗

（一）断发文身

古代越国之自然环境湿热并多水，在这种水环境中越人为了生产、生

① 周魁一：《鉴水流长·序》，新华出版社2002年版，第8—11页。

活的方便与安全，当然也为符合越人的审美心理，便把头发剪短，此种风俗称为“断发”，这种习俗与中原蓄发冠笄的风俗形成了鲜明的对比。越族还有一个奇异的风俗，就是文身。在文身时，要以针刺皮，刻肌肤，在皮肤上刺刻留有痕迹后，再用颜料涂染，之后在身体上留下永久印记。

越俗断发文身在文献中早有记载，《墨子·公孟》：“越王勾践，剪发文身。”《左传·哀公七年》子贡对吴太宰嚭说：“太伯端委，以治周礼，仲雍嗣之，断发文身，裸以为饰。”孔颖达疏曰：“裸以为饰者，裸其身体以文身为饰也。”《庄子·逍遥游》：“宋人资章甫而适诸越，越人断发文身，无所用之。”《战国策·赵策》：“披发文身，错臂左衽，瓯越之民。”

越俗为何要作文身之俗，在身体上刻以类似于龙、蛇的花纹呢？《淮南子·原道训》：“九疑之南，陆事寡而水事众，于是民人被发文身，以象鳞虫；短绻不绔，以便涉游；短袂攘卷，以便刺舟。”高诱注：“被，翦也。文身，刻画其体，内默其中，为蛟龙之状，以入水，蛟龙不害也。故曰以象鳞虫也。”《汉书·地理志下》：“（越国）其君禹后，帝少康庶子云。封子会稽，文身断发，以避蛟龙之害。”《说苑·奉使篇》：“（越人）处海垂之际，屏外藩以为居，而蛟龙又与我争焉，是以剪发文身，灿然成章，以象龙子者，将避水神也。”以上记载都说明越人以文身为俗，主要图文为龙蛇之类，其目的是防止水害。

笔者认为这种以水环境演绎而出的越俗，以文龙蛇之身避害，应该是其延伸义，本应是图腾。因为当时的越所处主要为湖沼之地，这一地区水草杂生，多有鳄鱼、蛇水生凶猛动物出没，具有强悍的力量，越人就产生了对鳄鱼、蛇的崇拜，在他们看来，龙、蛇或是他们的祖先。也就产生了龙蛇之类的图腾。考古发现，奉化有一处新石器时代遗址，在其第二文化层（距今约4000年）发现的陶豆上有许多鸟首蛇身怪物互相缠绕的图案。余杭庙前良渚文化遗址中发现一件陶壶，腹部旋有双头鸟首和盘绕的蛇身图案。这证明越人对鸟和蛇的崇拜。《吴越春秋·阖闾内传》吴“欲东并大越，越在东南，故立蛇门，以制敌国”，而“立蛇门者，以象地户也”（巳为地户）。“越在巳地，其位蛇也，故南大门上有木蛇北向首内，示越属于吴也。”蛇在吴成了越之形象，应与越之图腾有关。既能在天上自由翱翔，又能在水中勇猛游弋，正是越地水环境中越人所崇拜和需要的能力和力量。越人把龙、蛇刺于身，他们便成了龙、蛇的子孙，便得到佑护，这应是根本的意义。

越人将龙、蛇之类的图腾文于身上的意义又延伸为躲避水中灾害，避免被各种水怪侵害，“为蛟龙之状，以入水”，就可在水中活动无所畏惧了。

（二）同舟共济

《孙子·九地篇》说：“夫吴人与越人，相恶也；当其同舟共济，遇风，其相救也，如左右手。”这一记载说明，吴越两地之民平日不一定和睦相处，但一旦乘舟在水上遇到风雨，便风雨同舟，和衷共济，如同兄弟。这既是吴越两地共同的语言、共同的习俗，以及共同的生产、生活方式的反映，也是吴越之民在危难之中好勇侠义价值观的展现。

（三）空巷看竞渡

江南有谚语云：“二月二日龙抬头，五月端午赛龙舟，九月重阳龙上天。”《事物原始》引《越地传》曰：“竞渡之事起于越王勾践，今龙舟是也。”

据闻一多先生考证，龙舟竞渡应起源于越地。《荆楚岁时记》注引《越地传》云，竞渡“起于越王勾践，不可详矣”。唐人韩鄂注《岁华纪丽》曰：“救屈原以为俗，因勾践以成风。”闻一多先生认为：“端午节本是吴越民族举行图腾祭的节日，而赛龙舟便是祭仪中半宗教、半社会性的娱乐节目。”综上，不论楚地越地先后，早在春秋战国时，越人好竞舟是肯定的。

唐李绅（772—846）有《东武亭》诗：

绿波春水湖光满，丹槛连楹碧嶂遥。

兰鹢对飞渔棹急，彩虹翻影海旗摇。
斗疑斑虎归三岛，散作游龙上九霄。
鼍鼓若雷争胜负，柳堤花岸万人招。

《全唐诗》有注："亭在镜湖上，即元相所建。亭至宏敞，春秋为竞渡大设会之所。余为增以板槛，延入湖中，足加步廊，以列环卫。"此为镜湖上一处舟楫比赛场所，李绅诗中描绘的场景非常生动和壮观。

明清以前，赛龙舟一般在端午节，后因气候原因，多在夏至日进行。旧时在龙节日，人们往往去江河湖畔的龙王殿或龙潭点香焚烛，三跪九拜，祈求龙能保佑一方风调雨顺、五谷丰登。

农历二月初五的"花神会"，三月初五的"嬉禹庙"，五月初五的端午、夏至，五月二十的"分龙日"等，在绍兴的鉴湖、东浦、柯桥等地常可看到水乡龙舟竞渡的壮观场面。

龙船一般长 3 丈 6 尺，中间大，两头尖，尾高头低，船身两旁画以龙鳞，头低而贴近水面，由于灵活轻巧，近看为龙船，远看又有些像泥鳅，故又俗称"泥鳅龙船"。用于庆典的龙船，船上搭起彩棚，船里坐着扮演《白蛇传》《三国演义》《水泊梁山》《八仙过海》等各种戏曲故事中的人物，敲锣打鼓，弹唱结合，好不热闹。进行竞渡的龙船一般有 7 个船档，载 10 名划手，1 名锣手，1 名舵手。10 名划手一律穿短袖，无领的"脱爪龙"上衣，下着短裤并赤足，他们分两排使桨，舵手则高立船尾，握一支长橹，边摇边操作方向。竞渡一般以村为单位，两条一组。只听锣声或爆竹声起，龙舟竞发，划手奋力划桨，龙舟飞逝而去，岸边万人齐呼。不多时先胜者已过标志物，胜船上的划手们高举划桨，齐声高喊"哦……哦……哦"的欢呼之声，有的划手会在船头"竖蜻蜓"（头手倒立），引来两岸欢声笑语震天。

（四）倒社观戏场

在绍兴水乡一个集镇或大的村庄，常可见到一种被称为“水乡舞台”的戏台，俗称“万年台”或“水台”，这种后台在岸上、前台在水里的戏台，给观众创造了一种水上、岸上可以同时观看社戏的场所。绍兴社戏大致可分年规戏、庙会戏、平安戏、偿愿戏，其中以庙会戏为主，在种种神道如关帝、包公、龙王、火神、城隍、土地等诞辰祭祀活动中演出。鲁迅《社戏》中说的“这时我便每年跟了我的母亲住在外祖母家里”，指的是年规戏，按水乡风俗就是写信或派人把六亲九眷请来看戏。岸上湖边热闹非凡。台上民间艺人充分展示自己的才艺，认真表演；台下黎民百姓则或观看表演，如醉如痴，或争相上台客串，充分宣泄自己的感情。

2007 年 5 月，“绍兴水乡社戏”入选浙江省第二批非物质文化遗产名录。

（五）越俗扫墓

乾隆《绍兴府志》卷十八：“清明日，人家插柳祀墓，前后数日，或偕少长，行赏郊外，曰踏青。亦有盛声乐，移舟名胜地，为终日游者，亦袭下湖之名，每景色晴霁，澄湖曲川，画船相尾，罗绮繁华，与桃李相穿映。”清范寅《越谚》：“上坟即扫墓也。清明前后，大备船筵鼓乐，男女儿孙，尽室赴墓，近宗晚眷，助祭罗拜，称谓上坟市。”

绍兴为水乡河网，旧时上坟多用船只，往往须先期租赁画船，俗称“上坟船”。当时望门大户眷属，在上坟时多穿罗着缎，着意装扮，故越地有“上坟船里看姣姣”之谚。如此看来，清明扫墓，既是祭祀，又是一次合家春游，是日家家在门前床前插柳枝装点，有妇女还把少许柳叶插于发髻，相传可辟邪禳灾。陆游有诗：“忽见家家插杨柳，始知今日是清明。”

明张岱有《越俗扫墓》[1] 文生动记述了当时越地清明坐游船扫墓的热闹气氛和淳厚民风。

越俗扫墓，男女袨服靓妆，画船箫鼓，如杭州人游湖，厚人薄鬼，率以为常。二十年前，中人之家尚用平水屋帻船，男女分两截坐，不坐船，不鼓吹。先辈谑之曰："以结上文两节之意。"后渐华靡，虽监门小户，男女必用两坐船，必巾，必鼓吹，必欢呼畅饮。下午必就其路之所近，游庵堂寺院及士夫家花园。鼓吹近城，必吹《海东青》《独行千里》，锣鼓错杂。酒徒沾醉，必岸帻嚣嚎，唱无字曲，或舟中攘臂，与侪列厮打。自二月朔至夏至，填城溢国，日日如之。

二　水乡地名

绍兴既为泽国，又多水事，历史水环境变迁，人民沿水而居，交通依水而行，因之便有诸多地名与水相关。这些地名或与水名人有关，或与水利工程有关，或与所在水系性质有关，或与水方位有关，或与水生动植物有关，或与桥有关，这些地名构成了具有绍兴水乡特色，又有丰富多彩内容的人文风情。

据《浙江省绍兴县地名志》记，绍兴县5400余条地名中，近一半是分布在乡村的自然村地名，而其中与水相关的地名就有2000条之多。又据对《绍兴府城衢路图》等资料统计，城区内有街、路、巷、弄之名近260条，其中与水相关的地名就有40余条。现按1999年5月出版的《绍兴县志》第一卷《建置》1990年行政区划择要举例。

（一）与水名人相关

与大禹相关的越地名本书中已有专节介绍，至少有20处。

---

[1] （明）张岱：《陶庵梦忆·西湖梦寻》，上海古籍出版社2009年版，第15页。

（1）钱清镇。位于绍兴县西北部。有记载因东汉会稽太守刘宠为官清廉得名。

（2）大王庙村（虎象）。位于南钱清乡南部。因这里建有纪念马臻的大王庙而名。

（二）与水工程相关

（1）南池乡。据传，春秋时，境内会稽山下有一湖池，越国大夫范蠡曾在池中养鱼，因在城南，名南池。

（2）鉴湖乡。因位于著名的鉴湖之畔，故名鉴湖。

（3）湖塘乡。相传马臻在这一带筑塘建鉴湖，沿湖建村绵延十里，古称“十里湖塘”。

（4）斗门镇。因位于古鉴湖玉山斗门所在地而名。

（三）与水系性质相关

（1）平水镇。相传古代鉴湖上游水面一直到达平水，故名。宋绍兴二十九年（1159），熊克在《镜湖》文中，有关于平水的论述：

> 且湖之未废，正以堤壅而水高，故若耶溪等诸沟涧皆满。其验有四：唐时，太守皆乘舫直至云门诸寺，一也；今若耶溪傍草市谓之平水，以地理考之，未为湖以前，水不能留，有湖则水不亟去，津涯深广，故曰平水，二也；禹祠有山路度岭至龙瑞宫，谓之观岭，来往者皆由此路，今不复行，湖存则水浸山麓，不可并山而南，必由岭路，湖废而并湖有路，三也；平水之南，有五云桥，盖唐时舟舫所经，今在陆地矣，四也。

又《嘉泰会稽志》卷十载：“平水在县东二十五里，镜湖所受三十六源水，平水其一也……水南有村、市、桥、渡皆以平水名。”

（2）东浦镇。据乾隆《绍兴府志》卷十四《水利志·总论》记：

（绍兴平原）其中支流汊港萦绕连络，大者，为湖（如青田等湖，山阴境；官湖、贾家等湖，会稽境），为池（如李家等池，山阴境；扈家等池，会稽境），为溇（如江家等溇，山阴境；周家等溇，会稽境），为潭（如严家、白鱼等潭，山阴境；石潭、韩家等潭，会稽境）。小者，为港（如御港等，山阴境；袁家等港，会稽境），为渚（如兰渚等，山阴境；古渚等，会稽境），为渎（如官渎等，山阴境；仁渎、石渎等，会稽境），为泾（如鹅泾等，山阴境；三湖、朱家泾，会稽境），为浦（如东浦等，山阴境；蛏浦等，会稽境），为湾（如黄湾，山阴境；翠山湾，会稽境），为汇（如萧家汇头，山阴境；段家汇头，会稽境），为荡（如荷花荡，山阴境；碟荡，会稽境），为汀（如白鸡汀，会稽境），皆担水之区也。

以上记载说明“浦”为较小的积水之处，东浦之名即源于“浦”。同时这里还记载众多与湖、池、溇、潭、港、渚、渎、泾、浦、湾、汇、荡、汀等水体相关的绍兴地名。

（四）与水的方位有关

如湖塘乡的上鉴湖，大和乡的后白洋、西洋畈，陶堰镇的东南湖、西南湖，后江、东塘湾，等等。

（五）与水生动植物有关

如狭猕乡，是因当地有绍兴著名湖泊狭猕湖而名。狭猕是一种鱼类，此湖多产。至于江桥镇的芝湖村，夏履乡的莲东村、莲增村、莲花村，古代河港中均多产荷花水生作物。

（六）与桥名相关

水乡多桥，桥名也就和地名联系在一起。柯桥镇、杨汛桥乡、江桥乡均因桥名。又如湖塘乡的西跨湖桥村、齐贤镇下方桥村，比比皆是。

另据任桂全先生统计[1]，平原地区400余个自然村，几乎都是滨湖依江、沿河靠岸、临浦着渚、迎堰就埭而筑。反映在地名中与水相关的有“湖”村28处，“江”村46处，“浦”村13处，“沿”村37处，“汇”村19处，“泾”村9处，“荡”村7处，“池”村13处，“港”村18处，“岸”村55处，“埭”村46处，“堰”村10处，“桥”村117处，等等。

绍兴因湖多，民间便有歌谣曰：“铜盘虽然大，猪头摆勿落；猪头虽然大，狭猕吞勿进；狭猕虽然大，瓜渚吃勿落。”是比喻这里湖之大小。又因绍兴平原河网溇头多，民间便有《绍兴溇头歌》：

> 漓渚小步杨家溇，九板桥曹家马岭头，东双桥夹斗门头，漓渚下面洞桥头，义桥高头烧钵头，桃园阮江逍遥溇，任家畈夹姨婆溇，娄宫下面华家溇，亭山下面蒋家溇，对徐山夹杨家溇，徐山下面大汇头，跨湖桥外钟堰头，南门外有个江家溇，隔壁还有廿亩头，稽山门外沙埂头，西郭门外汤家溇，秋湖西闸铜山头，容山迪埠茅山头。

山水交融，溇头不尽。既生动又富有谐趣，而歌中之溇只提取了绍兴平原溇头较知名的一部分。

第三节　水与绍兴人

班固在《汉书·地理志》中写道：“凡民函五常之性，而其刚柔缓急，音声不同，系水土之风气，故谓之风；好恶取舍，动静亡常，随君上之情

① 参见任桂全《绍兴山水风光论》，邱志荣主编《中国鉴湖·第三辑》，中国文史出版社2016年版，第245—255页。

欲，故谓之俗。孔子曰：‘移风易俗，莫善于乐。’”此言因自然环境形成风，社会环境形成俗，合称“风俗”。在东汉之前，越国水环境是近江薄海，波涛汹涌，潮汐日倾，水患无穷。在这种环境下越民“未知命之所维”[①]。常常是朝不虑夕，性脆轻死。而鉴湖兴建后，越民生长在优越的水环境之中，其民风也就渐向和顺方面演变。

一　开拓坚韧

（一）吴越争霸

越王允常时，吴越两国为争夺“三江五湖”之利，成为两个“仇雠敌战之国”，不断发生战争。《史记·越王勾践世家》引《舆地志》：越国“有越侯夫谭，子曰允常拓土始大，称王”。之后，吴越争斗不息，著名的如公元前496年吴对越发动槜李之战，勾践以弱胜强，吴王阖闾也死于此战。公元前494年夫椒之战，越被吴打得落花流水，一败涂地。最后“勾践请为臣，妻为妾”[②]。从公元前482年，越国开始兴师伐吴，到公元前473年11月27日，历时10年，经过姑苏之战、笠泽之战等，越灭吴国。

之后，勾践称霸，《史记·越王勾践世家》：“勾践已平吴，乃以兵北渡淮，与齐、晋诸侯会于徐州，致贡于周。周元王使人赐勾践胙，命为伯。勾践已去，渡淮南，以淮上地与楚，归吴所侵宋地于宋，与鲁泗东方百里。当是时，越兵横行于江、淮东，诸侯毕贺，号称霸王。”

又《越绝书》卷一：“夫越王勾践，东垂海滨，夷狄文身；躬而自苦，任用贤臣；转死为生，以败为成。越伐疆吴，尊事周室，行霸琅邪；躬自省约，率道诸侯，贵其始微，终能以霸。”从吴越是一衣带水的邻里和兄弟，到春秋战国之时却发生了长期的水火难容的战争，究其原因，正如吴

① （汉）袁康、（汉）吴平辑录：《越绝书》卷4，浙江古籍出版社2013年版，第212页。
② （汉）司马迁：《史记》卷41，中华书局1959年标点本，第1740页。

国伍子胥对吴王所言："夫王与越也，接地邻境，道径通达，仇雠敌战之邦；三江环之，其民无所移，非吴有越，越必有吴。"① 而范蠡的观点："吴越二邦，同气共俗，地户之位，非吴则越。"② 其中亦可见为争夺水土资源谋生存引起战争是其主要原因。

（二）发展之路

《吴越春秋·勾践归国外传》中范蠡对勾践说的一番话也表明了当时越国要强盛的必由之路："昔公刘去邰而德彰于夏，亶父让地而名发于岐。今大王欲立国树都，并敌国之境，不处平易之都，据四达之地，将焉立霸主之业。"足见越国当时受狭窄的山地困阻。

越地兴水利、开发水土资源之举一直没有停止过。越王勾践时，为向山会平原发展，兴建了富中大塘、山阴故水道等平原工程，通过滩涂围垦向山会平原迈出了开发的第一步。至东汉马臻建鉴湖其主要目的也是扩大山会平原北部可耕之地。明代汤绍恩建三江闸则是为了更好地保障海塘之内农田不受旱涝，以及扩大可垦农田。历代的水利开发建设，使绍兴平原成为一块风调雨顺的丰腴之地。但土地资源不足，早在沈约（441—513）时，就称这里是："膏腴上地，亩值一金。"③ 直至当代，绍兴对海涂围垦以获得土地资源之举一直未停止过，绍兴市 1969 年来共围滩涂 43.16 万亩，按规划仅可再围 4.14 万亩，资源几尽。④

绍兴的这种水土资源紧缺的环境，必须对外扩张的现实，决定了绍兴人在求生存之道和所作所为中必须开拓进取。有人把绍兴在培育人力资源上比作一块水稻秧田，这里只能早期播育，稍长便应迁到外地去种植和发展，如此才能成才和发展。明清时期绍兴青年优选的择业之路主要有三条：

---

① （汉）袁康、（汉）吴平辑录：《越绝书》卷 5，浙江古籍出版社 2013 年版，第 33 页。
② （汉）袁康、（汉）吴平辑录：《越绝书》卷 7，浙江古籍出版社 2013 年版，第 165 页。
③ （梁）沈约：《宋书》卷 54，中华书局 1974 年标点本，第 1540 页。
④ 据 2010 年绍兴市水利局统计。

一是读书应试，主要走仕途之路；二是经商，外出做生意；三是当幕僚，做师爷。这三种职业都需从业者具有开拓精神，具有到外地独立奋斗的能力，绍兴民谚有所谓“麻雀豆腐绍兴人”，是说凡天下有麻雀飞和做豆腐之处，便会有绍兴人，亦说明绍兴人外出做生意之多。也正是这种开拓进取的精神，才成就了一代又一代的绍兴人，并多有成为杰出的人才。而追溯本源，实在与绍兴之水土环境有关。

（三）胆剑精神

越地水土资源不足的环境，必然会给人的生存带来艰难，长期将形成一种忍受的性格，一种坚韧的能力。再以越王勾践和吴王夫差为例。夫椒一战，越国大败，“越王乃以余兵五千人保栖于会稽，吴王追而围之”①。勾践曾准备拼死一战，“欲杀妻子，燔宝器，触战以死”②。然国家利益高于一切，勾践在国之将亡时，以一种超于常人的忍受能力：“乃令大夫种行成于吴，膝行顿首曰：君王亡臣勾践使陪臣种敢告下执事：‘勾践请为臣，妻为妾。’”战必败，败必亡国；入臣为吴也不一定有胜算把握和返国雪耻，存在重大风险。在这种历史重要转折期，勾践如果无一种超凡能力和雄才大略，是不可能做出此决策的。《吴越春秋·勾践入臣外传》载：“越王服犊鼻，着樵头。夫人衣无缘之裳，施左关之襦。夫斫锉养马，妻给水除粪洒扫。三年不愠怒，面无恨色。”更有甚之“越王因拜，请尝大王之溲，以决吉凶”。受辱三年，取得吴王信任归国后，《吴越春秋·勾践归国外传》又载：“越王念复吴仇，非一旦也。苦身劳心，夜以接日。目卧则攻之以蓼，足寒则渍之以水。冬常抱冰，夏还握火。愁心苦志，悬胆于户，出入尝之，不绝于口，中夜潜泣，泣而复啸。”此外，“身自耕作，夫人自织，食不加

① （汉）司马迁：《史记》卷41，中华书局1959年标点本，第1470页。
② 同上。

肉，衣不重彩，折节下贤人。厚遇宾客，振贫吊死，与百姓同其劳”[①]。此便为历史上著名的“卧薪尝胆”和“胆剑精神”，然通过“十年生聚，十年教训”越终反败为胜，灭亡吴国。不但复仇雪耻，也在历史上留下了浓彩重笔，因此更彰其名。

再看吴王夫差，《史记·吴太伯世家》：“二十三年十一月丁卯，越败吴。越王勾践欲迁吴王夫差于甬东，予百家居之。吴王曰：‘孤老矣，不能事君王也。吾悔不用子胥之言，自令陷此。’遂自刭死。”此不做其他评论，就失败后的心态和承受能力而言，夫差不如勾践。

二　理性精明

（一）曾经的民风

公元前7世纪，春秋时期齐国的名相管仲称越地：“水浊重而洎，故其民愚疾而垢。”[②] 我国早期的地理著作《禹贡》在土地划分中，将越地划为“下下”等。越王勾践自称越国是“僻陋之邦”，其民为“蛮夷之民”[③]，“夫越性脆而愚”[④]。《左传定公十四年》，记越国和吴国公元496年在槜李的一次战争中：“吴伐越，越子勾践御之，陈于槜李。勾践患吴之整也，使死士再禽焉，不动。使罪人三行，属剑于颈，而辞曰：‘二君有治，臣奸旗鼓。不敏于君之行前，不敢逃刑，敢归死。’遂自刭也。师属之目，越子因而伐之，大败之。”越人的勇敢和不怕死，不但令吴军目瞪口呆，后人读此段文字记载也惊愕越人对死不屑一顾之悲壮之举。

东汉初班固考察越地时，发现当地人古风依然：“吴、粤（越）之君皆

---

① （汉）司马迁：《史记》卷41，中华书局1959年标点本，第1472页。

② （唐）房玄龄注，（明）刘绩补注，刘晓艺校点：《管子》，上海古籍出版社2015年版，第285页。

③ （汉）袁康、（汉）吴平辑录：《越绝书》卷7，浙江古籍出版社2013年版，第46页。

④ （汉）袁康、（汉）吴平辑录：《越绝书》卷8，浙江古籍出版社2013年版，第51页。

好勇，故其民至今好用剑，轻死易发。”① 看到了越地勇悍好斗习俗一代又一代顽强地传承，形成民风。

王充在《论衡·言毒》中说：“楚、越之人，促急捷疾；与人谈言，口唾射人。”

（二）善生俊异

至晋代，会稽渐成为水草丰美的膏腴之地，被誉为：“今之会稽，昔之关中。”②“东晋都建康，一时名胜，自王谢诸人在会稽者为多，以会稽诸山为东山，以渡涛江而东为入东，居会稽为在东，去而复归为还东，文物可谓盛矣。”③“会稽有佳山水，名士多居之。”④ 这批杰出人才到会稽，带去了优秀的民族文化和先进的生产技术，亦必然对这里民风产生教化、融合深厚影响。

六朝虞预《会稽典录·朱育》中会稽名士虞翻之评说：会稽，“山有金木鸟兽之殷，水有鱼盐珠蚌之饶，海岳精液，善生俊异，是以忠臣系踵，孝子连闾，下及贤女，靡不育焉”。王府君笑曰：“地势然矣……”《嘉泰会稽志》卷一记会稽风俗：“其民至今勤于身，俭于家，奉祭祀，力沟洫，乃有禹之遗风焉。”“自汉晋，奇伟光明硕大之士固已继出。东晋都建康，一时名胜自王谢诸人，在会稽者为多。”“今之风俗，好学笃志，尊师择友，弦诵之声，比屋相闻。不以殖资货习奢靡相高，士大夫之家占产皆甚薄，尤务俭约，缩衣节食，以足伏腊，输赋以时，不扰官府，后生亦皆习于孝弟廉逊。”其社会环境充满政通人和、人民安居、读书知礼、勤耕节俭的气氛。

到了明代，文人袁宏道有《初至绍兴》诗：“闻说山阴县，今来始一过。

---

① （汉）班固：《汉书》卷28，中华书局2012年版，第1328页。

② （宋）王应麟：《玉海》卷19，江苏古籍出版社、上海书店1987年版，第373页下栏。

③ （宋）施宿等：《嘉泰会稽志》卷1，《绍兴丛书·第一辑（地方志丛编）》第1册，中华书局2006年影印本，第11页。

④ （唐）房玄龄著，黄公渚选注：《晋书》卷80，商务印书馆1934年版，第200页。

船方革履小，士比鲫鱼多。聚集山如市，交光水似罗。家家开老酒，只少唱吴歌。”其中可见绍兴不但是经济繁荣，亦可谓水乡、酒乡、名士之乡。

（三）绍兴师爷

至于明清时代，尤在清代，绍兴师爷名闻全国，流传着“无绍不成衙”之说。绍兴师爷与绍兴话、绍兴酒“三通行”纵横全国各地。“刑名钱谷之学……竟以此横行各直省。”[①] 章学诚说：“吾乡山水清远，其人明锐而疏达，地僻，人工不修，土之所出，不足食土之人，秀民不得业，则往往以治文书律令，托官府为幕客，盖天性然也。”[②] 他看到了绍兴山水好风光，然水土资源相对较少，钟灵毓秀的绍兴人往往选择此师爷职业谋生。要成为绍兴师爷须具备的几个条件：有较高学识文化，人情练达，熟知官场，有较强的审时度势能力，敢于闯荡江湖等。据徐珂《清稗类钞》记：“绍兴师爷，纪文达称之为四救先生是也。非必有兼人之才、过人之识。不过上自督抚，下至州县，皆有此席，而彼此各通声气，招呼便利，遂能盘踞把持，玩弄本官于股掌之上。”师爷的群体在绍兴属知识分子的一部分，但并不属最优秀出类拔萃的人才，师爷是绍兴知识分子谋生的职业，但从这一阶层身上，也可看到绍兴读书人之多，且智商普遍较高、处世圆滑。那么自晋以来绍兴人的这种理性、智慧同精明与管子所说“愚疾而垢”，与勾践所说“性脆而愚”真是有天壤之别，这种变化当然有多方面的原因，然一个不能否认的事实是与水环境变化有关。

三　忠孝重节

（一）杰出人物影响

“禹陵风雨思王会，越国山川出霸才。”就广义的水而言，越国的两位

---

① （清）梁章钜：《浪迹续谈》卷4，中华书局1981年版，第317页。

② 《章氏遗书》，文物出版社1985年影印嘉业堂本，书名改为《章学诚遗书》。

治水人物必然对越地民风产生久远深刻的影响。

一是大禹治水。其三过家门而不入治水传说是为了国家和大众的利益，为国奉献是崇高之事业。大禹埋葬在绍兴，又相传勾践是大禹之后，越民为之感到自豪，有一种巨大的感召力量和忠诚国家的意识。又越地普遍流传着大禹涂山娶女的传说，涂山女为了支持大禹治水，带着幼子，独守家门，亦是一种伟大的爱国奉献和忠于家庭的精神。

二是马臻献身。马臻为筑鉴湖，最后含冤被杀。马臻是为了会稽百姓的利益而被杀，民间义愤不平，由衷敬仰，为国家和民众大义献身之精神深植民心。

（二）生命价值观

常常听有人说绍兴人胆小怕事，缺少牺牲精神。譬如两个绍兴人摇着船分别从桥的两头过桥洞，然后不小心相撞，两人先不说话，但过了桥洞之后，有了一些距离，便大声互相指责对方摇船水平差，这样至多是骂，打是绝对打不起来的，有人认为此便为绍兴人之民风，并作为笑料之话题。此也确实是绍兴民风的一种表象，但绍兴人骨子里气节强劲，越王勾践之胆剑精神传承是主流。读明史、辛亥革命史可见绍兴人的价值观。

明末及明王朝亡时，有诸多绍兴名人志士慷慨赴死，可相比者有几郡？

刘宗周（1578—1645）为一代儒学名臣，至今绍兴蕺山书院门墙上依然高挂着“浙学渊源”四个大字。福王朱由崧建弘光政权于南京后，以刘宗周为左都御史。弘光元年（1645）五月，南都亡，六月，潞王降，杭州亦失守，宗周推案恸哭，自此遂不食。曰：“今吾越又降矣，老臣不死，尚何待乎？若曰身不在位，不当与城为存亡，独不当与土为存亡乎？此江万里所以死也。”“出辞祖墓，舟过西洋港，跃入水中，水浅不得死，舟人扶出之。”[①] 清贝勒以礼来聘，书不启封，后绝食至闰六月初八日卒，年六十

① （清）张廷玉等：《明史》卷255，中华书局1974年标点本，第6590页。

有八。乾隆四十一年赐专谥忠介。

《越中杂识》上卷《理学》记："刘念台先生殉节处，在西郭门外西北二里许梁浜村，今为农舍。中屋有石陷壁中，高八尺余，大书'明刘念台先生殉节处'。"

余煌（？—1646），字武贞，明绍兴会稽人。天启五年（1625）进士第一，鲁王监国绍兴，诏授兵部尚书。清顺治三年（1646）清军过钱塘江，鲁王自海上逃遁。余煌见大势已去，叹曰："临江数万之众，犹不能当一战，乃欲以老弱守孤城乎？"乃开启城门，放兵民出走。清兵入城，兵不血刃。六月四日，煌朝服袖石于东郭门外渡东桥下深水处自溺而死，"六月二日，煌赴水，舟人拯起之。居二日，复投深处，乃死"①。衣带间藏有绝命词曰："穆骏自驰，老驹勿逝。止水汨罗，以了吾事。有愧文山，不入柴市。"

祁彪佳（1602—1645），字虎文，又字幼文、弘吉，号世信，明绍兴山阴人。明天启二年（1622）进士，著名文人、戏曲家。主要著述有《祁忠敏公日记》十五卷。崇祯十七年（1644）福王即位南京，出任大理寺丞，旋擢右佥都御史，巡抚江南。清顺治二年（1645）五月，清兵攻入南京，执福王。潞王监国杭州，再度出任苏淞总督。六月杭州失守，潞王降清，祁彪佳返故里。清兵渡江兵临绍兴，以书币礼聘，被祁彪佳拒绝。为忠诚国家，祈彪佳撰写庙文与绝命书。《明史·祁彪佳传》记："明年五月，南都失守。六月，杭州继失，彪佳即绝粒。至闰月四日，给家人先寝，端坐池中而死。"其绝命诗云：

图功为其难，洁身为其易。

吾为其易者，聊存洁身志。

含笑入九原，浩然留天地。

---

① （清）张廷玉等：《明史》卷276，中华书局1974年标点本，第7072页。

年四十四岁，明唐王追赠少保、兵部尚书，谥忠敏。乾隆四十一年（1776）赐谥忠惠。

以上三位明末清初的绍兴著名人士，在国难当头之际威武不屈，富贵不动，以对国家和民族的忠诚，慷慨赴死，其浩然正气，彪炳史册。并且此三位志士都以赴水自沉作为最后忠诚国家的方式，可见其对水之洁净的珍视和厚爱。

（三）辛亥革命先驱

清末辛亥革命，绍兴以区区之地，有革命贤哲先后辈出。

蔡元培（1868—1940），提倡民权，宣传排满革命，任光复会会长；又任北京大学校长，支持新文化运动，提倡学术研究，主张“思想自由，兼容并包”，去世后周总理有挽联：“从排满到抗日战争，先生之志在民族革命；从五四到人权同盟，先生之行在民主自由。”毛泽东特发唁电：“学界泰斗，人世楷模。”[①]

徐锡麟（1873—1907），字伯荪，别号光汉子，绍兴山阴东浦孙家楼人。光绪三十年（1904）经蔡元培、陶成章介绍在上海加入光复会。光绪三十二年（1906），安徽巡抚恩铭委以陆军小学会办，三十三年（1907）调任巡警处会办兼巡警学堂监督。是年回绍兴与秋瑾、王子余等计谋于7月19日在皖、浙两地同时起义。不料事泄，遂于7月6日乘安徽巡警学堂举行毕业典礼之际，提前起义，刺杀了安徽巡抚恩铭。又与清军激战4小时，终因寡不敌众，弹尽被捕，次日凌晨就义于安徽抚署东门外。

当刑审时藩司冯熙问及：“恩铭待你不薄，你何以忘之？”徐锡麟则慷慨答之：“恩铭厚我，系属个人私恩；我杀恩铭，乃是排满公理。”行刑时，徐锡麟义正词严，视死如归；刑后被破腹挖心，并被恩铭卫队“烹而食之”。鲁迅先生在《狂人日记》中抨击这一惨绝人寰的兽行：“从盘古辟天

① 傅振照主编：《绍兴县志》第41编《人物·蔡元培》，中华书局1999年版，第2153页。

地以后，一直吃到易牙的儿子；从易牙的儿子，一直吃到徐锡麟。”

孙中山在辛亥革命胜利后，亲到杭州致祭徐锡麟，撰写“丹心一点祭余肉，白骨三年死后香”。

秋瑾（1875—1907），原名闺瑾，字玉贞，小字玉姑，后易名瑾，字璇卿，号竞雄、鉴湖女侠，别号汉侠女儿，另署秋千。祖籍绍兴山阴漓渚人，出生于福建闽县。秋氏为山阴望族，几代官宦。

光绪三十一年（1905）三月，经徐锡麟等介绍入光复会。三十二年（1906）创办《中国女报》，三十三年（1907）初，接任大通体育师范学堂督办。是年五月和徐锡麟计划起义，7月6日徐锡麟起义失败，7月13日秋瑾在大通学堂被捕，任凭严刑逼供，秋瑾坚贞不屈，于7月15日在绍兴轩亭口从容就义，年仅33岁。

辛亥革命后，孙中山为秋瑾题写横联“巾帼英雄”，又书楹联“江沪矢丹忱，感君首赞同盟会；轩亭洒碧血，愧我今招侠女魂”①。

陶成章（1878—1912），字焕卿，曾用名汉思、起东等，绍兴会稽陶堰人，亦辛亥革命先驱，为民主革命献身。

1916年8月，孙中山亲临绍兴东湖陶社祭祀，题“气壮河山”匾额，称其：“奔走革命不遗余力，光复之际陶君实有巨功。”②

第四节　水与为官

在大禹治水精神感召下，来绍任太守、知府有作为者，多把治水放在区域治理和建功立业的首位，颇多治水功臣。诸如马臻不顾杀身之祸修鉴

① 傅振照主编：《绍兴县志》第41编，中华书局1999年版，第2161页。

② 同上书，第2165页。

湖；晋会稽内史贺循主持开凿西兴运河；唐浙东观察史皇甫政主持改建鉴湖枢纽工程玉山闸；南宋绍兴知府赵彦倓主持修筑绍兴海塘；南宋知府汪纲疏治浙东运河，建设诸暨堤防，治城河；明绍兴知府彭谊主持整治浦阳江及钱清江；明绍兴知府戴琥全面整治绍兴江堤海塘；明绍兴知府南大吉整治平原河道；明绍兴知府汤绍恩兴建我国著名三江闸工程；清绍兴知府俞卿主持海塘修建；等等。以上也正如康熙《会稽县志·总论》中称："越多贤郡守，皆加意于水利，而著绩乎水利焉。"

历代贤牧良守将治水作为为官之要，为治水诸多奉献，惨淡经营，功绩卓著，所以绍兴民间流传着"太守清，河水清"之说。水与为官清廉总结合在一起。

一　刘宠一钱不留

刘宠，字祖荣，东汉东莱牟平（今山东牟平）人，齐悼惠王之后。以明经举孝廉，汉桓帝时官拜会稽太守。《后汉书·循吏列传·刘宠传》记："山民愿朴，乃有白首不入市井者，颇为官吏所扰。宠简除烦苛，禁察非法，郡中大化。征为将作大匠。山阴县有五六老叟，龙眉皓发，自若耶山谷间出，人赍百钱以送宠。宠劳之曰：'父老何自苦？'对曰：'山谷鄙生，未尝识郡朝。它守时，吏发求民间，至夜不绝，或狗吠竟夕，民不得安。自明府下车以来，狗不夜吠，民不见吏。年老遭值圣明，今闻当见弃去，故自扶奉送。'"《水经注·浙江水》："汉世刘宠作郡，有政绩，将解任去治，此溪父老，人持百钱出送，宠各受一文。"至西小江便将钱投入江中离去，后人遂将西小江改名钱清江，建碑于江边，上书"会稽太守刘宠投钱处"。嘉庆《山阴县志》："钱清镇有刘太守祠，祀汉刘宠，临江有一钱亭"。

后世乾隆巡越，在钱清题诗曰：

循吏当年齐国刘，大钱留一话千秋。

而今若问亲民者，定道一钱不敢留。

此地名钱清，即是从《后汉书》的记载而得。

二　江革取石见清贫

江革（？—535）字休映，济阳考城人，为南朝宋齐间士族名流，南朝才子江淹之族侄。据《梁书·江革传》载，吏部谢朓很敬重江革，谢朓曾担任皇家警卫，一次回家时顺路看望江革，时大雪纷飞，天寒地冻，谢朓看见江革盖着破棉被，铺着薄席子，但读书无倦意。叹息中谢朓脱下自己的棉衣，割下半片为江革作铺垫才离去。

江革在天监年间（502—519），曾为会稽郡丞、行府州事，为官清廉。“功必赏，过必罚，民安吏畏，百城震恐。”[①] 江革为官时不接受任何的赠送，只靠官俸过日子，吃得也很简单。会稽郡面积大，人口多，诉讼案件每天多达数百件，江革判定准确，效率颇高，从不留下疑案悬案。离任时，百姓为之不舍，纷纷相送。江革“赠遗无所受”，“惟乘台所给一舸”，泛浙东运河西去。因钱清江至西兴一带江面宽阔，风浪冲击使船行不稳，江革因无随身所带贵重器物，“舸艚偏欹，不得安卧”“或谓革曰：船既不平，济江甚险，当移徙重物，以迮轻艚”。[②] 于是随从在西陵岸边取石十余块压之，使其平稳，“其清贫如此”。

江革为官清廉深为会稽人们所敬仰和怀念，因此后人在江岸建“取石亭”以表怀念。

三　范仲淹清白泉喻清正

范仲淹（989—1052），字希文，北宋苏州吴县（今江苏苏州）人。宋

---

① （唐）姚思廉：《梁书》卷36，中华书局1973年标点本，第525页。
② 同上。

真宗大中祥符八年（1015）进士。宝元二年（1039）七月徙知越州。

北宋孔延之的《会稽掇英总集》卷19，辑录的范仲淹《会稽清白堂记》，记有会稽府署卧龙山（今绍兴城府山）的清白泉：“（蓬莱）阁之西有凉堂，堂之西有岩焉。岩之下有地，方数丈，密蔓深丛，莽然就荒，一日命役徒芟而辟之，中获废井。”有说称此为“嘉泉”。果然，数日后视之，“其泉清而白色，味之甚甘，渊然丈余，引不可竭。当大暑时，饮之若饵白雪，咀轻冰，凛如也；当严冬时，若遇爱日，得阳春，温如也。其或雨作云蒸，醇醇而浑，盖山泽通气，应于名源矣”。文还记述，他不仅发现了清白泉，还在泉边筑起了清白堂和清白亭。

范仲淹当年把此处定为清白泉，又修以清白为名的堂和亭，确实是颇有一番用心的。范仲淹的老师杜衍的女婿是北宋著名文学家苏舜钦，范仲淹与他是莫逆之交。据说当时有人欲倾杜衍，便诬苏舜钦卖官纸肥私，杜衍因此名声受损，范仲淹也受牵连。范仲淹到越州后，为排愤懑，将此处的泉、堂、亭都以“清白”名之，意在为老师、好友和自己辩白。此外，在《会稽清白堂记》中不但倾诉了“所守不迁”“所施不私”的思想，还写道：

> 圣人画井之象，以明君子之道焉。予爱其清白而有德义，可为官师之规，因署其堂曰“清白堂”，又构亭于其侧，曰“清白亭”，庶几居斯堂，登斯亭，而无忝其名哉！[1]

何等发人深省的阐述。

这位在《岳阳楼记》中留下千古名言“先天下之忧而忧，后天下之乐而乐”的前贤，其用心“清白”的含义，当是更为广泛和丰富，其寓歌颂

---

① （宋）孔延之：《会稽掇英总集》卷19，浙江省地方志编纂委员会编著《宋元浙江方志集成》，杭州出版社2009年版，第6562页。

和鞭挞之意，后人自当明之。宋王十朋诗二首记清白堂事：

清白堂

钱清地古思刘宠，泉白堂虚忆范公。

印绶纷纷会稽守，谁能无愧一贤风。

清白泉

圣人达节犹憎盗，志士清心肯饮贪。

试向卧龙山下酌，世间无似此泉甘。①

四　俞卿敬业修海塘

清代俞卿在绍兴为知府期间，十分重视水利，不但在绍兴城市水利上颇有建树，在绍兴海塘建设上也是大有成就。并且他的为官理念和奉献精神广为民众传颂。

俞卿在康熙五十一年（1712）到任绍兴时，正值风潮大作，连坏山阴、会稽、萧山、上虞等县海塘，田庐漂没，民不聊生。俞卿视事两日，即亲自指挥民众修筑土塘，以防潮入。嗣后，改土塘为石塘，主持了历时10年之久的越中海塘修筑工程。

俞卿首先进行了山阴后海塘的修复。他亲往沿塘察看险情，安排工料银两，组织千余民工抢修。于康熙五十二年（1713）四月完成蔡家塘、丈午村和马鞍山3处险工段土塘30余里。由于土塘不耐潮击，当年秋潮盛涨，复遭溃决，于是决定易土为石，改筑石塘，以保坚固。自康熙五十五年（1716）四月兴工，至五十六年（1717）八月竣工，共耗银近4万两，投劳

① （宋）王十朋著，梅溪集重刊委员会编：《王十朋全集》卷13，上海古籍出版社1998年版，第202—203页。

10 余万工，修筑了自九墩至宋家溇全长 40 里的石砌海塘。是年秋，海潮又大至，因有“以石捍之不能入，岁以有秋”。

康熙五十七年（1718）起，俞卿又先后主持了上虞、会稽、萧山各县的海塘修筑工程。至康熙六十一年（1722）年年底，又完成石塘 5700 余丈，土塘 1.1 万余丈。越中海塘经过大规模整修加固后，尤其是石砌海塘的普遍修筑，提高了御潮抗灾能力。至此，绍兴北部海塘基本得到了稳固。

康熙五十九年（1720）正在俞卿主持兴建上虞海塘时，将提升赴新任消息传来，俞卿却表示：“此工不完，后将谁任？设官为民，民事未问，虽超擢不愿也。”为指挥施工方便，他移住至两县工所相近东关镇之天华寺内，更尽心尽力辛勤地主持工程建设，终获成功。俞卿之呕心沥血兴修水利的精神由此可见一斑。此亦可见，俞卿为官，确实做到了把国家、民众的利益放在了首位。

俞卿守越十二年，政绩卓著。由于他对绍兴水利的突出功绩，后人将他与马臻、汤绍恩一起并称为绍兴水利史上的“三公”。

第五节　会稽之钓

会稽也为地灵人杰之地，作为文人雅士之钓，又非仅为食物之所为，其意尤深。

一　任公子巨钓

《庄子·外物》记：

任公子为大钩巨缁，五十犗以为饵，蹲乎会稽，投竿东海，旦旦而钓，期年不得鱼。已而大鱼食之，牵巨钩，錎没而下，骛扬而奋鬐，白波若山，海水震荡，声侔鬼神，惮赫千里。任公子得若鱼，离而腊之，自制河以东，苍梧以北，莫不厌若鱼者。已而后世辁才讽说之徒，皆惊而相告也。夫揭竿累，趣灌渎，守鲵鲋，其于得大鱼难矣。饰小说以干县令，其于大达亦远矣，是以未尝闻任氏之风俗，其不可与经于世亦远矣。

这里所记的任是国名，任公子是任国之公子。说他做了粗黑大绳系住鱼钩，以五十头肥壮的牛作鱼饵，心平气和蹲在会稽山上，把竿子放入东海天天垂钓，等到一年后才钓到一条大鱼，垂钓时鱼翻动的声音震惊千里。鱼钓上来以后，浙江以东、苍梧以北之人都吃到了此鱼，人们奔走相告，敬佩任公子的钓技、耐心和所获。庄子的这则故事也说的是那些只盯着眼前小河小鱼之人，很难钓到大鱼。那些只是粉饰浅识小语以求高名的人，和那明达大智者的距离就很远了。

任公子在会稽山上钓东海之鱼，不但说明这里鱼多宜钓，并且任公子之钓法也给之后会稽之钓者其处世用意产生深刻的影响。

《嘉泰会稽志》卷十八："任公子钓台在稽山门外，华氏考古云：昔海水尝至台下，今水落而远尔，或云在南岩寺，又云在陶宴岭。"

明徐渭有《任公子钓台》[①] 诗曰：

公子椎牛此地留，珊瑚树底拂鱼钩。

今来沧海移何处？笑指青山坐石头。

① 《徐渭集》卷11，中华书局1983年版，第377页。

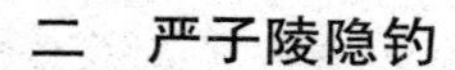

二　严子陵隐钓

严子陵，名严光，字子陵，西汉末会稽余姚人。[1] 严子陵从小生长在余姚这块地灵人杰的土地上，不但是会稽的山水滋养了他，会稽的文化、风土人情也使他化育成长。严子陵少年即到外地投师，好学而多才，在学时和南阳人刘秀是同学，成为知心好友。后王莽篡位，天下大乱，严子陵怀才难遇，便回到家乡余姚，隐居不出。他在湖泽之中一边读书，一边思考国家大事、人生哲理，并悟得水与垂钓、垂钓与人世、与国家安危的关系。从此，他的人生与垂钓结下了不解之缘，并因此而成大名。

刘秀后来统一了天下，成为光武帝。刘秀知严子陵之才能学识世所难得，便四处寻找他，后来终于见他反穿皮袄在泽中钓鱼，身为帝王的刘秀竟亲自屈尊去请他。刘秀到他身边，抚着他的肚子说："你这怪人，难道不肯帮助我治理天下吗?"严子陵答："从前尧帝那样有德有能，也还有巢父那样的隐士不肯去做官，读书人有自己的志趣，你何必一定要逼我进仕途呢?"

终于有一天刘秀和严子陵促膝长谈，长夜不眠。严子陵把他在家乡钓鱼宁静思索时所想所悟，对人生、对治理天下的思考和谋略都倾心与之交谈，使刘秀对治理国家有了更清晰的思路和方略。刘秀因之眉飞色舞，两人同床而睡，连严子陵将一条腿搁在刘秀身上，他也不去惊动。"因共偃卧，光以足加帝腹上。"[2] 从此严子陵有了安星之称号。之后严子陵又不仕，回到余姚家乡隐居。

建武十七年（48）光武帝又派使者到余姚请严子陵进京做官。严子陵决心已定，带着家人，迁居富春江边，在今严子陵钓台处以种田为生，以

① 参见（宋）范晔撰，（唐）李贤注《后汉书》卷83，中华书局1965年标点本，第2763页。
② 同上书，第2764页。

钓鱼为乐。后严子陵又回到老家余姚，享年八十，死后葬于余姚陈山。

严子陵为任公子之真传弟子。首先，严子陵所处乱世之中，他虽满腹经纶，有济世之大才，但有思路不一定能实施，知识分子往往清高孤僻，难为世所容。他的同乡比他后出生几十年的东汉一代英伟、思想家王充（84—104）便是很好的例子。其次，他看到汉光武帝虽是他青年时期的知心好友，但他看到刘秀争霸天下中最需要用的是如同侯霸这样善于察言观色，随机应变、阿谀逢迎，会处理实际问题的圆滑之才，并且实际上侯霸当上了刘秀的丞相。假设严子陵在刘秀朝廷中被重用，他的政治主张未必能得到大数人的支持和得到实施；他未必能竞争得过侯霸；长此以往他和刘秀之间也会发生思想上的冲突，甚至产生政治矛盾，以致严重的后果。最后，严子陵要做隐士，不仕朝廷，他始终是主动的，他选择做钓士至少成功了四件事。一是他当面把自己的政治主张和治世之策奉告于刘秀，“复引光入，论道旧故，相对累日”[①]，对刘秀治天下起到了重要作用。二是他在睡觉时把脚压在刘秀身上，刘秀竟屈尊顺其所为，成就了刘秀的宽容大度、礼贤下士之美名；同时也成就了严子陵自己的盛名，一个真正无所畏惧的隐士之名。侯霸是一人之下，万人之上，严子陵却在一人之上，高于侯霸。三是侯霸多次巴结严子陵，想让严子陵为其在刘秀面前说好话，侯霸派人同严子陵说：“公闻先生至，区区欲即诣造，迫于典司，是以不获。愿因日暮，自屈语言。”“光不答，乃投札与之，口授曰：‘君房足下：位至鼎足，甚善。怀仁辅义天下悦，阿谀顺旨要领绝。’”[②] 既是教育，又是讥讽。四是严子陵以垂钓为自己在乱世中求得平安一生。

北宋名臣范仲淹在睦州任知州时，在桐庐富春江严陵濑旁建了钓台和子陵祠，并写了一篇《严子陵祠堂记》，其中有千古名句：“云山苍苍，江

① （宋）范晔撰，（唐）李贤注：《后汉书》卷83，中华书局1965年标点本，第2764页。
② 同上书，第2763页。

水泱泱，先生之风，山高水长。”严子陵之钓竟然如此伟大，他为会稽人民留下的精神财富也是取之不竭、用之不尽。

《嘉泰会稽志》卷九：“秘图山在县（余姚）北六十七步，《旧经》云，上有石匮，夏禹所藏灵秘图之所，旧号方山，天宝六年改今名。上有严公堂、高风阁，皆以子陵而名。”将严子陵之纪念堂置于与大禹治水纪念有关之地，也体现了会稽人们对严子陵高风亮节、垂钓寄高尚志趣之敬重。

三　陶弘景仙钓

陶弘景（456—536），字通明，是我国南朝齐、梁时期的道教思想家、医药家、炼丹家、文学家、道教茅山派代表人物之一。其是丹阳秣陵人（今江苏南京）。

《嘉泰会稽志》卷九：“陶宴岭在县东南四十四里，《旧经》云：陶弘景隐于此，山有巨石高数丈。传云：昔为任公钓矶。”《梁书·处士·陶弘景传》载：“年十岁，得葛洪《神仙传》，昼夜研寻，便有养生之志。谓人曰：‘仰青云，睹白日，不觉为远矣。’”“弘景为人，圆通谦谨，出处冥会，心如明镜，遇物便了，言无烦舛，有亦辄觉。”“尤明阴阳五行，风角星算，山川地理，方图产物，医术本草。”“高祖（梁武帝）既早与之游，及即位后，恩礼逾笃，书问不绝，冠盖相望。”梁武帝欲请其出山为官，辅佐朝廷，陶弘景画了一幅画图，其中有两头牛，一只在自在吃草，一个带金笼头，被拿着鞭子的人牵着走。梁帝见图，心明此意，不予强求。然常有书信交往，人称陶为“山中宰相”。

陶弘景一生好游，尤喜名山大川。曾东行浙越，处处寻求灵异。至会稽大洪山，谒居士类慧明；又到余姚太平山，谒居士杜京产；又到始宁山，谒法师钟义山；又到始丰天台山，谒诸僧标，及诸宿旧道士，并得真人遗迹十余卷，游历二百余日乃还。

《嘉泰会稽志》卷九所记，陶弘景在会稽陶宴岭隐居应是有所依据的，因为不但是陶弘景到过会稽的名山大川，并且这里有古传任公子钓矶，陶弘景于此应会隐居一些时候，感受这里的浩然之气，人文历史。

又《嘉泰会稽志》卷九记：“钓台山在县（上虞）西南七里，《旧经》云：山有槎，大十围。昔陶公尝乘此垂钓，公既去，槎坠于潭底，不复浮矣。”今上虞陈溪有双笋山，山不高而秀雅，水不深而沉静，充塞着山谷之灵气。山腰中有象鼻洞，常有紫雾蒸腾飘散。双笋石犹如两位仙人相对而立，聚神论道，著名的陶弘景钓台即在双笋石之下。台下碧潭幽深清澈。

陶弘景在会稽既在陶宴岭任公钓矶石前悟得任公子钓真谛，又在上虞陈溪双笋山钓台感受鱼乐之趣，体会养生之道。

四　方干逍遥钓

方干（约860年前后在世），字雄飞，原籍新定（今桐庐）。方干的故里即富春江严子陵钓台处，从小他就接受了严子陵垂钓的故事和文化熏陶。因两次举进士不第，遂隐居会稽鉴湖之中，终身不仕，终日以行吟醉卧自娱。他曾有诗曰：“此日早知无爵位，当时便合把渔竿。”后人称赞方干：“身无一寸禄，名扬千万里。”为诗刻苦砥砺，自称“吟成五字句，用破一身心”，因以名闻江南。《全唐诗》编录其诗6卷。

方干之所以选择鉴湖作为他的隐居之地，除鉴湖山水风光旖旎、文化积淀深厚，为他所看重，亦有严子陵亦为会稽人的原因。鉴湖方干岛亦名寒山、唐方干别墅、笋庄。《嘉泰会稽志》卷九：“方干岛在县东南五里，唐方干别墅也。干咸通中居越中……今镜湖中小山是已。”卷十八又记笋庄：“方干《越中》诗云：‘沙边贾客喧鱼市，岛上潜夫醉笋庄。’潜夫乃干自谓也。又《西岛言事》云：‘岁计有时添橡栗，生涯一半在渔舟。’今人但谓之方干岛。”康熙《会稽县志》卷四：“方干岛在会稽山东北麓，俗呼寒山。”又“镜湖图”中“方干岛”图示在城南到禹陵之路西侧的鉴湖之中。方干有《镜中别业》（二首）描述其所居景观：

寒山压镜心，此处是家林。梁燕窥春醉，岩猿学夜吟。云连平地起，月向白波沈。犹自闻钟角，栖身可在深。

世人如不容，吾自纵天慵。落叶凭风扫，香粳倩水舂。花期连郭雾，雪夜隔湖钟。身外无能事，头宜白此峰。[①]

方干岛所处东鉴湖水之中央，也可谓鉴湖南缘之水景，是方干对此自然环境不加雕琢的利用。这里水势宽广，水面平静，有“交交戛戛水禽声”，入夜月光犹如沉入水底；南面又近会稽山麓，“溪畔印沙多鹤迹”，修竹连片，梁燕春醉，山深林密，猿声夜吟，生态环境相当好。夜深听到了隔湖钟声，诗人愿终身栖于此。

诗人在鉴湖小岛上过着逍遥自在的农家生活，其中醉后攲枕而垂钓是他生活的很大一部分。“攲枕亦吟行亦醉，卧吟行醉更何营。”方干醉钓之时用心何在，或许在想他的五字句吧。

方干还有一首《送乡中故人》诗：

少小与君情不疏，听君细话胜家书。

如今若到乡中去，道我垂钩不钓鱼。[②]

其中也道明了他的垂钓之意。

---

① （清）彭定求等校点：《全唐诗》卷648，中华书局1960年标点本，第7443页。

② （清）彭定求等校点：《全唐诗》卷653，中华书局1960年标点本，第7500页。

第十二章　水乡祭祀

“远古的人类并未把自己跟所处的世界加以区分。那时的人类所看见的世界是一个未被打破的整体，人与自然合二为一。”[①] 越族“陆事寡而水事众”[②]，水造就了越族的生活环境，既带来丰富的资源，也造成无尽灾难，水浪涛天，常常是“船失不能救，未知命之所维”[③]。限于当时的生产力条件和人们的认识水平，越人只能敬重水、顺应水，水是大自然一种神秘的力量，是神。因之越人敬畏和崇拜水，“春祭三江，秋祭五湖”[④]。久而久之，形成了对自然、人的崇拜与祭祀，凝聚越地源远流长的特色文化。

第一节　水神祭祀

一　祭潮神

“西则迫江，东则薄海”[⑤]，潮起潮落，波涛汹涌，变幻莫测，惊骇恐

---

① ［美］彼得·圣吉：《第五项修炼——学习型组织的艺术与实务·中文版序》，郭进隆译，杨硕英审校，上海三联书店1998年版，第1页。

② （西汉）刘安：《淮南子》，岳麓书社2015年版，第1页。

③ （汉）袁康、（汉）吴平辑录：《越绝书》卷4，浙江古籍出版社2013年版，第27页。

④ （汉）袁康、（汉）吴平辑录：《越绝书》卷14，浙江古籍出版社2013年版，第88页。

⑤ （汉）袁康、（汉）吴平辑录：《越绝书》卷4，浙江古籍出版社2013年版，第27页。

怖，于是越人心中产生了海潮之神，是神的意志主宰着这一自然现象。

（一）伍子胥与文种

关于潮神最著名和生动的传说，当属吴越春秋时期开始流传的伍子胥和文种神话故事。

吴王夫差杀伍子胥后，由于内心存有恐惧，对子胥的遗体采取了极端残忍和愚蠢的处置办法。《吴越春秋·夫差内传》记伍子胥自尽后“吴王乃取子胥尸，盛以鸱夷之器，投之于江中，言曰：‘胥，汝一死之后，何能有知？’即断其头，置高楼上，谓之曰：‘日月炙汝肉，飘风飘汝眼，炎光烧汝骨，鱼鳖食汝肉，汝骨变形灰，有何所见？’乃弃其躯，投之江中。子胥因随流扬波，依潮来往，荡激崩岸”。

又《吴越春秋·勾践伐吴外传》，记文种将被勾践所害：“自笑曰：‘后百世之末，忠臣必以吾为喻矣。’遂伏剑而死。越王葬种于国之西山，楼船之卒三千余人，造鼎足之羡，或入三峰之下。葬一年，伍子胥从海上穿山胁而持种去，与之俱浮于海。故前潮水潘候者，伍子胥也；后重水者，大夫种也。”

一个悲壮感人的潮神故事终于在民间形成。

《水经注·渐江水》则既有分析又有记载：

> 阚骃云：山出钱水，东入海。《吴地记》言，县惟浙江，今无此水。县东有定、包诸山，皆西临浙江。水流于两山之间，江川急浚，兼涛水昼夜再来，来应时刻，常以月晦及望尤大，至二月，八月最高，峨峨二丈有余。《吴越春秋》以为子胥、文种之神也。昔子胥亮于吴，而浮尸于江，吴人怜之，立祠于江上，名曰胥山。《吴录》云：胥山在太湖边，去江不百里，故曰江上。文种诚于越，而伏剑于山阴，越人哀之，葬于重山。文种既葬一年，子胥从海上负种俱去，游夫江海。故潮水之前扬波者，伍子胥；后重水者，大夫种。

海潮之存在是地球上的自然现象，人类自古就感受得到，《越绝书》卷四中越王就和计倪谈道“浩浩之水，朝夕既有时”①。然要到子胥、文种死后，两人被尊为潮水之神，究其原因：一是两人忠而被杀，越人为其不平，以潮之不平喻人之不平；二是希望通过对二人的祭祀，来减少潮汐对人类之危害。

《吴越春秋·勾践伐吴外传》：

> 越王追奔攻吴，兵入于江阳松陵。欲入胥门。来至六、七里，望吴南城，见伍子胥头，巨若车轮，目若耀电，须发四张，射于十里。越军大惧，留兵假道。即日夜半，暴风疾雨，雷奔电激，飞石扬砂，疾于弓弩。越军坏败松陵，却退，兵士僵毙，人众分解，莫能救止。

写得更加神化，并具有呼风唤雨的水神特征。

到东汉时期，吴越地区的伍子胥庙已到处林立，并把伍子胥作为一个潮神来祭祀信奉：“会稽丹徒大江，钱塘浙江，皆立子胥之庙，盖欲慰其恨心，止其猛涛也。”②

《后汉书·孝女曹娥》记：“孝女曹娥者，会稽上虞人也。父盱，能弦歌，为巫祝。汉安二年（143）五月五日，于县江溯涛婆娑迎神，溺死，不得尸骸。”这其中的“迎神”为在“舜江中迎潮神伍君”即为迎伍子胥神。③

（二）盐官海神庙

海神庙坐落在海宁盐官镇大东门内，清雍正八年（1730）三月浙江总督李卫奉敕始建，占地40亩，“钦遵定制，中建正殿祀大海之神，而以潮

① （汉）袁康、（汉）吴平辑录：《越绝书》附录2，浙江古籍出版社2013年版，第212页。
② （汉）王充著，陈蒲清点校：《论衡》，岳麓书社2006年版，第50页。
③ 参见唐元明主编《上虞县志》，浙江人民出版社1990年版，第776页。

神、龙神分享配殿，左为天后宫，右为风神殿”[①]。其形制恢宏，规模壮丽，俗称“庙宫”，并因清帝王多次御临而驰誉江南。

海神庙的大殿供着三尊立式神像，正殿内正中供奉着“浙海之神”，两侧分别为伍子胥和钱镠。正殿两侧为东、西配殿，各有9人的从祀牌位。值得一提的是这18位潮神之中，有孝女曹娥、两浙路转运使张夏以及绍兴知府汤绍恩。

首先是孝女曹娥。汉安二年（143），其父曹盱失足堕江溺死，不见其尸。曹娥“沿江号哭，昼夜不绝声，旬有七日，遂投江而死。至元嘉元年（151），县长度尚改葬娥于江南道旁为立碑焉”[②]。宋元祐八年（1093）曹娥孝女庙移建于曹娥江边。海神庙内东侧原有天后宫，从祀曹娥，今废。

其次是两浙路转运使张夏，也就是绍兴府著名的张老相公。有学者考证指出：张夏神是与伍子胥相抗衡的新型潮神。在整个明清时期，张夏信仰在杭州湾沿岸地区的扩展，都被深深地打下了绍兴府张老相公信仰的烙印，也被绍兴府籍人当成了家乡守护神。[③] 清雍正三年（1725）敕封静安公。雍正十一年（1733）从祀海神庙。

最后是绍兴知府汤绍恩。嘉靖十六年（1537），“知府汤绍恩，建凡二十八洞，亘堤百余丈，蓄山、会、萧三县之水……其上有张侯祠，祠后为汤侯生祠”[④]。而汤绍恩的生祠就在闸左。清雍正六年（1728）封宁江侯，春秋致祭，十一年（1733）从祀海神庙。

翻阅杭州湾沿岸各府县的方志，有关钱塘江两岸地区的潮灾记载不胜枚举。在我国古代时期，自然灾害是形成和制约民间信仰发展的重要因素

---

① 《浙江通志》卷1，商务印书馆1934年版，第223页。

② （宋）范晔撰，（唐）李贤注：《后汉书》卷84，中华书局1965年标点本，第2794页。

③ 参见朱海滨《潮神崇拜与钱塘江沿岸低地开发——以张夏神为中心》，《历史地理》2015年第1期。

④ （明）萧良幹等：万历《绍兴府志》卷17，《绍兴丛书·第一辑（地方志丛编）》第1册，中华书局2006年影印本，第828页。

之一。因为人们的认知能力有限，他们只能寄希望于求神拜佛保平安，所以潮神信仰盛行。伴随着人类迁移和文化融合等各种因素，曹娥、张夏、汤绍恩作为绍兴府区域的共同信仰，逐渐出现在沿岸多个县区，尤以张神庙为典型代表。最终成为钱塘江两岸的潮神，从祀于海神庙。另外，纵观钱塘江两岸潮神祭祀发展的历史，我们也可看出钱塘江南、北两岸自古以来，无论是地域还是文化，源远流长，不可分割。

（三）绍兴孚佑王

孚佑王为旧时浙江绍兴府所敬奉之潮神。因为钱塘江潮经常会给沿岸地区带来灾害，所以各地建庙祭祀潮神以求保佑。万历《绍兴府志》卷十九记载："萧山宁济庙在西兴镇，浙江潮神也。"可见宁济庙是绍兴府祭祀潮神的地方。南宋政和六年（1116），"高丽入贡使者将至，而潮不应，有司请祷，潮即大至。诏封顺应侯。宣和二年（1120），进封武济公"[①]。南宋时期，杭州成为行在之地，自然希望这一地区平安，故潮神信仰愈盛。"绍兴十四年，徽宗皇帝灵驾渡江，加武济忠应公。三十年，显仁皇太后合祔，加武济忠应翊顺公。淳熙十五年……诏加武济忠应翊顺灵佑公。"[②]"庆元四年，赐爵孚祐（佑）王。有司以八月十五日祭。"[③] 但是作为地方性潮神而言，绍兴潮神孚佑王的地位和影响远不及伍子胥。

二　祭江神

江神是管辖江河之水的神灵。由于长江、钱塘江等大江是吴越地区最重要的河流水系，因此列为江神行列的水神一般都体现了较高的地位与权

① （宋）施宿等：《嘉泰会稽志》卷6，《绍兴丛书·第一辑（地方志丛编）》第1册，中华书局2006年影印本，第97页。

② 同上书，第98页。

③ （明）萧良幹等：万历《绍兴府志》卷19，《绍兴丛书·第一辑（地方志丛编）》第1册，中华书局2006年影印本，第861页。

力。吴越地区较有影响的江神，主要有屈原、金龙四大王、晏公等。越地端午吃粽子赛龙舟，是借龙舟往河里抛粽子喂鱼，同时驱赶江中之鱼，以免吃掉屈原之身体。此为半祭祀性、半娱乐性的活动。

（一）金龙四大王庙

金龙四大王也是越地一位出名的江河神。嘉庆《山阴县志》卷二十一记："四王庙在县西一十里蓬莱驿前。""四王即金龙四大王也。"

明徐渭有《金龙四大王传》，生动记载了这一神话传说。

王姓谢，名绪，宋会稽诸生，晋太傅安之裔。祖达，父某，有兄三人，曰纪，曰纲，曰统。王最少，行第四，居钱塘之安溪，后隐金笼山白云亭，素有壮志，知宋鼎将移，每慷慨愤激。甲戌秋八月大雨，天目山颓，王会众泣曰："天目乃临安之镇，苕水长流，昔人称为龙飞凤舞。今颓，宋其危乎？"未几宋鼎移，王昼夜泣，语其徒曰："吾将以死报国。"其徒泣曰："先生之志果难挽矣，殁而不泯，得伸素志，将何以为验？"曰："异日黄河北流，是予遂志之日也。"遂赴水死。时水势高丈余，汹汹若怒，人咸异之。寻得其尸，葬金笼之麓，立祠于旁。

元末，我太祖与元将蛮子海牙战于吕梁，元师顺流而下，我师将溃，太祖忽见空中有神，披甲执鞭，惊涛涌浪，河忽北流，遏绝敌舟，震动颠撼，旌旗闪烁，阴相协助，元师大败。太祖异之，是夜梦一儒生披帏语曰："余有宋会稽谢绪也，宋亡赴水死，行间相助，用纾宿愤。"太祖嘉其忠义，诏封为"金龙四大王"。金龙者，因其所葬地也，四大王者，因其生时行列也。自洪武迄今，江淮河汉四渎之间，屡著灵异。商舶粮艘，舳舻千里，风高浪恶，往来无恙，佥曰王赐，敬奉弗懈，各于河滨建庙以祀，报赛无虚日。九月十七日为其诞辰，祭祀

尤盛……[1]

（二）晏公庙

晏公原为江西地方性水神，相传因救朱元璋而受封。《陔余丛考》卷三十五引《续通考》云："临江府清江镇旧有晏公庙，神名戌仔。明初封为平浪侯。"至明代前期，吴越之地建多所晏公庙。嘉庆《山阴县志》卷二十一："晏公庙在三江城仓后巷，徐渭《路史》云，神乃临江府临江县人，名戌仔，元初为文锦局堂长，因病归，登舟即尸解，有灵显于江湖。"

今萧山临浦麻溪坝边亦有晏公庙。

三　祭湖神

越王勾践"春祭三江，秋祭五湖"[2] 中的"五湖"主要指太湖。太湖一带较为典型的湖神有大禹、水平王、郁使君等。绍兴多湖泊，虽不及太湖之浩大，但如在狭猕湖、瓜渚湖、桶盘湖中行舟，遇风急浪高之时，稍有不慎，也即有覆船人亡之祸，故船户对船行安全尤为关切。每年新正，便有绍兴船户一大早提着福礼到张神殿祭祀张老相公，一则酬谢神明佑护，二则祈求来年太平多福，此为旧时绍兴船户祭湖神的一项风俗。

张神庙。嘉庆《山阴县志》卷二十一："张神庙在城东北三十三里五都二图陡亹闸上，祀宋漕运判官张行五六者。"张神名夏，北宋时萧山长山人。其父曾为吴越国刑部尚书。张夏曾任泗州知州。宋景祐中（1034—1038），张夏以工部郎中出任两浙转运使。据传鉴于浙东海塘常为海潮所侵，危害无穷，张夏以石砌塘，使塘身坚实稳定。明代绍兴知府汤绍恩认为张夏之英灵有捍海灭倭之功，便立庙三江闸上，春

① 《徐渭集》第4册，中华书局1983年版，第1288—1299页。
② （汉）袁康、（汉）吴平辑录：《越绝书》卷14，浙江古籍出版社2013年版，第88页。

秋致祭。之后，西郭门外、偏门外钟堰头、南门外念亩头及城中府山西麓、江桥桥堍等地，均建起了张神殿，张夏成为水神，护佑水乡平安，称为张神菩萨，又尊称张老相公。[①] 今西郭门外、三江所城边等张神庙尤在。

自唐代以后，越地的水神信仰人物数量迅速增加，而且颇具地方色彩。从神灵形象之源看，不外乎两种：因治水有功而成为神者，如大禹、马臻、汤绍恩。因投水而死亡而成神者，如屈原、伍子胥、文种，包括曹娥庙中的曹娥。

第二节　庙祠

一　禹庙

大禹“忧民救水，到大越”[②]，是为治水来越，又死后埋葬在会稽，越民族出于对大禹的崇敬和爱戴，以及寄希望于大禹佑护一方水土平安的心理，于是很早便建有禹庙：“故禹宗庙，在小城南门外大城内，禹稷在庙西，今南里。”并且“昔者，越之先君无余，乃禹之世，别封于越，以守禹冢”[③]。大禹庙祭祀在越地多处存在。除对大禹，古代绍兴人对治水人物的纪念地主要还有马臻庙等。

---

① 参见陈天成《船户祭张神》，朱元桂主编《绍兴百俗图赞》，百花文艺出版社 1997 年版，第 298—299 页。

② （汉）袁康、（汉）吴平辑录：《越绝书》卷 8，浙江古籍出版社 2013 年版，第 50 页。

③ 同上。

二　马臻墓

东汉马臻为筑鉴湖含冤而死，《后汉书》也不为其立传，故正式文献资料记载甚少，但“太守功德在人，虽远益彰”[1]，人们没有忘记这位治水功臣。散见绍兴民间的记载及祭祀较多。

据民间传说，在马臻被害时，会稽百姓暗地冒着生命危险，将其遗骸运回会稽，并葬于郡城偏门外的鉴湖之畔。岁月沧桑，马臻墓依然屹立在今鉴湖之畔。相传农历三月十四为太守生日，民间年年祭祀。

马臻墓前有石坊一座，刻有“利济王墓”四个大字，为北宋嘉祐元年（1056）仁宗所赐封号，石坊中柱正面，有长联：

> 作牧会稽，八百里堰曲陂深，永固鉴湖保障；
> 奠灵窀穸，十万家春祈秋报，长留汉代衣冠。

三　马臻庙

马臻筑鉴湖，造福民众，又蒙冤被杀。会稽民众念念不忘马太守功德与冤案，有记载自唐以来便建庙宇以祭祀。历史文献记载在山阴、会稽之地皆有马臻庙。由于古今行政区域的变化，度量单位与起始点的不同，还有记载上的不精确等问题，导致今天对此庙定位混淆或考证困难。清代李慈铭在《越缦堂日记》[2] 中也提出过类似疑问：

> 太守此庙正据东跨湖桥，枕南塘之首。始建于唐开元中刺史张楚，迄今不废。但《嘉泰志》以此庙属会稽县，谓在县东南三里八十步……《万历志》亦以此庙属会稽，谓在府城南二里。考常禧门自宋

① （清）李慈铭：《越缦堂日记》，广陵书社 2004 年版，第 4012 页。
② 同上书，第 4016 页。

以来无属会稽者。《山阴县志》又云：利济王庙在县西南五十五里。祀东汉太守马臻。此又不知在何地？

根据文献记载，绍兴今存规模最大的马臻庙有两处：一在绍兴城偏门外鉴湖之滨，跨湖桥之南；一在绍兴城西钱清大王庙村，又称大王庙。

（一）偏门马太守庙

关于偏门马臻庙记载主要有以下文献。

1. 唐代韦瓘《修汉太守马君庙记》①

东汉太守马君臻，能奉汉制，抚宁越，封仁惠公，利俗民陶，其殊绩章白书于旧史。其尤异则披险夷高，東波圜境，巨浸横合三百余里，决灌稻田，动盈亿计。自汉至今千有余年，纵阳骄雨淫，烧稼逸种，唯镜湖含泽驱波，流桴注于大海，灾凶岁，谷穰熟，俾生物苏起，贫羸育富，其长计大利及人如此，孔子称民之父母，马君有焉。

开元中，刺史张楚深念功本，爰立祠宇，久而陊败。今皇帝后元九年，观察使平昌孟公，诛断奸劫，宽遂民类，教化修长，氓吏畏慕。尝以马君忠利之绩，神气未灭。寿官不严，何以昭德？十年十一月，乃崇大栋梁，诛翦秽梗。礼物仪像，咸极洁好。后每遇水旱灾变，辄加心祷。精意所向，指期如答。则知君子惠物，本同于化，树功本同于治。对德相望，是宜刻石。

十二年二月三日记

以上文中，张楚为唐开元（713—741）期间刺史。马臻庙壁画中记为："念柒相：唐开元中，刺史知绍兴府事张公讳楚，奉旨同三县百姓敕建马公

---

① （宋）孔延之：《会稽掇英总集》卷18，浙江省地方志编纂委员会编著《宋元浙江方志集成》第14册，杭州出版社2009年版，第6552页。

祠。”“观察使平昌孟公”，即为孟简，字几道，德州平昌人，元和九年（814）至十二年（817）正月任浙东观察使，在任期间于绍兴城建、水利多有建树。作者韦瓘，京兆万年（今陕西西安）人。字茂弘，生于唐德宗贞元五年（789），卒年不详。及进士第，累官中书舍人，终桂林观察使。

关于“仁惠公”之谥号，何时赐封，尚难确切考证，又根据马臻庙中壁画，张楚“奉旨同三县百姓敕建马公祠”，或在同时，应为唐玄宗时。

2.《嘉泰会稽志》卷第六“祠庙”条

马太守庙。在县东南三里八十步。太守名臻，字叔荐，永和五年创立镜湖，在会稽、山阴二县界。筑塘蓄水，水高于田，田高于海各丈余。水少则泄湖溉田，水多则泄田水入海。塘周回三百一十里，溉田九千余顷。《会稽记》云：创湖之始，多毁冢宅，有千余人怨诉，臻被刑于市。及遣使按覆，绝不见人，阅籍皆先死者云。唐韦瓘《修庙记》云：开元中，刺史张楚深念功本，爰立祠宇，久而陊败。今皇帝后元九年，观察使孟公崇大栋梁。孟公，简也。其在越乃元和中。记云后元，盖省文尔。①

此记延续《修汉太守马君庙记》说。又文中《会稽记》作者为孝武帝大明年间（457—464）任会稽太守的孔灵符。当时行政区域在会稽县。

3. 明万历《绍兴府志》

马太守庙，在府城南二里。太守名臻，筑镜湖遗利于越。唐开元中，刺史张楚始立祠湖傍。元和九年，观察使孟简复恢大之。一在广陵陡门，隶山阴。

---

① （宋）施宿等：《嘉泰会稽志》卷6，《绍兴丛书·第一辑（地方志丛编）》第1册，中华书局2006年影印本，第94页。

万历《绍兴府志》延续了《修汉太守马君庙记》《嘉泰会稽志》的说法。但位置成了在“府城南二里”，未明确会稽县还是山阴县。

4. 康熙《绍兴府志》（俞版）卷十九

> 马太守庙在府城南二里。太守名臻，筑镜湖，遗利于越。唐开元中，刺史张楚始立祠湖傍。元和九年，观察使孟简复恢之。自后废修俱不可考。至明天启间，知府许如兰同郡中乡衮重葺，后渐倾颓。本朝康熙五十六年，知府俞卿筑沿海石塘，告成乃追念马公旧绩，祭拜祠下，见庙貌荒凉，尽撤而新之，门垣堂寝前后具备，较之旧制，弘丽数倍焉。又一在广陵陡门，以上隶山阴。

在此不但延续了万历《绍兴府志》记，又增加了“至明天启间，知府许如兰同郡中乡衮重葺”，康熙五十六年知府俞卿大规模扩建。位置仍在“城南二里”。

5. 康熙《绍兴府志》（王版）卷十九

> 马太守庙在府城南二里。太守名臻，筑镜湖，遗利于越。唐开元中，刺史张楚始立祠湖傍。元和九年，观察使孟简复恢大之。一在广陵陡门，隶山阴。

基本与康熙《绍兴府志》（俞版）同。

6. 乾隆《绍兴府志》卷三十六“会稽县”

> 马太守庙。《嘉泰志》：在县东南三里八十步。唐韦瓘有《修庙记》。《万历志》：在府城南二里。太守名臻，筑镜湖，有遗利于越。唐开元中，刺史张楚始立祠湖傍。元和九年，观察使孟简复恢大之。一在广陵斗门，隶山阴。《俞志》：自后修废俱不可考。至明天启间，知府许如兰同郡中乡衮重葺，后渐倾颓。

此记与之前基本无变化。

7. 乾隆《重修马太守祠碑记》

此碑于乾隆癸巳秋八月由赐进士第，诰授奉政大夫广东广州府同知前翰林院庶吉士，郡人平圣台撰并书。其中写道：

> 故汉太守马公祠墓鼎峙于鉴湖之渍二千年矣。公以湖利遗民，而以创湖被诬，至唐开元中刺史张楚始为立祠至今。

此碑今仍在偏门马太守庙中，说明当时撰碑者确定此庙地址自建始以来没有改变。

8. 嘉庆《山阴县志》卷二十一

> 马太守庙在县西六十里广陵斗门上。一在鉴湖。东汉马臻为郡守，开湖筑塘，遗利甚溥，民立祠祀之，有司春秋动支地丁致祭。案旧志有利济王庙在县西南五十五里，祀太守马臻，疑即此县西之庙。《府志》会稽县南五里马太守庙，疑即此鉴湖之庙。以《嘉泰志》属会邑，相沿不改耳。

此记对之前府志所记会稽县马太守庙提出了疑问，认为是行政区域变化所致原因，但位置都有差距。

9. 道光《会稽县志稿》卷十四

> 马太守庙《嘉泰志》：在县东南三里八十步。太守名臻，字叔荐。永和五年，创立镜湖，会稽、山阴二县界。筑塘蓄水，周回三百一十里，溉田九千余顷。《会稽记》云：创湖之始，多毁冢宅，有千余人怨诉，臻被刑于市。及遣使覆按，绝不见人，阅籍皆先死者云。唐韦瓘有《修庙记》。《万历志》：唐开元中，刺史张楚立祠湖傍。元和九年，观察使孟简复恢大之。《康熙府志》：明天启间，知府许如兰同郡中绅

士重葺，修撰余煌有记，后渐倾颓。国朝康熙五十六年，知府俞卿筑沿海石塘，告成乃追念马公旧迹，撤而新之，门垣堂寝较旧制更宏丽焉。〈新增〉：祠墓俱在城南二里常禧门外，跨湖桥下，鉴湖铺西。一祠在广陵陡亹桥侧，载《防护录》。

此志对马太守庙记述较详细，修正的是“祠墓俱在城南二里常禧门外，跨湖桥下，鉴湖铺西”，即今马太守庙位置。

10. 《绍兴市志》①

马太守庙位于鉴湖之滨，跨湖桥以南。嘉泰《会稽志》：“太守名臻，字叔荐，永和五年创立镜湖”，“周围三百一十里，溉田九千余顷。《会稽记》云，创湖之始，多毁冢宅，有千余人怨诉，臻被刑于市。及遣使按覆，绝不见人，阅籍皆先死者。唐韦瓘有《修庙记》云，开元中，刺史张楚深念功本，爰立祠宇，久而陊败”。明天启及清康熙、道光、光绪年间，均修葺。

今存前殿、大殿与左右看楼，坐北朝南。清末建筑。前殿三开间，通面宽 11.62 米，通进深 11.98 米，7 檩。殿后筑戏台，已毁。大殿三开间，通面宽 11.62 米，通进深 11.98 米，10 檩。明间五架抬梁造，次间穿斗式，硬山造。正脊南北分书“河清海晏”“源远流长”。看楼左右对称，通面宽 14.70 米。

《绍兴市志》出版于 1996 年，不但对今偏门外马太守庙的历史、位置有确切之记载，还对庙的规模有较详尽的记述。

近年，绍兴市河道投资开发有限公司，在鉴湖整治工程中对马臻墓、庙进行了全面的整修，殿宇宏壮，环境优美。无论是规模还是文化景观布

---

① 任桂全总纂：《绍兴市志》，浙江人民出版社 1996 年版，第 2183 页。

置都是历史时期最好的。

综上，之所以要对马臻庙之记载如此多引用，是因为对偏门外马臻庙记载位置有不同的说法，最早有《嘉泰会稽志》在会稽县“县东南三里八十步”说；之后有康熙《绍兴府志》“在府城南二里”说；又有嘉庆《山阴县志》“一在鉴湖”“会稽县南五里”说；又有道光《会稽县志稿》“祠墓俱在城南二里常禧门外，跨湖桥下，鉴湖铺西”；又有今《绍兴市志》：“马太守庙位于鉴湖之滨，跨湖桥以南”之说。但正如乾隆《重修马太守祠碑记》：“故汉太守马公祠墓鼎峙于鉴湖之渍二千年矣……至唐开元中刺史张楚始为立祠至今。”又嘉庆《山阴县志》解释说：“以《嘉泰志》属会邑，相沿不改耳。”

据上，说明绍兴城偏门外，跨湖桥南的马臻庙，虽行政区域及方位有不同说法，并有多次修建，但其实自唐开元年间（713—741）由刺史张楚兴建以来，位置基本没变。

（二）山阴马太守庙

《嘉泰会稽志》卷六“祠庙”条记：

> 山阴马太守庙，在县西六十四里。事具会稽。

之后的志书对此庙的记载无多异议，或有距离上的相差，然正如乾隆《绍兴府志》定位此庙“在广陵斗门，隶山阴”。又有嘉庆《山阴县志》所谓：“案旧志有利济王庙在县西南五十五里，祀太守马臻，疑即此县西之庙。”

1989 年 8 月笔者曾走访过大王庙村村民。从 29 岁起便主管大王庙事务的骆印明师傅，时年 80 岁。骆师傅称，大王菩萨即为东汉会稽郡太守马臻，同绍兴偏门外太守庙中的太守是同一人，因马太守主持筑鉴湖时用去了许多钱粮，淹没了大户人家的农田和墓地，又未能按规定交纳皇粮，便有奸人上奏诬陷马太守贪污，皇帝偏信后将其定为死罪，剥皮揎草，死得十分惨烈。后任太守到会稽郡后，见水旱灾害锐减，农田连年大稔；又会稽百姓深念马臻恩德，志士乡贤颇多为马太守平反之词，于是便上报朝廷马太守筑湖的原因和功绩。后人感念其功德，建造此庙，并尊称马太守为大王菩萨。马太守的生日为农历三月十四日。是日，民间要举行迎神赛会，隆重祭祀。与绍兴城偏门外马太守庙不同的是，此庙中原还有其夫人冯太娘娘的塑像。据传太守夫人原是绍兴县江桥乡江塘村人。

大王庙坐西朝东，庙田加地基总共占地约 19 亩，庙前后共分三进，总 18 间。大王庙历来香火旺盛，20 世纪前期此庙还较完好，到“文革”中则庙中菩萨、碑文都被毁弃，成为空庙一座。

在庙中寻迹，见房前屋后还多处横斜着依稀尚有文字可辨的断碑和残联。其中一石碑有以下文字可辨：“太守马公，讳臻，字叔荐，茂陵人。”关于马臻的籍贯，该碑提供了难得的参考资料。

根据以上历史文献资料记载和实地考察所见所闻，可以认为：此大王庙即是《嘉泰会稽志》中所载“在县西六十四里”的山阴马太守庙。

此庙位于古鉴湖西端广陵斗门以北的象山麓下，广陵斗门担负着泄洪、御潮等作用，位于鉴湖西缘的顶端，作为鉴湖其地理位置十分重要，是马太守的大成之处。于此建一太守庙，其旨意也很明确。

（三）结论

综上，绍兴今存规模最大的马臻太守庙，一在绍兴城偏门外鉴湖之滨，跨湖桥之南；一在距绍兴城西约 60 里的钱清大王庙村，又称大王庙。古今位置基本未变。

附：马臻庙三十二幅壁画注评

绍兴古城偏门外的马臻庙自唐以降多有堕败和修葺记载。据《绍兴市志》[①] 载："今存前殿、大殿与左右看楼，坐北朝南。清末建筑。"其内祭祀内容较为丰富，多古代碑文。庙大殿东西两壁，共绘有32幅彩图，主题为马臻与鉴湖水利史，其中马臻治水的伟大功绩，以及梁冀家族的贪婪阴毒，马臻被冤杀，都形象生动的予以展示。

一　内容及注评

第一像：东汉永和帝五年，天福星马公降生。

注评：东汉永和五年（140）为鉴湖的创建之年。马公指马臻。把马臻生日定为永和帝五年（140）是有误的。天福星，为福德之星，天赐之福，是为民间对马臻的吉称。

第二像：马公与张公讳纲、李公讳固、杜公讳乔延师肄业。

注评：张纲（108—143），东汉名臣；杜乔（？—147），东汉名臣，受梁冀诬陷而死。两人都是东汉著名的"八俊"人物，以反对梁冀参政著称。李固（94—147）东汉名臣，以忠正耿直闻名，受梁冀诬陷而死。说马臻与张纲、李固、杜乔一起读书学习缺少依据。或反映了编著者希望同时代的忠臣志同道合。

第三像：汉顺帝登基，诏举贤良方正，钦赐马公为会稽郡太守。

注评：汉顺帝在位（125—144），任命马臻为会稽太守，此说可信。

① 任桂全总纂：《绍兴市志》，浙江人民出版社1996年版，第2183页。

第四像：马公受诏知越地，尽属水乡，与夫人、公子、小姊哭别天焉，遂请登程赴任。

注评：马臻到会稽郡任太守，越为泽国水乡，此说可信。与家人哭别，极为可能也有想象成分。

第五像：马公到任，三县百姓递荒呈，治水患。

注评：马臻到会稽，因当时未有鉴湖工程，水旱灾害频仍，百姓向新来太守反映灾情，应是合理之举。

第六像：马公同众百姓登望海亭，视三县潮水冲没荒田。

注评：绍兴城在越国时龙山上建有飞翼楼（后改为望海亭），东汉时海塘未围成，登楼之上可看到潮水直薄山、会、萧平原，应为事实。

第七像：马公同扶老酌议画图，设法治水。

注评：此说马臻到会稽后，与当地父老、有识之士共商治水之事。

第八像：马公派三县钱粮创筑应用，候旨开销。

注评：东汉时山阴包括后来的山阴与会稽两县，萧山时称馀暨，这里的三县指鉴湖受益的山会地区。马臻组织筹措建鉴湖的资金、粮食等物资也为事实。

第九像：马公同三县卒、工匠开垦各处山土，运泥创筑各路塘坝等闸。

注评：鉴湖工程规模巨大，位于东汉时会稽郡山阴县境内。湖的南界是稽北丘陵，北界是人工修筑的湖堤。堤以会稽郡城为中心，分东、西两段，总长56.5公里。除去湖中岛屿，其面积约为172.7公里，正常蓄水量在2.68亿立方米左右。[①] 此指马臻组织民众及水工，开山运土建造鉴湖塘坝及水闸设施。

第十像：马公同三县卒、工匠创筑塘坝，东至曹娥，西至萧山，并建

① 参见盛鸿郎、邱志荣《古鉴湖新证》，盛鸿郎主编《鉴湖与绍兴水利》，中国书店1991年版，第13—32页。

造陡亹等闸。

注评：此指马臻组织三县建鉴湖工程，范围东到曹娥、西到萧山，还建造了玉山斗门、广陵斗门、蒿口斗门等设施。

第十一像：马公同三县卒工匠创筑麻溪大坝。

注评：历史上浦阳江下游出口早期曾在湘湖之地散漫流入钱塘江。到唐宋时期萧绍地区海塘建设逐渐完成，下泄受阻，浦阳江曾改道由临浦、麻溪经绍兴钱清，至三江入海。又由于鉴湖堙废，会稽山之水直接进入北部平原，因此造成山会平原排洪压力骤然增大，水患剧增。明代萧绍水利的重点便是对浦阳江下游进行人工调整，主要水利工程则是开碛堰和堵塞麻溪坝。这一调整是萧绍地区新的水利平衡，并且是以政府为主导带有行政命令强制实施的。为保证山会地区的整体利益，也必然使局部利益受损和引起水事矛盾。麻溪坝的兴筑是浦阳江改道一个很复杂的过程，主要发生在明代。[①] 此第 11 幅壁画记载与史实不符，延伸过长。说明编著者于此把马臻当作绍兴水利的宗师，把重大水利及功绩都归功于马臻，反映了民间对人物塑造吸收传说的特点。

第十二像：马公同三县卒、工匠建造道墟、山西、长江等闸，设各处水门六十九所。

注评：此说马臻在三县建鉴湖诸闸，沿湖开水门“六十九所”。但具体的水闸记载不精确，似所记都是山会平原沿海水闸或不是马臻时所建。

第十三像：马公开垦荒田九千余顷，设东南两湖灌田。

注评：此言鉴湖的效益，“溉田九千余顷”。据统计[②]，古代山会平原鉴湖以北、曹娥江以西、浦阳江东南及其附近、萧绍海塘以南的农田约为 47 万亩，所谓“溉田九千余顷”。“东南两湖”应是鉴湖之“东西两湖”。东

① 参见邱志荣主编《绍兴三江研究文集》，中国文史出版社 2016 年版，第 136 页。
② 参见盛鸿郎、邱志荣《古鉴湖新证》，盛鸿郎主编《鉴湖与绍兴水利》，中国书店 1991 年版，第 13—32 页。

湖堤坝：自城东五云门至原山阴故水道到上虞东关镇，再东到中塘白米堰村南折，过大湖沿村到蒿尖山西侧的蒿口斗门，长30.25公里。西湖堤坝：自绍兴城常禧门经绍兴县的柯岩、阮社及湖塘宾舍村，经南钱清乡的塘湾里村至虎象村再到广陵斗门，长26.25公里。东、西湖堤的分界为从稽山门到禹陵的古道，全长约6里。鉴湖湖区总面积为189.95平方公里，除去湖中岛屿17.23平方公里，水面面积西湖为85.09平方公里，东湖为87.63平方公里。

第十四像：三县百姓沐公恩泽，鱼樵耕读成美乡。

注评：此说鉴湖效益显著，绍兴成鱼米之乡，人文优越之地。

第十五像：马公建坝后，诸暨百姓私掘开坝，与山、会、萧三县百姓争兢厮打。

注评：此说建麻溪坝后，浦阳江出水不畅，引起诸暨与萧绍之间的水事纠纷，并引起激烈争斗。但此是明代浦阳江改道之事，非关马臻筑鉴湖。

第十六像：马公会同山、会、萧、诸四县，议帮粮诸邑田亩。

注评：此记马臻召集四县协调麻溪坝水事纠纷，以粮食补诸暨损失，虽所记不应是马臻之事，而是明代绍兴知府所为，但说明在明代浦阳江改道后，对工程带来的淹没区的损失，绍兴府曾进行四县协商。以受益区以粮食补偿淹没区的办法，很有水利史料价值。

第十七像：权犴梁冀，差官索马公金帛不遂，成衅起事。

注评：犴，同“豻”[1]，古代北方的一种野狗，形如狐狸，黑嘴。此说梁冀陷害马臻筑鉴湖的缘由。记梁冀与马臻有矛盾是事实，但并不是主要为粮食起因，而是梁、马两家有世仇。梁家乘机诬陷打击马臻。[2]

第十八像：梁冀因端怀衅，即以擅用公赋敕奏马公，不蒙明察。

---

① 夏征农主编：《辞海》，上海辞书出版社2000年版，第2379页。

② 参见邱志荣《上善之水：绍兴水文化》，学林出版社2012年版，第168—189页。

注评：此记梁冀构陷马臻，以马臻擅自动用官府钱粮为由，向皇上诬告马臻有罪。而皇上不明细察，被蒙骗。

第十九像：校尉到会稽郡，锁拿威逼登程，公从容就缚，惊骛闻百姓。

注评：此记朝廷派官员，强行抓捕马臻，马臻从容而就缚，消息迅速惊动黎民百姓。

第二十像：三邑百姓感公恩泽，哭泣攀援，随公至洛阳，赴阙白公冤。

注评：此说山、会、萧民众，深明马臻为人和筑鉴湖功德，在马臻被捕时悲痛哭泣，全力救援，还随马臻到京都洛阳，到朝廷为马臻喊屈。

第二十一像：梁冀陷公以泄私愤，公遂受无妄之灾。

注评：此说梁冀陷害马臻，以泄个人私愤，马臻平白无故遭遇灾祸，蒙冤被杀。

马臻庙壁画

马臻被杀的主要原因：马臻到会稽为太守后，毅然创建鉴湖，因此引起很多的移民、淹没房屋、坟墓以及大量增加劳役等问题纠纷，当地也必然有既得利益受损害者不满。更严重的是，在政府官员中的马臻反对者，以及梁氏家族在地方的势力，充分利用这一机会，诬告马臻。经周密策划，阴险地在政府掌管的户籍簿上抄录已死亡人之名，以这些死人名告状到朝廷。状告的主要罪名是马臻贪污政府皇粮和财政收入，筑湖淹没当地百姓土地、房屋和祖坟，激化社会矛盾。

第二十二像：冀复遣校尉诣公家，夫人赴井，而公子之子女继之。

注评：此说梁冀凶残至极，又派遣军官到马臻家，致使马臻夫人投井而死，子女相继投井，酿成人间惨剧。

第二十三像：三县百姓赴阙，复白公冤。

注评：山、会、萧黎民百姓愤恨不平，上告朝廷，为马臻申冤。

第二十四像：三邑百姓扶公柩归于越地，香满洛阳。

注评：山、会、萧黎民百姓扶马臻灵柩回到会稽，震动朝廷所在洛阳城。

第二十五像：汉帝时，张纲、李固、杜乔敕奏梁冀十大罪。

注评：汉帝时，张纲、李固、杜乔向朝廷上奏控告梁家罪恶。对照下幅图之汉帝应为汉桓帝时期（146—166），因此张纲等3人控告过梁冀是事实，但年代应在汉顺帝时期（126—143）。

第二十六像：汉帝准奏，敕张纲、李固、杜乔监斩梁冀父子三人，奸党受诛。

注评：汉帝准奏，命张纲、李固、杜乔3人监督斩杀梁家父子，梁氏一并奸党同时诛杀。此汉帝应是汉桓帝。诛杀梁氏事发生在延熹二年（159），此时张纲、李固、杜乔均已不在世。

第二十七像：唐开元中，刺史知绍兴府事张公讳楚，奉旨同三县百姓敕建马公祠。

注评：在唐开元时（713—741）主管绍兴府事的刺史张楚，按照朝廷的指示建马臻庙。此事唐代韦瓘《修汉太守马君庙记》有载，又记“封仁惠公”。

第二十八像：上帝怜马公忠直，敕公阴勘梁冀父子奸党恶迹。

注评：上帝深感马臻的忠诚正直，命马臻在阴间清算梁家父子及奸党祸国殃民的罪恶。此上帝应是指中国古代祭祀中的最高神。

第二十九像：宋嘉祐四年，查粮，比前汉多三十余万，封马臻为“利济王”，赐春秋二祭。

注评：宋嘉祐四年（1059），朝廷查核对比山会平原三县粮食生产情况，发现比汉时多产30余万（石）。于是宋仁宗封马臻为“利济王”，还赐予春秋两次祭祀。

以上，“30余万”，计量单位以“石”较符合实际，此言鉴湖建成，蓄淡、抗洪、排涝、挡潮，农田增加和受益，粮食比汉时大增。

“利济王”是宋仁宗对马臻的谥号，《闸务全书》下卷《县覆府引·附录》，“《府志》载，汉会稽太守马臻，宋嘉祐四年封利济王”[①]。此壁画应是庙中传承记载，具有真实性，并与文献互证。

第三十像：贼寇临越，公默显神威退寇，百姓得安堵无恙。

注评：有外来强盗侵犯绍兴，马臻显示神威击退来寇，黎民百姓得以平安。

此“贼寇”应主要是指倭寇。明代倭寇多次侵犯越地，尤为明嘉靖二年（1523）五月，日本人冲击宁波驿馆和市舶馆，一路追杀到绍兴城下。[②]这里绍兴民间已把马臻当作泛神对待，祈求保佑太平。

第三十一像：康熙□十□年，越都旱甚，郡侯邑主亲诣虔祷，大沛甘霖，万民感仰。

---

① （清）程鸣九纂辑：《闸务全书》，冯建荣主编《绍兴水利文献丛集》，广陵书社2014年版，第71页。

② 参见钱起远主编《宁波交通志》，海洋出版社1996年版，第616页。

注评：康熙□十□年，越地旱情严重，知府亲至马臻墓、庙祭拜求雨，是年风调雨顺，黎民百姓感恩崇仰马臻神明。此知府或是指俞卿。

第三十二像：三邑士民感公大惠，逢公诞辰，龙舟□“终”志不忘。

注评：山、会、萧三地民众不忘马臻为越地带来的恩泽，每逢马臻诞辰之日（相传农历三月十四日），以龙舟竞赛等活动纪念。

二　价值意义

（一）壁画创作、绘制时间应在清代

关于马臻庙，康熙《绍兴府志》有载：“明天启间，知府许如兰同郡中乡衮重葺，修撰余煌有记，后渐倾颓。本朝康熙五十六年，知府俞卿筑沿海石塘，告成乃追念马公旧绩，祭拜祠下，见庙貌荒凉，尽撤而新之，门垣堂寝前后具备，较之旧制，弘丽数倍焉。”《绍兴市志》记马臻庙在“清康熙、道光、光绪年间，均修葺”[①]。关于壁画内容结局的第31幅也是记康熙年事，第32幅则是讲民间祭祀之事。由于目前尚未找到确切的壁画创作年代，只能分析其年代最大可能在康熙五十六年（1717）之后到道光年代（1821—1849）之间。

（二）重要价值是揭示了马臻为梁家所害

关于马臻筑鉴湖事迹与被杀冤案，《后汉书》无记载，文献资料也甚少，并且之后的文献中仅记载马臻被杀是当地权贵的诬告所致，不涉及朝廷的责任。但马臻既然造福于民，又蒙冤被杀，会稽百姓必定愤愤不平，念念不忘。马臻庙有记载建于唐代，关于马臻和鉴湖真实事迹在马臻庙传记中应该有集中的历史传承和权威性。之后口口相传，在事实的基础上也会演绎出新的故事和增添新的内容。壁画中直面史实和朝廷的过错，揭示

① 任桂全总纂：《绍兴市志》，浙江人民出版社1996年版，第2183页。

并记述了马臻被杀的主要原因是为梁家父子所构陷。尘封历史，于此解密，填补了历史文献之空缺。

（三）一部民间版的马臻与鉴湖水利史，特色鲜明

此壁画的历史叙述脉络较清楚，鉴湖的规模、效益，上至汉代，下至清代的绍兴治水史，讲得较清楚、系统。并且在画中可见人物的服饰打扮富有时代特色。如第30幅马臻默退贼寇，百姓的服饰似为明代；第31幅康熙年间知府求雨，其中人物的服饰明显是清代装束。可以肯定文字记述并创作者有较深厚的史学功底，既阅读了较多关于马臻与鉴湖的史料记载，又较认真研究过东汉历史，还广泛地吸收了民间关于马臻筑鉴湖以及绍兴水利的故事传说，是经过一番认真梳理和研究的作品。可作为绍兴水利史的重要史料和珍稀作品。

当然，既作为民间版，就具有想象发挥空间较大，史实不是很严谨，以及逻辑不是很严密的特点存在。

建议有关单位、部门加强对壁画的保护和研究。

三　汤公祠

汤绍恩深为越地民众爱戴，从明代万历年间（1573—1619）起绍兴人民就在绍兴府城开元寺和三江闸旁建有汤公祠，每年春秋祭祀。清康熙四十一年（1702）汤绍恩被敕赐“灵济”封号；雍正三年（1725）又被敕封为“宁江伯”；咸丰元年（1851）又被敕赐“功襄清安”。《绍兴县志资料第一辑·三江所志》：

汤公祠在张神殿后，三间二进，公讳绍恩，字汝承，号笃斋，四川富顺县人，或云安岳县人。嘉靖丙戌进士，丙申由湖广德安莅绍，即于是年秋七月经始建闸，六易朔而告成。堤筑于次年春三月，五易朔而告成。当堤初筑时，随筑随溃。公惧甚，疏告海若祝曰：如再溃，

当以身殉。每闻风雨声，即危惧呕血，精诚感格，天人协应，成此不朽，诚伟矣哉！官至山东左布政，归休林下。越有人以经商至蜀者，矍铄甚时，公已九十有七矣。

原汤公祠内多匾对楹联，其中挂有匾额16块，如“砥柱中流”“泉流既清”“泽被三江”“后事之师”等。其中有乾隆岁在丙子（1756）桂月总制闽浙使者喀尔吉善题，道光岁在戊申（1848）仲秋郡人重修会稽宗稷辰再书祠联：

回四邑之狂澜，三百年击壤歌衢，咸仰当年经济；
建千秋之伟业，廿八洞惊涛飞雪，长留此日恩波。[①]

既是对汤绍恩治水功绩之充分赞扬，也是缅怀其对越之不朽恩德。又有碑刻20余块，现可见的尚有《捐奉置田添造三江应宿闸每岁闸板铁环碑记》《重修三江闸碑》《重修三江闸记》等，多已移至环城河治水广场，成为珍贵的文物。[②]

三江司闸正神庙，为祭祀莫隆而建。《越中杂识》上卷《祠祀》记载：

在西郭门外三江闸上，祀明莫隆。按隆系郡守汤绍公绍恩皂隶。公建三江闸，隆董夫役，悉心所事。一日在工所，方下探闸底，巨石猝下，被压以死。汤公震悼，为恤其母终身，闸成，祀为司闸之神。每闸流久闭，沙土壅淤，虽千百人力不能开，开则潮水冲塞如故。有司虔祷于神则闸下，始则细流涓涓，继则湍啮淤去，顷刻间百里豁然矣。[③]

① （清）平衡辑：《闸务全书续刻》，冯建荣主编《绍兴水利文献丛集》，广陵书社2014年版，第89页。

② 参见邱志荣《鉴水流长》，新华出版社2002年版，第332—342页。

③ （清）悔堂老人：《越中杂识》，浙江人民出版社1983年版，第21页。

绍兴民间流传着莫隆为建三江闸而献出生命的故事。

据传，建闸初期，由于沙滑土松，工程施工打桩时后桩进，前桩出，无法施工。汤绍恩焦虑万分，便祈求马臻庙，马臻托梦告汤曰："后迹追前迹，百世瞻功烈，若要此闸成，除非木龙血。"时汤的属下有莫龙者，闻讯后赶至汤绍恩处表示："如果以我的血能促成建闸，将竭尽全力，甚至生命。"他在现场割破自己的手臂将血涂在木桩尖端，然后将木桩打入土中，然未奏效。于是，莫龙便要自刎献出自己的一腔热血，汤绍恩竭力劝阻。莫龙焦急万分，乘旁人不备用拳猛击自己的胸部，吐出毕身鲜血，洒于施工木桩及现场上，施工因此顺利进行；而莫龙倒在施工现场，为建三江闸而献出生命。也有称莫龙是在建造三江闸时，深入水底排险时被巨石压死。还有传说莫龙是三江闸近村的一个热血男儿，得知建闸遇阻，必须以木（莫）龙血方能镇住水底蛟龙，便慷慨赴水压石自沉，闸始得成。[①]

由于莫龙之记载未有详细资料，又作为神祀之。清乾隆年间任过南塘通判（主管当地塘工的官职，任所在绍兴三江闸）的顾元揆对莫龙事迹经过一番考察，并撰写《三江司闸正神莫龙庙碑》[②]，碑中记他"复加遍访，则其事昭昭在人耳目，虽妇人孺子犹能言之，乃始信其非虚"。据考察："神实姓莫，山阴人，充府舆皂，其为汤公董夫役也，悉心所事。一日在工所，方入深水探闸底，巨石猝下，遂被压以死。汤公震悼，为恤其母终身。"据此，莫龙应是在建闸时沉入水底施工探险，被巨石压死，至于为何史籍书中未有莫龙事迹记载，顾元揆认为是："以其贱故，而非实录也。"因为莫龙是一个普通的差役，身份低贱，正书中未将其记入。

莫龙的故事也说明汤绍恩建闸时的艰辛与困苦，并且其工程班子，尽心为民，置个人利益于不顾。

---

① 参见裘甲民《木龙赴水》，《绍兴水利》1989年第2期。

② 参见平衡辑《闸务全书续刻》，冯建荣主编《绍兴水利文献丛集》，广陵书社2014年版，第76页。

咸丰元年（1851）清廷敕封莫龙为“广济”。[1] 政府对莫龙的奖掖和民间对莫龙的祭祀反映了绍兴民众对治水人物功德的传颂、治水献身精神的倡导和爱戴之心。

四　阮社“马汤会”碑

阮社是浙东运河边的一颗灿烂明珠和不可分割的组成部分，是著名的水乡、酒乡、桥乡、名人之乡，也是鉴湖黄酒的起源地。2016 年 11 月 9 日，经实地考察，发现了绍兴重要的民间水利祭祀碑文——“马汤会”碑。

1980 年出版的《浙江省绍兴县地名志》记：阮社人民公社位于绍兴县西北部。东靠柯桥镇，南邻州山公社，西连湖塘公社，北与管墅公社、南钱清公社接壤。阮社村原名竹村，相传晋时“竹林七贤”之一的阮籍曾在村中居住，故改名阮社。

古代阮社人十分崇仰阮籍、阮咸，阮社今尚存“籍咸桥”以纪念二阮。区域内浙东古运河上的毓荫桥之则有对联：“一声渔笛忆中郎，几处村酤祭二阮”。上联写听到运河边渔笛声使人回想起柯亭椽笛的蔡邕，下联写见到这一带的村肆酒店便深深怀念阮籍、阮咸叔侄。

在籍咸桥东侧的后庙中，发现了一组珍贵的碑文。碑分东西两组，其中西部一组有三块，分别为“文武会”“马汤会”“前阮会”，碑立于乾隆年间。这“会”初步理解应主要是开展文化相关活动的民间组织。“前阮会”碑，是为祭祀阮籍和阮咸。其中有碑文：“因立南北二社，北祀大阮；南祀小阮，由来旧矣。”这应是后庙祀大阮（阮籍），前庙祀小阮（阮咸）的由来。

“马汤会”碑，记载着东汉会稽太守马臻筑鉴湖和明绍兴知府汤绍恩筑

---

① 参见平衡辑《闸务全书续刻》，冯建荣主编《绍兴水利文献丛集》，广陵书社 2014 年版，第 78 页。

三江闸的水利功德，以及给本地带来的恩泽。之后是本会人员如何以酒捐、田捐等形式开展祭祀两位水利先贤的活动及兴修水利的资金分担和管理办法。

绍兴是历史时期水利的产物。天人合一，水利成就了鱼米之乡。阮社之祭祀马臻和汤绍恩的原因。其一，阮社之地处山会平原的中部，三江闸建后应是其地旱涝无忧，百业兴旺、人文兴盛。于是，阮社人念念不忘马臻筑鉴湖和汤绍恩建三江闸的功德，便以祭祀方式感恩先贤并教育后人。其二，三江闸、古运河等水利岁修、管护经费筹措需民间合理负担。其三，阮社为水乡富庶之地，主要收入为产粮、产渔，做酒、做锡箔，以此由民间办会捐集使用资金也是有效之举。更要倡导以自觉捐款修水利为荣的义举，绍兴古运河上的多处桥路是阮社人士自发捐修的，至今铭刻在运河纤道石之上。

碑文中十分珍贵的是还记述了马臻、汤绍恩生日："马臻诞辰三月十四日"，"汤公诞辰三月二十五日"，是为祭祀两位水利先贤的重要民间资料。

历史上绍兴的民间水利碑本来就不多，岁月沧桑、天灾人祸，留存的更少。"马汤会"碑无疑是绍兴古代重要的水利碑文和实物展示，其意义不仅是在清代，会延续到整个绍兴水利史、水文化的传承和印记内容。

第三节　龙的祭拜

一　龙之起源

龙是"古代传说中一种善变化能兴云雨利万物的神异动物，为鳞虫之长"[①]。"龙，水物也"[②]，说明中国古人很早就把龙列为水神，并且龙在古人心目中主要扮演着两种角色：一是施雨神；二是江海神。

《淮南子·坠形训》："黄龙入藏生黄泉"，"青龙入藏生青泉"，"赤龙入藏生赤泉"，"白龙入藏生白泉"，"玄龙入藏生玄泉"。《管子·水地篇》：龙"欲上则凌于云气，欲下则入于深泉"。《山海经》这部被称为"盖古之巫书也"，战国初至汉代编成的文献，也记载了传说中的一种生有翅膀的应龙："大荒东北隅中，有山名曰凶犁土丘。应龙处南极，杀蚩尤与夸父，不得复上，故下数旱。旱而为应龙之状，乃得大雨。"[③]"大荒之中，有山名曰成都载天。有人珥两黄蛇，把两黄蛇，名曰夸父。后土生信，信生夸父。夸父不量力，欲追日景，逮之于禺谷。将饮河而不足也，将走大泽，未至，死于此。应龙已杀蚩尤，又杀夸父，乃去南方处之，故南方多雨。"[④]又相传禹治洪水时有应龙以尾画地成江河，使水入海。按这传说中的应龙后来所处南方应在吴越之地。

二　龙的崇仰

越地多水，江河湖海均有之，因之关于龙的信仰和崇拜应起源甚早。古代越国有龙舟竞渡，以龙为乘水吉祥之物。《吴越春秋·勾践阴谋外传》记勾践向吴王进献的"巧工良材，使之起宫室，以尽其财"，有"分以丹青，错画文章，婴以白璧，缕以黄金。状类龙蛇，文彩生光"的雕饰巨木。已把龙的形象作为雕刻之精品奉献吴国。这也证明吴越之地早在春秋时期已把龙作为水神加以崇拜。至于刘向《说苑·奉使》"彼越……以像龙子者，将避水神也"，《汉书·地理志》"粤地，牵牛、婺女之分野也……其君

① 《辞源》（修订本），商务印书馆1988年版，第1962页。

② 杨柏峻、徐提编：《春秋左传词典》中华书局1985年版，第152页。

③ （晋）郭璞注，（清）郝懿行笺疏，沈海波校点：《山海经》，上海古籍出版社2015年版，第329页。

④ 同上书，第378页。

禹后，帝少康之庶子云，封于会稽，文身断发，以避蛟龙之害”等记载，这一方面表明这里当时的文化落后、气候暖热，再则也反映了吴越人们对于龙的信仰，希求龙的庇佑以及不受龙的侵害之思想。

唐宋以后，吴越地区对龙的信仰到达鼎盛，其重要标志如下。

一是出现了各种形式的龙神崇拜类型，如白龙、青龙、渎龙、土龙、甘泉龙、双角龙、独角龙、小金龙、飞天龙、老龙、八香龙、雨山龙、八爪龙等。

二是与佛教、道教中的“龙王”相结合，通过各种龙王庙融合。佛教中“龙王”本属外来信仰，佛教传入中国后，龙王信仰也随之传入。宋人赵彦卫《云麓漫钞》卷十云：“古祭水神曰河伯，自释氏书入，中土有龙王之说，而河伯无闻矣。”之后道教亦引进佛教龙王加以改造，形成本教的神灵体系之中，主要龙王有“诸天龙王”“四海龙王”“五方龙王”等。这种龙的广泛化，使凡有水之处，无论江河湖海，渊潭塘井均有龙王，职司所在水旱丰歉。

三是与龙神、龙王有关的神话传说的广泛流传。《嘉泰会稽志》卷七中所记的龙瑞宫，位于大禹得天书的宛委山，“有禹穴及阳明洞天。道家以为黄帝时尝建候神馆于此，至唐神龙元年，置怀仙馆，开元二年，因龙见，改今额”。位于宛委山的飞来石之上的唐贺知章《龙瑞宫题记》中也记：“开元二年，敕叶天师醮，龙现，敕改龙瑞宫。”南宋嘉定十四年（1221）浙东提刑汪纲以旱来此设坛，祭神于宫，忽有物蜿蜒于坛上，体状异常。须臾雨如倾盆。后汪领事，遂重建龙祠，朝赐龙神庙，额曰“嘉应庙”。龙瑞宫也是道教水神信仰的一个缩影，此为大禹治水得天书之处，便自然是有水神之处。道教选此为七十二福地之一，排行第十七于此，应与传说中大禹治水得天书之灵气传承有关，“候神馆”“怀仙馆”变为“龙瑞宫”，也说明了龙文化的广泛传播和多种文化现象的融合。

由于“龙”取代了“神仙”，成为新的水神，越地有关祭祀龙的庙庵也增多。如“龙潭庵在秦望山，俗呼龙王堂，有龙潭，祷雨辄应，万历中僧圆道重修”。龙是佛教中的水神。旧时绍兴境内各地都建有龙王庙、龙王殿，如会稽县的龙池庙、龙池庵、见龙庵，山阴县的赞禹龙王庙、铜井瑞泽龙王庙，诸暨牌头斗岩龙王庙、五泄龙堂，上虞顺圣龙王祠，嵊县五龙堂等。

三　祭龙节日

绍俗以农历五月二十为分龙日。[①]《占侯书》说：两浙以四月廿为小分龙日，五月廿为大分龙日，闽俗以夏至后为分龙日。

古人以为龙主水，而盛夏常有“夏雨隔牛背”的现象。据说这是因为龙的上司在分龙日这天开始，命令下方分头行雨，以便“察而治之”的缘故。分龙日之时间不同，应是古人根据各地气候变化不一样，季节降雨量的变化而确定的。如“小分龙”应为进入雨季，五月廿日应为入梅。

分龙日是越俗校龙（消防水龙会）检阅的盛大节日，是日各村坊水龙会之间龙舟进行实力比赛。一般龙兵以村龙会为单位，着各会统一服装，驾龙舟进行速度和喷水比赛。绍兴城区与近郊的各路义龙，习惯在广宁桥附近的龙王塘举行浇龙（喷水）比赛。年年龙兵如蚁，观者似潮。

四　龙的象征

越地普遍信仰和崇拜龙为水神，也就在各种建筑中绘刻雕塑各类有象征意义的龙饰，诸如寺庙、道观、牌坊、石桥等建筑均多龙之雕饰。

绍兴多桥，出于龙有镇服水族，保佑行船行人安全的心理，龙的雕刻与展示在桥上发挥得淋漓尽致。在绍兴古桥上，一般在核心的顶端上之龙门石，如太平桥、待驾桥龙门石上之龙，张牙舞爪，精神抖擞，气势非凡。

---

① 参见朱元桂主编《绍兴百俗图赞》，百花文艺出版社1997年版，第210—211页。

又如广溪桥上的龙门石刻是行走之龙，雕刻精美，栩栩如生。龙的雕饰还较多地用于长系石头部和桥墩顶尖上，诸如泾口大桥、华春桥、凤涧桥等。至于如大木桥、广宁桥、阮社桥上的“鲤鱼跳龙门”，亦与龙有关。

五　龙的故事

绍兴民间中流传的龙也有好坏之分。大禹庙屋脊两头有两条被宝剑刺杀之龙便是传说中兴风作浪、侵害人类、造成灾害的恶龙。只有将其斩杀才能治平洪水，地平天成。

斩恶龙的故事也多有流传，今嵊州市仙岩镇曹娥江边有嵊浦古寺，又号济物侯庙，初建于南朝梁大通年间（公元530年左右）。相传在五代梁朝初年，睦州青溪（淳安县）人陈郭，任仙居县令四年，朝满返杭州述职，他乘马车经台州驶入剡县，时当傍晚，就宿于县驿站。陈县令深知百姓疾苦，不愿惊动当地，次日，扮成商人模样，雇了小船改水路悄悄沿剡溪而下。船到嵊浦潭边，见有船夫点起香烛，摆出供品，正满面愁容地跪拜起来，陈县令好生奇怪，上前盘问，方知原来潭里有条蛟龙，经常兴风作浪，冲毁良田，吞食人畜，百姓深受其害，陈县令听罢，义愤填膺，大吼一声：“孽畜欺人太甚！”唰地抽出利剑，准备杀死恶蛟，为民除害。

果然，潜伏潭底的蛟龙，听到水面有人谈话，立即跃出水面，张开血盆大口直向小船扑来。陈县令毫不畏惧，持剑入水与蛟龙展开搏斗，直杀得天暗水浑难解难分，周围百姓闻讯，纷纷赶来助战，蛟龙见力不能敌，转身欲逃，陈县令顺势一剑，刺中孽龙项颈，顿时一股污血染红潭水。蛟龙被杀死了，陈县令亦因体力不支沉入潭底。

当地百姓为纪念这位为民除害、伏波安澜的陈县令，在嵊浦潭崖顶上建造祠庙，塑起神像，尊称他为嵊浦大王，后又被吴越王钱镠敕封为“济物侯”，历代民间重祀之。

此为一个曹娥江上传说的英雄与民众联合斩杀蛟龙，战胜洪水的动人故事。且不辨其是否真实，但曹娥江此段尤为狭窄，潭深不测，汛期经常水急浪高，为水灾多发地段，建庙纪念治水英雄，为的是镇除恶龙，求一方平安、风调雨顺。

附录：全国党员干部现代远程教育专题课件

缵禹之绪　重建水城

——绍兴水文化理论和实践探索纪实（解说词）

水利部水情教育中心出品

中华人民共和国水利部主办

全国党员干部现代远程教育工作办公室监制

摘要：2016年1月9日，以绍兴水文化为主题的《缵禹之绪 重建水城》专题片在共产党员网——全国党员干部现代远程教育平台“民生水利”专栏首播，并通过卫星网和互联网“双网并播”。这是全国首部水文化教材片在此平台上播出，向全国党员干部宣传推广。此片播出后受到广泛好评。现将解说词全文刊载，以飨读者。

绍兴地处长江三角洲南翼、浙江省中北部，是著名的历史文化名城，享有盛誉的水乡、酒乡、桥乡、名士之乡。绍兴众多的美誉与水息息相关，水是绍兴的灵魂、血脉，更是绍兴文化和历史的重要载体。

在绍兴8256平方公里的陆地上，纵横交错着总长10887公里的6759条河流，从空中俯视，绍兴宛若一座漂浮于水上的城。于是，沿河建房、砌石为埠、遇河架桥，街随河走、河随街流，水陆交通交织，在乌篷船双橹的咿咿呀呀声中，形成了绍兴独具特色的江南水乡美景。

“三山万户巷盘曲，百桥千街水纵横。”门前寻常一湾水，从远古缓缓流淌而来，在时光中慢慢沉淀，投映出绍兴这座古城的千年印记。这一脉好水，既成就了绍兴的“鱼米之乡”，更孕育出源远流长的绍兴水文化。

（一）史海钩沉

郦道元在《水经注》中这样描述古浙东地区：“万流所凑，涛湖泛决，触地成川，枝津交渠。”绍兴北部平原河网密布，江流纵横，虽有舟楫鱼米之利，亦多海潮山洪之患，历代皆以浚河为安民要务，理水为治越首策。

考古发现，宁绍平原早在7000年前的河姆渡文化时期，已向世人展示了光辉灿烂的人类文明历史。遗址中的稻谷与农灌、最早的海塘、造船及航运、凿井汲水、图腾崇拜等，无不留下了灿烂的水利文明印记。

绍兴市城市建设档案馆馆长屠剑虹：

绍兴是一座具有2500多年悠久历史的古城，也是国务院首批命名的24座历史文化名城之一。其实绍兴它在历史上更是一座独具魅力、享有盛名的江南水乡风光城市。绍兴水城的发展历程是非常悠久的。自公元前490年越王勾践在越国建都城以来，就奠定了绍兴水城发展的基础，后来经过历代的建设和管理，就形成了独特的绍兴水城风貌。到了清光绪末年，我们这个8.32平方公里的古城范围内，已经有了33条河道、229座桥梁，有大小湖池27处。古城的水系格局也很有特色，像浙东运河是穿城而过，别开生面，大小河道是错若画图，所以我们史书上记载当时的绍兴是“自通衢至委巷，无不有水环之”。街河相依，山水相映，绍兴水城历史发展很悠久，文化积淀也是非常深厚，所以我们经常在说，绍兴古城是一座没有围墙的博物馆，所以我们一不小心走在这条古城的路上，都有可能踩动一段文化、一段历史。我们这里几乎每一条河流、每一条街巷、每一座桥梁，都有一段历史、一段故事或者说一段传说。

大禹治水，绩奠九州，是中华文化中最绚烂的一页，是绍兴人尽皆知的传说。相传4000多年前，大禹两次来越治水，“毕功于了溪”，地平天成，死后葬于会稽山。虽然是神话传说，但会稽山下却真真实实存在着已有几千年历史、全国规模最大的大禹陵、庙、祠。大禹治水的传说在绍兴产生了广泛深远的影响，尤其是从精神上影响着绍兴历代治水者高度重视治理水患，奠定了绍兴的水文化基石。

2500年前，越王勾践修凿“山阴故水道”。东汉永和五年，会稽太守马臻纳三十六源之水和山麓湖泊，筑成我国长江以南最古老的大型蓄水灌溉工程——鉴湖。西晋，内史贺循疏凿西兴运河，以利灌溉航运水路，并渐成浙东地区航运主干道。明嘉靖十五年，绍兴知府汤绍恩建造三江闸，与横亘数百里的萧绍海塘连成一体，形成了以三江闸为排蓄总枢纽的绍兴平原内河水系网新格局，使山阴、会稽、萧山蓄泄有度，航运水位可控。

古代治水先贤长袍大裾的身影穿越历史影响后人，水利工程跨越邈远的时空泽被后世。

（二）精神遗产

绍兴市鉴湖研究会会长邱志荣：

绍兴水文化一直贯穿着城市发展和水利发展，我们提炼出的绍兴水文化的核心价值：一是“天人合一”思想，也就是说，我们绍兴古代是一片蛮荒之地，一代代的绍兴人对自然环境进行改造，人的主观意向如何顺应自然进行改造，就像陈桥驿先生说《水经注》当中最精华的两句话“水德含和，变通在我”，人怎么把自然环境改造好，“一”就是绍兴成为鱼米之乡、繁荣富庶之地；二是“求实、奉献、创新”的精神。奉献，大禹治水三过家门而不入；东汉会稽太守马臻继承了他的精神，为了建鉴湖献身了，蒙冤被杀。求实，就像汤绍恩为了建大闸，呕心沥血沿海调查，在新的水利格局上怎么进行调整。创新，就像一代代绍兴人不断从山麓水利走向沿海滨海水利，伴随着水利的发展，城市也不断地发展。

绍兴图书馆馆长赵任飞：

绍兴除了留存大量的水利工程遗存以外，还留下了大量丰富的水利文献。据我们统计，绍兴的水利文献，主要集中在方志和人物传记类的，到目前为止有1400余种，其中方志有146种，游记类284种，水利有140多种，还有一些人物类的文献有70几种。除了古代留下的丰厚文献以外，我们现代呢，绍兴图书馆和绍兴市水利局、绍兴市鉴湖研究会整理研究出版了《绍兴水利文献丛集》，有上下两册，对历史上的一些文献进行了校注。我们也对水利文献进行了电子整理，建立了很多的数据库，比如说有水利的、书法的、古桥的。我们绍兴现代和历代是一样的重视对水利文化的研究，一样的成绩卓然。

“千金不须买画图，听我长歌歌鉴湖。”人水和谐，优越的自然环境使绍兴地灵人杰、人才辈出，“山有金木鸟兽之殷，水有鱼盐珠蚌之饶，海岳精液，善生俊异”，于是造就了名人文化。文人学士为越中山水所陶醉，化为赞美的歌词诗赋，产生了兰亭书会、唐诗之路、明清风骚等文化艺术作品。纵横交叉的河网水乡使人们择水而居，遇河建桥，创建了精美的水利建筑和桥文化，春波桥因陆游“伤心桥下春波绿，曾是惊鸿照影来”的诗句而名声在外。绍兴著名的山水风景区东湖、柯岩、羊山也是古代绍兴人凿山开石，筑塘建城，治水活动而创建的水文化遗产之一。

（三）重建水城

时光在乌篷船的摇曳中缓缓驶过。改革开放后，具有2500多年历史的绍兴水城，乡镇工业蓬勃发展，经济快速增长。而以纺织、印染、化工为主的产业结构，让这座城市付出了水环境恶化的代价。绍兴下决心花大力气找回蓝天碧水，从1999年开展水环境综合整治，到2013年“重构绍兴产业，重建绍兴水城”的战略决策，使绍兴的水环境保护和利用进入新的历史阶段。

绍兴城市规划设计院原院长、浙江省特级专家王富更：

> 绍兴是个水城，也是个桥乡，全市有桥梁5000多座。绍兴老城区8.32平方公里有石桥75座，宋、元、明、清都有这些桥梁。在城市规划当中，我们把这些古桥、水文化同河道、河埠结合起来。对沿河的这些历史文化遗产，名人故居、名胜古迹等方面，进行了修复，把它保护起来。在城市里面，我们不填河道，有些河道我们把它挖通，把水沟通变活。

绍兴市集聚资源，形成合力。规划、城建、文保、旅游、交通等部门都参与到总体规划中来，水文化保护和建设形成了合力，全市上下思想统一：水文化与文物保护相结合、与园林建设相结合、与生态环境保护相结合、与旅游相结合、与文学艺术创作相结合，形成和展示了丰富多彩的文化魅力和生动活泼的环境氛围。社会力量总动员：国家级水利史志、历史地理、文学艺术、绿化园林等领域的顶尖级专家为绍兴水文化保护和建设把关；绍兴本地的文史、古建筑专家贡献智慧；请出当地的能工巧匠，再现精湛的传统老工艺，传统老石桥、老河坳、石雕穿越历史，复活于当代；收集整理过的历史文献、诗歌、书法艺术、名人逸事、宗教文化，散落于民间的历史遗存、实物构件，传统的建材、花草、树木，都井然有序地融入与之对应的历史风貌中，努力做到建一个工程，塑造一个水文化景观；疏浚一条河道，形成一个文化长廊；整治一块土地，造就一个文化景点。

近年，绍兴建设的每一条较大的河流，都有明确的文化主题：环城河突出的是两千多年来形成的水城文化主题；古运河“传承古越文脉，展示水乡风采”，尽展运河文化；大环河表现的是生态文化和名人文化主题；龙横江反映的是帝王文化、鹿文化和酒文化主题。这些文化都有具体丰富生动的内容，使物质和非物质文化遗产得到有机结合，是保护和弘扬的统一。

发展到今天，绍兴水文化有了丰富的内涵和多彩的外延，那就是以大禹治水献身、求实、创新的精神为统率，以“天人合一”的自然观作为核心内容，以“人水和谐”的理念作为追求的目标，以文学和艺术作为重要的表现手法，以水的明净秀丽、形态多变作为审美标准，以亲水形成风俗传统，以水的利用和功能作为其延伸和传播形式。

水文化的多元性和独特性让绍兴从全国“百城一面”中脱颖而出。

（四）绍兴名片

水是绍兴的名片，近年来，绍兴在水城特色中融入文化之魂，建设了一批水环境整治工程，成为水与文化相互融合的成功案例，为绍兴水城再添神韵。

1. 环城河

环城河是绍兴城市的母亲河，伴随着绍兴城的发展流淌了 2500 多年，孕育了城市文明，见证着绍兴的历史。1999 年，绍兴市按照城市防洪、城建配套、环保、文化、旅游五大功能，对环城河实施综合治理，目标是把环城河建设成集防洪、绿化、休憩、旅游等多功能于一体的水清岸绿、环境优美、历史文化特色鲜明的旅游线和休闲带，重现“蓝天、碧水”，展现“水清可游、岸绿可闲、街繁可贸、景美可赏”的绍兴水城。

在环城河的综合整治过程中，深入挖掘古越文化，把握绍兴历史文脉。恢复了部分原有古迹，通过九大景点中的楹联匾额、刻字图雕、建筑铺装等形式，提升了景点的文化品位和水环境整治工程的内涵，彰显出绍兴丰厚的历史文化，体现了绍兴作为历史文化名城应有的风貌。同时也将水的物质、精神、景观、文化理念融入了水环境建设工作和市民的生活当中。

治理后的环城河及沿线的面貌得到较彻底的整治，“生态文化”凸显：水质清丽，杂花生树，鱼燕飞跃，再现了“山阴道上行，如在镜中游”的环境，为市民营造了“民生文化”。习惯于茶余饭后闲在家里的绍兴人，现在把环城河各景点当成了“后花园”，桨声灯影里，微波荡漾，市民三两结伴，漫步江岸，锻炼身心，陶冶情操，享受园林景观带来的愉悦。

2003 年，环城河工程被水利部定为国家级水利风景区。

2. 运河园

绍兴市鉴湖研究会会长邱志荣：

这条浙东运河，到了 20 世纪 90 年代的时候，已经出现了许多问题，主要是河塴倒塌、水质变差，沿岸的有些文物、文化景点遭到破坏。2002—2003 年，我们绍兴市人民政府决定对这条古运河进行全面的整治。整治的理念是“传承古越文脉，展示水乡风采”，主题就是“运河文化、生态文化”，建设了最精华的一段就是现在看到的运河园。运河园长 4.5 公里，应该说它是一个没有围墙的博物馆，运河博物馆。运河园有六个景点，第一个景点是运河纪事，主要是把我们浙东古运河 2500 年前到这以后的发展沿革、历史人物记载下来。第二个是运河风情，主要是老台门、老祠堂、老的牌坊都搜集起来在这里展示。第三个就是我们看到的古桥遗存，我们在 20 世纪 60 年代统计有 6000 多座古桥，后来由于交通的发展，人们生活方式的改变，许多古桥都拆掉了，有的丢在那里了，我们感到很可惜，就把它搜集起来，从民间搜集到散落在那里的石构件，主要分为几个部分，第一个是像这种桥、这种亭子大概是十多座，整体移建；第二就是构件组合，成为新的桥梁，大概是七八座；还有就是不能组装的，我们把构件移过来展示在那里，让大家看看我们古代的桥文化是多么的精美。第四个景点是浪桨风帆，主要是通过我们当时古运河上的千帆竞发，漕运非常发达的景象展示千艘万舻的这种环境，建造了一些景点和码头。第五个景点是唐诗之路。因为浙东运河文化底蕴非常深厚，唐代著名的诗人三分之二都到过浙东运河，他们留下了一些精美的诗篇在这里得到展示。第六个景点是缘木古渡。南宋时候，宋高宗几次到绍兴都沿着这条运河奔波，这里记载了当时运河沿岸的人民怎么保护他及一些历史故事，让大家记住这段历史，说明国家的繁荣富强非常重要。

2006年年底，“运河园”工程被中国风景园林学会评为优秀园林古建工程金奖；2007年8月，“运河园”工程被水利部定为国家级水利风景区。绍兴“运河园”的保护和传承做法，也为2014年6月22日中国大运河申遗成功增光添彩。

3. 曹娥江大闸

曹娥江大闸是水文化挖掘与新建的集大成者。曹娥江大闸位于曹娥江河口与钱塘江交汇处，是我国在河口建设的规模最大的挡潮闸工程，也是浙东引水的枢纽工程，为国家批准实施的重大水利项目。

建成后的曹娥江大闸既是一个优质的现代化水利工程，也是一处精美的水利园林景观，还是一座水文化博物馆。

曹娥江大闸总工程师王柏明：

曹娥江大闸的建设彻底消除了钱塘江风暴潮对绍兴曹娥江两岸平原的危害，工程具有防潮洪治涝、水资源利用等作用，兼顾改善水环境、航运等综合功能，工程投资12.56亿元，为中国乃至亚洲第一河口大闸。曹娥江大闸建设过程中，把绍兴历史文化和水文化有机地融合在工程之中，使之成为水利景观工程。

曹娥江管理局工程管理处副处长周臻怡：

我们在建设过程中开创性地实现了工程、环境、人文、景观、生态的五位一体的工程建设模式。在建设过程中，我们始终将水文化作为我们的一个核心，将文化景观的配套建设，作为我们的一个重要的工作来做，在建设的过程中，建设文化型、生态型、景观型的新型水利工程为我们的建设目标。通过陈列馆、安澜镇流亭、桥的石栏板、石刻以及名人说水景观石等一系列的文化景观布置，充分体现了我们曹娥江大闸的水文化的特色。我们的工程建设跟绍兴之前的大禹治水、马臻筑鉴湖、汤绍恩修三江闸一样，是作为绍兴人治水悠久历史的一个传承和发扬。通过水文化建设，也充分提升了我们的工程品位，也让我们的工程不仅作为一个水利工程，也成为可以让老百姓游览休憩的一处现代的水利文化风景区。

大闸先后荣获浙江省“钱江杯”优质工程和中国建设工程质量最高奖——鲁班奖。“鲁班奖”验收专家组这样写道：“宏伟的拦河大闸与绿色的自然生态环境，独具匠心的建筑风格与深厚文化底蕴的人文景观融为一体。”

重视水文化思路和实践，传承水城文脉，再现水城文明，提升了绍兴城市的品位，绍兴正在实现从古韵水乡到现代水城的历史性转变。

未来的绍兴水城必定会呈现河网密布、水清岸绿、文化灿烂、经济发达、环境优雅，古今文明相融、特色鲜明的景观和形象。

届时，遍布码头，出门乘船，沿着河网通往高铁站和各个旅游景点，水上交通也许会成为最重要的出行方式；这里，是中国民营经济最具活力的城市，新兴产业产值和服务业增加值均大幅跑赢 GDP 增长速度；这里，是联合国人居奖获得城市，正走在打造中国“望得见山、看得见水、记得住乡愁”代表性城市的路上。

策　划　马颖卓　　撰　稿　邱志荣　　编　导　谭小果
摄　像　任文周　　后　期　黎恩勇　　总策划　周学文
总监制　侯京民　　总制片　董自刚
（文稿整理茹静文）

后　记

2015年绍兴市鉴湖研究会获得《绍兴水利文化史》全国竞标课题。由于种种原因，原准备与陈鹏儿先生的合著变成了由我独著，写作任务也就骤然加重。但我对写好此书还是充满着自信，并由此做新的探索。

其一，绍兴水文化的底蕴非常深厚，地位崇高，这是一片充满生机活力可深度开发的学术领域。

其二，绍兴水文化无论是理论研究还是实践都走在全国的前列，此仅以绍兴水文化为主题的《缵禹之绪 重建水城》专题片在共产党员网首播①，便可证明。

其三，2012年我写过一部72万多字的绍兴水文化专著②，近年也一直在研究和探索水文化的学术理论和开展工作实践，有着较扎实的基础。

既然写的是水利文化史，当然与水文化、水工程文化紧密相连；同时，水利文化史也有着独特的内涵和外延。据我所知，在全国范围内，至今关于水文化研究还没有建立起完整的理论框架体系，也缺少优秀的区域水利文化史专著的示范。当然，有创新的意义也就是课题的价值所在，也比较符合我的性格。

---

① 2016年1月9日，此片在共产党员网——全国党员干部现代远程教育平台“民生水利”专栏首播，并通过卫星网和互联网“双网并播”，这是全国第一部水文化教材片在此平台播出。

② 邱志荣：《上善之水：绍兴水文化》，上海学林出版社2012年版。

关于此书，我研究的第一个重点是注重厘清水文化、水利文化、水工程文化这三个概念。这种理论研究很有价值，对当前水文化体系的探索不无现实意义，分清这三者的关系可以对水文化理解“更上一层楼”，关于水文化究竟是面向全社会的还是水利部门内部的一项工作也就迎刃而解，水文化的多元性和母体文化特性充分体现。

本书的第二个重点，作为水利文化史当然要有别于单一论述水文化，因此阐述绍兴水利史的发展过程和所在的自然环境，对社会、经济、文化因素的相互影响，必然是本书的切入点。作为一部区域性的水利文化史，此可谓磐石和基础。令人欣慰的是绍兴水文化的研究已把水利史追溯到了10万年以前的假轮虫海侵之时，这是一般的论著很难达到的纵深度；当然本书更侧重对卷转虫海侵的研究，以此还原了这次海侵与当时自然、社会发展及一些文化现象的关联，并一直影响到当今的发展环境。

很有意义的是，本书在构架和内容方向上没有墨守成规，而是在关键的节点上跨越了区域和学科的限制，如对大禹文化的研究是从远古全球的自然环境看所产生的背景，又从全国对比绍兴，也就确立了绍兴大禹文化的历史地位。至于对良渚文化实地考察和研究，取得了前所未有的成果①，良渚文化是卷转虫海侵海退后，钱塘江两岸大越民族发展的一个重要历史时期，具有标志性的意义，也说明远古文明的发展与水利密切相关，水利史研究是考古学界探索的重要方法和不可或缺的途径。

本书的第三个重点即是超越一般意义上的水，在更高的层次上对水的物质、精神做全新的探索，这也就集中在全书的最后论述了“有形之水”和“无形之水”。“上善若水”，水的内涵得到升华。

本书强调学术的严谨性和创新性，其中一个显著的特点就是在扎实文

---

① 邱志荣、张卫东：《良渚堤坝的主要功能是围垦保护——五千年前良渚水利工程体系初探》，《中国水利报·水文化专刊》2016年3月31日；邱志荣、张卫东、茹静文：《良渚文化遗址水利工程的考证与研究》，《浙江水利水电学报》2016年第3期。

献记载的基础上，注重野外考察的第一手资料，进而研究推理，因此取得了事半功倍的效果。诸多纷繁复杂的问题、纵横交错的事件也就如庖丁解牛，“莫不中音”。

我的恩师，已故历史地理学家、郦学泰斗陈桥驿先生在世时曾有诗赠我：“通览郦注，发人心窝；觅根觅句，有琴有歌；两句八言，全书金柁；水德含和，变通在我。”陈先生说，最后两句是为《水经注》中的菁华，也就成为我研究水文化的核心理念。先生驾鹤西去虽有经年，却光辉永照故里。

写好一部水利文化史，并非易事，但我感到更为困难的是现实中对文化的保护和传承。或许在我完成这部书稿时，书中写到的有些文化遗存正在消失和被人为损坏。这是最不能令人理解和痛心疾首之事。

创作期间，我的孙女邱樾然出生，她的渐长与天真活泼、欢声笑语，给我以无限的欢乐和希望。

感谢对我写成此书给以信任和支持的领导、学者、同人、亲友们；感谢为本书出版付出辛勤劳动的编辑和老师们。

邱志荣

2017 年 8 月于若耶溪畔